Die operationale Definition

Europäische Hochschulschriften
Publications Universitaires Européennes
European University Studies

Reihe XX
Philosophie

Série XX Series XX
Philosophie
Philosophy

Bd./Vol. 571

PETER LANG
Frankfurt am Main · Berlin · Bern · New York · Paris · Wien

Jürgen L. Rößler

Die operationale Definition

PETER LANG
Europäischer Verlag der Wissenschaften

Die Deutsche Bibliothek - CIP-Einheitsaufnahme

Rößler, Jürgen L.:

Die operationale Definition / Jürgen L. Rößler. - Frankfurt am Main ; Berlin ; Bern ; New York ; Paris ; Wien : Lang, 1998
(Europäische Hochschulschriften : Reihe 20, Philosophie ; Bd. 571)
Zugl.: Mannheim, Univ., Diss., 1997
ISBN 3-631-32891-5

D 180
ISSN 0721-3417
ISBN 3-631-32891-5

Inhalt

1. Einleitung und Überblick

Studiert man heutzutage Berichte über empirische Untersuchungen aus dem Bereich der Sozialwissenschaften, namentlich der Psychologie, so ist dort zwar allenthalben die Rede von "operationaler Definition" oder auch von "Operationalisierung". Ist man mit der Methodik derartiger Untersuchungen wenig vertraut, fällt es jedoch schwer, auszumachen, was sich hinter diesen Begriffen eigentlich verbirgt. Man konstatiert zunächst eine durchgängige Wichtigkeit, die sich schon allein wegen der häufigen Erwähnung aufdrängt. Auch wird einem klar, daß es sich bei der Operationalisierung um eine Prozedur handelt, die noch vor der eigentlichen empirischen Untersuchung zu erledigen ist, ja die gleichsam Voraussetzung ist für solche Untersuchungen. Schließlich finden sich diverse Hinweise, die vermuten lassen, daß es um irgendeine Art von Präzisierung geht. Dabei an eine begriffliche Präzisierung zu denken - wie das durch die Rede von Definition ja nahegelegt wird -, würde schon weit über das hinausgehen, was dem Kontext besagter Berichte zu entnehmen ist.

Wer sich ob solcher Unklarheit in seinem Interesse angestachelt fühlt und Näheres erfahren will, wird zu den inzwischen zahlreich vorliegenden Lehrbüchern der sozialwissenschaftlichen Methodenlehre greifen. Da allerdings liest er dann in der Regel, daß das Konzept der operationalen Definition einer wissenschaftlichen Orientierung entstamme - nämlich dem Operationalismus, der seinerseits dem Behaviorismus verbunden sei -, die man längst überwunden habe. Überhaupt habe es sich gezeigt, daß die operationale Definition ein ganz und gar untaugliches Verfahren darstelle, die Bedeutung wissenschaftlicher Begriffe zu präzisieren, ja es sei nachgewiesenermaßen **logisch** unmöglich, Begriffe operational zu definieren. Man ist erstaunt. Und nicht nur der mit der Materie weniger Vertraute fragt sich, ob denn damit nicht all die soziologischen, psychologischen Untersuchungen wertlos wären, deren Ergebnisse zumindest eine nur sehr eingeschränkte Gültigkeit besäßen. Man kann allerdings auch Glück haben und an eines der wenigen Lehrbücher geraten, in dem der operationalen Definition eingedenk ihrer Problematik zwar keine extensive, aber doch ernsthafte Aufmerksamkeit zuteil wird. Hier erfährt man dann, daß es sich bei der Operationalisierung um ein ebenso heikles wie komplexes Problem innerhalb der sozialwissenschaftlichen Methodik handelt, das bislang viel zu wenig beachtet worden ist und keineswegs als gelöst angesehen werden kann. Man ist abermals erstaunt und wundert sich, wie unbedacht angesichts solcher Zweifel allerorts operationalisiert wird.

Wer sich in Anbetracht dieser Fülle von Ungereimtheiten sein Interesse bewahrt hat und der Sache weiter auf den Grund gehen möchte, wird sich der wissenschaftstheoretischen Literatur zuwenden. Unter dem Stichwort "Operationalismus" erfährt er tatsächlich etwas von einem Grundlagenstreit, der innerhalb der Mathematik und Physik zeitweise vehement geführt wurde. Vielleicht wird der betreffende Autor dabei auch noch, der Pflicht des Chronisten gehorchend, auf die operationale Definition verweisen, der man bei der Bestimmung physikalischer Begriffe mitunter eine zentrale Bedeutung zumaß. Greift man dann aber diesen Hinweis auf und sucht voller Hoffnung, die damit gelegte Fährte bis in die Physikbücher unserer Tage zu verfolgen, wird man enttäuscht sein: Von operationaler Definition ist dort nirgends die Rede.

Bleibt man nur hartnäckig in seinen Nachforschungen, so stößt man in der Tat auf eine sehr breit angelegte Auseinandersetzung um die Definierbarkeit sogenannter Dispositionsprädikate. Meist in einer Fußnote versteckt, steht dann zu lesen, daß man die Art, solche Begriffe zu definieren, eben auch operationale Definition nenne. Man ist irritiert angesichts des formallogischen Aufwandes, der bei besagter Auseinandersetzung getrieben wurde - und gelegentlich noch getrieben wird -, und freut sich schließlich, doch bereits Vertrautes zu vernehmen: daß es nämlich schon aus formallogischen Gründen unmöglich sei, Dispositionsprädikate adäquat zu definieren. Nur, was diese besondere Art der Definition einer höchst problematischen Spezies von Eigenschaftsbegriffen mit der Operationalisierung in all den sozialwissenschaftlichen Untersuchungen gemein haben soll, diese Brücke zu schlagen, fällt dann doch schwer. Alle weiteren Bemühungen, hinter das Geheimnis der operationalen Definition zu gelangen, dürften vergeblich sein.

Diese, nicht einmal sonderlich pointiert beschriebene gegenwärtige Situation macht zweierlei deutlich: Erstens besteht kein Konsens darüber, was denn eine operationale Definition ist. Dies wiederum bedingt zweitens, daß die Relevanz dieser Art von Definition vollkommen unterschiedlich eingeschätzt wird.

Die Berechtigung operationaler Definitionen erwächst aus einem Problem, das - weder trivial noch artifiziell - überall, wo der Mensch mit Sprache umgeht, als ebenso dringliches wie ernstzunehmendes Anliegen zu begreifen ist. Es läßt sich in die hier zentrale Frage fassen: Was muß man tun, um darüber befinden zu können, ob ein bestimmter sprachlicher Ausdruck auf ein Phänomen angewendet werden kann oder nicht? Aus der Antwort löst sich eine in typischer Weise strukturierte Begriffsbestimmung heraus, eben die operationale Definition.

Es ist das Ziel der vorliegenden Untersuchung aufzuarbeiten, was unter dieser Art von Definition genau zu verstehen ist, wie sich dieses Verständnis je nach Problemstellung wandelt und welche Formen von operationalen Definitionen zu unterscheiden sind - der Singularis im Titel ist nachgerade eine Verharmlosung. Neben der Strukturbeschreibung ist auch zu erörtern, welche Gültigkeit die in operationalen Definitionen mitgeteilten Informationen für sich in Anspruch nehmen können. Sicher wäre es vermessen, die bedrohliche Anzahl von Schwierigkeiten, die operationalen Definitionen anhaften, allesamt einer Lösung zuführen zu wollen. Für eine ausgewogene Beurteilung dieser Definitionsart ist aber schon viel gewonnen, wenn man die angesprochenen Probleme nur feiner differenziert, Unterscheidungen trifft und einschlägige Begriffe klärt.

Mit der Tatsache, daß man über jene zentrale Frage in sich geschlossene Einheiten (operationale Definitionen) herauszupräparieren vermag, die in besonderer Weise den Gebrauch sprachlicher Zeichen reglementieren, ist auch schon die Methode festgelegt, vermittels derer diese Einheiten zu untersuchen sind: Es ist der **definitionstheoretische Ansatz**. Zwei Charakteristika zeichnen diesen methodischen Zugang aus. Erstens stehen isolierte sprachliche Gebilde, eben Definitionen, im Zentrum des Interesses. Die Einbindung dieser Gebilde in Theorien bleibt weitgehend ausgeblendet. Zweitens herrscht, was die Gültigkeit der in diesen Gebilden enthaltenen Informationen angeht, die Überzeugung vor, daß die Zuordnung von Definiendum und Definiens als - gleichwohl begründete - Setzung uneingeschränkt gültig ist. Damit wird allerdings nicht in Frage gestellt, daß diese Setzungen aus ganz unterschiedlichen Erkenntnisquellen gespeist werden.

Dieser definitionstheoretische Ansatz steht in Konkurrenz zu einer maßgeblich von Karl POPPER genährten Auffassung, die ich den **hypothesentheoretischen Ansatz** nenne. Nach dieser, hier nicht gewählten Zugangsweise können Begriffe niemals isoliert, d. h. außerhalb von Theorien definiert werden. Jeder Begriff läßt sich letztlich nur "Theorie-immanent", also innerhalb eines Geflechts von Hypothesen und Gesetzen bestimmen. Und daraus resultiert seinerseits, daß der Verbindung zwischen Definiendum und Definiens kein besonderer Gültigkeitsanspruch zukommt. Vielmehr ist diese Verbindung - wie jeder andere Satz einer Theorie auch - hypothetischer Natur und muß dem Falsifikationsprinzip unterstellt werden.

Der hypothesentheoretische Ansatz birgt indes zwei fatale Mißverständnisse. Zum einen wird die metasprachliche Differenz ignoriert: Man kann nämlich ebensowenig sagen, eine Definition sei ein notwendig wahrer bzw. ein analytischer Satz, wie es anstößig ist zu behaupten, eine Definition sei ein kontingenter, synthetischer oder empirischer Satz bzw. eine Hypothese. Eine Definition ist als Sprachregel immer eine Setzung, in der zwei Glieder (meist sprachliche Gebilde) einander zugeordnet werden. Dabei ist es unerheblich, ob die Zuordnung dem sprachlichen oder dem empirischen Wissen entnommen oder gar, wie beispielsweise bei der "Namenstaufe" eines neu entdeckten Phänomens, spontan gebildet ist. Erst aus solchen, auf eine Metaebene abgeschiedenen Setzungen können dann Behauptungen abgeleitet werden, die je nachdem von analytischer oder synthetischer Struktur sind, die etwas über die erfahrbare Wirklichkeit aussagen, hypothetischen Charakter haben und dergleichen und somit wieder auf die Erkenntnisquelle zurückverweisen.

Das zweite Mißverständnis besteht darin, daß an die Stelle einer Wort-bezogenen Bedeutungsbestimmung nicht nur eine Satz-bezogene Sinnbestimmung tritt, sondern eben diese Bestimmung, ganz der neopositivistischen bzw. logisch-empiristischen Tradition folgend, gleichgesetzt wird mit dem empirischen Nachweis des in einem Satz behaupteten Sachverhalts. Kurzum, man konfundiert Bedeutungsbestimmung und Verifizierung.

Das Konzept von der operationalen Definition geht auf den amerikanischen Physiker und Wissenschaftstheoretiker Percy Williams BRIDGMAN zurück. Diese historische Tatsache wird hier keineswegs außer acht gelassen. Im Gegenteil, meine systematische Untersuchung nimmt nicht nur ihren Ausgang von BRIDGMAN, sondern orientiert sich immer wieder vor allem an dessen frühen Vorstellungen zur Bestimmung physikalischer Begriffe.

Zu dieser historischen Tatsache gehört unter anderem auch, daß die Problematik der operationalen Definition immer nur im Hinblick auf Bereiche erörtert wurde, in denen es auf präzisen Sprachgebrauch ankam - meist mit der Verheißung, daß eine exakte Sprache überhaupt nur über diese Definitionsart zu erreichen sei. Obgleich operationale Definitionen wie gesagt grundsätzlich gerechtfertigt sind, will auch ich diese traditionelle Begrenzung nicht durchbrechen. Auch in meinen Ausführungen wird die operationale Definition als eine Art der Begriffsbestimmung abgehandelt, die vornehmlich dazu dient, ein Vokabular heranzubilden, das den Belangen namentlich empirischer Wissenschaften genügt.

Nicht nur die enorme Bedeutung der operationalen Definition gerade für diese Wissenschaften, auch die erkenntnistheoretische Brisanz, die sich hinter dieser Begriffsbestimmung verbirgt, kann man erst ermessen, wenn man sich acht Problembereiche vergegenwärtigt, die die Auseinandersetzung mit dieser Definitionsart gleichsam als thematischen Rahmen umfassen:

1) **Zweckgebundenheit**
Bei der operationalen Definition geht die Präzisierung der Bedeutung eines Begriffes mit der - expliziten oder auch nur impliziten - Festlegung eines Verfahrens einher, vermittels dessen man etwas über die Wirklichkeit in Erfahrung bringen kann. Diese Sachbezogenheit bedingt eine spezifische Zweckgebundenheit der operationalen Definition.

2) **Kontextabhängigkeit**
Die operationale Definition ist mehr denn jede andere Definitionsart der Praxis des empirischen Erkenntnisprozesses verhaftet. Diese Tatsache bringt es mit sich, daß Determinanten dieses Prozesses beim operationalen Definieren vielfach mitzuberücksichtigen sind.

3) **Realitätsbezug**
In der operationalen Definition ist aufgrund der ihr eigenen Art, die Bedeutung eines Begriffes zu bestimmen, die Verbindung zwischen der Theorie einerseits und der darin thematisierten Realität andererseits fixiert. Die operationale Definition ist damit unentbehrlich für die begriffliche Fundierung aller empirisch ausgerichteten Wissenschaften.

4) **Voraussetzung zur Quantifizierung**
Die mit dem operationalen Definieren geleistete sprachliche Aufbereitung von theoretischem Vokabular schafft in besonderer Weise die Voraussetzung für den Einsatz quantitativer Forschungsmethoden.

5) **Eingang nicht-empirischer Erkenntnis**
Die operationale Definition markiert eine der Stellen, an denen auch nicht empirisch gewonnenes Wissen Eingang findet in einen gemeinhin als rein empirisch angenommenen Forschungsprozeß.

Während mit diesen fünf Problemkomplexen schon wesentliche Charakteristika der operationalen Definition angesprochen sind, gibt es drei weitere Eigenheiten, die zwar mehr dem Wunschdenken besonders des frühen BRIDGMAN entspringen, gleichwohl aber die Diskussion prägen:

6) **Universalität**
Operationales Definieren ist für schlechthin alle Begriffsarten die Definitionsmethode der Wahl.

7) **Einzigartigkeit**
Operationales Definieren ist letztlich die allein verbindliche Art, die Bedeutung von Begriffen zu bestimmen.[1]

Beide Postulate fügen sich ineinander: Für einen **universellen** Gegenstandsbereich (alle Arten von Begriffen) wird eine **einzige** Methode verbindlich (operationales Definieren). BRIDGMAN geht schließlich noch einen Schritt weiter und erhebt einen gar hybriden Anspruch:

8) **Universelle Gültigkeit**
Die Bedeutung operational definierter Begriffe ist - ungeachtet aller Entwicklungen innerhalb einer bestimmten Wissenschaft - stabil und muß nicht ständig revidiert werden.[2]

---

1 Zumindest was wissenschaftliche Begriffe angeht, äußert sich BRIDGMAN da unmißverständlich. Vgl. BRIDGMAN (1927), S. 30.
2 Vgl. ebd., S. 1 f.

Mit der Exposition dieser acht Problembereiche zeichnet sich schließlich auch die übergreifende Zielsetzung der vorliegenden Untersuchung ab. Sie versteht sich als Beitrag zur Erkenntnistheorie im allgemeinen und zur Definitionslehre im besonderen. Wie dem eingangs gegebenen Bericht zur Lage unschwer zu entnehmen ist, spielt die operationale Definition eingedenk ihrer Schwierigkeiten heutzutage vor allem in den empirisch ausgerichteten Sozialwissenschaften eine wichtige Rolle. Es hat also seinen Grund, wenn ein Schwerpunkt meiner Erörterungen auf den spezifischen Belangen vor allem der Psychologie liegt. So gesehen leistet diese Untersuchung nicht zuletzt auch einen Beitrag zur sozialwissenschaftlichen Methodologie.

Indes sind der vorliegenden Untersuchung Grenzen gesetzt, die es kenntlich zu machen gilt: (1) Da die operationalen Definitionen als isolierte Gebilde, also jenseits ihrer Einbindung in Theorien betrachtet werden, kommt nur sehr beiläufig zur Sprache, welche Konsequenzen es für die Bildung von Theorien oder für die Aufstellung von Gesetzen hat, theoretische Begriffe operational zu definieren. Schon gar nicht wird hier gezielt versucht, die theoriebezogenen Einwände gegen die operationale Definition auszuräumen. (2) Häufig verbindet man mit der operationalen Definition eine ausschließlich von der Empirie geleitete "Konstruktion" von Begriffen. Diese Auffassung wird hier nur am Rande gestreift. (3) Obgleich viel von Quantifizierung die Rede sein wird, geht es hier doch nicht um Fragen der mathematischen Statistik. (4) Auch wenn Probleme der Meßtheorie und Skalierung wiederholt tangiert werden, ist es dem Verständnis keineswegs abträglich, diese selbst nicht zu erörtern. (5) Wer sich mit der Methodologie der empirischen Wissenschaften auseinandersetzt - und die Begriffsbildung gehört zur Methodologie -, sieht sich unweigerlich mit dem Begriff der Erfahrung konfrontiert. Trotzdem ist anzunehmen, daß das hier Gesagte nachvollziehbar bleibt, auch wenn nicht vertieft wird, was denn unter direkter Beobachtung, unmittelbarer Wahrnehmung oder auch - damit zusammenhängend - unter Verifikation zu verstehen ist.

Und noch eine Begrenzung: Probleme der Definition haben seit der Antike die Philosophen herausgefordert. Ergebnis dieser jahrhundertelangen Diskussionen ist ein heute allgemein anerkannter Bestand an Einsichten und Grundsätzen. Selbstverständlich muß die Auseinandersetzung mit der operationalen Definition im Lichte dieses Bestandes erfolgen. Auch wenn sich dabei ergeben sollte, daß so manche Fragestellung schon einmal Gegenstand breiter philosophischer Erörterungen war, wird der Rückgriff auf die traditionelle Definitionslehre nur selten ausgeweitet oder gar an Namen festgemacht. Dieser Hinweis ist nicht zuletzt deshalb angebracht, weil man in der zeitgenössischen Fachliteratur auf eine geradezu notorische Enthaltsamkeit trifft, was diese Tradition angeht. Über weite Strecken wird dort der Eindruck vermittelt, Definitionsprobleme seien erst in unserem Jahrhundert erkannt worden und alles, was an Wissen vorliegt, verdanke man allein der analytischen Philosophie.

Zur Gliederung: Bevor ich in die systematische Untersuchung eintrete, gehe ich kurz auf den Operationalismus ein, wie er sich als erkenntnistheoretische Ausrichtung zu Beginn des 20. Jahrhunderts etabliert hat (Kap. 2). Insbesondere wird zur Sprache kommen, welche zeitbedingten Umstände BRIDGMAN zur Idee der operationalen Definition führten, welche erkenntnistheoretischen Überzeugungen den von ihm ausgehenden Operationalismus prägen und was diesen Operationalismus von verwandten Positionen unterscheidet.

Die systematische Erörterung setzt ein mit der Frage nach der äußeren Gestalt der operationalen Definition (Kap. 3). Selbst wenn man diese Art der Definition mit guten Gründen dem traditionellen Definitionsschema unterstellt, entledigt man sich damit nicht der Frage, in welcher Weise das Definiens denn gegeben ist. Konstituiert sich die Bedeutung des zu definierenden Begriffes über konkrete Handlungen, also über Nicht-Sprachliches, oder bietet sich das Definiens doch irgendwie sprachlich fixiert dar?

Nachdem ich mich bezüglich der Frage nach der äußeren Gestalt der operationalen Definition für eine Antwort entschieden habe, werde ich über eine allgemeine Bestimmung dessen, was man sich unter dieser Art der Definition vorzustellen hat (Kap. 4.1), zu zwei spezifischen Bestimmungen gelangen (Kap. 4.2 und 4.3). Abgerundet werden diese Bestimmungen, indem ich - über die Betrachtung des bloßen Definitionsausdruckes hinausgehend - zu klären versuche, wozu operationale Definitionen nützlich sind bzw. zu welchen Zwecken man sich ihrer bedient. Es schließt sich eine Klassifikation verschiedener Arten von operationalen Definitionen an, die jeweils durch ein charakteristisches Definitionsschema repräsentiert werden (Kap. 5).

In einem breit angelegten Block werden diese einzelnen Schemata dann anhand von Beispielen erläutert. Dieser Block gliedert sich in drei Teile, wobei sich das Gliederungsprinzip aus der Unterscheidung von drei Arten von Begriffen ergibt, die operational zu definieren sind. Im ersten Teil (Kap. 6) geht es ausschließlich um Begriffe, die sich auf physikalische Eigenschaften beziehen. Es wird vor allem der Frage nachgegangen, inwieweit der Kontext, in dem eine operationale Definition zur Anwendung kommt, in den Definitionsausdruck miteinzubeziehen ist. Eine Frage, die sich für andere Definitionsarten in nicht annähernd dringlicher Weise stellt. Während ich mich im zweiten Teil (Kap. 8.1) vergleichsweise kurz mit der operationalen Definition von Begriffen abgebe, die einen direkten empirischen Bezug haben, gilt das Interesse im dritten Teil (Kap.8.2) jenen sprachlichen Ausdrücken, die sich auf im weiteren Sinne nur Abstraktes, vom menschlichen Verstand Konstruiertes beziehen, somit also keinen direkten Bezug zur Wirklichkeit haben, sondern erst vermittels sogenannter Indikatoren auf diese bezogen werden können. Dabei wird auch diskutiert, zwischen welchen Arten solcher Indikatoren man unterscheiden kann.

Der große Block beispielbezogener Erörterungen wird zwischen dem ersten und zweiten Teil, also zwischen Kap. 6 und Kap. 8, durch einen Einschub unterbrochen (Kap. 7). Aufgrund der bis Kap. 6 gewonnenen Einsichten haben sich insbesondere im Zusammenhang mit dem Begriff der Operation einige prinzipielle Probleme ergeben, die aufgearbeitet werden müssen. Auch wird in diesem Kapitel der inflationäre Gebrauch der Bezeichnung "operationale Definition" kritisch unter die Lupe genommen, indem ich meine Verwendung dieses Begriffes abgrenze gegenüber anderen Verwendungen.

Namentlich mit der zweiten spezifischen Bestimmung der operationalen Definition (Kap. 4.3) rückt eine besondere Art von Indikatoren, sogenannte numerische Indikatoren, ins Zentrum des Interesses. Was versteht man unter diesen Indikatoren? Welche Funktion kommt ihnen zu? Dabei geht die kritische Sichtung mit dem Vorschlag einher, diese Spezies von Indikatoren neu zu klassifizieren (Kap. 9).

Die Tatsache, daß in der wissenschaftstheoretischen Literatur die Bezeichnung "operationale Definition" ausschließlich für die Definition von Dispositionsprädikaten reserviert ist, macht es unumgänglich, diese Prädikate näher zu betrachten. Ausgehend von der Frage, was man unter Dispositionen zu verstehen hat, werden Kriterien herausgearbeitet, vermittels derer man verschiedene Arten von Dispositionen unterscheiden kann. Vor allem aber gilt es zu klären, ob diese enge Verwendung der Bezeichnung "operationale Definition" gerechtfertigt ist - oder, wenn man das Problem von der anderen Seite her angeht: ob alle von mir ausgemachten Arten der operationalen Definition dem gleichen Schema unterliegen wie die Definitionen von Dispositionsprädikaten (Kap. 10.1). In einem ausschließlich referierenden Teil ist dann zusammengefaßt, wie in der wissenschaftstheoretischen Literatur das Schicksal der operationalen Definition mit der Unmöglichkeit, diese Art der Definition adäquat zu formalisieren, besiegelt wurde (Kap. 10.2).

Zwei Probleme, die in der Diskussion über operationale Definitionen immer wieder thematisiert werden, sind bislang mehr oder minder gestreift, aber nicht eingehend diskutiert worden: Zirkularität und infiniter Regreß. Wie kommt es zu diesen beiden Schwierigkeiten, und welche Möglichkeiten gibt es, sie zu neutralisieren? Dazu gesellt sich das Problem der Immunität: Es besteht denn der Verdacht, daß die Vorgehensweisen, die innerhalb von operationalen Definitionen Bedeutung konstituieren, der Möglichkeit entrückt sind, revidiert zu werden (Kap. 11).

Am Ende meiner Erörterungen stelle ich alle von mir explizierten Arten der operationalen Definition in einer Übersicht zusammen. Dann endlich ist auch zu prüfen, wie die verschiedenen Formen der operationalen Definition hinsichtlich der traditionellen Definitionskriterien zu beurteilen sind (Kap. 12). Die wichtigsten Stationen der Untersuchung finden sich abschließend in einer Zusammenfassung vereinigt (Kap. 13).

2. Operationalismus als erkenntnistheoretische Position

Auf die Frage, was letztlich die Basis der Wirklichkeitserkenntnis ist, gibt es vier mögliche Antworten: Einmal kann man von der Wirklichkeit selbst ausgehen, wobei die Annahme zugrundeliegt, daß die Dinge, Ereignisse, Zustände auf dieser Welt unabhängig vom Menschen existieren. Neben dieser physikalistisch-realistischen Auffassung gibt es eine zweite, gemeinhin als phänomenalistisch bezeichnete Position. Das dem Menschen unmittelbar Gegebene sind danach die Eindrücke, die er über seine Sinne von dieser Wirklichkeit gewinnt. Drittens kann man sich im Bemühen um Erkenntnis auf die Sprache berufen, vermittels derer die Menschen über die Wirklichkeit sprechen. Nach einer vierten Auffassung schließlich ist das menschliche Handeln das eigentlich Primäre. Nur indem der Mensch sich handelnd - und das heißt im einfachsten Falle: beobachtend - auf die Wirklichkeit einläßt, sie, um mit HEIDEGGER zu reden, "stellt", kann es überhaupt erst zu einer Strukturierung dieser Wirklichkeit kommen. Was diese letzte Position in ihrem philosophischen Kern ausmacht, faßt KLÜVER prägnant zusammen: "Der eigentliche wissenschafts- und erkenntnistheoretische Grundbegriff ist hiernach nicht 'Realität', deren Strukturen als immer schon vorgegebene anzusetzen sind, sondern 'Operation'; die Objekte werden nicht als 'an sich' existierend aufgefaßt, sondern als konstituiert durch die spezifische Form des wissenschaftlichen Zugriffs. Objekte erweisen und gewinnen ihre wissenschaftliche Sinnhaftigkeit und damit für die Wissenschaft ihre Existenz dadurch, daß sie Gegenstand von Operationen werden können."[3]

Während die beiden ersten Positionen eine lange Tradition aufweisen und je nach philosophischer Ausrichtung einmal mehr, einmal weniger favorisiert wurden, etablierte sich die dritte Auffassung strenggenommen erst Anfang des zwanzigsten Jahrhunderts mit dem Aufstieg der sprachanalytischen Philosophie. Auch die vierte erkenntnistheoretische Position spielte lange Zeit, zumindest bis ins neunzehnte Jahrhundert, eine eher untergeordnete Rolle.[4] Erst im amerikanischen **Pragmatismus** erfuhr sie, namentlich durch Charles Sanders PEIRCE, eine dezidierte Ausarbeitung. Vieles nahm PIERCE vorweg, was zu Beginn des zwanzigsten Jahrhunderts wieder aktuell wurde in den Überlegungen, die BRIDGMAN unter dem Eindruck revolutionärer Entwicklungen innerhalb der Physik anstellte. Vielleicht nicht so sehr die philosophische Diskussion, ganz sicher aber die methodologischen Auseinandersetzungen innerhalb der empirischen Wissenschaften waren über Jahrzehnte hinweg geprägt durch den von BRIDGMAN ausgehenden **Operationalismus.**[5] Daß dieser Einfluß bis heute anhält, davon zeugt nicht zuletzt

[3] KLÜVER (1974), S. 105.

[4] Seinen eigentlichen Ursprung hat das operationalistische Erkenntnisparadigma Ferdinand C. S. SCHILLERs zufolge im *homo-mensura*-Prinzip des PROTAGORAS.

[5] KLÜVER (1971) spricht von Operationalismus in einem sehr viel weiteren Zusammenhang. Ihm zufolge verbergen sich hinter dieser Bezeichnung alle methodologischen Ausrichtungen, in

das anhaltende Unbehagen, das man gegenüber der aus dieser erkenntnistheoretischen Position hervorgegangenen Art der Definition hegt.

Sicher gehört es zu den Merkwürdigkeiten der jüngeren Wissenschaftsgeschichte, wenn die im Vergleich zu PEIRCE sowohl quantitativ als auch qualitativ doch eher bescheidenen philosophischen Einlassungen von BRIDGMAN eine so nachhaltige Wirkung zeitigten.[6] Dafür gibt es allerdings Gründe. Das physikalische Weltbild hatte kurz nach der Jahrhundertwende durch EINSTEINs Entdeckung der Relativitätstheorie eine tiefgehende Erschütterung erfahren. Mit der alles revolutionierenden Einsicht, daß in der Zeit sich erstreckende Vorgänge stets nur relativ zur physikalischen Position des diese Vorgänge registrierenden Forschers bestimmbar sind, war die Bedeutung des handelnden Menschen für den Erkenntnisprozeß plötzlich in das Zentrum des Interesses gerückt. Dabei wurde auch deutlich, daß die von EINSTEIN entdeckten Zusammenhänge nur deshalb so lange verborgen geblieben waren, weil in dem bis dahin in der Physik verwendeten Zeitbegriff NEWTONs weder Akt noch Akteur der Zeitbestimmung Berücksichtigung gefunden hatten.[7]

Für BRIDGMAN ergab sich aufgrund dieser Umstände, daß eine Revision der Physik (a) an der Begrifflichkeit dieser Wissenschaft anzusetzen habe und daß dabei (b) das Handeln des Physikers miteinbezogen werden müsse. Diesen spezifischen Zugriff nannte BRIDGMAN **operationale Analyse**: Alle Begriffe der Physik sind daraufhin zu untersuchen, wie der Physiker das durch diese Begriffe Bezeichnete in Erfahrung bringt. Und aus diesem pragmatischen Ansatz kann dann direkt das Konzept von der **operationalen Definition** abgeleitet werden. In der konsequenten Verbindung zwischen Begriffen einerseits und menschlichem Handeln andererseits liegt das eigentlich Originelle von BRIDGMANs Überlegungen. Tatsächlich ging es ihm in seinen Schriften vor allem und immer wieder um eine Neudefinition des wissenschaftlichen Vokabulars. Aus diesem Grunde scheint es mir gerechtfertigt, im Operationalismus - sofern er eben auf BRIDGMAN bezogen

---

denen das Handeln des Wissenschaftlers im Mittelpunkt steht. Dabei verbindet er mit dem Begriff "Operationalismus" insbesondere auch einschlägige Vorstellungen, wie sie seit der Antike weniger unter erkenntnistheoretischen als vielmehr unter ontologischen Aspekten in die Diskussionen um die Grundlagen der Mathematik eingingen. Für die Operationalisten innerhalb der Mathematik - heute beleben sie als Konstruktivisten die wissenschaftstheoretische Szene - galt dabei stets die Maxime, daß mathematischen Gegebenheiten nur insofern ein objektives Bestehen zukommt, als Konstruktionsvorschriften für sie angegeben werden können.

[6] Wohlweislich apostrophiert BRIDGMAN seine wissenschaftstheoretischen Ausführungen von 1927 als "excursion" in fremde Gefilde (S. V). Noch mehr genährt werden die Vorbehalte, wenn Wilhelm KRAMPF diese Stelle 1932 mit "Abstecher eines Physikers" übersetzt (S. V). - Ungeachtet der wegweisenden Impulse, die von BRIDGMAN ausgingen, ist doch festzuhalten, daß sich bis heute auf dem Terrain der Definitionslehre mehr Fachfremde als Spezialisten tummeln - ein Umstand, der den Klärungsbedarf nur dringlicher macht.

[7] Vgl. BRIDGMAN (1927), S. 7 ff.

wird - in erster Linie eine Theorie der Sprache und nicht eine Theorie der Handlung zu sehen.

Mit dieser Sprachbezogenheit hängt es zusammen, daß man BRIDGMAN nicht eindeutig einer der vier eingangs erwähnten erkenntnistheoretischen Grundpositionen zuordnen kann. So gibt sich BRIDGMAN entschieden realistisch, wenn er bekennt: "We shall accept as significant our common sense judgment that there is a world external to us, and shall limit as far as possible our inquiry to the behavior and interpretation of this 'external' world. We shall rule out inquiries into our states of consciousness as such."[8] Es ist bei ihm also gerade nicht so, daß sich die Realität erst über die Handlungen des Menschen konstituiert. Die Realität ist vielmehr als existent vorausgesetzt. Was von den Handlungen - in welcher Form auch immer - konstituiert wird, sind "lediglich" die Bedeutungen der Wörter, vermittels derer wir über diese Realität sprechen.

BRIDGMAN war zuweilen derart auf die Sprachproblematik fixiert, daß er mehrfach die kühne These vertrat, eine nur frühzeitig genug einsetzende operationale Analyse der physikalischen Begriffe hätte schon längst zutage fördern können, was EINSTEIN eben erst entdeckt hatte.[9] Es bleibt allerdings zu bezweifeln, ob sich BRIDGMAN der erkenntnistheoretischen Implikationen bewußt war, als er solches Vertrauen in eine spezifische Form der Sprachanalyse setzte.[10] Im übrigen hat sich BRIDGMAN zeitlebens dagegen verwahrt, eine neue philosophische Richtung oder gar eine neue Philosophie der Naturwissenschaften begründet zu haben. So gehen auch die Begriffe "Operationalismus" und "operationale Definition" letztlich nicht auf ihn zurück, sondern sind Schöpfungen seiner Exegeten.[11] BRIDGMAN beschränkte sich darauf, von "operational analysis" oder vom "operational point of view" im erläuterten Sinne zu sprechen. Für ihn waren wissenschaftliche Begriffe immer schon in besonderer Weise auf die praktische Tätigkeit des Forschers bezogen gewesen, auch wenn dies nur von wenigen Er-

[8] Ebd., S. XI.

[9] Vgl. ebd., S. 1 und noch deutlicher S. 9, wo es heißt: "Entirely apart from the precise quantitative relations of Einstein's theory, however, the important point for us is that if we had adopted the operational point of view, we would, before the discovery of the actual physical facts, have seen that simultaneity is essentially a relative concept, and would have left room in our thinking for the discovery of such effects as were later found."

[10] BRIDGMAN scheint entgangen zu sein, daß NEWTONs Begriff vom absoluten Raum noch zu dessen Lebzeiten einer scharfsinnigen, im weiteren Sinne sprachanalytischen Kritik unterzogen wurde, und zwar von wahrlich prominenter Seite: George BERKELEY weist 1710 ("Treatise concerning the principles of human knowledge") und noch einmal 1721 ("De motu") darauf hin, daß man nur dann einem "ernsten Dilemma" entgeht, wenn man den Raum nicht als absolut, sondern als relativ bzw. relational betrachtet - und trotzdem ist man von der Entdeckung der Relativitätstheorie noch 200 Jahre entfernt. Zur Qualität von BERKELEYs Sprachanalyse vgl. die Ausführungen von Rolf W. PUSTER in seiner soeben erschienenen fundamentalen Untersuchung zur Metaphysik der Sprachanalyse (1997, S. 252 ff.).

[11] Vgl. BRIDGMAN (1938), S. 114 ff.

kenntnistheoretikern explizit herausgestellt wurde. Insofern habe er nichts anderes getan als lediglich "herrschende(n) Anschauungen in der Physik"[12], die "mehr oder weniger Gemeingut"[13] sind, neu interpretiert. BRIDGMAN übt sich hier gewiß nicht nur in Bescheidenheit. Denn das heutzutage vorherrschende Verständnis von der operationalen Definition läßt sich im wesentlichen auch aus dem **logischen Empirismus**, namentlich aus dem empiristischen Sinnkriterium ableiten. Überhaupt steht der logische Empirismus in so enger Verwandtschaft zum Operationalismus, daß eine Abgrenzung oft schwer fällt.[14] BRIDGMAN selbst bezeichnet sich im übrigen mehrfach als einen Empiristen.[15] Diesem Selbstverständnis entsprechend betrachtet er allein die Tatsachen als letzte Berufungsinstanz für jeden Naturwissenschaftler.

Von besonderem Interesse aber dürfte hier eine andere Gemeinsamkeit sein: Beide Positionen, sowohl der logische Empirismus als auch der Operationalismus, verfolgen als übergeordnetes Ziel, Wissenschaftlichkeit durch Präzisierung des Sprachgebrauchs zu garantieren. Im logischen Empirismus wird die Bedeutung eines Wortes im wesentlichen bestimmt durch dessen unmittelbaren Bezug auf eine beobachtbare Gegebenheit. Und Begriffe, die sich nicht in dieser Weise auf Gegebenes beziehen, haben nur dann Bedeutung, wenn sie sich in Begriffe übersetzen lassen, die einen solchen direkten Bezug gestatten. Diese Beschränkung auf das Beobachtbare hat als **reduktionistische** Position bekanntlich viel Kritik erfahren.

Nicht so einfach verhält es sich bei BRIDGMAN. Ihm zufolge konstituiert sich die Bedeutung eines Begriffes wie dargelegt über die Tätigkeiten, die ein Wissenschaftler auszuführen hat. BRIDGMAN schaltet sozusagen die Operationen als bedeutungsvermittelnd zwischen die Begriffe einerseits und die nichtsprachliche Realität andererseits. Insoweit diese Handlungen ihrerseits stets auf die beobachtbare Realität bezogen sind, gehen natürlich auch in BRIDGMANs Konzeption reduktionistische Elemente ein.

Aus der Forderung nach einem präzisen Sprachgebrauch innerhalb der Wissenschaften erwuchs für beide Positionen ein sich gleichermaßen radikal gebärdender **sinnkritischer Anspruch**. Für den logischen Empiristen waren Begriffe, die zur erfahrbaren Wirklichkeit nicht in Beziehung gesetzt werden konnten, ohne jegliche Bedeutung. Es galt daher, sie aus dem wissenschaftlichen Vokabular zu eliminieren. Ebenso unnachgiebig zeigte sich BRIDGMAN: Nur ein Wort, das mit einer entsprechenden Operation verbunden werden kann, ist sinnvoll und taugt zur

---

[12] BRIDGMAN (1927), S. X, in der deutschen Übersetzung 1932, S. XII.
[13] Ebd.
[14] Vgl. dazu Mario BUNGE (1967), der nicht als einziger die Auffassung vertritt, der Operationalismus erschöpfe sich im Empirismus (Bd. 1, S. 149).
[15] Vgl. BRIDGMAN (1927), S. 3 ff.

wissenschaftlichen Kommunikation. Mit diesen Restriktionen sollte jeder unwissenschaftlichen Spekulation - und das hieß zur damaligen Zeit insbesondere: jeder Art von Metaphysik - Einhalt geboten werden.[16]

Der Operationalismus erfuhr verschiedene Weiterentwicklungen; die wichtigsten seien kurz gestreift. Als der bedeutendste Vertreter einer operationalistischen Philosophie in Deutschland gilt Hugo DINGLER.[17] Ihm ging es insbesondere darum, hinter die Handlungen des Wissenschaftlers zurückzugehen und zu erkunden, wodurch dessen Operationen denn motiviert seien. Als gleichsam letztes Bestimmungsstück der menschlichen Aktivitäten gilt DINGLER der Wille des Menschen, die Natur zu beherrschen, die Realität zu erforschen. Nicht von den Operationen ist also auszugehen, sondern der menschliche Wille ist das Primäre. Jede Wissenschaft basiert so gesehen auf der Ethik. Während sich hierzulande für die Ansichten BRIDGMANs die Bezeichnungen "Operationalismus" oder auch - vom englischen "operationism" abgeleitet - "Operationismus" durchgesetzt haben, sprach DINGLER selbst bezüglich seiner eigenen Position von **Operativismus.**[18]

Unter anderem auf DINGLERs Überlegungen basierend, entwickelte Klaus HOLZKAMP eine im Besonderen der Psychologie zugedachten Spielart des **Konstruktivismus.**[19] Vorrang vor den empirischen Daten hat die Theorie; gemäß eines "Realisationsprinzips" ist es Aufgabe des Forschers, durch aktives Handeln in die Welt "konstruktiv" einzugreifen, um der Theorie entsprechende reale Verhältnisse herzustellen. HOLZKAMP wendet sich damit gegen eine bereits bei BRIDGMAN angelegte Variante des **Instrumentalismus**, wonach eine Wissenschaft als um so seriöser einzuschätzen ist, je mehr sie im Experimentieren aufgeht, in den Experimenten dann aber bloß passiv die Realität reproduziert wird.[20]

Ebenfalls auf DINGLER geht der von Paul LORENZEN inaugurierte **Konstruktivismus** zurück. Angestrebt wird der Aufbau einer Wissenschaftssprache, deren Syntax und Semantik aus der Pragmatik abzuleiten ist. Diese alsbald von einem erlauchten Kreis von Wissenschaftlern ("Erlanger Schule") vertretene andere zeitgenössische Variante des Konstruktivismus empfing nicht nur wichtige Anregungen aus der mathematischen Grundlagenforschung, sondern setzte in diesem Be-

---

[16] Mit diesem sinnkritischen Anspruch setzte sich vor allem Ernest NAGEL (1942) auseinander.

[17] Obgleich DINGLER mehr als eine Dekade vor BRIDGMAN mit einschlägigen Publikationen an die Öffentlichkeit trat, zeigte er sich doch ausgesprochen angetan von dem, was sein amerikanischer Kollege 1927 publizierte. "Eine überaus große Fülle neuer und anregender Einsichten" habe der "berühmte theoretische Physiker der Harvard-Universität" da vorgelegt, heißt es in der Einführung, die DINGLER 1932 zur deutschen Übersetzung von BRIDGMANs wissenschaftstheoretischem Hauptwerk schrieb (S. VII f.). Vgl. dazu auch DINGLERs Rezension der englischen Originalfassung 1928.

[18] Vgl. FREY (1984), Sp. 1222 f.

[19] Vgl. HOLZKAMP 1964 und 1967.

[20] Vgl. BRIDGMAN (1927), S. 7.

reich auch ihrerseits Impulse.[21] Beide Varianten des Konstruktivismus wurden im übrigen heftig attackiert von seiten der kritischen Rationalisten um Hans ALBERT.

Jeder philosophischen Strömung wird irgendwann einmal die Radikalisierung ihrer Grundpositionen zum Verhängnis. Zur alles einnehmenden Ideologie entartete der Operationalismus schon relativ früh bei Samuel Ichyie HAYAKAWA und dann später bei Anatol RAPOPORT.[22] Für die gegenwärtige Situation charakteristisch ist jedoch eine andere, nicht minder verhängnisvolle Entwicklung: Je weiter sich operationalistisches Gedankengut verbreitete, desto mehr verflachte es. Davon zeugen nicht zuletzt verdächtig seichte Begriffsfügungen wie "operationaler Cartesianismus"[23] oder "operative Phänomenologie"[24].

Die Ansichten BRIDGMANs waren, wie bekannt, heftiger Kritik ausgesetzt. Da gab es vornehmlich methodologische Einwände von den zur damaligen Zeit meist in der Physik ausgebildeten Wissenschaftstheoretikern. Es traten aber auch namhafte Physiker wie etwa Max BORN auf den Plan, die sachliche Argumente vorbrachten.[25] BRIDGMAN seinerseits hielt diesem Druck nicht stand. Zunächst wurde er moderater in seinem Anspruch, nur die operationale Definition gewährleiste eine adäquate Präzisierung wissenschaftlicher Begriffe. Auch anderen Arten der Definition räumte er nunmehr eine gewisse Berechtigung ein. Schwerer wog, daß BRIDGMAN den Begriff der Operation bald in einer Weise aufweichte, daß die Originalität seiner Ansichten weitgehend verlorenging.[26] Es hat also seine Berechtigung, wenn ich mich bei meiner Untersuchung vornehmlich auf den "frühen" BRIDGMAN stütze.

Ich habe bislang vor allem einen Grund angeführt, der BRIDGMANs Theorie über die Verbindung von Sprache und menschlichem Handeln zu einer nachhaltigen Resonanz verhalf: BRIDGMAN hatte der Physik in einer durch revolutionäre Entwicklungen erschütterten Phase eine neue methodologische Orientierung geboten. Natürlich verschaffte auch die wissenschaftstheoretische Diskussion, die BRIDGMAN dabei auslöste, seiner Theorie einen gewissen Nachklang.

Es gibt allerdings einen weiteren Umstand, der BRIDGMANs Thesen zum Überleben verhalf. Ebenso wie die Physik erfuhr auch die Psychologie zu Beginn des

---

[21] Vgl. dazu Anm. 5.

[22] Vgl. HAYAKAWA (1971 [1939]); RAPOPORT (1970 [1953]). Indes klingt diese Ideologisierung bereits bei BRIDGMAN an: "Not only will operational thinking reform the social art of conversation, but all our social relations will be liable to reform." (BRIDGMAN 1927, S. 32).

[23] LORENZ/MITTELSTRASS (1969), S. 17.

[24] WUCHTERL (1977), S. 298 ff. Vgl. bereits WUCHTERL (1971).

[25] Vgl. BORN (1959).

[26] Vgl. BRIDGMAN (1938).

20. Jahrhunderts eine tiefgreifende Veränderung. War die Psychologie Ende des 19. Jahrhunderts gerade in das experimentelle Stadium getreten und damit - einem gängigen Wissenschaftsverständnis zufolge - zu einer seriösen empirischen Wissenschaft emporgestiegen, hielt nunmehr der **Behaviorismus** allerorten seinen Einzug. Mißlich war nur, daß dieser Behaviorismus bislang ohne jegliche methodologische Fundierung daherkam. Dem konnte jetzt Abhilfe geschaffen werden, indem sich die Behavioristen operationalistischer Auffassungen bemächtigten. Mit dieser Vereinnahmung wandelte sich der "naive Behaviorismus" zum hoffähigen "methodischen Behaviorismus".[27] Nicht zuletzt diese damalige Allianz - noch 1964 identifizierte Herbert MARCUSE den Operationalismus mit dem Behaviorismus[28] - ruft heutzutage bei vielen Psychologen Skepsis hervor, wenn von operationaler Definition die Rede ist. Sind sie inzwischen doch alle der Überzeugung, den Behaviorismus längst hinter sich gelassen zu haben.

Die Vereinnahmung des Operationalismus durch den Behaviorismus kann nicht ohne Ungereimtheit nachvollzogen werden. Zunächst muß man sich klarmachen, daß nicht nur der genannte pragmatische Grund (Einbeziehung des Forschers), sondern auch ein eminent sachlicher Grund für die Konzeption der operationalen Definition entscheidend war. Die Tatsache nämlich, daß die in der Physik inzwischen zur Erforschung anstehenden Gegebenheiten extreme Ausprägungen besitzen (Dinge von winzig kleinen Ausmaßen mit immens hohen Geschwindigkeiten und dergleichen[29]), macht es unmöglich, sie auf direktem Wege zu erfassen. Man kann diese Gegebenheiten also nicht mehr über der Erfahrung direkt zugängliche Attribute eruieren, sondern nur über die Verfahren, vermittels derer man sich den Zugang zu diesen Attributen verschafft. Auf die Sprachebene bezogen heißt das: Begriffe können nicht mehr, wie noch in der Tradition einer atomistischen Sprachtheorie, über semantische Merkmale definiert werden, sondern ausschließlich über Operationen.

Dieser Gedanke muß nun in der Tat für jeden Psychologen von besonderer Attraktivität sein. Hat doch auch er es mit einem Gegenstandsbereich zu tun, nämlich dem menschlichen Verhalten und seinen Bedingungen, der in vielfacher Hinsicht nicht direkt zugänglich, sondern nur auf dem Umweg über irgendwelche Abstraktionen erfaßbar ist. Besagte Ungereimtheit besteht darin, daß im Behaviorismus gerade dieser Umweg entschieden abgelehnt wurde. Nur was direkt zugäng-

---

[27] Verantwortlich für diesen Wandel zeichnen vor allem Stanley S. STEVENS (1935a, 1935b), Harry ALPERT (1938), Paul CRISSMAN (1939), Gustav BERGMANN/Kenneth W. SPENCE, (1941), George A. LUNDBERG (1941/42), Edwin G. BORING (1945) sowie Carroll C. PRATT (1945).

[28] Vgl. MARCUSE (1964); in der deutschen Neuausgabe 1994, S. 32 f.

[29] Als Physiker forschte BRIDGMAN selbst in solchen Extrembereichen. Er entwickelte ein Verfahren zur Erzeugung sehr hoher Druckzustände. Für seine Untersuchungen zum Verhalten von Flüssigkeiten und Festkörpern unter diesen extremen Bedingungen erhielt er 1946 den Nobelpreis für Physik.

lich ist, d. h. das beobachtbare, "offene" Verhalten, sollte für die Wissenschaft relevant sein. Dem Behaviorismus zufolge bestand also überhaupt kein Grund, sich auf Nicht-unmittelbar-Zugängliches einzulassen, das zu seiner wissenschaftlichen Verwertung dann - sprachlich repräsentiert - hätte operational definiert werden müssen.

Heutzutage ist das anders. Der Behaviorismus ist insofern überwunden als sich der Psychologe in seinem Bemühen, menschliches Verhalten adäquat zu beschreiben und zu erklären, sozusagen hinter das "offene" Verhalten wagt. Mit dieser Entwicklung ist auch für die Psychologie der Zustand eingetreten, den BRIDGMAN als charakteristisch für die moderne Physik beschrieben hat: Das überwiegende Interesse der Sozialwissenschaftler, allen voran der Psychologen, gilt einem - sicher in anderer Weise als in der Physik - verborgenen, der direkten Erfahrung nicht zugänglichen Gegenstandsbereich. Nichts geändert hat sich allerdings am empiristischen Forschungsparadigma: Letzte Berufungsinstanz ist ein intersubjektiv der direkten Erfahrung zugängliches, "offenes" Verhalten. So gesehen lebt denn die empirische Sozialwissenschaft zu einem großen Teil davon, daß vor der eigentlichen empirischen Untersuchung eben jenes wie auch immer Verborgene bezogen werden muß auf Beobachtbares. Hier nun kommt der operationalen Definition in dem Sinne, wie BRIDGMAN sie in bezug auf dem menschlichen Wahrnehmungsapparat nicht mehr unmittelbar zugängliche physikalische Gegebenheiten verstanden wissen wollte, eine zentrale Funktion zu. Allgemein formuliert: Vermittels dieser Definition werden Begriffe, die sich auf solch Verborgenes beziehen, in der Weise übersetzt, daß dem empirisch vorgehenden Wissenschaftler ein Zugang zu diesem Verborgenen möglich wird.

Die heutige Situation in den Sozialwissenschaften ist, wie in der Einleitung angedeutet, durch eine merkwürdige Diskrepanz geprägt. Einerseits betrachtet man den Operationalismus eingedenk der damit verbundenen Art der Begriffsbestimmung als obsolet und überwunden, andererseits droht man in einem geradezu blindwütigen Operationalisierungsgebaren zu versinken. Dieser Widerspruch rührt vor allem daher, daß in den Sozialwissenschaften Behaviorismus und operationalistische Methode immerzu als untrennbare Allianz betrachtet wurden. Und als man sich vom kruden Behaviorismus lossagte, tat man dies in der festen Überzeugung, daß sich damit auch die ihm angehängte Methode erledigt habe. Aber diese Einschätzung trog, ging sie doch an den wahren methodischen Bedürfnissen vorbei. Die operationale Definition hat ihre Relevanz gerade im Hinblick auf die zuletzt beschriebene spezifische Funktion, sich nämlich solch Verborgenen sprachlich zu bemächtigen und damit Zugangswege vorzubereiten und zu ebnen, bis heute nicht verloren, nicht für die Sozialwissenschaften im allgemeinen und nicht für die Psychologie - selbst nach der sogenannten "kognitiven Wende" - im besonderen.

3. Die äußere Form der operationalen Definition

Erste Ansätze einer operationalistischen Bedeutungstheorie finden sich bei BRIDGMAN bereits 1922, als er das zu seiner Zeit vorherrschende Verständnis von physikalischen Dimensionen einer kritischen Betrachtung unterzog.[30] Explizit formuliert BRIDGMAN die Idee von der operationalen Definition dann fünf Jahre später, vornehmlich im ersten Kapitel seines wissenschaftstheoretischen Hauptwerkes "The Logic of Modern Physics".[31] Weitere neun Jahre verstreichen, ehe BRIDGMAN in dieser Sache erneut das Wort ergreift, um seine inzwischen in das Kreuzfeuer der Kritik geratenen Vorstellungen zu verdeutlichen.[32] Zwei Jahre darauf publiziert er seine abermals revidierte Position in einer sehr konzentrierten Fassung.[33] Auch später beteiligt er sich mehrfach an der öffentlichen Diskussion, die seine Thesen zur Begriffsbildung inzwischen weltweit entfacht haben.[34] Mit den Zugeständnissen, die er ab 1936 an seine Kritiker machte, verallgemeinerte er wie erwähnt seine Position jedoch so sehr, daß der einstmals ebenso radikale wie originelle Ansatz an Schärfe und Kontur verlor.

Wenn heutzutage die Rede ist von "operationaler Definition", sei es in der Literatur zur sozialwissenschaftlichen Methodenlehre oder zur Wissenschaftstheorie, sei es in den einschlägigen Artikeln diverser Konversationslexika, so wird fast ausnahmslos auf jenes Eingangskapitel in BRIDGMANs wissenschaftstheoretischem Hauptwerk aus dem Jahre 1927 verwiesen. Meist findet sich noch die programmatische Formulierung zitiert, die BRIDGMAN ebenda gleichsam als die Quintessenz seines Ansatzes verstanden wissen wollte: "In general, we mean by any concept nothing more than a set of operations; *the concept is synonymous with the corresponding set of operations*."[35] Mit dieser kryptischen und für jeden, der mit der traditionellen Definitionslehre ein wenig vertraut ist, merkwürdigen, wenn nicht gar abwegigen Äußerung soll auch hier die systematische Erörterung über die operationale Definition einsetzen.

---

[30] Vgl. BRIDGMAN (1922).
[31] Vgl. BRIDGMAN (1927).
[32] Vgl. BRIDGMAN (1936).
[33] Vgl. BRIDGMAN (1938), S. 116-131.
[34] Vgl. BRIDGMAN (1945a, 1945b, 1950, 1954, 1959).
[35] BRIDGMAN (1927), S. 5. In der deutschen Übersetzung von 1932 liest sich diese zentrale Passage unter Bezugnahme auf den vorhergehenden Satz so: "das heißt, der Längenbegriff schließt nicht mehr und nicht weniger ein, als eine Reihe von Operationen einschließt: *Der Begriff ist mit der Reihe der ihm entsprechenden Operationen gleichbedeutend*" (S. 5). In der deutschsprachigen Literatur wird nur selten auf diese Übertragung zurückgegriffen. Die meisten Autoren (bzw. Übersetzer von Sekundärliteratur) liefern eigene Übersetzungen, z. B. Günther SCHWARZ in: HAYAKAWA (1971), S. 191: "Im allgemeinen verstehen wir unter einem Begriff nicht mehr als eine Anzahl von Operationen; d e r B e g r i f f i s t s y n o n y m m i t d e r e n t s p r e c h e n d e n A n z a h l v o n O p e r a t i o n e n ." (Spationierung im Original)

Zwei Bemerkungen seien vorausgeschickt. Zunächst fällt auf, daß sich BRIDGMAN in dem auch im Original kursiv hervorgehobenen Teil seiner Formulierung einer Redeweise bedient, die unverkennbar an das herkömmliche Definitionsschema erinnert. In der allgemeinsten Fassung tritt danach ein in seiner Bedeutung nicht bzw. nur vage bekanntes **Definiendum** in Korrespondenz zu einem in seiner Bedeutung bekannten bzw. präzise bekannten **Definiens.**[36]

In der schriftlichen Fixierung dieser Zuordnung wird das Definiendum gewöhnlich links, das Definiens rechts notiert. Unter der Annahme nun, daß zwischen beiden Seiten ein Verhältnis der Synonymität besteht, wird das Definiendum insofern definiert, als die Bedeutung des Definiendums mit der Bedeutung des Definiens identifiziert wird. Da nicht nur die zitierte Stelle vermuten läßt, daß sich auch BRIDGMAN an diesem groben Rahmen orientierte, ist es gerechtfertigt, die von ihm propagierte Form der Definition dem traditionellen Definitionsschema zu unterstellen und sie folglich als **Identifizierungsdefinition** zu betrachten.

Eine zweite Vorbemerkung gilt den Beispielen, die BRIDGMAN zur Veranschaulichung seiner Thesen heranzieht. Er beschränkt sich ausnahmslos auf die physikalischen Dimensionen. Insbesondere Begriffe, die sich auf die Raum- und Zeit-Dimension beziehen, dienen ihm zur Exemplifizierung. Diese Einseitigkeit steht im Gegensatz zu der unterschwellig vermittelten Forderung, schlechthin alle in der Wissenschaft zu verwendenden Begriffe seien operational zu definieren. Denn vieles von dem, was in bezug auf die operationale Definition solcher physikalischer Begriffe gilt, kann nicht oder nur mit Einschränkungen übernommen werden für die operationale Definition anderer Begriffsarten. Sicher läßt sich ein Großteil der heute bestehenden Verwirrung zurückführen auf die Verwendung der immerwährend gleichen Art von Beispielen und auf die damit genährte Annahme, bei allen operationalen Definitionen verhalte es sich ebenso wie bei der operationalen Definition physikalischer Begriffe. Wenn ich trotz dieser Vorbehalte zunächst auch hier die Beispiele heranziehe, die BRIDGMAN verwendet, so liegt dies einmal darin begründet, daß sie die wohl getreueste Rekonstruktion seines Ansatzes

---

[36] Im folgenden werde ich nicht immer auf die jeweilige Voraussetzung abgestimmt formulieren: Ist die Bedeutung des Definiendums nicht bekannt, so müßte man konsequenterweise sagen, in einer Definition werde die Bedeutung dieses Definiendums (überhaupt erst) "bestimmt" bzw. ein in seiner Bedeutung gänzlich unbekannter Ausdruck werde "definiert"; ist die Bedeutung des Definiendums dagegen schon vage bekannt, müßte man sagen, in einer Definition werde die Bedeutung (nur) "präzisiert". Um beide Möglichkeiten deutlicher voneinander abzugrenzen, hat CARNAP bekanntlich vorgeschlagen, im zweiten Fall, also da, wo es nur um die Präzisierung eines bereits geläufigen Begriffes geht, nicht von Definition, sondern vielmehr von Explikation zu sprechen (vgl. CARNAP/STEGMÜLLER 1959, S. 12 ff.). Da ich diese Unterscheidung nicht übernehme, werde ich zur Bezeichnung dessen, was eine Definition leistet, alle drei Begriffe "bestimmen", "definieren", "präzisieren" synonym verwenden. Auch in bezug auf das Definiendum werde ich nicht weiter differenzierend sowohl von "sprachlichem Ausdruck" als auch von "Wort" oder gar von "Begriff" sprechen.

erlauben. Des weiteren werden sich auch die Ungereimtheiten der operationalen Definition anhand dieser Beispiele demonstrieren lassen. Und schließlich treten die Besonderheiten der operationalen Definition anderer Begriffsarten erst durch den kontrastierenden Vergleich mit der operationalen Definition der Zeit- und Längen-Begriffe deutlich hervor.

Betrachtet man den geläufigsten Ausdruck, der in unserer Sprache zur Bezeichnung einer räumlichen Ausdehnung bereitsteht, nämlich das Adjektiv "lang", so könnte eine operationale Definition dieses Ausdrucks in einer ersten Annäherung wie folgt notiert werden:

(0) lang $=_{def}$ /mit dem Meterstab messen/

Dabei wäre - in aller Vorläufigkeit - von der Vorstellung auszugehen, daß sich die Bedeutung des auf der linken Seite stehenden Ausdruckes durch die rechts "angegebene" Operation konstituiert. Da das Augenmerk zunächst nur auf die äußere Gestalt dieser Zuordnung gerichtet sei, mag die Wahl gerade dieser Operation nicht viel mehr als plausibel sein.

Hinter dem Prinzip der operationalen Definition verbirgt sich wie gesagt die lautere Absicht, vor allem wissenschaftliche Begriffe adäquat zu präzisieren. Von daher kann kein Zweifel bestehen, daß das Definiendum innerhalb der operationalen Definition ein sprachliches Gebilde ist. Die Frage, was hingegen auf der rechten Seite dieser Definition steht, läßt sich nicht so eindeutig beantworten. Zwei Möglichkeiten kommen in Betracht. Im ersten Fall ist das Definiens überhaupt nicht sprachlich gegeben; vielmehr erwächst die Bedeutung des Definiendums aus dem Aktivsein des Menschen. Diesem **handlungstheoretischen** Verständnis von der operationalen Definition steht als zweite Möglichkeit das **sprachtheoretische** Verständnis gegenüber: Das Definiens ist sprachlich gegeben; die Bedeutung des Definiendums erwächst aus der Bedeutung anderer sprachlicher Zeichen. Die Schwierigkeit besteht nun darin, daß sich BRIDGMAN für keine dieser beiden Positionen so recht entscheiden konnte. Seine Formulierungen sind - auch nach 1927 - oftmals mißverständlich und können in die eine oder andere Richtung gedeutet werden.

Auf den ersten Blick allerdings gewinnt man nicht nur bei der eingangs dieses Kapitels zitierten programmatischen Formulierung, sondern auch bei diversen Erläuterungen zu dieser Formulierung den Eindruck, BRIDGMAN neige ganz und gar dem handlungstheoretischen Verständnis zu. Wenn da - hauptsächlich in seinen Einlassungen von 1927 - von der "Realisierung von Begriffen" und im Originaltext immer wieder von "actual operations" die Rede ist,[37] so nährt dies in der

[37] BRIDGMAN (1927), S. 5 ff.

Tat die Vermutung, daß das Definiendum gar nicht mit einem sprachlichen Gebilde, sondern mit einer Aktivität in Korrespondenz tritt. Dies entspricht einer streng operationalistischen Auffassung, wonach eine sinnstiftende Funktion allein der praktischen Tätigkeit zukommt: Solange der Mensch nicht aktiv handelt, also Operationen ausführt, haben die sprachlichen Ausdrücke keine Bedeutung. Diesem Verständnis folgend darf man nicht sagen, die Bedeutung des Definiendums konstituiere sich durch die **Angabe** einer Operation, sondern man muß korrekterweise von der **Ausführung** einer Operation sprechen. Die Möglichkeit, daß das Definiens tatsächlich nicht als sprachliches Gebilde, sondern in einer anderen Weise des Gegebenseins in die operationale Definition eingeht, habe ich in Ausdruck (0) dadurch kenntlich gemacht, daß ich das, was auf der rechten Seite steht, in Schrägstriche setzte.

Läßt man sich auf dieses erste Verständnis ein, so sieht man sich sogleich in Schwierigkeiten verstrickt angesichts der Behauptung, zwischen beiden Definitionsgliedern bestünde ein Verhältnis der Synonymität. Ungeachtet spezifischer Konnotationen, die aus dem technischen Gebrauch von "synonym" innerhalb der Defintionslehre erwachsen, ist dieser Begriff mit "gleichbedeutend" zu übersetzen. BRIDGMANs programmatische Formulierung lautet damit: Ein Begriff ist gleichbedeutend mit einer entsprechenden Aktivität (bzw. mit einer Reihe von entsprechenden Aktivitäten). Dem Verständnis des Definitionsschemas zufolge wird dieser Begriff also definiert, indem die Bedeutung einer Aktivität auf ihn übergeht. Was aber heißt in diesem Zusammenhang, eine konkrete Handlung, eine tatsächlich ausgeführte Operation habe Bedeutung? Oder gezielter gefragt: Was gibt es da, das sich von einer Handlung zu lösen vermag, das von der rechten auf die linke Seite der Definition wandert und sich dann im Definiendum als Bedeutung niederschlägt?

In der traditionellen Definitionslehre ist die Annahme einer synonymen Beziehung mit dem Prinzip der Substituierbarkeit verbunden. Danach können Definiendum und Definiens in allen Aussagen (einer Theorie) gegenseitig substituiert werden, ohne daß sich die Bedeutung bzw. der Wahrheitswert dieser Aussagen verändert. Nimmt man dieses Prinzip für die operationale Definition in Anspruch - und das ist bei der Rede von einer synonymen Beziehung erlaubt -, so führt das zu einer merkwürdigen Konsequenz. Aufgrund der Forderung nämlich, alle (wissenschaftlichen) Begriffe seien operational zu definieren, müßten nun auch alle Begriffe durch Operationen ersetzbar sein, ohne daß sich an der Sinnhaftigkeit unserer Welt etwas ändern würde. Überall also, wo der Begriff "lang" vorkommt, könnte er uneingeschränkt substituiert werden durch den Akt der Längenmessung. Und man hätte sich - nimmt man BRIDGMAN nur beim Wort - der ganz und gar kuriosen Vorstellung hinzugeben, da wäre ein Heer von Wissenschaftlern, das ohne Sprache völlig in seiner Aktivität aufgeht und sich dabei dennoch sinnvoll auf die Wirklichkeit bezieht. In dieser Konsequenz würde die operationale Definition gerade das überflüssig machen, zu dessen Sanierung sie aufgeboten wurde: das Vokabular des Wissenschaftlers.

Es wird nicht deutlich, ob sich BRIDGMAN solcher Ungereimtheiten bewußt war. Selbst wenn man ihm nicht unterstellen will, er sei aufgrund einer nur vagen Ahnung von definitorischen Grundsätzen zu seiner heiklen Formulierung gelangt, so bleibt doch festzuhalten, daß der Begriff "synonym" im Rahmen der ersten (handlungstheoretischen) Interpretation weder in seiner geläufigen noch in seiner technischen Bedeutung einen rechten Sinn ergibt.

Die Rede von "realen" bzw. "tatsächlichen Operationen"[38] impliziert eine weitere Schwierigkeit. So ist eine tatsächlich ausgeführte Handlung stets auf den Einzelfall bezogen; sie geschieht immer in bezug auf eine bestimmte Situation, auf ein bestimmtes Objekt an einer bestimmten Raum-Zeit-Stelle, niemals jedoch in bezug auf eine Klasse von Situationen oder eine Klasse von Objekten. Daraus folgt, daß der zu definierende Begriff erst und nur im Zusammenhang mit diesem einen bestimmten Fall zu einer Bedeutung gelangt. Es wird, so könnte man auch sagen, nicht viel mehr als eine **individuelle Bedeutung** festgelegt. Wie sich diese Bedeutung über den Einzelfall hinaus erhält, bleibt, soweit man dieser ersten Interpretation folgt, weithin ungeklärt. Dieser Einwand ist von der plausiblen Überzeugung getragen, daß jede Sprache, die Umgangssprache ebenso wie die Wissenschaftssprache, nur dann funktioniert, wenn die verwendeten Begriffe eine über die individuelle Anwendung hinausgehende Bedeutung haben.[39]

Verbunden mit der vorgenannten Schwierigkeit ist der Umstand, daß Begriffe, die sich nicht auf Einzelfälle beziehen, überhaupt nicht operational definiert werden können. Solange sich die Bedeutung allein aufgrund einer konkreten Operation, also ausschließlich im Hinblick auf eine bestimmte Situation, auf ein bestimmtes Objekt usw. einstellt, gibt es keine Möglichkeit, von dieser individuellen Anwendung gelöste Begriffe einer Bedeutung zuzuführen. Mit anderen Worten: Gattungsbegriffe, Klassenbegriffe, jegliche Art von Allgemeinbegriffen, kurzum Universalien können nicht operational definiert werden. Das gilt insbesondere für jene Begriffe, die sich in allgemeinster Weise auf physikalische Dimensionen beziehen (kurz: Dimensions-Begriffe), wie etwa "Länge", "räumliche Ausdehnung", "Zeit", "zeitliche Erstreckung", "Masse", "Gewicht", "Geschwindigkeit". Was operational definierbar ist, sind lediglich Ausdrücke, die sich auf verschiedene Realisierungen

[38] So hat Wilhelm KRAMPF 1932 die Wendung "actual operations" übersetzt (S. 5).

[39] Das hier skizzierte Problem der individuellen Bedeutung stellt sich für die meisten Definitionsarten nicht. In der Nominaldefinition sind die Definitionsglieder ja auch niemals auf einen Einzelfall bezogen, sondern stets "typisiert". Anders dagegen bei der ostensiven Definition. Mit der Zeigehandlung läßt man sich immer auf einen konkreten Einzelfall ein. Prompt kommt es zu Mißverständnissen. Diese können nur kompensiert werden, indem man - etwa beim Spracherwerbsprozeß - die Zeigeprozedur möglichst oft an immer neuen Einzelfällen wiederholt.

dieser abstrakten Größen an einzelnen Objekten beziehen. Es ist allerdings zu konzedieren, daß aus der operationalen Definition von derart auf individuelle Realisierungen bezogenen Begriffen für jene Allgemeinbegriffe ein gewisses Verständnis erwächst.

Nachdem nunmehr einige Ungereimtheiten angesprochen sind, die sich mit der Annahme einstellen, in operationalen Definitionen korrespondiere das Definiendum mit einer tatsächlich ausgeführten Handlung, sei das Problem der äußeren Form dieser Definitionsart noch von einer anderen Warte aus betrachtet. In der Vergangenheit wurde verschiedentlich versucht, die Definitionsarten systematisch einzuteilen. Zwei dieser Versuche will ich hier aufgreifen und prüfen, ob sie den besonderen Belangen der operationalen Definition gerecht werden.

Zwar sehr grob, für eine Systematisierung aber durchaus nützlich, ist die von Richard ROBINSON favorisierte Unterteilung aller Definitionen in Wort-Wort-Definitionen ("word-word-definitions") einerseits und Wort-Ding-Definitionen ("word-thing-definitions") andererseits.[40] Soweit man das Definiens einer operationalen Definition als nicht-sprachlich gegeben betrachtet, verbietet sich schon einmal eine Klassifizierung dieser Art von Definition als Wort-Wort-Definition. Wie aber sieht es mit den Wort-Ding-Definitionen aus? Kann man die operationale Definition mit der ihr eigenen Wort-Handlung-Struktur dieser zweiten Kategorie zurechnen? Immerhin tritt in Wort-Ding-Definitionen ja auch etwas Sprachliches in Verbindung mit etwas Nicht-Sprachlichem. Dabei ist der Ausdruck "Ding" selbstverständlich nicht auf Gegenständliches beschränkt; "Ding" könnte jederzeit ersetzt werden durch "Eigenschaft", "Zustand", "Ereignis" und dergleichen. Es kommt allein darauf an, daß auf der rechten Seite der Definition etwas steht, das nicht dem Reich der Sprache entstammt. Obgleich die operationale Definition ihrer äußeren Gestalt nach also der Wort-Ding-Kategorie zugeordnet werden müßte, wäre diese Subsumierung dennoch verfehlt. Denn für alle Definitionen dieser Struktur gilt die implizite Annahme, daß das Wort in einer **Bezeichnungsfunktion** zum entsprechenden nicht-sprachlichen Teil der Definition steht. Diese funktionale Beziehung gilt für die operationale Definition jedoch nicht; das Definiendum dient hier nicht zur Bezeichnung der Operation; mit der operationalen Definition wird nicht der Zweck verfolgt, eine Handlung mit einem Namen zu versehen; die Handlung ist hier kein Referenzobjekt. Mit dieser Bestimmung *ex negativo* kann allerdings nicht gänzlich ausgeschlossen werden, daß diese Art der Definition doch indirekt etwas mit dem Vorgag der Bezeichnung zu tun hat.[41] Damit

[40] Es soll in diesem Zusammenhang nicht weiter stören, daß ROBINSON diese Differenzierung allein dazu verwendet, die Kategorie der Nominaldefinitionen zu unterteilen. In bezug auf Realdefinitionen spricht er höchst mißverständlich von "thing-thing-definitions" (1965, S. 16 ff.).

[41] Mario BUNGE macht sich die von ROBINSON favorisierte Unterteilung zu eigen, wenn er einerseits von "sign-sign-correspondences" andererseits von "sign-referent-relations" spricht (1967, Bd. 1, S. 117 bzw. S. 146). Diese "sign-referent-relations" sind für ihn allerdings keine

greife ich jedoch bereits vor auf die Frage, wie denn zwischen den beiden Definitionsgliedern Bedeutung transferiert wird. Zunächst soll noch die Tauglichkeit eines anderen Einteilungsschemas diskutiert werden. Walter DUBISLAV betont nicht nur den Regelcharakter der Definition, sondern hat auch schon jenen Bedeutungstransfer im Auge, wenn er Definitionen als **Bezeichnungsregeln** abgrenzt von Definitionen als **Substitutionsregeln**.[42]

Eine Verwandtschaft dieser Unterteilung mit dem vorgängigen Schema besteht insofern, als Wort-Wort-Definitionen als Substitutionsregeln, Wort-Ding-Definitionen dagegen als Bezeichnungsregeln aufgefaßt werden können. Versucht man nun, die operationale Definition - immer wieder gilt: in ihrem bislang entwickelten Verständnis - dem Schema von DUBISLAV unterzuordnen, so ergeben sich auch hier Schwierigkeiten. Sicher ist die operationale Definition in dem soeben erläuterten Sinne keine Bezeichnungsregel. BRIDGMANs Rede von der Synonymität der Definitionsglieder legt hingegen nahe, die operationale Definition als Substitutionsregel zu betrachten. Doch auch diese Zuordnung verbietet sich angesichts der Tatsache, daß man in der Substitution eines sprachlichen Ausdruckes durch eine Handlung keinen rechten Sinn erkennen kann.

Weniger aufgrund der fehlenden Möglichkeit, operationale Definitionen in herkömmlichen Einteilungsschemata unterzubringen, als vielmehr wegen der genannten sachlichen Argumente sollte über die Seinsweise des Definiens entschieden werden. So legen es die Schwierigkeit mit der Konservierung der Bedeutung über den Einzelfall hinaus sowie die damit verbundene Unmöglichkeit, Allgemeinbegriffe zu definieren, doch nahe, von der ersten Interpretation, wonach sich die Bedeutung aufgrund einer tatsächlich ausgeführten Operation konstituiere, abzu-

---

Definitionen, sondern wie er sagt "referitions" - eine etwas dubiose anglo-lateinische Wortschöpfung, die sich trotz ihrer Eindeutschung ("Referitionen") in unserem Sprachraum bisher nicht durchsetzen konnte. BUNGE zählt neben den ostensiven Definitionen u. a. auch die operationalen Definitionen zu diesen Referitionen. Indes erhält sich mein Einwand auch gegen BUNGE: Die Weise, wie in beiden Definitionsarten, ostensiver und operationaler Definition, sprachliches Zeichen und Referent einander zugeordnet werden, ist zumindest strukturell verschieden. Die ostensive Definition ist an eine aktuelle Kommunikationssituation zwischen einem kompetenten und einem inkompetenten Sprecher gebunden. Dabei weist der kompetente Sprecher durch eine Zeigehandlung einen Begriff zu dem Zwecke einem Referenten zu, daß der inkompetente Sprecher fortan weiß, für welche Sache dieser Begriff steht. Bei der operationalen Definition geht es zwar auch um die Zuordnung von Begriffen zu Referenzobjekten. Es bedarf aber, wie zu zeigen sein wird, keines kundigen Vermittlers, der eine Handlung ausführen muß, ja es ist überhaupt keine aktuelle Kommunikationssituation erforderlich. - Wie unbedarft die von BUNGE herausgestellte Verwandtschaft von ostensiver und operationaler Definition zuweilen rezipiert wird, zeigt sich z. B. bei Wolfgang BALZER, wenn dieser kurzerhand unterscheidet: "An die Stelle des nicht-sprachlichen Hinweises auf ein Ding oder einen Sachverhalt [bei ostensiven Definitionen] tritt [bei operationalen Definitionen] der nicht-sprachliche Hinweis auf ein 'Meßinstrument'." (1979, S. 15; die unklare Verwendung der Anführungszeichen im Original)

[42] Vgl. DUBISLAV (1931).

rücken und die zweite, sprachtheoretische Interpretation für die vorliegende Untersuchung als verbindlich zu betrachten. Damit kann von Ausdruck (0) zu Ausdruck (1) übergegangen werden, bei dem das Definiens jetzt nicht mehr innerhalb von Schrägstrichen steht:

(1) lang $=_{def}$ mit dem Meterstab messen

Tatsächlich finden sich bei BRIDGMAN auch für diese zweite Interpretation hinlänglich Belege. So heißt es gleich in der Einleitung von "The Logic of Modern Physics": "(...) all these experiments are concerned with things so small as to be forever beyond the possibility of direct experience, so that we have the problem of translating the evidence of experiment into other language",[43] wobei sofort zu fragen ist, ob mit "experimentellem Tatbestand" (so wird "evidence of experiment" 1932 übersetzt[44]) ein Zustand vor der Ausführung oder nach der Ausführung der Operation gemeint ist. Ähnlich ambivalent gibt sich BRIDGMAN wenige Seiten später: "(...) the proper definition of a concept is not in terms of its properties but in terms of actual operations".[45] Meint er mit "actual operations" bereits ausgeführte oder lediglich ausführbare Operationen? Wie dem auch sei, beide Belege geben doch zu erkennen, daß es auf seiten des Definiens um "in Sprache gefaßte" Operationen geht. Nicht mit der Ausführung, sondern über die Angabe einer Operation konstituiert sich also Bedeutung. Nun sind auch mit dieser sprachtheoretischen Sichtweise keineswegs alle Probleme beseitigt.

Vorab ein erkenntnistheoretischer Aspekt. Eingangs habe ich vier mögliche Quellen der Wirklichkeitserkenntnis vorgestellt: Man kann ausgehen (a) von den Sachen bzw. Gegebenheiten selbst, (b) von den Eindrücken, die man über den Sinnesapparat von diesen Gegebenheiten erhält, (c) von der Sprache, vermittels derer man über diese Gegebenheiten spricht und schließlich (d) von dem Umgang des Menschen mit diesen Gegebenheiten. Nun geht es im vorliegenden Zusammenhang zwar nicht um die Quelle der Erkenntnis, sondern nur um das, was die Sprache des Menschen mit Bedeutung erfüllt. Aber es bleibt doch festzuhalten, daß man mit der Annahme, die Bedeutung sprachlicher Ausdrücke konstituiere sich nicht über Handlungen, sondern über seinerseits sprachlich Gegebenes, zu einem Erkenntnisparadigma wechselt, das gerade nicht dem traditionellen, strengen operationalistischen Verständnis entspricht. Jetzt gilt: Im Anfang ward nicht die Tat, sondern das Wort. So gesehen vertritt BRIDGMAN letztlich einen erkenntnistheoretisch halbierten Operationalismus.

Das hat selbstverständlich Konsequenzen für die operationale Definition. Denn gemäß dem sprachtheoretischen Verständnis bliebe jetzt das Geschäft der Be-

[43] BRIDGMAN (1927), S. VIII.
[44] BRIDGMAN (1927) - in der deutschen Übersetzung von 1932, S. XI.
[45] BRIDGMAN (1927), S. 6.

griffsbestimmung ganz und gar im Bereich der Sprache; menschliches Handeln, genauer gesagt: der Vollzug einer Handlung wäre für die Konstituierung der Bedeutung irrelevant. Wie mißlich es ist, wenn BRIDGMAN ständig zwischen der handlungstheoretischen und der sprachtheoretischen Auffassung schwankt, wird offensichtlich: Wenn doch noch ein Rest der handlungstheoretischen Position sich erhalten sollte, in der Form etwa, daß irgendwo und irgendwann die Bedeutungen der Wörter endlich auf Handlungen basieren, so drohte das Konzept der operationalen Definition einem infiniten Regreß anheimzufallen. Denn die Wörter, in die die Handlungen nunmehr gefaßt sind, müßten entsprechend der Voraussetzung wieder operational definiert werden - so lange, bis jener kaum exakt zu bestimmende Punkt erreicht wäre, an dem nur noch, sozusagen als letzte Instanz, Taten "sprechen" könnten.

Ungeachtet der Preisgabe operationalistischer Positionen würde sich die operationale Definition einer Kategorisierung gemäß den beiden erwähnten Schemata nach wie vor widersetzen. Vordergründig erschiene sie jetzt zwar als Wort-Wort-Definition, wobei nun auch die Rede von einer synonymen Beziehung zwischen den Definitionsgliedern nicht mehr absonderlich anmuten würde. Genau besehen gibt es aber doch erhebliche Vorbehalte. Denn in einer operationalen Definition sind - wie zu zeigen sein wird - Definiendum und Definiens nicht zwangsläufig auf der gleichen sprachlichen Ebene angesiedelt.

Die vier Paradigmen der Erkenntnis sind nicht in jeder Hinsicht ebenbürtig und gleichwertig: Während die Gegebenheiten selbst ebenso wie Handlungen nichts irgendwie Vermitteltes, sondern etwas Ursprüngliches darstellen, liefert die menschliche Wahrnehmung (der Gegebenheiten) lediglich eine durch die Sinne und den Verstand des Menschen filtrierte Erkenntnisgrundlage. Eine gegenüber diesem Filtrat noch höhergradige Abstraktion des menschlichen Geistes ist schließlich alles Sprachliche. Wenn man aber die Bedeutung sprachlicher Zeichen aus anderen sprachlichen Zeichen und nicht aus Handlungen erwachsen läßt, nimmt man unweigerlich diese höhergradige Abstraktion in Kauf. Es beginnt der im Zusammenhang mit BRIDGMANs Sprachverständnis schon beklagte Reduktionismus also bereits an dieser Stelle: Ein in Sprache gefaßtes Etwas ist weniger "authentisch" als dieses Etwas selbst.[46]

Mit der Entscheidung, das Definiens als sprachlich gegeben zu betrachten, verschwimmen auch historische Zusammenhänge. So rückt eines der wichtigsten Motive, die BRIDGMAN überhaupt erst zu seinen Überlegungen veranlaßte, in

---

[46] Sicher gilt diese Degradierung nicht in jeder Hinsicht und v. a. nicht in bezug auf jede philosophische Ausrichtung. So wird die begriffliche Erfassung eines einzelnen Gegenstandes diesem Gegenstand als Ganzem gerecht und vermittelt damit mehr als die bloße "Abschattung", d. h. die der Wahrnehmung zugängliche Seite dieses Gegenstandes.

den Hintergrund: die Einbeziehung des handelnden Menschen bzw. die durch dieses Handeln bedingten Einflußgrößen in den wissenschaftlichen Erkenntnisprozeß.

Es mag nicht sonderlich stringent sein, eine Interpretation mit dem Hinweis auf aktuelle Gepflogenheiten zu stützen. Dennoch sollte auch die Tatsache nicht übersehen werden, daß allerorten, wo heutzutage in den empirischen Sozialwissenschaften die Forderung erhoben wird, einen Begriff operational zu definieren bzw. zu operationalisieren, es immer und ausschließlich um Wort-Wort-Definitionen geht. In keinem Fall wird daran gedacht, das Definiens dieser Art von Definitionen als etwas nicht-sprachlich Gegebenes zu betrachten oder sich gar dem operationalistischen Erkenntnisparadigma zu unterwerfen.[47]

Ein Blick auf diese Gepflogenheiten offenbart auch den Stellenwert der operationalen Definition: Das operationale Definieren ist eine begriffsbildende Maßnahme, die zum Handeln anleitet und also zu treffen ist, **bevor** gehandelt wird. Diese Reihenfolge schlägt sich nieder in der **These von der Vorrangigkeit der sprachlichen Konzeption vor dem Handeln**, die für die sprachtheoretische Interpretation der operationalen Definition uneingeschränkt gilt.

Selbst wenn ich mir aus guten Gründen das sprachtheoretische Verständnis von der operationalen Definition fortan zu eigen mache, bleibt zu bedenken, daß vieles im folgenden nur verstehbar ist, wenn man rückblickend, von der tatsächlichen Ausführung einer Operation her, argumentiert. Auch BRIDGMAN ist bei seiner Argumentation über weite Strecken so verfahren. Möglicherweise lag es an diesem "didaktischen Zwang", daß ihm viele Formulierungen mißverständlich gerieten.[48]

[47] Autoren, die dem Operationalisierungsgebaren skeptisch gegenüberstehen, wie etwa Klaus HOLZKAMP, setzen gerade an dieser Stelle ihre Kritik an: Sie verweisen darauf, daß mit der Auffassung, das Definiens sei nicht anders als nur sprachlich gegeben, eine konsequent operationalistische Haltung auch schon aufgegeben worden sei (vgl. HOLZKAMP 1964, S. 197 ff. sowie 1967, S. 287 f.).

[48] Die von BRIDGMAN hinterlassene Ungewißheit über den Status des Definiens erhält sich bis heute. So präferieren ESSER/KLENOVITS/ZEHNPFENNIG offensichtlich nicht die Angabe-, sondern die Ausführungsvariante, wenn sie schreiben "operationale Definitionen [sind] (...) Überprüfungen des tatsächlichen Vorliegens" oder wenig später "operationale Definition und Überprüfung (...) [sind] identisch" (1977, S. 87). Nachdem sich diese Bestimmungen mitten in einem Kapitel über Definitionen finden, in dem ESSER/KLENOVITS/ZEHNPFENNIG ganz der überbrachten Merkmalssemantik verpflichtet sind, hat man schon Anlaß zu dem Verdacht, daß die Autoren gar nicht gemerkt haben, daß sie mit ihren Formulierungen in ein vollkommen anderes Paradigma gerutscht sind. - Die meisten Autoren belassen es bei der Ungewißheit und formulieren vielsagend, bei der operationalen Definition werde auf ein Verfahren "hingewiesen", so zuletzt HÜGLI/LÜBCKE 1997: "Eine operationale D. (...) bestimmt die Bedeutung eines Ausdrucks mit Hinweis auf ein bestimmtes Verfahren oder eine Methode (...)." (S. 133)

4. Dreifache Bestimmung der operationalen Definition

Im folgenden werde ich zu insgesamt drei Bestimmungen der operationalen Definition gelangen, die zwar nicht unabhängig voneinander sind, für sich genommen jedoch ganz verschiedene Probleme in sich bergen und, wie man später sehen wird, im Lichte der traditionellen Definitionskriterien auch unterschiedlich zu beurteilen sind.

Die erste, ebenso allgemeine wie umfassende Bestimmung der operationalen Definition - abgekürzt "OD_A" - ist im wesentlichen aus dem Verifikationsprinzip herleitbar. Dieser Weg eröffnet sich nicht zuletzt aufgrund des besonderen Verständnisses, das BRIDGMAN mit dem Begriff "Operation" verbindet. Es folgen zwei spezifische Bestimmungen. Die eine - als "OD_1" notiert - zehrt einerseits beträchtlich von diesem Operations-Begriff, steht andererseits aber auch in engem Zusammenhang mit BRIDGMANs Auffassung von Zweck und Funktion der Sprache. Die andere spezifische Bestimmung - kurz "OD_2" - drängt sich auf angesichts der einseitigen Exemplifizierung von BRIDGMANs Überlegungen. Kombiniert man diese beiden spezifischen Bestimmungen schließlich, so gelangt man zu jenem heute allseits gängigen Verständnis von der operationalen Definition.

Auf die Mängel und Ungereimtheiten der BRIDGMANschen Ausführungen wurde bereits mehrfach hingewiesen. Trotzdem sei gerade an dieser Stelle noch einmal hervorgehoben, daß man keine dieser vier Bestimmungen, insbesondere auch nicht die von mir als allgemein offerierte Bestimmung der operationalen Definition, bei BRIDGMAN explizit formuliert findet. Die nachfolgenden Ausführungen sind also ganz und gar Produkt einer sowohl um Systematisierung als auch um Verallgemeinerung auf nicht-physikalische Bereiche bemühten Interpretation.

4.1 Allgemeine Bestimmung der operationalen Definition (OD_A)

Es liegt nahe, bei allen Anstrengungen um die Klärung der Beziehung zwischen den Definitionsgliedern von BRIDGMANs Operations-Begriff auszugehen. Schlägt man diesen Weg ein, offenbart sich sogleich eine **Janusköpfigkeit** der operationalen Definition, die die gesamte Diskussion hindurch gegenwärtig ist und teils störend, teils klärend in Erscheinung tritt. BRIDGMAN sucht die Gültigkeit seiner Ausführungen gleichsam zu beschwören, wenn er immer wieder betont, daß ihn jahrzehntelanges, eindringliches Reflektieren über den empirischen, namentlich physikalischen Forschungsprozeß schließlich zur Konzeption von der operationalen Bestimmung der Begriffe geführt habe.[49] So nimmt es nicht wunder, wenn auch sein Begriff von der Operation in besonderer Weise dem Kontext die-

[49] Vgl. z. B. BRIDGMAN (1938), S. 115 ff.

ses Prozesses verhaftet ist. Eine Operation - und das steht außer Frage - ist für ihn stets ein Tun, das von dem nach Erkenntnis suchenden (Natur-)Forscher ausgeht, also einschlägig motiviert ist, ein Tun, das auf die (materiell gegebenen) Phänomene dieser Welt gerichtet ist und dem vorrangigen Zwecke dient, diese Phänomene überhaupt aufzuspüren, sie zu erkunden und sich Wissen über sie zu verschaffen. Wenn BRIDGMAN also von "Operation" spricht, so meint er immer zuerst eine Handlung des In-Erfahrung-Bringens, des Überprüfens, des Kontrollierens und insbesondere auch, bezogen auf den Gegenstandsbereich, dem er sich ausnahmslos widmet, eine Handlung des Messens.

Der doppelgesichtige Charakter der operationalen Definition besteht nun darin, daß man die Argumentation im Anschluß an diesen spezifischen Operations-Begriff sowohl **sachbezogen** als auch **sprachbezogen** führen kann. Argumentiert man sachbezogen, so bedeutet "eine Operation angeben" im vorliegenden Zusammenhang nichts anderes als anzugeben, welche Handlung man (der Forscher, der Naturwissenschaftler, verallgemeinert: ein empirisches Subjekt) ausführen muß, um ein bestimmtes Phänomen (entsprechend verallgemeinert: ein empirisches Objekt) zu erkunden, um es als solches zu identifizieren, um seinen augenblicklichen Zustand, seine Ausprägung und dergleichen zu erfassen. Wendet man diese Argumentation und bezieht sie nicht auf die Sache, sondern auf die Sprache, so gelangt man zur operationalen Definition. "Eine Operation angeben" heißt nunmehr, eine Handlung angeben, vermittels derer festgestellt werden kann, ob ein Begriff auf ein bestimmtes Phänomen, auf einen augenblicklichen Zustand, auf eine Ausprägung dieses Phänomens usw. anzuwenden ist oder nicht. Die empirische Erfassung des Phänomens (bzw. seiner Zustände), so könnte man verkürzt sagen, ist die eine Seite, die Benennung des Phänomens (bzw. seiner Zustände) die andere. Beide Vorgänge, empirische Erfassung einerseits und Benennung andererseits, unterliegen so gesehen der jeweils gleichen Operation.[50]

---

[50] Einem ähnlichen Wechselspiel sieht man sich im übrigen bei dem Versuch gegenüber, zwischen Nominaldefinition und Realdefinition fein säuberlich zu differenzieren. Während vermittels der Realdefinition ein Gegenstand aufgrund seiner Eigenschaften, Zustände usw. bestimmt wird - man sich also auf die Sache bezieht -, wird vermittels der Nominaldefinition - ganz sprachbezogen - der Begriff definiert, der für diese Sache steht, sie bezeichnet oder beschreibt. Dabei sind die Kriterien zur Unterscheidung zwischen beiden Definitionsarten oftmals verschwommen. Vor allem mit der Sachbezogenheit tut man sich schwer. Ist "sachbezogen" gleichzusetzen mit "wirklichkeitsbezogen"? Ist mit "Sache" nur materiell Existierendes gemeint, oder, in extremer Einschränkung, gar nur natürlich Gegebenes (im Gegensatz zu allem vom Menschen Geschaffenen)? Meist wird als Abgrenzungskriterium zwischen beiden Definitionsarten ihre jeweils unterschiedliche Gültigkeit herausgestellt. So folgt bei der Realdefinition von 'Mensch' aus einer Notwendigkeit, die in der Sache begründet liegt, daß ein Mensch etwas ist, das aufrecht auf zwei Beinen geht, ungefiedert ist, sich der Vernunft bedient, spricht, zur Erledigung von Aufgaben selbstgefertigte Werkzeuge einsetzt, auf sich selbst Bezug nehmen kann usw. Keiner Sachnotwendigkeit hingegen unterliegt es, daß dieses Etwas ausgerechnet mit dem sprachlichen Ausdruck "Mensch" bezeichnet wird (bzw. die an diesem Etwas haftenden Eigenschaften mit den sprachlichen Ausdrücken "aufrecht gehen", "auf zwei Beinen", "ungefiedert" usw.). Das ist

Zur Abgrenzung der bislang getroffenen Unterscheidungen kann festgehalten werden: Das Begriffspaar "sachbezogen/sprachbezogen" betrifft ausschließlich die Janusköpfigkeit der operationalen Definition. Diese Unterscheidung steht also in keinem Zusammenhang mit dem bereits abgehandelten Problem der Seinsweise des Definiens. Was diese Seinsweise angeht, bediene ich mich zur gefälligen Abgrenzung der dichotomen Unterscheidung "nicht-sprachlich gegeben/sprachlich gegeben". Und die Möglichkeit, die Problematik der operationalen Definition entweder handlungstheoretisch oder sprachtheoretisch anzugehen, hat ihrerseits nichts mit jener Janusköpfigkeit zu tun, sondern hängt allein davon ab, für welche der beiden Seinsweisen man sich entscheidet.

Ein erster Einblick in das Funktionieren operationaler Definitionen eröffnet sich, wenn man Ausdruck (1) versuchsweise auf den Einzelfall bezieht und entsprechend ausformuliert:

(2)	Gegenstand A (an der Raum-Zeit-Stelle RZ) ist [x cm] **lang**	$=_{def}$	das empirische Subjekt M mißt den Gegenstand A (an der Raum-Zeit-Stelle RZ) mit dem Meterstab

Nachdem inzwischen geklärt wurde, daß das Definiens sprachlich gegeben ist, sind die Schrägstriche auf der rechten Seite gefallen. Die in Rundklammern gefaßten Orts- und Zeitangaben dienen lediglich dazu herauszustellen, daß sich sowohl der links als auch der rechts vom Definitionszeichen stehende Ausdruck auf ein und dieselbe konkrete Situation bezieht. Die Besonderheit, daß man mit Hilfe des Meterstabes den Grad der Längenausdehnung numerisch bestimmen kann, wird im folgenden vernachlässigt.

---

eine sprachenspezifisch begründbare, semantisch aber willkürliche Setzung. Die Notwendigkeit fällt hier nur an anderer Stelle ein: Wenn man sich auf diesen sprachlichen Ausdruck für eben dieses Etwas geeinigt hat, dann kann man bei der Nominaldefinition von "Mensch" nämlich nicht umhin, die der Sache notwendigerweise zukommenden Eigenschaften als Bedeutungskonstituenten für den diese Sache bezeichnenden Ausdruck zu verwenden. Nicht zuletzt kommen die bestehenden Unklarheiten auch darin zum Ausdruck, daß namentlich analytisch orientierte Philosophen und Wissenschaftstheoretiker die Realdefinition als spekulative Wesensbestimmung ablehnen (z. B. HERRMANN 1973, S. 32 ff.; ESSER/KLENOVITS/ZEHNPFENNIG 1977, S. 83), sie gelegentlich gar mit der von HUSSERL begründeten Phänomenologie in Zusammenhang bringen. Diese Verbindung ist aber keineswegs zwingend, zumal die Unterscheidung zwischen Nominal- und Realdefinition auf ARISTOTELES zurückgeht, und die Realdefinition, gerade im aristotelischen Sinne als "Bestimmung einer Sache", zweifelsohne ihren Platz in den Wissenschaften hat. Andererseits scheint mir - eben wegen der Sachbezogenheit operationaler Definitionen - eine, wenn nicht phänomenologische, so doch essentialistische Deutung dieser Definitionsart durchaus vertretbar. Ob ich irgendwelche Merkmale eines Phänomens kenne oder schlichtweg weiß, wie dieses Phänomen in Erfahrung zu bringen ist - beides, Merkmale und Zugangsweise, kann als zum Wesen dieses Phänomens gehörig betrachtet werden.

Wie ist nun der neugebildete Ausdruck (2) zu beurteilen? Zunächst ist zu konstatieren, daß ich die Berechtigung, Ausdruck (1) nach Ausdruck (2) hin zu erweitern, im wesentlichen aus dem Verständnis ableite, das BRIDGMAN mit dem Begriff "Operation" verbindet. Das empirische Subjekt M bekundet mit seinem Interesse, die räumliche Ausdehnung, die ein bestimmter Gegenstand (empirisches Objekt A) besitzt, exakt in Erfahrung bringen zu wollen, jenes einschlägig motivierte Verhalten. Dieser Übergang ist indes nicht das Problem. Schwerer tut man sich, in Ausdruck (2) überhaupt noch eine Form der Definition zu sehen. Das Definitionszeichen scheint deplaziert. Doch mag man für einen Augenblick das gewohnte Schema beibehalten. Der theoretische Zusammenhang zwischen den zu Behauptungen gewandelten Definitionsgliedern ist denn sofort augenfällig: Der auf der Definiens-Seite stehende Satz gibt an, was zu tun ist, um die Wahrheit des auf der Definiendum-Seite stehenden Satzes zu überprüfen. Der rechts stehende Satz kann gleichsam als **Verifikationsanweisung** für die links stehende Behauptung aufgefaßt werden.

Blendet man die Einzelfall-Bezogenheit stufenweise wieder aus, so gelangt man über die Ausdrücke (3) und (4)

(3) Gegenstand A ist [x cm] **lang** $=_{def}$ Gegenstand A mit dem Meterstab messen

(4) [x cm] lang $=_{def}$ mit dem Meterstab messen

zurück zum ersten Ausdruck:

(1) lang $=_{def}$ mit dem Meterstab messen

Der Definitionscharakter ist wieder hergestellt. Auf der linken Seite verbleibt der zu definierende Begriff; die einst auf der rechten Seite stehende Beschreibung einer auf einen Einzelfall bezogenen Operation reduziert sich auf die Angabe einer allgemeinen, d. h. für alle gleich gelagerten Fälle geeigneten Methode - einer Verfahrensweise, die sich, wenn man so will, erst in der Anwendung auf einen Einzelfall konkretisiert. Soll die Begriffsbestimmung auch nur allgemeingültig sein, ist eine derartige Reduzierung unabdingbar. Denn aus einer auf den Einzelfall bezogenen Operation kann lediglich eine individuelle Bedeutung erwachsen. Und das gilt nicht nur für den in Kap. 3 besprochenen Fall, daß man auf die tatsächlich ausgeführte Operation rekurriert, sondern auch dann, wenn diese individuelle Operation in Worte gefaßt, das Definiens also sprachlich gegeben ist.

Welche Konsequenzen aber hat die Abstrahierung vom Einzelfall? Sicher ist es nicht unproblematisch, das Verifikationsprinzip von Ausdruck (2) auf Ausdruck

(1) zu übertragen. Denn gemeinhin läßt sich dieses Prinzip nur für Aussagen in Anspruch nehmen. Begriffe können nicht verifiziert bzw. falsifiziert werden. Verläßt man an dieser Stelle aber für einen Moment die Sprachebene und argumentiert sachbezogen, verliert das Problem an Brisanz. Denn es ist methodisch ja nicht anrüchig, Verfahren anzugeben, aufgrund derer sich entscheiden läßt, ob das mit einem Begriff bezeichnete Phänomen gegeben ist oder nicht. (Ob man eine solche Entscheidung noch Verifikation bzw. Falsifikation nennen mag, ist nebensächlich.) Es wird auch dann nicht anrüchig, wenn man diese Möglichkeit auf die Sprachebene rückbezieht. Das Konzept der operationalen Definition nimmt denn die im Verifikationsprinzip enthaltene **Verifikationstheorie der Bedeutung** auch für Begriffe in Anspruch. Analog zu der Überzeugung, daß die Bedeutung eines Satzes (nach geläufiger Diktion: der Sinn) in der Methode seiner Verifikation besteht (empiristisches Sinnkriterium), ist - in bezug auf die operationale Definition - davon auszugehen, daß sich die Bedeutung eines Begriffes über die Angabe einer Operation konstituiert, vermittels derer man feststellen, überprüfen ("verifizieren") kann, ob dieser Begriff auf ein Phänomen angewendet werden kann oder nicht.

Damit bin ich aber wieder beim Ausgangspunkt der vorliegenden Untersuchung, wonach es ein berechtigtes Anliegen ist, nach der korrekten Anwendung eines Begriffes auf ein Phänomen zu fragen und - damit verbunden - auch nach Verfahren, vermittels derer über diese Anwendung entschieden werden kann. Die nach der Ausblendung der Einzelfall-Bezogenheit in verkappter Form verbliebene verifikative Beziehung zwischen den Definitionsgliedern entpuppt sich somit als **Anwendungsregel** für sprachliche Ausdrücke.

Dieser sprachbezogenen Argumentation schließt sich unmittelbar eine **allgemeine Bestimmung der operationalen Definition** an:

> **OD_A**: In einer operationalen Definition wird die Bedeutung eines Begriffes (Definiendum) derart bestimmt, daß man eine Operation bzw. eine Reihe von Operationen angibt (Definiens), deren Ausführung festzustellen erlaubt, ob dieser Begriff auf ein Phänomen anzuwenden ist oder nicht.

Aus diesem **operationalistischen Prinzip** leitet sich das **operationalistische Sinnkriterium** ab, das analog zum empiristischen Sinnkriterium formuliert werden kann: Ein Begriff hat nur dann Bedeutung, wenn es eine Operation (eine Reihe von Operationen) gibt, deren Ausführung festzustellen erlaubt, ob dieser Begriff auf ein Phänomen anzuwenden ist oder nicht. Kehrt man diese Formulierung um, so offenbart sich BRIDGMANs Anspruch in seiner ganzen Rigidität: Begriffe, für die keine solchen Operationen angegeben werden können, haben auch keine Bedeutung.

Wendet man die allgemeine Bestimmung der operationalen Definition ein weiteres Mal, so gelangt man zu einer Formulierung, die bereits aus der Einleitung geläufig ist und die ich hinfort als die **operationalistische Grundfrage** bezeichnen will: Was muß man tun, um darüber befinden zu können oder, was dem entspricht: um entscheiden zu können, ob ein bestimmter sprachlicher Ausdruck auf ein Phänomen angewendet werden kann oder nicht?

Diese Frage kann allerdings - und das wird sich als eines der Hauptprobleme der operationalen Definition herausstellen - nicht voraussetzungslos gestellt werden; ebenso wie es nicht möglich ist, operationale Definitionen ohne Voraussetzung zu formulieren, geschweige denn zu verwenden. Mit diesen Definitionen wird die Bedeutung nämlich keineswegs aus der Bedeutungslosigkeit gestampft, sondern sie konstituieren Bedeutung auf der Basis eines dieser Konstituierung vorausgehenden Sinnzusammenhangs. Dieser vorausgehende Sinnzusammenhang zeigt sich z. B. darin, daß man, bevor man sich auf die (Angabe der) Längenmessung als Bedeutungs-Konstituens für den Begriff "lang" einläßt, wissen muß, daß diese Messung in bezug auf etwas nicht materiell Gegebenes (beispielsweise Gedanken) ins Leere läuft. Ebenso setzt die Intelligenzmessung als Bedeutungs-Konstituens für "intelligent" das Wissen voraus, daß sie nicht an einem Stück Holz vollzogen werden kann. Dabei disqualifiziert sich dieses Problem beileibe nicht, wie es auf den ersten Blick scheinen mag, als abwegige Spekulation, die hier nichts zu suchen hat und deshalb auch keiner Erörterung bedarf. Vielmehr handelt es sich um eine ernstzunehmende metaphysische Fragestellung, die zu der **These von der Vorgängigkeit eines Sinnzusammenhangs** führt.

Die Herleitung der allgemeinen Bestimmung OD_A aus dem Verifikationsprinzip kann man unter verschiedenen Aspekten kommentieren. So läßt die Verzahnung von operationalistischem und empiristischem Prinzip unschwer erkennen, daß das Konzept der operationalen Definition, ohne auf BRIDGMAN rekurrieren zu müssen, auch aus der Sprachtheorie des logischen Positivismus abgeleitet werden könnte. Die einmal Ludwig WITTGENSTEIN, dann wieder Moritz SCHLICK zugeschriebene Kurzformel des empiristischen Sinnkriteriums ("Der Sinn eines Satzes ist die Methode seiner Verifikation")[51] charakterisiert im Kern ja auch die Position BRIDGMANs - nur eben, daß sich BRIDGMAN nicht um Sätze bzw. Aussagen kümmerte, sondern sich auf einzelne Begriffe kaprizierte. Wie eng jedoch beide Prinzipien zusammenhängen, ergibt sich nicht nur aus der Möglichkeit, den zu verifizierenden Satz und die dazugehörende Verifikationsanweisung durch entsprechende Verkürzung in eine operationale Definition zu überführen, sondern zeigt sich auch darin, daß diese Transformation jederzeit umkehrbar ist. Durch entsprechende Erweiterung der Definitionsglieder kann jede operationale Defini-

[51] Vgl. KRAUTH (1970), S. 75.

tion wieder in einen zu verifizierenden Satz (erweitertes Definiendum) und eine spezifische Verifikationsanweisung (erweitertes Definiens) transformiert werden.

Die allgemeine Bestimmung der operationalen Definition erfährt eine weitere Präzisierung, wenn man sich BRIDGMANs Vorstellung von der Funktion der Sprache vergegenwärtigt - eine Vorstellung, die ebenso verbreitet wie restriktiv ist. Danach kommt der Sprache ausschließlich die Aufgabe zu, die Dinge dieser Welt abzubilden oder, was dieser Funktion entspricht, die Dinge dieser Welt zu bezeichnen. "Einen Begriff auf ein bestimmtes Phänomen anzuwenden" heißt also "ein bestimmtes Phänomen mit einem Begriff zu bezeichnen bzw. zu benennen" oder, um ein geläufiges Bild zu verwenden, "einem Phänomen einen Namen anzuheften".

Für das Verständnis von der operationalen Definition ergibt sich damit ein neuer Gesichtspunkt: Mit der im Definiens angegebenen Vorgehensweise wird das Definiendum in seiner **Bezeichnungsfunktion** reglementiert. Und die zuvor formulierte Anwendungsregel verwandelt sich unter der Hand und lediglich mit einer geringfügigen Akzentverschiebung, die zugleich eine Präzisierung darstellt, in eine **Bezeichnungsregel**: Einen Begriff auf ein Phänomen anzuwenden, bedeutet nunmehr, ein Phänomen mit einem Begriff zu bezeichnen. Diese Präzisierung wirft überdies ein Licht auf die Art der Bedeutung, die hier hineinspielt und die im Zusammenhang mit der ersten spezifischen Bestimmung der operationalen Definition (OD_1) noch einmal wichtig wird: die Bedeutung im Sinne von **empirischer Signifikanz**.

Nun wäre es sicher ein Mißverständnis, wollte man Bedeutungsbestimmung und Verifizierung grundsätzlich gleichsetzen. Ebenso wie das Verstehen eines Satzes ablösbar sein muß von dem - entsprechend der strengsten Fassung des empiristischen Sinnkriteriums geforderten - Nachweis, daß der von diesem Satz ausgedrückte Sachverhalt besteht, kann auch die Bestimmung der Bedeutung eines Begriffes nicht davon abhängig sein, daß das durch diesen Begriff repräsentierte Etwas tatsächlich existiert oder, was dem gleichkommt, die Anwendung dieses Begriffes tatsächlich vollzogen wird. Das Mißverständnis einer Konfusion von Bedeutungsbestimmung und Verifizierung wird vor allem dann genährt, wenn man bei der Ableitung des operationalistischen Sinnkriteriums aus dem empiristischen Sinnkriterium allein von dieser ursprünglichen und besonders rigiden Fassung des empiristischen Sinnkriteriums ausgeht. Bekanntlich wurde diese Fassung aber durch verschiedene Abstufungen gemildert. Überträgt man diese Abschwächungen *mutatis mutandis* auf das operationalistische Sinnkriterium, so ist auch bei der operationalen Definition von einer entsprechend stufenweise abgesetzten Bedeutungsbestimmung auszugehen.

Eingeführt wird ein Begriff, wie hinlänglich erörtert, indem man eine entsprechende ("corresponding") Operation bzw. Reihe von Operationen angibt. Das operationalistische Sinnkriterium in seiner schwächsten Fassung erhebt alsdann die Forderung, daß der Adressat der operationalen Definition die im Definiens angegebene Operation versteht. Diese Fassung bezieht ihre Berechtigung nicht zuletzt daraus, daß auf der Basis einer solchen Minimalforderung auch die meisten anderen Definitionsarten funktionieren, allen voran die Nominaldefinition: Man versteht die Bedeutung des Definiendums, sofern man das Definiens versteht.

Was aber heißt in diesem Zusammenhang, die Angabe einer Operation zu verstehen? Nun, zunächst schlicht und einfach: zu wissen, was zu tun ist. Dabei hat man jedoch von verschiedenen Stufen des Verstehens auszugehen, die ich hier nur andeuten will. Im einfachsten Falle reicht das Verständnis lediglich so weit, daß man weiß, was im Prinzip zu tun ist, ohne daß man die Operation selbst auszuführen in der Lage wäre. Aber man weiß eben, daß es Spezialisten gibt, die es tun könnten, daß Vorrichtungen und Instrumente verfügbar sind, die die Ausführung der Operation erlaubten und dergleichen mehr. Kurzum: Das Verstehen der Operations-Angabe auf seiten des Definiens ist gleichzusetzen mit dem Wissen um die prinzipielle Ausführbarkeit der Operation.[52] Das Wissen um die Ausführbarkeit der Operation geht aber einher mit dem Wissen um die Anwendbarkeit des zu definierenden Begriffes. Was in der Umkehrung besagt: Begriffe, für die keine ausführbaren Operationen angegeben werden können, sind auch nicht anwendbar bzw. haben - soweit es um Bedeutung in Sinne von empirischer Signifikanz geht - keine Bedeutung. Indes müßten zu einer feineren Abklärung selbstverständlich Kriterien der Ausführbarkeit erstellt werden.[53]

Auf einer nächsten Stufe des Verstehens ist zu verlangen, daß der Adressat der operationalen Definition die angegebene Operation im Prinzip selbst auszuführen vermag. Wenn er auch nicht gleich zur Tat schreiten kann, so muß es doch in seinem Vermögen stehen, mit diversen, unschwer zu beschaffenden Informationen sich so einzurichten, daß eine Realisierung der geforderten Handlung keine Mühe bereitet. Auf dieser Stufe des Verstehens kommt es vor allem darauf an, die Angabe der Operation auf Definiens-Seite für den Adressaten der Definition ausführlich genug zu gestalten. Klafft in dieser Angabe eine Lücke, weiß er nicht, was er zu tun hat.

---

[52] Theoretisch begründen ließe sich diese Position beispielsweise mit Hilary PUTNAMs Konzeption von der "sprachlichen Arbeitsteilung" (vgl. PUTNAM 1979, S. 37 ff.).

[53] Wenn BRIDGMAN 1938 die strenge Forderung, die Bedeutung sei nur über "ausführbare Operationen" zu gewinnen, aufgibt, und sich nunmehr mit "irgendwelchen Operationen" zufrieden gibt, so zielt dies keineswegs in die hier eingeschlagene Richtung, die Bedeutungsbestimmung stufenweise abzusetzen.

Diese Ausführlichkeit ist auch unabdingbare Voraussetzung für jenen äußersten Fall, daß der Vollzug der Handlung gefordert wird. Dieser Vollzug ist immer dann angesagt, wenn es mit dem bloßen Verstehen der Bedeutung nicht mehr getan ist, sondern wenn, aus welchen Gründen auch immer, verlangt ist, den Begriff auf einen konkreten Fall anzuwenden. Während auf den einzelnen Stufen des Verstehens der Bedeutung das Wissen um die Anwendbarkeit des Begriffes und das Wissen um die Ausführbarkeit der korrespondierenden Operation koinzidieren, geht jetzt, bei der strengsten Fassung des operationalistischen Sinnkriteriums, die Ausführung der Operation mit der Anwendung des Begriffes einher. Bedeutung eines Begriffes und Anwendung eines Begriffes divergieren demnach - eben insofern, als jetzt nicht die bloße Möglichkeit der Anwendung gemeint ist, sondern die tatsächliche Anwendung.

Die Forderung, die sich mit der strengsten Fassung des operationalistischen Sinnkriteriums erhebt, nämlich die Operation tatsächlich auszuführen, darf nicht verwechselt werden mit dem handlungstheoretischen Verständnis von der operationalen Definition, wie es in Kap. 3 erörtert wurde. Bei diesem handlungstheoretischen Verständnis konstituiert sich die Bedeutung des Definiendums nur und allein aufgrund des Vollzugs einer Operation. Eine Unterscheidung zwischen Bedeutung und Anwendung macht jetzt keinen Sinn. Wenn dagegen bei der strengsten Fassung des operationalistischen Sinnkriteriums der Vollzug der Handlung gefordert wird, so ist diesem Vollzug stets die Angabe der Operation - gewissermaßen als Fahrplan für den Vollzug - vorgeschaltet. Die Bedeutung des Definiendums hat sich bereits mit dieser Angabe konstituiert, des Vollzugs bedarf es dazu nicht.

Wie man sieht, ist der sachbezogene Aspekt parallel zum sprachbezogenen in Abstufungen rekonstruierbar: Zunächst versteht man die im Definiens mitgeteilte Identifizierungsmethode lediglich, kann sie selbst aber nicht praktizieren. Dabei mag die Verstehbarkeit allein noch keine Gewähr dafür sein, daß diese Methode auch praktikabel ist. Über die Anwendbarkeit kann nämlich erst entschieden werden, wenn man selbst in der Lage ist, das, wozu im Definiens angeleitet wird, im Prinzip auch auszuführen. Eingelöst wird die Anwendbarkeit indes erst in jenem äußersten Falle, wo man zur Tat schreitet und tatsächlich ein Etwas identifiziert.

Diese Parallelität zwischen Sprach- und Sachbezug muß aber noch in eine andere Richtung entwickelt werden. Was den Sprachbezug angeht, wird die Konzeption von der **metasprachlichen Differenz** bemüht. Danach sind Definitionen Setzungen, die aus Theorien auf eine Metaebene abgeschieden wurden. Analog dazu verhält es sich mit dem Sachbezug: Die in den Definientia mitgeteilten Identifizierungsmethoden sind aus Theorien abgeschiedene Techniken. Diese Techniken sind ebenso wie die Sprachregeln nach ihrer Abscheidung nicht mehr revidierbar. Revision und Korrektur sind nur möglich, wenn man diese Abscheidung rückgängig macht, um sich auf der Theorieebene neu zu orientieren. Man denke an eine Maschine. Sie ist so anzuwenden, wie sie nun einmal gebaut ist, mit ihren Vorzügen, aber auch mit ihren Mängeln und Unzulänglichkeiten. Allein diese Mängel können in diesem Stadium ja nicht mehr beseitigt werden. Sehr wohl kann man aber auf Theorieebene die Konstruktionsprinzipien dieser Maschine in Frage stellen, um dann unter Verwertung neuer Erkenntnisse eine neue Version der Maschine zu bauen, die dann wiederum, einmal so gebaut, zum Einsatz kommt.[54]

Selbst wenn man die äußere Gestalt einer Definitionsart bestimmt und auch das funktionale Zusammenspiel der Definitionsglieder geklärt hat, ist damit meist noch keine umfassende Charakterisierung erreicht. So spielen bei der Bestimmung vieler Definitionsarten neben diesen internen eben auch externe Kriterien eine Rolle, die vor allem Auskunft geben über den je besonderen Umstand, der gerade diese und keine andere Art der Begriffsbestimmung verlangt. Ebenso wie etwa die ostensive Definition ihren festen Platz im Spracherwerbsprozeß hat oder die Nominaldefinition bevorzugt eingesetzt wird, um zu komplex geratene Ausdrücke durch einfachere Ausdrücke zu ersetzen, so läßt sich auch die operationale Definition von einer über die bloße Begriffsbestimmung hinausgehenden spezifischen Funktion her bestimmen. Auch diese Funktion, dieser besondere Zweck der operationalen Definition, hängt eng mit BRIDGMANs Operations-Begriff zusammen.

Wie eingangs erwähnt, ist eine operationale Definition stets angezeigt angesichts einer empirischen Untersuchung, also eines Prüf- bzw. Kontrollvorhabens, wobei sich dieser Vorgang folgender Ordnung fügt: Der Begriff für eine zur Untersuchung anstehende Größe wird zunächst - im Rahmen der sprachlichen Fixierung dieses Vorhabens - operational definiert. Die Angabe einer Operation ist dann zugleich Anleitung, wie vorzugehen ist, um diese Größe in Erfahrung zu bringen. Dabei möchte ich "empirische Untersuchung" nicht einmal für ausschließlich wissenschaftliche Unternehmungen reservieren. Die operationale Definition erfüllt ihre Funktion in jeglichem, selbst in alltäglichem Kontext, in dem irgendeine Überprüfung ansteht oder auch nur ins Auge gefaßt wird. In bezug auf diese spezifische Funktion wird künftig vom **explorativen Zweck** der operationalen Definition die Rede sein.[55] Die Tatsache, daß unsere alltäglichen Verrichtungen nicht von diesem Zweck dominiert werden, macht die operationale Definition allerdings weitgehend entbehrlich für die Reglementierung der Alltagssprache. Ein Umstand, der sich nicht zuletzt darin zeigt, daß in keinem Wörterbuch die Bedeutung

---

[54] In welche Turbulenzen man gerät, wenn man keine metasprachliche Differenz annimmt, sieht man bei Stuart C. DODD, der sich bei seiner "operationalen Definition der operationalen Definition" genötigt sieht, im Definiens neben einem Identifizierungs- (und Generierungs-) Verfahren ("*differentia [a]*") auch noch ein Verfahren zum Nachweis der Zuverlässigkeit der definitorischen Zuordnung anzugeben ("*differentia [b]*") (vgl. DODD 1942/43, S. 482).

[55] Dieser einschlägig motivierte Zweck dominiert auch die bereits erwähnten Bestimmungen der operationalen Definition von ESSER/KLENOVITS/ZEHNPFENNIG (1977) (vgl. Anm. 48).

irgendeines Wortes über eine operationale Definition im Sinne der hier explizierten allgemeinen Bestimmung eingeführt wird.

Mit der eben offerierten Ordnung wird noch einmal jene These von der Vorrangigkeit der sprachlichen Konzeption vor der (explorativen) Tätigkeit aufgegriffen. Auch wenn das eigentliche Ziel die Erfassung einer Sache ist, so ist das doch nicht möglich, bevor diese Erfassung nicht irgendwie - in des Wortes herkömmlicher Bedeutung - konzipiert ist, d. h. der Begriff, der diese Sache bezeichnet, operational definiert ist. Man verständigt sich sozusagen über die Sprachregelung auf die Exploration einer Sache.

Diese Vorrangigkeit ist auch von Bedeutung für eine weitere Begriffsklärung. Vielfach findet sich heutzutage anstelle der ausführlichen Formulierung "operational definieren" der einfachere Begriff "operationalisieren". Insbesondere Vertretern besagter Hypothesentheorie ist daran gelegen, mit der Unterschlagung des Begriffes "definieren" die sprachbezogene Perspektive zugunsten der sachbezogenen Sehweise zurückzudrängen. Es soll der Eindruck erweckt werden, mit der Operationalisierung würden allein und ausschließlich geeignete Untersuchungsverfahren bereitgestellt - ein Vorgang, der weitab von sprachlichen Belangen liegt und schon gar nichts mit Begriffsklärung zu tun hat. Nun werden hierbei gewiß Anleitungen gegeben, wie man bei einer empirischen Untersuchung vorzugehen hat, aber wiederum bleibt die vorgenannte Reihenfolge gewahrt: Ausgegangen wird von der Sprache; man gibt Operationen "in der" Sprache und eben auch "für die" Sprache an - selbst wenn das mit dem Ausdruck "operationalisieren" nicht mehr explizit gemacht wird. So betrachtet ist mit dem Ausdruck "operationalisieren" keine besondere Akzentuierung und erst recht nicht irgendein neuer Inhalt verbunden. "Operationalisieren" ist nicht viel mehr als die verkürzte Redeweise für den ursprünglichen Ausdruck "operational definieren".

Das gilt meinem Verständnis nach auch für die vielen Verwendungen, die der Begriff "operationalisieren" inzwischen erleidet. Da hört und liest man von Konzeptionen, von Gesetzen, von Vorschriften die zu operationalisieren seien. Und immer ist damit gemeint, daß man diese Konzeptionen usw. so konkretisieren müsse, daß sie handhabbar sind, daß man sie anwenden kann. Auch wenn es dieser Redeweise nicht direkt zu entnehmen ist, der Bezug zur Sprache bleibt erhalten. Ein Gesetz zu operationalisieren heißt ja nichts anderes, als etwas in Sprache Gefaßtes derart - sprachlich - zu präzisieren, daß daraus unmittelbar Handlungsvorschriften abgeleitet werden können.

Der Bezug zur Sprache erhält sich auch für den Fall, daß im einschlägigen wissenschaftlichen Diskurs mit "operationalisieren" gemeint ist, eine Gegebenheit so aufzubereiten, daß sie überhaupt erst empirisch erfaßt werden kann.[56] Auch hier hat man in der Tat den Eindruck, es ginge jenseits der Sprache nur um die Sache. Allein der Ort, wo solches Ansinnen in den einzelnen Schriftwerken geäußert wird, offenbart, daß man sich noch im Vorfeld der eigentlichen empirischen Untersuchung befindet, also dort, wo man sich - in Sprache - einen Plan zurechtmacht, wie denn bei dieser Aufbereitung der Sache vorzugehen sei. Diese einschlägige Verwendung von "operationalisieren" wird im übrigen später noch einmal, im Zusammenhang mit den Dispositionsprädikaten, aufgegriffen.

Einleuchtend, wenn auch in der Literatur nicht konsequent befolgt, ist eine Abgrenzung, die PRIM/TILMANN herausstellen: Operationalisierung ist demnach der Vorgang, einen Begriff operational zu definieren, die operationale Definition dagegen das Ergebnis dieses Vorgangs. Ein unterschiedlicher Gegenstandsbezug wird mit dieser Differenzierung indes nicht propagiert. Beides, Operationalisierung und operationale Definition, bezieht sich ausschließlich auf die Sprache.[57]

Das gilt schließlich auch für eine dezidiert begründete Unterscheidung von Karl-Dieter OPP, auf die ebenfalls später noch einzugehen sein wird. OPP nimmt verschiedene Erkenntnisquellen an und differenziert entsprechend zwischen empirischen und analytischen Operationalisierungen.[58] Während bei empirischen Operationalisierungen die Zuordnung von Definiendum und Definiens dem Erfahrungswissen entnommen ist, findet man bei analytischen Operationalisierungen allein aufgrund einer Bedeutungsanalyse zu dieser Zuordnung. Und nur für diese zweite Art der Operationalisierung verwendet OPP synonym den Begriff "operationale Definition". Das ist insoweit konsequent, als damit traditionellen Vorstellungen folgend die Bezeichnung "Definition" für innersprachliche, sprich: semantische (und nicht: sigmatische) Beziehungen reserviert bleibt.

Mit der Zweckgebundenheit der operationalen Definition geht einher, daß diese Art der Definition immer auf die Realität hin auszurichten ist, d. h. Definiendum und Definiens auf die erfahrbare Wirklichkeit beziehbar sein müssen. Was die Janusköpfigkeit betrifft, kann damit "sachbezogen" als "bezogen auf die tatsächlich existierenden Gegebenheiten" interpretiert werden. Nicht zuletzt diese gezielte Ausrichtung auf die Wirklichkeit hat die Hypothesentheoretiker zu ihrer Überzeugung geführt, in operationalen Definitionen sei immer etwas über die Realität niedergelegt, das folglich einer empirischen Überprüfung bedarf.

---

[56] Bei Arnold UPMEYER z. B. liest sich das so: "**Variablen** bilden heißt, in der Realität meßbare oder manipulierbare Zustände herzustellen. Die Herstellung bezeichnet man als **Operationalisierung**." (1985, S. 17; Hervorhebung im Original)

[57] Vgl. PRIM/TILMANN (1975), S. 51 ff.

[58] OPP (1976), S. 223 f.

In der Einleitung wurde bereits darauf hingewiesen, daß diese Überzeugung auf einem Mißverständnis beruht. Verkannt wird hier nämlich jene metasprachliche Differenz: Aus einem Sachbezug, der gleichwohl sprachlich - in Form von Aussagen bzw. Hypothesen - vermittelt ist, sind Definitionen als Sprachregeln abgeschieden. Und mit dieser Abscheidung ist dann auch der Hypothesentheoretiker von seiner Zuständigkeit suspendiert.

Wo die Grenze dieser Zuständigkeit verläuft, läßt sich im übrigen noch deutlicher an der strengsten Fassung des operationalistischen Sinnkriteriums demonstrieren: Die tatsächliche Anwendung eines Begriffes kann ja scheitern. Empirisch ist dabei jedoch nur nachweisbar, daß die im Definiens angegebene Operation fehlerhaft ausgeführt wurde. Auf keinen Fall kann man sagen, die Anwendung sei gescheitert, weil das im Definiens angegebene Verfahren überhaupt nicht geeignet ist, die mit dem Definiendum benannte Sache adäquat zu erfassen. Soweit es also - sprachbezogen - um die Anwendung des Definiendums und - sachbezogen - um die Identifizierung einer Gegebenheit geht, steht die im Definiens angegebene Verfahrensweise nicht zur Diskussion. Sehr wohl ist dieses Verfahren aber - jetzt wieder im Zuständigkeitsbereich des Hypothesentheoretikers oder, was dem meistens gleichkommt, des Empirikers - auf der Theorieebene kritisierbar. Durchaus mit der Konsequenz, daß die mit dem Definiendum benannte Sache vermittels einer anderen Vorgehensweise viel besser (genauer und einfacher) in Erfahrung gebracht werden kann. Und aus diesem "verbesserten Sachbezug" läßt sich dann seinerseits eine präzisere Bedeutungsbestimmung abscheiden.

Nun ist die Zuständigkeit der Hypothesentheoretiker nicht nur auf der metasprachlichen Ebene ausgesetzt, sondern auch auf der Theorieebene, und zwar für den Fall, daß das Wissen um die Sachen - ohne Rekurs auf die Sachen selbst - allein dem Sprachvermögen entnommen werden kann. Und es ist unbestritten, daß das Sprachvermögen eine Erkenntnisquelle darstellt, aus der sich gerade auch operationale Definitionen abscheiden lassen. Daß man von dieser Erkenntnisquelle zehrt, davon zeugt die Einigkeit unter den Wissenschaftlern, bei der Operationalisierung von Begriffen mit der Reflexion auf den Sprachgebrauch bzw., nach anderer Diktion, mit der intensionalen Analyse einzusetzen.[59] Es verwundert

[59] Zwei Belegstellen mögen genügen. So heißt es bei ESSER/KLENOVITS/ZEHNPFENNIG (1977, Bd. 1, S. 88) ganz unmißverständlich: "Konkret geht man bei der operationalen Definition eines Begriffs folgendermaßen vor: Zunächst wird ein Begriff semantisch analysiert, das heißt: in seine konventionell gesetzten Bedeutungskomponenten (...) zerlegt." Und zwei Seiten weiter wird diese Vorgehensweise noch einmal erläutert: "Erstens stellt sich bei einer konkreten Operationalisierung das Problem einer angemessenen Bedeutungsanalyse des in Frage stehenden Begriffs. Hierbei kann und wird man ggf. an seine konventionelle alltagssprachliche Bedeutung anknüpfen (...)." (Unterstreichung im Original) - Auch Norbert GROEBEN konzediert in seinem wissenschaftstheoretischen *Opus magnum*, daß bei der Operationalisierung von der Sprachanalyse auszugehen sei. Indem er allerdings vorschlägt, diese "intensionale Analyse" - unter Verschleifung der Differenz zwischen Sprach- und Sachbezug - "phänomenanalytisch" zu nennen,

nicht, wenn gerade das den Argwohn eingefleischter Empiriker weckt: Nur ungern konzedieren sie, daß am Beginn ihres Tuns Verrichtungen stehen, die nicht eigentlich empirisch sind, also nicht die Sachen selbst betreffen, sondern die Sprache, vermittels derer über diese Sachen gesprochen wird.

Während für BRIDGMAN, wie belegt, die Realität vor jeglichem Eingriff seitens des Menschen existiert und sich nicht erst aufgrund menschlicher Handlungen konstituiert, gibt es zahlreiche Theoretiker, namentlich die Vertreter eines extremen Operationalismus wie HAYAKAWA und RAPOPORT, die hier anderer Auffassung sind. Es hat also seine Berechtigung, wenn ich kurz auf die Frage eingehe, ob der bedeutungskonstituierenden Funktion von Operationen auf der Sprachebene eine vergleichbar konstituierende Funktion auf der Sachebene entspricht. Um deutlicher zu machen, worauf diese Frage abzielt, vergegenwärtige man sich nochmals das eben entwickelte operationalistische Sinnkriterium: Ein Begriff hat nur dann Bedeutung, wenn eine Operation angegeben werden kann, deren Ausführung festzustellen erlaubt, ob dieser Begriff auf ein Phänomen anzuwenden ist oder nicht. Wendet man diese Bestimmung auf die Sachebene, so lautet eine mögliche Entsprechung: Ein Phänomen ist nur dann vorhanden bzw. existent, wenn eine Operation angegeben werden kann, deren Ausführung es erlaubt, dieses Phänomen überhaupt festzustellen. Da diese Umsetzung aber erst dann einen Sinn ergibt, wenn die Operation auch tatsächlich ausgeführt wird, ist sie von der strengsten Fassung des operationalistischen Sinnkriteriums aus zu betreiben: Ein Phänomen ist nur dann vorhanden bzw. existent, wenn es eine Operation gibt, deren Ausführung es erlaubt, dieses Phänomen überhaupt festzustellen, und wenn man diese Operation tatsächlich ausführt und das Phänomen als gegeben feststellt.[60]

Diesem **operationalistischen Existenzkriterium**, das einen sogleich in ontologische Probleme verstrickt, ist HAYAKAWA verpflichtet, wenn er unmißverständlich schreibt: "So wie es keine 'Länge' unabhängig von den Operationen gibt, durch die die Länge gemessen wird, und wie es kein 'Gewicht' unabhängig von den Operationen gibt, durch die das Gewicht bestimmt wird, so gibt es keine 'Demokratie' unabhängig von der Gesamtsumme demokratischer Einrichtungen wie allgemeines Stimmrecht, Freiheit der Rede, Gleichheit vor dem Gesetz und so weiter." Noch dezidierter bezieht HAYAKAWA dort Position, wo er ein Beispiel von

---

signalisiert er (wie zuvor bereits HOLZKAMP 1964), daß eine operationale Definition durchaus auch von einer phänomenologischen Analyse im Sinne HUSSERLs initiiert werden kann (GROEBEN 1986, S. 107 f.).

60 Sicher kann man zu dieser sachkonstituierenden Version - die nebenbei bemerkt an BERKELEYs *esse est percipi* erinnert - auch vom handlungstheoretischen Verständnis von der operationalen Definition ausgehend gelangen. Im übrigen verweist diese Umsetzung wieder auf jene operationalistische Position, die in der mathematischen Grundlagenforschung zuweilen vertreten wird (vgl. nochmals Anm. 5).

Anatol RAPOPORT aufgreift: "Es gibt aber keine 'Gewicht' genannte 'Eigenschaft', die außerhalb der das Gewicht messenden Operation **existiert**."[61]

Wenn man dieses operationalistische Existenzkriterium auf seinen Wert hin prüft, wird man zu einem ähnlichen Befund kommen, wie er im Anschluß an das operationalistische Sinnkriterium bzw. an die operationalistische Grundfrage diagnostiziert wurde. So kann man sich etwa in den mikrodimensionalen Naturvorgängen das Zusammenspiel von Phänomenen vorstellen, die man gerade deshalb noch nicht kennt, weil es keine Möglichkeiten gibt, sie in Erfahrung zu bringen. Aber wird damit nicht doch so etwas wie eine z. B. durch theoretische Erwägungen induzierte Ahnung von diesen Phänomenen vorausgesetzt? Das führt indes wieder zu der These von der Vorgängigkeit eines Sinnzusammenhangs. Danach würde die Identifizierung eines Phänomens stets eine Vorstellung oder - gefälligerweise auf die Sprache bezogen - einen Vorbegriff dieses Phänomens voraussetzen.

Das operationalistische Existenzkriterium kann auf zweifache Weise "individualisiert" werden. Zunächst als **solipsistische** Variante: Ein Phänomen existiert nur dann, wenn es eine Operation gibt, deren Ausführung es erlaubt, dieses Phänomen überhaupt festzustellen und wenn **ich** diese Operation ausführe und dabei dieses Phänomen feststelle. Die Schwierigkeiten des Solipsismus sind hinlänglich bekannt, sie brauchen hier nicht erörtert zu werden. Daneben könnte man eine **subjektivistische** Variante formulieren: Ein Phänomen existiert nur dann, wenn es eine Operation gibt, deren Ausführung es erlaubt, dieses Phänomen überhaupt festzustellen und wenn **irgendein Individuum** diese Operation ausführt und dabei dieses Phänomen feststellt. Auch auf die Schwierigkeiten eines Subjektivismus braucht an dieser Stelle nicht eingegangen werden. Ebenso ausgeblendet seien Ungereimtheiten, die sich möglicherweise in der Folge einer Formalisierung beider Formulierungen ergeben. Hier ist allein von Interesse, daß beiden Varianten eine Interpretation abgewonnen werden kann, die auch im Rahmen des von BRIDGMAN vertretenen Operationalismus sinnvoll erscheint. Dabei greife ich jetzt mit Bedacht nur einmal die subjektivistische Variante auf: Ein Phänomen existiert für eine Person nur dann, wenn sich diese Person zum Zwecke der Exploration um dieses Phänomen bemüht. Mit dieser Interpretation wird die Existenz irgendeines Phänomens nicht mehr eigentlich an die Operation gebunden, sondern an den explorativen Zweck der Operation. Nicht mehr explizit kommt diese Verbindung zum Ausdruck, wenn man noch einmal HEIDEGGERs bildhafte und gleichwohl treffende Redeweise bemüht: Ein Phänomen existiert für eine Person nur dann, wenn diese Person dieses Phänomen "stellt" - eben wie der Polizist des Diebes nur habhaft wird, wenn er ihn stellt. Von der HEIDEGGERschen Metapher schließlich ist es nur noch ein kleiner Schritt, diesen explorativen Zweck in einem

---

[61] Beide Zitate: HAYAKAWA (1971), S. 192 (die unglückliche Verwendung der Anführungszeichen in der dt. Übersetzung; Hervorhebung J. L. R.).

bloßen Akt des Sich-Bewußtmachens aufgehen zu lassen: Ein Phänomen existiert für eine Person überhaupt nur dann, wenn diese Person dieses Phänomen **bewußt wahrnimmt** oder - noch schwächer: sich dieses Phänomens **bewußt vergegenwärtigt**. Daß sich in diesem Falle aber neue Probleme auftun, Probleme, die die Philosophen seit alters her umtreiben, braucht nicht besonders betont zu werden.

Sinnvoller erscheint mir allerdings, wenn man jene auf den explorativen Zweck ausgerichteten Varianten in ein **operationalistisches Erkenntniskriterium** überführt: Nur wer seine Aufmerksamkeit bewußt auf ein Phänomen richtet, nur wer ein Phänomen stellt, gewinnt die Erkenntnis, daß dieses Phänomen überhaupt existiert, daß es sich an dieser Raum-Zeit-Stelle befindet, daß es so und so beschaffen ist. Mit dem Stellen der Phänomene konstituiert sich damit nicht mehr die (materiell gegebene) Welt, sondern "nur" jegliche Erkenntnis von dieser Welt.

4.2 Erste spezifische Bestimmung der operationalen Definition (OD_1)

Für die erste spezifische Bestimmung der operationalen Definition OD_1 sind BRIDGMANs restriktiver Operations-Begriff und sein eingeschränktes Verständnis von der Funktion der Sprache gleichermaßen wichtig. Das Besondere an dieser Bestimmung ist, daß auf die explizite Angabe einer Operation im Definiens verzichtet wird. Stillschweigend wird vielmehr vorausgesetzt, daß es sich um die **Operation der direkten Wahrnehmung**, namentlich der unmittelbaren Beobachtung handelt - eine Operation, die sich im Einsatz der menschlichen Sinne (eingedenk der kognitiven Registrierung des Wahrgenommenen) erschöpft. Was damit für das Definiens verbleibt, sind Ausdrücke, die sich auf direkt wahrnehmbare Phänomene beziehen, oder, wie man nunmehr präzisieren kann, die solche Phänomene, seien es Dinge, Eigenschaften, Zustände oder dergleichen, unmittelbar **bezeichnen**. Allein mit der Angabe eines solchen Bezeichnungsbegriffes im Definiens bekommt man - implizit - mitgeliefert, welche Operation man ausführen muß: nämlich einen oder mehrere seiner fünf Sinne einsetzen.

Relevant wird eine derart verkümmerte operationale Definition vor allem für die folgende, wiederum nicht nur innerhalb von Forschungsprozessen anzutreffende, typische Situation: Ein Phänomen, das nicht direkt empirisch erfaßt, also nicht unmittelbar wahrgenommen werden kann, wird in Beziehung gesetzt zu Phänomenen, die der direkten Wahrnehmung zugänglich sind. Oder noch prägnanter: Nicht-direkt-Wahrnehmbares wird auf Direkt-Wahrnehmbares bezogen. Wenn man diese "beiderseitig" sachbezogene Argumentation nun in das Definitionsschema zwingt und dabei für den nicht-direkt-wahrnehmbaren Bereich sprachbezogen, für den direkt-wahrnehmbaren Bereich aber sachbezogen formuliert - eine Mischung, die aufgrund jener Janusköpfigkeit zulässig ist -, so gelangt man zu der **ersten spezifischen Bestimmung der operationalen Definition**:

OD_1: In einer operationalen Definition wird die Bedeutung eines Begriffes (Definiendum), der für etwas Nicht-direkt-Wahrnehmbares steht, der - wie man auch sagen könnte - nichts unmittelbar Gegebenes bezeichnet, derart bestimmt, daß man diesen Begriff mittelbar über etwas Direkt-Wahrnehmbares bzw. über etwas unmittelbar Beobachtbares auf die Wirklichkeit bezieht.

Aus diesem spezifischen operationalistischen Prinzip leitet sich seinerseits ein spezifisches operationalistisches Sinnkriterium ab: Ein Begriff hat immer nur dann Bedeutung, wenn er auf etwas Direkt-Wahrnehmbares bezogen werden kann. Und entsprechend gilt umgekehrt: Begriffe, die nicht zu Direkt-Wahrnehmbarem in Bezug gesetzt werden können, haben auch keine Bedeutung. Dabei versteckt sich hinter all diesen Bestimmungen wohlgemerkt keine platte Wort-Ding-Definition, wonach das Definiendum etwas direkt Wahrnehmbares bezeichnet, sondern mit der Formulierung "sich auf etwas direkt Wahrnehmbares beziehen" ist gemeint, daß dieses Direkt-Wahrnehmbare lediglich ein Kriterium für das Vorliegen des Nicht-direkt-Wahrnehmbaren ist; das Wahrnehmbare deutet gewissermaßen auf das Nicht-Wahrnehmbare hin; es **verweist** auf das Nicht-Wahrnehmbare.

Selbstverständlich kann man diese erste spezifische Bestimmung auch beiderseitig sprachbezogen formulieren: In einer operationalen Definition wird ein Begriff, der sich auf Nicht-direkt-Beobachtbares bezieht, insofern definiert, als er mit einem Begriff, der unmittelbar Wahrnehmbares bezeichnet, in Korrespondenz gebracht wird. Woraus sich seinerseits als operationalistisches Sinnkriterium ableiten läßt: Ein Begriff (Definiendum) hat immer nur dann Bedeutung, wenn er in Beziehung gebracht werden kann zu einem Begriff, der sich auf Beobachtbares bezieht (Definiens). Mit der entsprechenden Umkehrung: Begriffe, die nicht mit Beobachtungsbegriffen korrespondieren, haben auch keine Bedeutung. Der Nachteil dieser beiderseitig sprachbezogenen Formulierungen ist indes offensichtlich: Es kommt nämlich nicht mehr deutlich heraus, daß zwischen Definiendum und Definiens ein besonderer Zusammenhang ("Verweisungszusammenhang") besteht.

Auch wenn man sich der Kompatibilität von OD_1 mit OD_A vergewissern will, empfiehlt es sich, nicht allein sprachbezogen zu argumentieren: Im Anwendungsfalle vermittelt einem die Operation der Beobachtung - indirekt - Kenntnis davon, ob die durch das Definiendum bezeichnete Gegebenheit vorliegt. Eine Kenntnis, aufgrund derer dann entschieden werden kann, ob das Definiendum auf diese Gegebenheit anzuwenden ist oder nicht.

Als Begriffe, die sich nicht unmittelbar auf Wahrnehmbares beziehen, sind alle sprachlichen Abstraktionen zu werten, also angefangen bei den sogenannten Abstrakta, wie sie auch in der Alltagssprache vorkommen, über die Dispositionsprädikate bis hin zu den theoretischen Begriffen eingedenk der Konstrukte, wie sie in der Wissenschaftssprache verwendet werden. Die Art und Weise, wie solche Abstrakta vermittels Begriffen, die sich auf direkt Wahrnehmbares beziehen, also vermittels Beobachtungsbegriffen - wobei "Beobachtung" im weitgefaßten Sinne von "Wahrnehmung" nicht auf den Gesichtssinn beschränkt ist - definiert werden, wirft noch einmal ein Licht auf die besondere Art von Bedeutung, um die es hier geht: Indem Abstraktes in Beziehung gesetzt wird zu konkret Beobachtbarem, wird dieses Abstrakte sozusagen am empirisch Zugänglichen verankert. Entsprechend gilt auf der Sprachebene: Indem Abstrakta, also alle im weiteren Sinne theoretischen Begriffe, vermittels Beobachtungsbegriffen definiert werden, erhalten diese theoretischen Begriffe insofern eine Bedeutung, als sie nunmehr - sprachlich vermittelt - auf empirisch Wahrnehmbares bezogen werden können, kurzum "empirisch signifikant" sind. Was sich vermittels operationaler Definitionen konstituiert, ist also, wie eingeführt, stets Bedeutung im Sinne von empirischer Signifikanz. So erklärt sich auch, warum man anstelle von "operationaler Definition" bzw. von "Operationalisierung" in synonymer Verwendung zuweilen auch von der **Empirisierung** eines Begriffes spricht. Nicht zuletzt offenbart diese erste spezifische Bestimmung, was damit gemeint war, als ich eingangs (vgl. Kap. 1, "Realitätsbezug") davon sprach, daß in operationalen Definitionen die Verbindung zwischen Theorie einerseits und der darin thematisierten Realität andererseits fixiert ist.

Die hier verwendeten Termini "Beobachtungsbegriff", "theoretischer Begriff" oder auch "Korrespondenz" künden bereits von der Verwandtschaft des bislang Gesagten zu einer anderen einflußreichen Sprachtheorie der jüngeren Vergangenheit. Denn was die operationale Definition in dieser spezifischen Bestimmung leistet, ist nichts anderes als die Verbindung eines theoretischen Begriffes (Definiendum) mit einem Beobachtungsbegriff (Definiens) eben in der Weise, wie sich dies CARNAP in seiner **Zweisprachentheorie** vorgestellt hat.[62] So verstanden ist die operationale Definition nichts anderes als das, was CARNAP eine **Korrespondenzregel** bzw. **Zuordnungsregel** nannte.[63]

Weitere Begriffsklärungen stehen an. Gemäß der ersten spezifischen Bestimmung erscheint im Definiens der operationalen Definition ein Begriff, der sich auf etwas unmittelbar Gegebenes bezieht, d. h. etwas direkt Beobachtbares bezeichnet. Diese Begriffe, die ich hier, milde abweichend von der gängigen Terminologie, **Designatoren** nennen will, können sich sowohl auf physikalische als auch auf nicht-physikalische Gegebenheiten beziehen.[64] Links des Definitionszeichens behalte ich den allgemeinen Ausdruck "Definiendum" bei. Soll auf den Verweisungszusammenhang abgehoben werden, wird das Definiendum zum **Indicandum** ("das Anzuzei-

---

[62] Vgl. CARNAP (1956). In Kap. 10.2d werde ich ausführlicher auf diese Theorie eingehen.
[63] Vgl. CARNAP (1974), S. 235; ebenso STEGMÜLLER (1970), S. 310.
[64] Gemeinhin werden solche Bezeichnungsbegriffe Designata genannt, während mit dem Terminus "Designatoren" im engeren Sinne Eigennamen gemeint sind (vgl. etwa KRIPKE 1972).

gende", Gerundivum) spezifiziert. Und auf Definiens-Seite erscheint der **Indikator** ("Anzeiger"), der als Sprachkategorie das direkt beobachtbare **Indiz** (Sachkategorie) bezeichnet.[65] Ein weiteres Mal entferne ich mich damit von der gängigen Sprachpraxis, wo, ohne klare Differenzierung zwischen Sprach- und Sachebene, Indikator und Indiz als Sachkategorien synonym verwendet werden. Auf die seltene Gepflogenheit, rechts des Definitionszeichens in grammatischer Angleichung statt von "Definiens" von "Indicans" ("das Anzeigende", Partizip Präsens) zu sprechen, wird verzichtet, da mit der Angleichung von "Indikator" an "Designator" deutlicher die Bezeichnungsfunktion auf seiten des Definiens herausgestellt wird.[66] Sobald die Definition vollzogen ist, liegt das Ergebnis des Definierens vor: Das Definiendum wird zum **Definitum** ("das Definierte"), das Indicandum zum **Indikatum** ("das Angezeigte" bzw. "das Indizierte").

Nicht tangiert von diesen terminologischen Abklärungen ist die Frage, von welcher Art denn die Beziehung zwischen dem, was ein Indikator bezeichnet, also dem Indiz einerseits und dem Indizierten andererseits ist. Daß hierbei verschiedenartige Relationen zu unterscheiden sind, und diese sachbezogene Differenzierung auch Konsequenzen auf der Sprachebene nach sich zieht, sprich: verschiedene Interpretationen von OD_1 bedingt, davon wird sowohl in Kap. 8.2 als auch besonders in Kap. 10.1 noch die Rede sein.

Wie unschwer zu erkennen, ist diese erste spezifische Bestimmung ganz jenem angesprochenen Reduktionismus verpflichtet. Nun hat die Reduzierung des Nicht-Beobachtbaren auf das Beobachtbare, oder, sprachbezogen formuliert: der Umstand, daß sich die Bedeutung theoretischer Begriffe in der Bedeutung von Beobachtungsbegriffen erschöpft, bekanntlich wiederholt zu heftigen Kontroversen geführt. Angegriffen wurde vor allem der Reduktionismus, wie er sich im Rahmen des logischen Empirismus darbot.[67] Das hat aber beileibe nicht zu dessen Suspendierung geführt. Denn dieser Reduktionismus lebt weitgehend unbehelligt in dem Operationalisierungseifer fort, der gerade die empirischen Sozialwissenschaften heutzutage so nachhaltig prägt. Ein Eifer, der auch künftig bestimmt sein wird von der Maxime: Was nicht beobachtbar ist, muß beobachtbar gemacht werden.

---

[65] Formaliter orientiere ich mich hier am Sprachgebrauch in der Linguistik, wo "Indikator" als *terminus technicus* ja keine Sach-, sondern eine Sprachkategorie ist und für Begriffe mit sogenannter "Stellvertreterfunktion" wie Pronomina, Orts- und Zeitadverbien steht.

[66] Diese neue Begrifflichkeit enthüllt einen weiteren Zusammenhang. Denn in der Literatur verbirgt sich die hier entwickelte erste spezifische Bestimmung meist hinter dem Titel **Definition vermittels Indikatoren** oder, unter gänzlicher Vernachlässigung des sprachlichen Aspektes, **Indexbildung** (vgl. z. B. BESOZZI/ZEHNPFENNIG 1976). Daß dabei die Zuweisung von beobachtbaren Größen zu einer nicht-beobachtbaren Größe weitestgehend von der Empirie geleitet erfolgt, ändert nichts an der Tatsache, daß diese Zuweisung, auf die Sprache abgebildet, eine Begriffsdefinition darstellt.

[67] Stellvertretend für unzählige kritische Einlassungen sei hier QUINEs berühmt gewordener Aufsatz "Two Dogmas of Empiricism" von 1951 genannt.

4.3 Zweite spezifische Bestimmung der operationalen Definition (OD_2)

Es ist ein schon vertrauter Umstand: Auch die zweite spezifische Bestimmung der operationalen Definition kann nur entwickelt und verständlich gemacht werden, wenn man zwischen Sach- und Sprachebene changiert. BRIDGMANs Betrachtungen betreffen, wie das für den methodologisch interessierten Physiker nur naheliegend ist, **physikalische Eigenschaften**. Es ist nun das Besondere dieser Spezies von Eigenschaften, daß sich bei ihrer empirischen Erfassung nicht die Frage erhebt, ob sie vorliegen oder nicht, sondern daß allein von Interesse ist, in welchem **Grad an Ausprägung** sie gegeben sind. Und so sind denn auch die Operationen, mit denen sich BRIDGMAN ausschließlich befaßt, Operationen des Messens, also Handlungen, die auszuführen sind, um den Ausprägungsgrad einer solchen physikalischen Eigenschaft **numerisch** zu repräsentieren.[68] Auch ohne daß BRIDGMAN präzise Vorstellungen entwickelte, seinen Ansatz über die Physik hinaus zu verwerten, waren doch alsbald viele Wissenschaftler von seinen Beispielen und deren origineller Behandlung so eingenommen, daß sie den Begriff "Operation" schlichtweg gleichsetzten mit "Meßoperation" und keineswegs bei physikalischen Eigenschaften verharrten. Insbesondere waren es wiederum die Empiriker unter den Sozialwissenschaftlern, die dieser Verallgemeinerung gegenüber wohlgesinnt waren und sie in allen Auswüchsen - zugegebenermaßen nicht ganz ohne Grund - bis heute für sich in Anspruch nehmen.

Diese Einschränkung des Operationsbegriffes, verbunden mit der Verallgemeinerung über die physikalischen Begriffe hinaus, führt zur **zweiten spezifischen Bestimmung der operationalen Definition**, abgekürzt OD_2. Eine Besonderheit weist diese Bestimmung zunächst insofern auf, als sie überhaupt nicht mehr sinnvollerweise für die Sprachebene allein formuliert werden kann, sondern der Sachbezug explizit mitaufgenommen werden muß. So lautet diese Bestimmung - vorerst in moderater Fassung:

> **OD_2**: In einer operationalen Definition wird die Bedeutung eines Begriffes (Definiendum) derart bestimmt, daß man eine Operation (im Definiens) angibt, die es erlaubt, den Grad der Ausprägung des Phänomens, das durch diesen Begriff bezeichnet wird, zu erfassen.

Aus diesem spezifischen operationalistischen Prinzip leitet sich wiederum ein spezifisches operationalistisches Sinnkriterium ab: Ein Begriff (Definiendum) hat immer nur dann Bedeutung, wenn eine Operation (im Definiens) angegeben wer-

---

[68] Diese Auffassung, daß sich nämlich der Ausprägungsgrad einer physikalischen Eigenschaft numerisch repräsentiert, findet sich heutzutage als Gemeingut in fast jedem Physik-Lehrbuch. So etwa in dem von Wilfried KUHN (1984), wo eine physikalische Größe ausdrücklich definiert wird als das Produkt aus einem Zahlenwert und einer Einheit (S. 84).

den kann, die es erlaubt, den Grad der Ausprägung des Phänomens, das durch das Definiendum bezeichnet wird, zu bestimmen. Entsprechend gilt umgekehrt: Begriffe, für die keine derartigen Operationen angegeben werden können, haben auch keine Bedeutung.

Auf den ersten Blick erscheint dieses Sinnkriterium recht merkwürdig, da sich die Wendung "Ausprägung eines Phänomens" so verallgemeinert und in diesem Kontext einem unmittelbaren Verständnis erst einmal entzieht. Man versteht die Rede von der "Ausprägung einer Eigenschaft" und kann auch, zumindest für einige Eigenschaftsbegriffe, nachvollziehen, was es heißt, sie auf die angegebene Art und Weise zu definieren. Verallgemeinert auf alle Phänomene schlechthin, scheint diese zweite spezifische Bestimmung der operationalen Definition aber kaum sinnvoll. Dieser Eindruck schwindet jedoch, sobald man eine Voraussetzung vergegenwärtigt, die in das Geschäft des Operationalisierens fast stets miteingeht. Es ist dies eine prinzipielle Bereitschaft aller, die sich operationaler Definitionen bedienen, eine jegliche Gegebenheit in ein Kontinuum zu zwingen. Das heißt: Jedes Phänomen ist unter dieser Perspektive dann eben **mehr oder weniger** dieses eine Phänomen. Ein Gegenstand etwa ist mehr oder weniger lang oder auch schwer, hat eine höhere oder niedrigere Temperatur, ein Mensch ist mehr oder weniger intelligent, ängstlich, gesprächig, gehört mehr oder weniger einer bestimmten sozialen Schicht an, in einem Staat herrscht mehr oder weniger Freiheit, eine Staatsform ist mehr oder weniger demokratisch. Weiterhin: ein Netz ist mehr oder weniger feinmaschig, eine Oberfläche mehr oder weniger glatt - aber eben auch: ein Auto ist mehr oder weniger ein Auto, ein Haus mehr oder weniger ein Haus, ein Stuhl mehr oder weniger ein Stuhl.[69] Im Prinzip läßt sich alles, was einem Etwas zuschreibbar ist, formallogisch argumentiert: was im Prädikaten-Kalkül die Position des Prädikats einnehmen kann, in ein Kontinuum zwingen. Diese prädikatenlogische Sichtweise überbrückt denn auch jene Schwierigkeit, die man mit der Wendung "Ausprägung eines Phänomens" zunächst hatte. Und damit keine Mißverständnisse aufkommen, sollte man sich diese Sichtweise für die folgende Argumentation erhalten. Denn die Kontinua, über die hier zu verhandeln sein wird, "erheben" sich sinnigerweise über Eigenschaften und nicht über Eigenschaftsträger.[70] "Auto", "Haus" und "Stuhl" sind demnach ebenso wie "lang", "grün" und "dumm" Bezeichnungen für Eigenschaften, die Gegebenheiten zugeschrieben werden können.

---

[69] Auch eigentlich "schräge" Fragestellungen, insonderheit solche, die einen Wertevergleich einschließen, werden scheinbar ohne große Anstrengung bewältigt: Wer war redlicher, Iulius Caesar oder Sirimawo Bandaranaike? Wer ist bedeutender, Pablo Picasso oder Walt Disney? Was ist künstlerisch wertvoller, Beethovens Neunte Symphonie oder das Ulmer Münster? Es kommt allein darauf an, für die Bewertungen objektivierbare Kriterien zu finden. Ob solche, empirisch durchaus absicherbare Vergleiche allerdings Sinn machen, ist eine andere Frage.

[70] Die Metapher "Eigenschaftsträger" dürfte soweit verständlich sein. Dabei bin ich mir wohlbewußt, daß die Unterscheidung zwischen Eigenschaft einerseits und Ding, das diese Eigenschaft "trägt", andererseits nicht unproblematisch ist.

Wie die Perspektive der weichen Ränder und der fließenden Übergänge der Realität doch angemessen ist, zeigt sich vor allem an den eben genannten Beispielen Auto, Haus und Stuhl. Denn Zwittergebilde und Zweifelsfälle sind hier ja durchaus an der Tagesordnung. Gleichwohl muß die Sprache, wenn man in der alltäglichen Kommunikation diese Perspektive verfolgt, nicht eigens präpariert werden. Ja nicht einmal in Wörterbüchern findet sich eine diesbezügliche Dehnbarkeit der Begriffe ausdrücklich vermerkt. Vielmehr sind die Kontinua, derer man sich in der alltäglichen Sprachpraxis bedient, mit dem Spracherwerb internalisiert.

Anders verhält es sich dagegen, wenn es um die gezielte und verbindliche Exploration einer Ausprägung geht. Dann sind die zu verwendenden Maßstäbe explizit zu machen. Und hier liegt auch schon die Berechtigung von OD_2 begründet: Die operationale Definition in dieser spezifischen Bestimmung bleibt vor allem der sprachlichen Aufbereitung in Anbetracht einer vornehmlich der Wissenschaft dienenden empirischen Erfassung vorbehalten.

Nicht geklärt ist indes die hier vordringliche Frage, ob denn diese zweite spezifische Bestimmung angesichts einer so betont sachbezogenen Tendenz überhaupt noch etwas mit dem Definieren von Begriffen zu tun hat. Auf diese Frage gibt es zwei Antworten. Zum einen ist davon auszugehen, daß, wenn überhaupt eine Ausprägung einer Eigenschaft festgestellt wurde, immer auch die Eigenschaft als solche, d. h. ungeachtet ihres Ausprägungsgrades, vorliegt. Auf die Sprache umgesetzt bedeutet das: Wenn überhaupt eine Ausprägung einer Eigenschaft festgestellt wurde, dann ist stets die Verwendung des Begriffes für diese Eigenschaft gerechtfertigt. Diese erste, zugegebenermaßen banale Antwort führt zurück zur allgemeinen Bestimmung OD_A bzw. zur ersten spezifischen Bestimmung der operationalen Definition OD_1 und bringt insoweit nichts Neues.

Ungleich interessanter ist die zweite Antwort. Denn sie zieht die Möglichkeit in Betracht, das Konzept der Instrumentarien, die für die sachbezogene Ausprägungsbestimmung bereitstehen, der Sprachregelung einzuverleiben. Dabei ist von der These auszugehen, daß das sachbezogene "Mehr oder Weniger" einer Eigenschaft transponiert werden kann auf die Sprachebene und eine mehr oder weniger berechtigte Anwendung des Begriffes für diese Eigenschaft bedingt. Um aber die Haltbarkeit dieser **Transpositions-These** prüfen zu können, müssen die Kontinua, die zur Erfassung von Ausprägungen bereitstehen, näher untersucht werden. Nochmals sei betont, daß ich diese Untersuchung strikt auf den hier relevanten Kontext beschränke. Was darüber hinaus, insbesondere für meßtheoretische und einschlägig statistische Erwägungen von Belang ist, bleibt unbeachtet.

Im Prinzip gibt es zwei Arten solcher Kontinua oder, wie man in synonymer Verwendung auch sagen kann, solcher Maßstäbe bzw. Skalen: zum einen für physikalische Eigenschaften, zum andern für nicht-physikalische Eigenschaften. Zunächst

zu den Maßstäben, die eingesetzt werden, um die Ausprägung physikalischer Eigenschaften zu ermitteln. Als Beispiele halte man sich etwa die Skalierung eines Meterstabes oder die einer Küchenwaage vor Augen. Im wesentlichen gelten hier folgende Charakteristika:
(1) Der einzusetzende Maßstab gliedert sich in gleich große Abschnitte, wobei die Spanne zwischen den Endpunkten dieser Abschnitte nur insoweit definiert ist, als diese Spanne (zumindest theoretisch) beliebig oft in wiederum gleich große Abschnitte unterteilt werden kann. Die jeweiligen Endpunkte dieser Abschnitte sind - ungeachtet dessen, wie groß der Umfang dieser Abschnitte ist - inhaltlich nicht bestimmt, geschweige denn inhaltlich vorgegeben. Der Maßstab setzt sich demnach nicht aus diskreten Qualitäten zusammen, sondern bildet ein echtes Kontinuum, auf dem jeder Ort - wenn auch nur **formal** - bestimmt ist.
(2) Der Maßstab ist "sich-selbst-erzeugend", d. h. mit einem vorgegebenen Intervall (sobald es sich um nicht-lineare Skalierungen handelt: mit einer vorgegebenen Funktion) sind auch alle folgenden Intervalle festgelegt.
(3) Der Maßstab ist nicht abgeschlossen, sondern offen; sofern man seine Anwendung auf die Realität im Blick hat: offen ins positiv Unendliche.
(4) Da die einzelnen Intervalle nicht inhaltlich bestimmt sind, repräsentiert die Gesamtheit dieser Intervalle auch nichts Idealtypisches, wie etwa die "ideale Länge" oder das "ideale Gewicht".
(5) Der Einsatz von formal bestimmten Maßstäben kann im eigentlichen Sinne - d. h. nicht zuletzt im Einklang mit dem umgangssprachlichen Verständnis - als **Messen** bezeichnet werden.
Diesen fünf sachbezogenen Charakteristika folgt das hier entscheidende sprachbezogene Charakteristikum:
(6) Vom Grad der Ausprägung, den eine physikalische Eigenschaft gemäß eines derartigen Maßstabes erreicht, kann nicht gefolgert werden, mit welchem Grad an Berechtigung der zu definierende Begriff (Definiendum) auf eben diese Eigenschaft angewendet werden kann. Hinter dem formalen Maßstab verbirgt sich so gesehen keine Sprachregel.

Zu jener Transpositions-These gibt es damit einen ersten Befund: Insoweit die Ausprägung einer Eigenschaft mit einem solch formalen Maßstab zu ermitteln ist, kann der Grad der Ausprägung dieser Eigenschaft nicht mit der semantischen Differenzierung des Begriffes für diese Eigenschaft gekoppelt werden. Es macht keinen Sinn zu sagen, ein 2 m langer Gegenstand sei mit einem höheren Grad an Berechtigung "lang" zu nennen als ein 1 m langer Gegenstand.[71]

Mit diesem ersten Befund wird jedoch nicht behauptet, bei der operationalen Definition von physikalischen Eigenschaftsbegriffen bestünden keinerlei Verbindun-

---

[71] Daß sich hinter formalen Maßstäben Anwendungsregeln für komparative Begriffe verbergen können, sei hier als Sonderfall außer acht gelassen.

gen zwischen Sprach- und Sachebene. Tatsächlich kann das Verfahren, die Ausprägung einer physikalischen Eigenschaft festzustellen, zugleich verstanden werden als Methode, vermittels derer man über die Anwendung eines Begriffes auf ein bestimmtes (physikalisches) Phänomen befinden kann. Dies hängt schlicht und einfach mit dem Grundsatz zusammen, daß eine Quantität immer die Quantität einer Qualität ist. Anders gesagt: Ein solch formaler Maßstab "erhebt" sich stets über einer Qualität. Was nun die Exploration der Sache angeht, folgt daraus: Mit einem "Minimum an Quantität" ist immer auch die Qualität gegeben. Das aber kann als Sprachregel umgemünzt werden - der besseren Einsicht wegen gleich im Negat: Wo keine Ausprägung vorliegt, ist auch die Qualität (Eigenschaft) nicht vorhanden; und wo keine Qualität (Eigenschaft) vorhanden ist, verbietet sich auch die Verwendung des Begriffes, der diese Qualität bezeichnet. Das führt in dieser Konsequenz gleichwohl zurück zu der ersten Antwort auf die Frage, ob OD_2 überhaupt noch etwas mit dem Definieren von Begriffen zu tun hat.

Warum sich hier der sprachbezogene Aspekt nur über das Behelfskonstrukt "Minimum an Quantität" entfalten läßt, hat seinen Grund. Aus den beiden Prämissen, daß (a) physikalische Eigenschaften nur insoweit empirisch, also exakt festgestellt werden können, als man ihre Ausprägung erfaßt und (b) dieses Mehr oder Weniger nur vermittels einer solch formalen Skalierung in Erfahrung zu bringen ist, folgt nämlich, daß - im Hinblick auf jenen explorativen Zweck - physikalische Eigenschaft und formale Skalierung eine untrennbare Einheit bilden.

Das impliziert seinerseits: Unter dem strengen Anspruch einer exakten Erfassung bietet sich keine Möglichkeit, eine physikalische Eigenschaft ungeachtet ihrer Ausprägung, d. h. **als solche** zu ermitteln. Denn wollte man dies, so müßte die (physikalische) Qualität vom Maßstab gelöst werden. 'Länge' beispielsweise müßte unabhängig von den Längenmeßistrumenten (wie etwa Metermaß, Maßband) ermittelbar sein, Gewicht unabhängig von der Waage, Geschwindigkeit unabhängig vom Tachometer. Wäre eine solche Loslösung indes möglich, dann brauchte man bei der Operationalisierung ja nicht auf Verfahren zurückzugreifen, die die Ausprägung einer Qualität zu ermitteln gestatten, sondern könnte sich mit Verfahren bescheiden, die allein das Vorliegen einer Qualität festzustellen erlauben. Nur unter dieser Voraussetzung ließe sich dann aufgrund des Vorliegens der Qualität die Anwendung des Begriffes für diese Qualität rechtfertigen - und zwar ohne Umweg über jenes Behelfskonstrukt.

Abzusetzen von der Frage nach dem Vorliegen einer Qualität als solcher ist die Frage, ob es überhaupt möglich ist, daß eine (physikalische) Eigenschaft einem Etwas zukommt. Alle Meßverfahren (eingedenk der diesen Verfahren inhärenten formalen Maßstäbe), die eingesetzt werden, um die Ausprägung physikalischer Eigenschaften zu ermitteln, erlauben das Vorliegen solcher Eigenschaften denn nur **ihrer Wirklichkeit nach** festzustellen. Sie sind nicht dazu geeignet, das Vorliegen solcher Eigenschaften **ihrer Möglichkeit nach** zu ermitteln. Auf ein Beispiel bezogen, heißt dies: Um festzustellen, ob es überhaupt möglich ist, daß ein Etwas im Raum ausgedehnt ist, nützt mir ein Meterstab nichts. Wie bloß lege ich diesen Meterstab an, wenn ich wissen will, ob Gedanken im Raume ausgedehnt sind? Noch deutlicher wird die Problemlage, wenn man sprachbezogen fragt: Was muß man tun, um festzustellen, ob das Adjektiv "lang" (als Bezeichnung für räumliche Ausdehnung) auf Gedanken anzuwenden ist oder nicht? Derartigen Problemen ist, wie man leicht sieht, mit den in operationalen Definitionen mitgeteilten Verfahren nicht beizukommen. Diese Probleme sind vielmehr der Exploration vorgelagert und müssen bewältigt sein, ehe man sich mit der empirischen Erkundung befaßt. Im Klartext heißt dies: Bevor man eine operationale Definition von "lang" formulieren bzw. sich ihrer bedienen kann, muß über die mit dem Definiendum bezeichnete Qualität bereits etwas bekannt sein. Hier meldet sich jene These von der Vorgängigkeit eines Sinnzusammenhangs zurück.

Daß ein zu operationalisierender Begriff bereits vor der Operationalisierung in einem Sinnzusammenhang erschlossen ist, dafür gibt es diverse Hinweise. So weiß man im allgemeinen ziemlich genau, welche Gegebenheiten potentielle Träger der zu erkundenden Eigenschaft sind bzw. wo der Einsatz des im Definiens angegebenen Verfahrens Sinn macht und wo nicht. Aufgrund eines Vorwissens über die räumliche Ausdehnung ist beispielsweise wohlbekannt, daß Gedanken sich nicht im Raume ausdehnen und alle möglichen Längenmeßverfahren daher deplaziert sind. Dieses Vorwissen zeigt sich aber auch darin, daß man sich in der Welt umsehen und dabei Äußerungen machen kann wie "Dieser Tisch ist lang" oder "Dieser Käfer saß vor kurzem noch auf der Blüte", ohne dabei auf operationale Definitionen von Raum- und Zeitbegriffen angewiesen zu sein. Soweit zu den formalen, physikalische Eigenschaften betreffenden Maßstäben.

Völlig anders organisiert sind Skalen, die eingesetzt werden, um die Ausprägung nicht-physikalischer Eigenschaften zu erfassen. Da diese Skalen zwar ständig benutzt werden, den Benutzern aber selten bewußt sind, will ich ausführlicher darauf eingehen. Angenommen der Gegenstand 'Haus' sei durch ein (nicht geordnetes) Bündel von fünf Eigenschaften bzw. Qualitäten (real) definiert. Diese fünf Eigenschaften können nun geordnet werden, indem man sie maßstabsmäßig auf die Reihe bringt. Man erhält als "Minimal-Maßstab" für das Phänomen 'Haus' (bzw. sprachbezogen: für das einem Etwas zuschreibbare Prädikat "Haus" respektive "Haus-Sein") ein (lineares) Kontinuum, auf dem fünf typische Eigenschaften (A, B, C, D, E) dieses Phänomens plaziert sind - sogleich als Definition notiert:

(5) Haus $=_{def}$ A —— B —— C —— D —— E

Es bleibt einem unbenommen, diesen Maßstab feiner zu gestalten, also noch weitere Merkmale mitaufzunehmen, oder auch auf Merkmale, sofern ein grobes Instrumentarium den Ansprüchen genügt, zu verzichten. Auch gibt es mehrere Möglichkeiten, diese Merkmale zu organisieren: Ihre Reihung kann auf bestimmte Weise festgelegt werden, man kann sie unterschiedlich gewichten und dergleichen mehr. Für die augenblickliche Argumentation genügt es aber, von einer relativ einfachen Organisation auszugehen: Alle fünf Eigenschaften haben gleiches "Gewicht", tragen also gleich viel zur Bedeutung des Definiendums bei. Entscheidend ist, daß dieses Kontinuum einen unipolaren Maßstab darstellt, der eine zunehmende "Haus-Artigkeit" repräsentiert: Je mehr dieser Eigenschaften an einem Etwas realisiert sind, desto eher handelt es sich bei diesem Etwas um ein Haus.

Die für die Ausprägungsermittlung relevante Operation ist nun in der Weise vorzunehmen, daß man die Qualitäten A, B, C, D und E der Reihe nach durchgeht und prüft, ob sie an den zur empirischen Erfassung anstehenden Phänomenen vorliegen. Man springt dabei gewissermaßen von einer vorgegebenen Qualität zur nächsten (die Räume zwischen diesen Qualitäten sind wohlgemerkt unbestimmt) und notiert die positiven wie negativen Belegungen. An zwei Beispielen demonstriert, könnte die Ermittlung der Ausprägung zu folgenden Ergebnissen führen. (Ob die einzelnen Qualitäten im Falle einer Anwendung des Maßstabes vorliegen, erscheint graphisch in einer zweiten Ebene):

(i) $\text{Haus}_1 \quad =_{\text{def}} \quad A —— B —— C —— D —— E$

$A^+ \quad B^+ \quad C^+ \quad D^+ \quad E^-$

(ii) $\text{Haus}_2 \quad =_{\text{def}} \quad A —— B —— C —— D —— E$

$A^+ \quad B^+ \quad C^- \quad D^- \quad E^-$

Je nachdem, wie viele Qualitäten bei dieser Prozedur als gegeben registriert wurden (hochgestelltes Plus-Zeichen!), ist man schließlich in der Lage zu sagen: Dieses Gebilde dort links (Haus_1), an dem die Merkmale A, B, C und D auszumachen sind, ist eher ein Haus als dieses Gebilde dort rechts (Haus_2), das nur die Merkmale A und B aufweist. Oder, sprachbezogen: Das Gebilde dort links kann mit größerer Berechtigung als Haus bezeichnet werden als das Gebilde dort rechts.

Im günstigsten Falle sind bei dieser Prozedur alle Qualitäten positiv belegt:

(iii) $\text{Haus} \quad =_{\text{def}} \quad A —— B —— C —— D —— E$

$A^+ \quad B^+ \quad C^+ \quad D^+ \quad E^+$

Diese Möglichkeit offenbart sogleich eine Besonderheit: Es ist nämlich charakteristisch für derartige Kontinua, daß die darauf vereinigten Qualitäten in ihrer Gesamtheit den Idealtypus eines Phänomens darstellen. Das aber heißt: Wenn an einem Phänomen alle diese Qualitäten ausgemacht werden können, so handelt es sich um ein "ideales" Haus und dieses Phänomen verdient - sprachbezogen - mit "optimaler" Berechtigung ein Haus genannt zu werden.

Enthielte das Kontinuum nur zwei Qualitäten, so wäre der Idealtypus mit diesen zwei Qualitäten gegeben, enthielte es dagegen sieben Qualitäten, wäre der Idealtypus eben aufgrund dieser sieben Qualitäten bestimmt. Was man demnach als Idealtypus bzw. als optimale Anwendung eines Begriffes anzusehen hat, ist stets relativ und hängt davon ab, wie feinkörnig der Maßstab ist, also wie viele Qualitäten vorgegeben sind. Idealtypisch ist ein Phänomen immer dann, wenn es alle vorgegebenen Qualitäten aufweist. Denn über diese vorgegebenen Qualitäten hinaus gibt es dann keine weitere Überprüfungs- bzw. Meßmöglichkeit mehr - der Maßstab hat sein Ende. Im Extremfall wird nur eine einzige Qualität vorgegeben. Läßt sich diese Qualität an dem zu untersuchenden bzw. zu benennenden Phänomen nachweisen, so ist mit diesem Phänomen denn auch schon der Idealtypus dieses Phänomens gegeben, auf das der zu definierende Begriff mit optimaler Berechtigung angewendet werden kann. Natürlich handelt es sich bei der Vorgabe von nur einer Qualität nicht mehr um einen Maßstab im Sinne von OD_2. Vielmehr liegt mit diesem Extremfall dann eine Begriffsklärung vor, die der allgemeinen Bestimmung OD_A folgt.

Bislang habe ich mich mit der moderaten Fassung von OD_2 auseinandergesetzt. Nur das "Mehr oder Weniger" einer Ausprägung stand zur Ermittlung an. Man kann die zweite spezifische Bestimmung der operationalen Definition aber auch schärfer fassen und die Forderung erheben, daß die Ausprägung einer Gegebenheit nicht lediglich als ein "Mehr-oder-Weniger" zu registrieren, sondern **numerisch** zu repräsentieren ist. Sprachbezogen heißt dies, daß das Ausmaß der Berechtigung, einen bestimmten Begriff auf ein bestimmtes Phänomen anzuwenden, nunmehr durch einen Zahlenwert angegeben wird.

Gemäß der eingeführten Voraussetzungen, daß nämlich die fünf Qualitäten A, B, C, D und E den Idealtypus eines Hauses ausmachen (sozusagen ein hundertprozentiges Haus definieren) und jede dieser Qualitäten am 'Haus-Sein' gleichen Anteil besitzt, läßt sich jener "Minimal-Maßstab" wie folgt numerisch gliedern:

(iv) Haus $=_{def}$ A —— B —— C —— D —— E

20% 20% 20% 20% 20%

Überträgt man diese numerische Gliederung auf die beiden zuvor eingebrachten Prüfergebnisse, gelangt man zu zwei spezifischen Skalenwerten:

(v) $Haus_1$ $=_{def}$ A —— B —— C —— D —— E

A^+ B^+ C^+ D^+ E^-

20% 20% 20% 20%

80%

(vi) $Haus_2$ $=_{def}$ A —— B —— C —— D —— E

A^+ B^+ C^- D^- E^-

20% 20%

40%

Danach kann man sagen: Dieses Gebilde dort links ($Haus_1$) ist zu 80% ein Haus, das Gebilde dort rechts ($Haus_2$) aber nur zu 40%. Oder, sprachbezogen, mit numerisch ausdifferenzierter Bedeutung: Das Gebilde dort links kann mit einer Berechtigung von 80% als Haus bezeichnet werden, im Gegensatz zu dem Gebilde rechts, das nur mit einer Berechtigung von 40% diese Bezeichnung verdient.

Sind alle fünf Qualitäten positiv belegt, so handelt es sich um ein hundertprozentiges Haus; entsprechend ist die Anwendung des Ausdruckes "Haus" "zu 100% berechtigt":

(vii) Haus $=_{def}$ A —— B —— C —— D —— E

A^+ B^+ C^+ D^+ E^+

20% 20% 20% 20% 20%

100%

Es erübrigt sich fast der Hinweis, daß diese verschärfte Forderung dem alltäglichen Verständnis noch abwegiger erscheinen muß als OD_2 in seiner moderaten Fassung. Lediglich für einige wenige Begriffe, dann allerdings in ausschließlich technischer Verwendung, mag diese, ja schon exaltierte Form der Bedeutungspräzisierung sinnvoll erscheinen. Daß aber auch alltägliche Begriffe, übernimmt man sie denn in die Wissenschaftssprache, bis ins Feinste numerisch abgestimmt und ausgelotet werden können, davon zeugen unzählige Untersuchungen innerhalb der empirischen Sozialwissenschaften.

Analog zu den sechs Charakteristika der formalen Maßstäbe lassen sich für diese inhaltlichen Skalen folgende Besonderheiten zusammenfassen:
(1) Der Maßstab gliedert sich in einzelne diskrete Qualitäten, die vorgegeben sind. Der Maßstab ist, wie man auch sagen könnte, **inhaltlich** bestimmt. Die "Räume" zwischen diesen Qualitäten sind nicht definiert.
(2) Der Maßstab ist nicht "sich-selbst-erzeugend", d. h. aus einer (vorgegebenen) Qualität folgen nicht automatisch die anderen Qualitäten. Jede einzelne Qualität muß festgelegt werden.[72]
(3) Der Maßstab ist mit der Angabe der letzten vorgegebenen Qualität abgeschlossen.
(4) Die Gesamtheit dieser Qualitäten repräsentiert den Idealtypus des zu bestimmenden bzw. zu messenden Phänomens.
(5) Der Einsatz von inhaltlich bestimmten Maßstäben kann nur im hier explizierten Kontext als Messen bezeichnet werden. Strenggenommen wird mit solchen inhaltlichen Maßstäben nicht gemessen, sondern **stufenweise klassifiziert** - selbst wenn den einzelnen Stufen Zahlenwerte zugeordnet sind.
Während die ersten fünf Charakteristika wiederum den sachbezogenen Aspekt der operationalen Definition betreffen, gilt das letzte - abermals wichtigste - Charakteristikum dem sprachbezogenen Aspekt:
(6) Beim Einsatz inhaltlicher Maßstäbe kann von der Anzahl der positiv belegten Qualitäten auf den Grad der Anwendungsberechtigung des zu definierenden Begriffes (Definiendum) gefolgert werden. Hinter einem inhaltlichen Maßstab verbirgt sich also eine Sprachregel.

Daraus leitet sich für die Transpositions-These ein zweiter, dem ersten entgegengesetzter Befund ab: Insoweit die Ausprägung einer Eigenschaft mit einem solch inhaltlichen Maßstab zu ermitteln ist, lassen sich sehr wohl beide Aspekte entfalten, der sprachbezogene wie der sachbezogene. Anhand des Instrumentariums, das zur Erfassung der Ausprägung einer bestimmten Eigenschaft dient, kann man jetzt zugleich ermessen, mit welchem Grad an Berechtigung der Begriff für diese Eigenschaft anzuwenden ist. Damit zieht aber besagte Aufweichung der Ränder - auf der Seite der Sachen - nicht, wie zu vermuten wäre, eine Vagheit der Bedeutungen - auf der Sprachseite - nach sich, sondern bedingt tatsächlich eine semantische Differenziertheit.[73]

---

[72] Selbst wenn zwei Qualitäten notwendigerweise einer Sache zukommen, ist damit ja nicht gesagt, daß auch beide Qualitäten in einen Maßstab aufgenommen werden. Es kann Gründe geben, auf eine dieser Qualitäten zu verzichten.

[73] Offen bleibt die hier nicht näher zu erörternde Frage, ob diese Differenziertheit auch stets in die Sprachpraxis umgesetzt werden kann. Denn selbst wenn die Perspektive der weichen Ränder

Dieser zweite Befund gilt insbesondere auch dann, wenn die im Maßstab fraktionierten Qualitäten indizierenden Charakter haben, also auf die mit dem Definiendum benannte Eigenschaft, die ihrerseits nicht direkt wahrnehmbar ist, nurmehr verweisen. In diesem Falle sind die beiden spezifischen Bestimmungen der operationalen Definition, also OD_1 und OD_2, miteinander zu kombinieren. Ich umgehe dabei bewußt die Formulierung eines operationalistischen Prinzips und fasse die Kombination gleich in ein operationalistisches Sinnkriterium:

> Ein Begriff (Definiendum) hat nur dann Bedeutung, wenn
> (a) dieser Begriff auf etwas direkt Wahrnehmbares bezogen werden kann
> (das entspricht OD_1: Operation der direkten Wahrnehmung)
> und zudem
> (b) eine Operation angegeben werden kann, die festzustellen erlaubt, in welchem Grad dies direkt Wahrnehmbare ausgeprägt ist
> (das entspricht OD_2: Operation zur Feststellung des Ausprägungsgrades).

Des besseren Verständnisses wegen habe ich diese Kombination für das Definiens sachbezogen formuliert. Dabei ist es nur naheliegend, wenn ich die zweite spezifische Bestimmung in der Weise variiere, daß der Grad der Ausprägung an dem direkt Wahrnehmbaren ermittelt wird, also an der Eigenschaft, auf die sich das Definiens bezieht. Von der Ausprägung des direkt Wahrnehmbaren läßt sich auf die Ausprägung des Nicht-direkt-Wahrnehmbaren (mit dem Definiendum beschrieben) schließen. Diese Kombination von OD_1 und OD_2 entspricht im übrigen weitgehend dem Verständnis, das man heutzutage in den empirischen Sozialwissenschaften mit der Bezeichnung "operationale Definition" bzw. "Operationalisierung" verbindet.

Wie bei den formalen Maßstäben gilt auch für die inhaltlichen Maßstäbe, daß sie Eigenschaften bzw. deren Ausprägung ihrer Wirklichkeit nach erfassen und nicht ihrer Möglichkeit nach. So geht man nicht blindlings ans Werk und testet unvoreingenommen alle Gegenstände dieser Welt, ob ihnen möglicherweise die fünf Qualitäten des hier eingeführten Minimal-Maßstabes anhaften. Vielmehr handelt man zielgerichtet und prüft nur da, wo das Vorkommen dieser Qualitäten auch möglich ist. Dieses zielgerichtete Handeln setzt aber voraus, daß man über die Vorkommens-Möglichkeit dieser Qualitäten bereits ein Wissen hat - ein Wissen, das der Minimal-Maßstab selbst nicht bereitzustellen vermag. Hier greift abermals die These von der Vorgängigkeit eines Sinnzusammenhangs. Im Gegensatz zu den

das alltägliche Verständnis von den Dingen dieser Welt prägt, ist die begründete Unterscheidung zwischen $Haus_1$ und $Haus_2$ in der Alltagskommunikation irrelevant, solange für beide Referenten nur ein einziger Bezeichnungsbegriff zur Verfügung steht.

formalen Maßstäben ist jetzt aber das Wissen, das der Formulierung respektive der Aneignung einer operationalen Definition vorausgehen muß, anders gelagert. Jetzt braucht man nämlich nicht unbedingt etwas über das Definiendum zu wissen. Es genügt, wenn man über die im Maßstab fraktionierten Qualitäten insoweit informiert ist, als man weiß, wo diese Qualitäten ihrer Möglichkeit nach anzutreffen sind und wo nicht. Ein Vorwissen bzgl. des Definiendums ist allerdings für den Fall unabdingbar, daß man die Qualitäten zu einem Maßstab zusammenstellt. Denn dann impliziert beispielsweise das Wissen, daß die Qualitäten A und B zur Qualität C passen, nicht aber zur Qualität M, daß man bereits weiß, was die Gesamtheit der Qualitäten ausmacht.

Die Auseinandersetzung mit den verschiedenen Arten von Maßstäben bedarf einiger Ergänzungen. Zunächst sollte man nicht verkennen, daß die beiden Befunde, die zur Transpositions-These erarbeitet wurden, von der Sache her einen Bruch markieren, der auch historisch bemerkenswert ist. So fand ich zwar über die von BRIDGMAN diskutierten Beispiele aus der Physik zur zweiten spezifischen Bestimmung. Aber für die in der Physik relevanten formalen Maßstäbe läßt sich der sachbezogene Aspekt gerade nicht übertragen auf den sprachbezogenen Aspekt. Was also die operationale Definition an semantischer Differenzierung zu leisten vermag, kann für Begriffe, die physikalische Eigenschaften betreffen, überhaupt nicht voll genutzt werden.

Dieser Bruch bleibt selbst dann bemerkenswert, wenn man einräumt, daß die Unterscheidung zwischen Maßstäben für physikalische Eigenschaften und Maßstäben für nicht-physikalische Eigenschaften gar nicht so scharf und eindeutig getroffen werden kann, wie ich das hier getan habe. Das sei in bezug auf das jeweils dritte Charakteristikum kurz erläutert.

So gibt es einerseits in der Physik, wo man doch nur nicht-inhaltliche, also offene Maßstäbe vermutet, durchaus geschlossene Maßstäbe. Andererseits trifft man in der Psychologie, wo man wiederum nur inhaltliche, d. h. geschlossene Skalen erwartet, auf zumindest scheinbar offene Maßstäbe. Beispielsweise ist der - gewiß nicht inhaltliche - Maßstab für die Geschwindigkeit doch insoweit geschlossen, als er mit dem Wert für die Lichtgeschwindigkeit eine natürliche Begrenzung hat. Und die Skala für die Härte endet mit dem Wert 10. Ein Wert, der zugleich inhaltlich definiert ist durch das härteste Material, das bislang in der Natur vorgefunden wurde. Auf solche geschlossene und zugleich inhaltliche Skalierungen trifft man z. B. auch in der Geophysik. Um etwa die Intensität eines Erdbebens festzustellen, bedient man sich der MERCALLI-Skala, einer Skala, die 12 Intensitätsgrade umfaßt, wobei jeder dieser Grade durch typische Merkmale (Gläser klirren, Teiche werfen Wellen, Eisenbahnschienen verbiegen sich), also inhaltlich bestimmt ist. Ein neuer Gesichtspunkt kommt in die Diskussion, wenn man die Methode zur Berechnung der Erdbebenmagnitude nach RICHTER betrachtet. Die 1935 entwickelte RICHTER-Skala ist rein quantitativ, also nicht-inhaltlich und, wie es in den Medien immer betulich gelehrsam heißt, "nach oben offen". Jedoch - und darauf sei hier abgehoben - ist diese Offenheit ab einem bestimmten Punkt für die Praxis irrelevant, da es noch niemals Beben gegeben hat, deren Magnitude über diesen Punkt hinausgegangen ist. Insoweit hat die RICHTER-Skala, auch wenn sie theoretisch offen ist, ein natürliches Ende. Und damit bin ich bereits bei den Maßstäben der Psychologen, den Tests. Viele psychologische Tests werden gewissermaßen künstlich "offen" gehalten. Das kann auf zweifache Weise geschehen. Entweder gestaltet man den (inhaltlichen) Maßstab "übernatürlich" - man optimiert sozusagen den Idealtypus (z. B. bei Intelligenztests) - oder man läßt eine gemeinhin diskrete Eigenschaft (gelegentlich auch mehrere solcher Eigenschaften) ins Unendliche reichen, indem man ihr eine physikalische Eigenschaft "unterlegt". Kein Individuum wird dann in der Lage sein, ein optimales Ergebnis zu erreichen, also die Test-Items vollständig zu lösen bzw. zu erfüllen. Obgleich ein solcher (inhaltlicher) Maßstab dann "offen" zu sein scheint, hat er sein natürliches Ende doch dort, wo der "ausgeprägteste Proband" plaziert ist.

Eine klare Abgrenzung zwischen physikalischen und nicht-physikalischen Eigenschaften ist im übrigen nicht nur bezüglich der einzusetzenden Maßstäbe ein Problem. Viele physikalischen Eigenschaften haben nämlich ebenso wie ein Großteil der nicht-physikalischen Eigenschaften dispositionellen Charakter im herkömmlichen Sinne. Das heißt: Sie sind der unmittelbaren Wahrnehmung nicht zugänglich, sondern geben sich nur unter bestimmten Bedingungen über sichtbare Indizien zu erkennen. (Der elektrische Widerstand eines Leiters ist nicht direkt beobachtbar, sondern läßt sich nur unter der Bedingung, daß man Strom durch diesen Leiter schickt, über ein nach außen hin sichtbares Signal registrieren.) In diesen Fällen wird man auch im Bereich der Physik die erste spezifische Bestimmung der operationalen Definition OD_1 bemühen müssen: Begriffe für solch verborgene physikalische Eigenschaften haben nur dann Bedeutung, wenn Verfahren angegeben werden können, die es erlauben, diese Eigenschaften an die sichtbare Oberfläche zu projizieren. Daß die sichtbaren Indizien für fast alle physikalischen Eigenschaften stets die gleichen sind, nämlich Zeigerausschläge, bringt gewisse Schwierigkeiten mit sich. Man kann diese Dispositionen von den Indizien her denn gar nicht mehr differenzieren. Dazu muß man sich schon der mehr oder weniger komplizierten Instrumentarien annehmen, die diese Projektionen erst ermöglichen. Ein Problem, das später wiederholt aufgegriffen werden wird. Daß es zwischen beiden Arten von Maßstäben fließende Übergänge gibt, schränkt den Wert dieser Unterscheidung für den Fortgang der Diskussion indes nicht ein.

OD_2 schließt eine sprachtheoretisch relevante Besonderheit ein. Die Bereitschaft nämlich, jede einem Etwas zuschreibbare Eigenschaft in ein Kontinuum zu zwingen, bedingt auf der Sprachseite, daß alle auf diese Weise operational definierten Begriffe zumindest in einer Hinsicht den Charakter von Eigenschaftsbegriffen im engeren, d. h. grammatikalischen Sinne annehmen: Für sie kann, wenn auch nur theoretisch, ein **Komparativ** gebildet werden Das wiederum erlaubt Rückschlüsse auf den zugrundeliegenden Operationsbegriff. Denn diese sprachliche Möglichkeit verlangt auf der Sachebene eine **Operation des Vergleichens**, in der nunmehr die explorative Handlung aufgeht.

Eine Eigenschaft in ein Kontinuum zu zwingen, das es erlaubt, die Ausprägung dieser Eigenschaft zahlenmäßig zu erfassen bzw. die Bedeutung des Begriffes für diese Eigenschaft numerisch zu differenzieren, wie dies namentlich für inhaltliche Skalen gilt, bringt es mit sich, daß eine ursprünglich bloß qualitative Größe nun in eine quantifizierbare Größe überführt wird. Unter der Befolgung von OD_2 in der verschärften Fassung kippt gleichsam das Qualitative in das Quantitative. Oder, um es in der Sprache der sozialwissenschaftlichen Meßtheorie zu sagen: OD_2 in der verschärften Fassung schafft überhaupt erst die Voraussetzung, ein empirisches Relativ auf ein numerisches Relativ abzubilden. Warum aber ist den Empirikern so viel an dieser Abbildung gelegen? Was veranlaßt sie, die Präzisierung ihrer Sprache so kompromißlos gemäß dieser Fassung von OD_2 zu betreiben? Die Antwort liegt auf der Hand: Quantifizierbare Größen erbringen Daten, die statistisch verarbeitet werden können. Und es steht außer Frage, daß, soweit man sich am methodologischen Ideal der Naturwissenschaften orientiert, der Umgang mit quantifizierbaren Größen eingedenk des Einsatzes statistischer Methoden immer auch Wissenschaftlichkeit verheißt. Wenn sich die empirischen Sozialwissenschaftler also auf die zweite spezifische Bestimmung der operationalen Definition in ihrer schärferen Fassung (eingedenk der kombinierten Variante) kaprizieren, so haben sie ein durchaus triftiges und auch nachvollziehbares Motiv.

Die verschärfte Fassung von OD_2 läßt schließlich auch den Operationsbegriff komplexer geraten. Während für die gemäßigte Fassung die spezifische Operation des Vergleichens relevant wurde, gewinnen nun zusätzlich alle möglichen **Zahlenoperationen**, angefangen von der einfachen Operation des Abzählens bis hin zu kombinierten Rechenoperationen an Bedeutung. Es zeichnet sich also ab: Je elaborierter man die operationale Definition bestimmt, desto komplexer wird auch die Operationsangabe im Definiens. Nicht mehr die Beschreibung einer einzigen, wohlabgegrenzten Operation konstituiert die Bedeutung des Definiendums, sondern es sind mehrere Teiloperationen anzugeben, und jede Teilangabe trägt für sich einen Teil der Bedeutung.

Bei allen Vorzügen der zweiten spezifischen Bestimmung der operationalen Definition - nicht hinterfragt wurde bislang die Berechtigung und Zulässigkeit jener prinzipiellen Bereitschaft, der Welt Skalen zu oktroyieren. Selbst wenn die Perspektive der weichen Ränder der Realität oftmals angemessen ist - rechtfertigen läßt sich die zwangsweise verordnete Skalierung im Grunde nur durch den letztlich verfolgten Zweck, über der Welt mit statistischen Verfahren zu operieren.

Gleichwohl sind Vorbehalte anzumelden, wenn es darum geht, die Welt grundsätzlich dieser Perspektive zu unterstellen. Denn nicht jedes Phänomen eignet sich dazu, in ein Kontinuum gezwängt zu werden. Und so manche Gegebenheit übersteht es nicht unbeschadet, wenn auf die beschriebene Art und Weise Maß an ihr genommen wird. Vielfach kommt es dabei zu absonderlichen Verformungen und Verzerrungen des Gegenstandsbereiches. Und diese Verformungen stehen wohlgemerkt jenen Veränderungen in nichts nach, die der Gegenstandsbereich durch die Reduzierung auf das Beobachtbare erfährt. Hält man aber dennoch uneingeschränkt an OD_2 fest, dann gesellt sich zu der Maxime, die einst den Anspruch von OD_1 so prägnant umschrieb, als zweite Maxime eine imperative Formulierung von GALILEI, die zwar nicht auf die Sprache gemünzt war, aber durchaus dem Bestreben entsprang, die Welt dem naturwissenschaftlichen Zugriff zu erschließen: Was nicht meßbar ist, muß meßbar gemacht werden! Eine Maxime, die vielleicht noch treffender als jener erste Leitsatz am Ende von Kap. 4.2 das Konzept von der operationalen Definition charakterisiert.[74]

---

[74] In ihrem Ursprung reicht diese Meßbarkeits-Ideologie indes zurück auf die vorsokratische Philosophie, namentlich auf ANAXIMINES' Theorie zur Entstehung der verschiedenen Eigenschaften.

5. Klassifikation der operationalen Definitionen

Ungeachtet der Tatsache, daß aufgrund der verschiedenen und nicht selten auch disparaten Ansichten zum Konzept der operationalen Definition viele Formen dieser Definitionsart in der Literatur kursieren, schlage ich eine Klassifikation vor, die weitgehend auf dem bislang Erarbeiteten basiert. Die zu treffenden Unterscheidungen werden zunächst überblicksartig eingeführt und nicht belegt. Die Belegung erfolgt erst später in den beispielbezogenen Kapiteln. Dort wird meine Klassifikation dann auch so verfeinert, daß selbst Sonderfälle eingeordnet werden können.

Wenn ich zwischen verschiedenen Formen der operationalen Definition unterscheide, so geschieht dies in dreifacher Hinsicht: Die erste Unterscheidung läßt sich zwar an der äußeren Gestalt einer operationalen Definition festmachen, ist deshalb aber keineswegs marginal. Die zweite Unterscheidung zieht ihre Berechtigung einerseits aus praktischen Belangen, hängt andererseits aber auch mit den unterschiedlichen Gegenstandsbereichen zusammen, auf die sich die auszuführenden Operationen beziehen können. Die dritte und wichtigste Unterscheidung schließlich liegt allein in einer strukturellen Andersartigkeit dieser Gegenstandsbereiche begründet und hat weitreichende Konsequenzen. Querverbindungen, die zwischen den drei jeweils dichotomen Unterscheidungen bestehen, werden vorläufig nur angedeutet.

Diese Unterscheidungen manifestieren sich in insgesamt sieben Definitionsschemata. Wenn in diesen Schemata Definiendum und Definiens jeweils in eckige Klammern gefaßt sind, so ist damit signalisiert, daß es sich bei diesen Ausdrücken um Definitions**formen** handelt; auf beiden Seiten des Definitionszeichens stehen also "Platzhalter", die im Anwendungsfalle zu belegen sind. Selbst wenn es an dieser Stelle noch einmal Mühe bereitet - auch die Art der Belegung ist soweit geklärt: Definiendum wie Definiens sind ungeachtet ihrer Komplexität sprachlich gegeben. Die undifferenzierte Notierung "Definiendum" auf der linken Seite zeugt indes von meinem Ansatz, die operationalen Definitionen vorerst vom Definiens und dessen Variationen ausgehend zu klassifizieren. Wenn es sich aber alsbald zeigt, daß bestimmte Schemata nur für ganz bestimmte Arten von Definienda "zuständig" sind oder genauer gesagt: jeweils nur für Begriffe in Anspruch genommen werden können, die sich auf bestimmte Gegenstandsbereiche beziehen, so offenbart sich damit eine andere, ebenfalls berechtigte Möglichkeit der Einteilung. Diese Klassifikation nach auf verschiedene Gegenstandsbereiche bezogenen Definienda drängt sich zwangsläufig auf, sobald man mit Beispielen arbeitet. Und so richtet sich die Aufteilung der späteren Kapitel entsprechend dieser anderen Möglichkeit der Einteilung aus.

Zunächst werden operationale Definitionen schlicht und einfach danach unterschieden, ob auf der Seite des Definiens das, was zu tun ist, *expressis verbis* angegeben ist oder nicht explizit zum Ausdruck gebracht wird. Findet sich die Vorgehensweise ausdrücklich erwähnt, so spreche ich von einer **expliziten operationalen Definition**, in ihrer "reinsten" Form repräsentiert durch:

Schema I [Definiendum] $=_{def}$ [Operation]

Dabei ist zu beachten, daß der Begriff "Operation", soweit er in diesem und in den folgenden Schemata eine Variable im Definiens bezeichnet, in seiner engeren Bedeutung zu verstehen ist. Es geht wie gesagt um die ausdrückliche Angabe dessen, was zum Zwecke der Exploration bzw. der Benennung zu tun ist. Im einfachsten Falle kommt dieses operative Element in Form eines Verbs zum Ausdruck. Möglich ist aber auch, daß die Mitteilung, was zu tun ist, entweder breit ausdifferenziert wird oder aber nur rudimentär erfolgt. In einem weitergefaßten Sinne wird der Begriff "Operation" dagegen verwendet, wenn ich mich damit auf den gesamten Komplex beziehe, der in operationalen Definitionen rechts des Definitionszeichens steht. Welche Verwendung gerade aktuell ist, dürfte unschwer dem Kontext zu entnehmen sein.

Ist nun keine solche Operation im engeren Sinne *expressis verbis* angegeben und auch nichts davon rudimentär vermerkt, so handelt es sich um eine **implizite operationale Definition**, in ihrer "reinsten" Form repräsentiert durch:

Schema II [Definiendum] $=_{def}$ [Designator]

Dieses Schema leitet sich unmittelbar aus der ersten spezifischen Bestimmung der operationalen Definition OD_1 ab: Durch die Bezugnahme auf eine beobachtbare Größe (vermittels des Designators) ist auch schon festgelegt, was zu tun ist, nämlich zu beobachten.[75]

Wünscht man sich den besonderen Umstand herausgestellt, daß zwischen dem links und rechts Bezeichneten ein Verweisungszusammenhang besteht, so kann ebenso das in Kap. 4.2 eingeführte Begriffspaar "Indicandum-Indikator" in Schema II eingebracht werden:

Schema IIa [Indicandum] $=_{def}$ [Indikator]

---

[75] Die Begriffe "explizit" und "implizit" sind wegen ihrer - keineswegs einheitlichen - Verwendung in der traditionellen Definitionslehre (vgl. z. B. die Verwendungsweise bei GERGONNE 1818/19) vorbelastet. Soweit ich sie zur Unterscheidung verschiedener Formen von operationalen Definitionen heranziehe, geschieht dies ohne Bezug auf irgendeine Tradition.

Dieser spezifische Zusammenhang läßt sich auch für die folgenden Schemata festschreiben, sofern man die Variablen "Definiendum" durch "Indicandum" bzw. auf Definiens-Seite "Designator" durch "Indikator" ersetzt. Kenntlich gemacht sind solche Varianten, indem der römischen Ziffer eine kleines a nachgestellt wird.

Als wiederum explizit sind operationale Definitionen zu bezeichnen, die einem Schema unterliegen, das sich aus der Kombination der ersten beiden Schemata ergibt:

Schema III [Definiendum] $=_{def}$ [Operation, Designator]

Auf den ersten Blick erscheint dieses Schema befremdlich. So mag es nicht einleuchten, warum denn neben dem Designator, für den ja gerade charakteristisch ist, daß in ihm eine Operation, nämlich die der (unmittelbaren) Beobachtung, "verpackt" ist, noch einmal explizit eine Operation angegeben wird. Doch gibt es zwei Gründe, dieses Schema mit seinem vermeintlich redundanten Definiens hier gesondert einzuführen. Der erste Grund ist rein didaktischer Natur. Zur Verdeutlichung meiner Argumente erscheint es mir hin und wieder angebracht, implizite operationale Definitionen in explizite operationale Definitionen zu überführen - selbst wenn ich dabei artifiziell anmutende Begriffsbestimmungen produziere. Der zweite Grund ergibt sich aus praktischen Belangen. So ist es in vielen Fällen geboten, eine spezifizierte Anweisung, wie die beobachtbare Größe denn genau zu erfassen sei, beizugeben. In dieser Hinsicht ist Schema III weder abwegig noch untypisch, sondern steht für eine Großzahl von Operationalisierungen. Mit diesem zweiten Grund zeichnet sich indes eine Tendenz ab, die den Zusammenhang zwischen expliziter und impliziter operationaler Definition fürs erste ausreichend charakterisiert: Je aufwendiger der explorative Akt, je komplexer die auszuführende Handlung, desto eher sieht man sich zu einer expliziten Angabe der Operation bzw. der Operationen genötigt.

Für die zweite Unterscheidung wird der Umstand relevant, daß zur empirischen Erfassung vieler Phänomene die Inanspruchnahme allein unserer Sinne nicht mehr ausreicht, sondern darüber hinaus der Einsatz irgendwelcher Hilfsmittel, insbesondere vorgefertigter Instrumente vonnöten ist. Demgemäß unterscheide ich zwischen **instrumentalen operationalen Definitionen** einerseits und **nicht-instrumentalen operationalen Definitionen** andererseits. Die ersten drei Schemata stehen für nicht-instrumentale operationale Definitionen. Sie lassen sich aber jederzeit durch eine entsprechende Ergänzung im Definiens in instrumentale Definitionen umwandeln. Dabei repräsentieren die beiden folgenden Schemata instrumentale und zugleich explizite operationale Definitionen:

Schema IV [Definiendum] $=_{def}$ [Operation, Instrument]

Schema V [Definiendum] $=_{def}$ [Operation, Instrument, Designator]

während

Schema VI [Definiendum] $=_{def}$ [Instrument, Designator]

als implizite instrumentale operationale Definition zu betrachten ist.

Dieser Reihe gesellt sich ein weiteres Schema zu, das gleichsam die "Reinform" einer instrumentalen (impliziten) operationalen Definition repräsentiert:

Schema VII [Definiendum] $=_{def}$ [Instrument]

Dabei will ich mit diesem Schema mehr als bloß einer verbreiteten façon de parler gerecht werden. Im übrigen sind diesem Schema auch solche operationalen Definitionen zuzuordnen, in denen Angaben zum Instrument nur noch rudimentär nachweisbar sind.

Mit der Aufnahme eines 'Instrumentes' als neuem Bestimmungsstück innerhalb des Definiens ändert sich natürlich nichts an der Art und Weise, wie das Definiens gegeben ist: Ebenso wie der Ausdruck "Operation" hier eine sprachlich zu formulierende Belegung des Schemas verlangt, so steht auch der Ausdruck "Instrument" für die Bezeichnung eines Instrumentes und nicht etwa für das Instrument selbst. Was in diesem Zusammenhang als Instrument anzusehen ist, welche Arten von Instrumenten zu unterscheiden sind und inwieweit sich daraus eine verfeinerte Klassifizierung ergibt, das alles sind Fragen, deren Beantwortung ebenfalls dem beispielbezogenen Teil der Erörterung vorbehalten bleibt.

Die dritte hier zu treffende Unterscheidung fügt sich nahtlos an Überlegungen, die ich im Zusammenhang mit der zweiten spezifischen Bestimmung OD_2 (Kap. 4.3) vorgetragen habe. Sie erwächst nämlich aus dem Umstand, daß zur Exploration der Ausprägung physikalischer Eigenschaften anders organisierte Skalen einzusetzen sind als zur Exploration der Ausprägung nicht-physikalischer Eigenschaften.

Terminologisch könnte man die Unterscheidung zwischen formalen und inhaltlichen Maßstäben aufgreifen und für die Abgrenzung von zwei unterschiedlichen Arten von operationalen Definitionen heranziehen. Da aber die Begriffe "formal" und "inhaltlich" mannigfach vorbelastet sind und eine Präzisierung in jedem Falle müßig erschiene, möchte ich die terminologische Fixierung der dritten Unterscheidung auf die beiden Charakteristika gründen, die ich für die Maßstäbe sowohl physkalischer als auch nicht-physikalischer Eigenschaften jeweils an dritter Stelle genannt habe (vgl. Kap. 4.3). Diesen Charakteristika zufolge unterscheiden sich Maßstäbe, die zur Erfassung von Ausprägungen eingesetzt werden, danach, ob sie durch die fortwährende Aneinanderreihung inhaltlich nicht definierter Intervalle ins Unendliche reichen, also offen sind, oder ob sie durch die Vorgabe einer bestimmten Anzahl diskreter Qualitäten abgeschlossen sind. Geht es also um Begriffe für physikalische Eigenschaften, so spreche ich von **offenen operationalen Definitionen**, geht es dagegen um Begriffe für nicht-physikalische Eigenschaften, so ist die Rede von **geschlossenen operationalen Definitionen**.

Um dabei nochmals einem Mißverständnis vorzubeugen: Das Prädikat "offen" bleibt im vorliegenden Zusammenhang ausschließlich für nicht-inhaltliche Maßstäbe reserviert. Daß auch inhaltliche Maßstäbe in dem Sinne "offen" sind, als man einer bestimmten Anzahl diskreter Qualitäten jederzeit weitere Qualitäten hinzufügen kann, hat meiner Sprachregelung zufolge nichts zu tun mit der Offenheit, sondern mit der Möglichkeit, diese Art von Maßstäben feiner zu differenzieren. Gewiß muß man bei dieser, auf den Maßstab abzielenden Kategorisierung immer auch in Betracht ziehen, daß die Abgrenzung zwischen den beiden Skalentypen nicht vollständig disjunktiv ist. Im übrigen begründet diese dritte Unterscheidung keine neuen Definitionsschemata. Was diese Unterscheidung an Strukturen zu differenzieren vermag, läßt sich durch die bereits eingeführten Schemata darstellen.

Nun zu den Querverbindungen. Relativ einfach liegen die Verhältnisse bei offenen operationalen Definitionen. Die Koppelung eines formalen Maßstabes mit einer physikalischen Qualität stellt immer etwas Künstliches, vom Menschen Geschaffenes dar, das in der Praxis als Instrument realisiert ist. Insofern sind alle offenen operationalen Definitionen im Prinzip auch instrumentale operationale Definitionen (Schemata IV, VII). Die (physikalische) Qualität ist dabei, wenn man so will, in das Instrument eingeschlossen.

Da die Forderung nach exakter Exploration es andererseits unmöglich macht, sich auf physikalische Eigenschaften ohne Verwendung eines formalen Maßstabes (was heißt: ohne Verwendung eines Instrumentes) einzulassen, kommen für die Operationalisierung von Begriffen für solche Eigenschaften diejenigen Definitionsschemata, die auf seiten des Definiens eine diskrete Qualität (in Form ihrer sprachlichen Repräsentanten als Designator bzw. Indikator) ausweisen, nicht in Frage. Eine Loslösung der physikalischen Qualität von dem ihr unterlegten formalen Maßstab, d. h. vom Instrument, ist, zumal unter dieser Forderung, wie ausgeführt, nicht möglich.

Komplizierter verhält es sich mit den Querverbindungen bei geschlossenen operationalen Definitionen. Hier nämlich müssen zwei Fälle unterschieden werden. Im ersten Fall steht die Exploration einer Ausprägung an. Man wird also auf einen Maßstab zurückgreifen müssen. Sind aber mehrere (nicht-physikalische) Qualitäten zu einem Maßstab fraktioniert, so handelt es sich wiederum um etwas künstlich Geschaffenes, das als Instrument zu gelten hat. Die Qualitäten konstituieren durch ihre Fraktionierung das Instrument (Schemata IV, VII).

Im zweiten Falle geht es gar nicht um die Exploration einer Ausprägung. Der geschlossene Maßstab dient hier lediglich als Strukturprinzip. Auf seiten des Definiens ist im Extremfall entweder nur eine einzige diskrete Qualität genannt - dann stellt sich die Frage nach einem Maßstab überhaupt nicht. Oder es sind mehrere diskrete Qualitäten angesprochen, die jetzt aber nicht zu einer Skala fraktioniert sind, sondern als ungeordnetes Bündel erscheinen. Die Qualitäten bilden zwar eine Einheit und jede Qualität trägt auch zur Bestimmung des Definiendums ihren Teil bei, eine maßstabsmäßige Abstufung ist aber nicht intendiert. Dennoch handelt es sich, ob nun lediglich eine einzige Qualität vermerkt ist oder aber mehrere Qualitäten angegeben sind, um eine geschlossene Merkmalsmenge. Sind mehrere Qualitäten im Definiens repräsentiert, so müßten bei den für diesen zweiten Fall einschlägigen Schemata (II, III, V, VI bzw. a-Varianten) die Platzhalter genaugenommen im Plural ausgewiesen sein. Und wenn im Definiens der Schemata V und VI jetzt dennoch die Angabe eines Instrumentes vorgesehen ist, so verlangen das die besonderen Umstände, unter denen die diskreten Qualitäten allein beobachtbar sind. Dieses Instrument steht also nicht für einen aus den Qualitäten gebildeten (geschlossenen) Maßstab.

Die "Reinform" der expliziten operationalen Definition (Schema I) kann - sofern "Operation" eben in jenem eingeschränkten Sinne verstanden wird - für beide Skalentypen gleichermaßen belegt werden - auch wenn, wie sich zeigen wird, diese Belegung stets eine bruchstückhafte Definition hervorbringt.

Mit der letzten Querverbindung sei an das angeknüpft, was sich im Zusammenhang mit der ersten Unterscheidung bereits abzeichnete: Je komplexer die auszuführende Operation ist, desto dringlicher scheint es geboten, ausdrücklich anzugeben, was im einzelnen zu tun ist. Nicht zuletzt weil beim Einsatz eines Instrumentes komplexe Handlungen ausgeführt werden müssen, sind instrumentale operationale Definitionen häufig auch explizite operationale Definitionen.

6. Offene operationale Definitionen (Die operationale Definition von physikalischen Eigenschaftsbegriffen)

Nachdem das Prinzip der operationalen Definition expliziert ist, die wichtigsten Bestimmungen geleistet sind und auch ein System bereitsteht, das verschiedene Arten von operationalen Definitionen zu klassifizieren erlaubt, sollen alle weiteren Probleme nunmehr anhand von Beispielen erörtert werden. Während ich bei der Auflistung der einzelnen Schemata vom Definiens eingedenk seiner Varianten ausgegangen bin, werde ich für die nächsten Argumentationsschritte gewissermaßen einen Paradigmenwechsel vornehmen und vom Definiendum ausgehen, also danach systematisieren, welche unterschiedlichen Arten von Begriffen zur Operationalisierung anstehen. Das tut der Sache keinen Abbruch, im Gegenteil, dieser Weg führt für eine geraume Zeit wieder näher an BRIDGMANs Argumentation heran. So wird es in diesem Kapitel ausschließlich um die operationale Definition von Begriffen gehen, die sich auf physikalische Eigenschaften beziehen, d. h., es steht diejenige Begriffsart im Mittelpunkt des Interesses, der sich einst auch BRIDGMAN in besonderer Weise angenommen hat.

Die folgende Diskussion wird im wesentlichen von zwei Fragestellungen beherrscht. Nachdem sich gezeigt hat, daß die operationale Definition mehr denn jede andere Definitionsart dem Explorationsprozeß verhaftet ist, stellt sich erstens die Frage, inwieweit Determinanten dieses Prozesses in die Formulierung der Definition miteinzubeziehen sind. Zweitens wird zu klären sein, wie sich die Einbeziehung solcher Determinanten mit der Forderung nach Synonymität zwischen Definiendum und Definiens verträgt. Die Brisanz dieser zweiten Fragestellung erwächst insbesondere aus der von BRIDGMAN bereits zu Beginn seiner sprachtheoretischen Einlassungen 1927 - wiederum eher en passant - gemachten Bemerkung, daß Begriffe, die vermittels unterschiedlicher Operationen definiert werden, auch verschiedene Bedeutungen haben.[76]

Diese Auffassung ist, zumal BRIDGMAN ja ausdrücklich von der Synonymität zwischen linker und rechter Seite der von ihm propagierten Definitionsart ausgeht, nur konsequent und steht auch ganz im Einklang mit der traditionellen Definitionslehre: Eine Veränderung auf seiten des Definiens bedingt eine Veränderung auf seiten des Definiendums. Nicht nur für die gängigste Definitionsart, die Nominaldefinition, wird dies als berechtigt und selbstverständlich akzeptiert. Für die operationale Definition aber hat die wechselseitige Abhängigkeit z. T. absurde Konsequenzen und kann deshalb so pauschal nicht hingenommen werden. Im übrigen

---

[76] In bezug auf die Längenmessung schreibt BRIDGMAN 1927: "If we have more than one set of operations, we have more than one concept, and strictly there should be a separate name to correspond to each different set of operations." (S. 10) Und wenn er sich zwei Seiten weiter mit EINSTEIN auseinandersetzt, so heißt es da: "Since Einstein's operations were different from our operations above, *his 'length' does not mean the same as our 'length'.*" (Kursiv im Original)

haben die meisten Einsichten, die im Rahmen dieser zweifachen Fragestellung gewonnen werden, *mutatis mutandis* für alle Arten von operationalen Definitionen Bestand. Gleichwohl muß man einräumen, daß ein Großteil der Probleme, die in den folgenden beispielbezogenen Kapiteln besprochen werden, nach der Konzeption von der metasprachlichen Differenz gar nicht auf Definitionsebene, sondern auf Theorieebene zu thematisieren wären. Warum sie dennoch hier abgehandelt werden, hängt damit zusammen, daß Probleme wie Mehrdeutigkeit, Zirkularität oder Partialität als definitionstypische Probleme ausschließlich auf der Definitionsebene zu schaffen machen. Daß diese Schwierigkeiten bereits auf Theorieebene angelegt sind, steht ebenso außer Frage wie die Tatsache, daß deren Klärung auf der Definitionsebene die Theorieebene tangiert.

Die operationale Definition von physikalischen Eigenschaftsbegriffen unterliegt namentlich der zweiten spezifischen Bestimmung OD_2 (Kap. 4.3) und ist den eingeführten Unterscheidungskriterien gemäß eine in der Regel explizite, instrumentale, offene operationale Definition, folgt also

Schema IV [Definiendum] $=_{def}$ [Operation, Instrument]

Als Paradebeispiel sei abermals auf Ausdruck (1) zurückgegriffen:

(1) lang $=_{def}$ mit dem Meterstab messen

Zu diesem Ausdruck sind zwei grundsätzliche Bemerkungen nachzutragen:
(1) In der Definitionslehre gilt es als Gemeingut, daß Eigenschaftsbegriffe im engeren (d. h. im grammatikalischen, nicht aber im prädikatenlogischen) Sinne - von den Dispositionen will ich wohlweislich absehen - nicht intensional, also vermittels anderer Eigenschaften (in Form semantischer Merkmale) definiert werden können.[77] Vor dem Hintergrund dieser Tatsache kommt der operationalen Definition solcher Begriffe eine besondere Bedeutung zu: Man macht erst gar keine Anstrengungen in die Richtung einer Merkmalsdefinition, sondern schlägt einen anderen Weg ein, indem man diese Begriffe über die Art und Weise bestimmt, wie das, was sie bezeichnen, in Erfahrung gebracht werden kann. So gesehen ist die operationale Definition eine, wenn nicht gar die einzige Möglichkeit, Eigenschaftsbegriffe in Form von Wort-Wort-Korrespondenzen zu definieren.
(2) Von der Position des Empirikers aus gesehen steht außer Frage, daß die Angabe der Methode, wie eine bestimmte physikalische Eigenschaft in der Wirklichkeit erfaßt werden kann, einen konkurrenzlos präzisen Begriff von dieser Eigenschaft vermittelt. Mit intuitiv gewonnenen Wesensbestimmungen, wie sie insbesondere für die Dimensionen Raum und Zeit zuhauf vorliegen, ist ihm nicht ge-

[77] Eigenschaftsbegriffe im grammatikalischen Sinne sind Adjektive wie "groß", "glatt", "grün". Ihre Bedeutung kann gemeinhin nicht in semantische Merkmale zerlegt werden, wie etwa die Bedeutung von "Haus".

dient. Wie wenig tauglich eine solche Bestimmung sein kann, hat BRIDGMAN ja selbst demonstriert, als er die Definition der absoluten Zeit durch NEWTON einer kritischen Betrachtung unterzog,[78] um dann als Konsequenz aus seiner Kritik die Überlegenheit der operationalen Definition gegenüber allen anderen Definitionsarten zu betonen.

Während ich auf die erste dieser grundsätzlichen Bemerkungen später mehrfach zurückkommen werde, möchte ich auf die zweite Bemerkung gleich eingehen. Auch wenn die Bestimmung eines Begriffes durch die Angabe einer Verfahrensweise allen anderen Bestimmungsarten überlegen ist, so bleibt doch die Frage, in welcher Form diese Angabe erfolgen muß. Ausdruck (1) ist ja doch irgendwie unbefriedigend: Eine Bestimmung, in der Definiendum und Definiens so gänzlich losgelöst sind vom Kontext des empirischen Prozesses, taugt weder als Anleitung, wie die mit dem Definiendum bezeichnete Größe erfahrbar gemacht bzw. in ihrer Ausprägung erfaßt werden kann, noch weist sie an, wie herauszufinden ist, ob der zu definierende Begriff auf eine Eigenschaft anzuwenden ist oder nicht. Um sich aber einigermaßen orientieren zu können, bedarf es - zumindest im Ansatz - **gerichteter Operationen**, d. h., die im Definiens angegebenen Handlungsanweisungen dürfen nicht "ins Leere laufen", sondern müssen doch erkennbar auf explorative Situationen bezogen sein. Nur dann stellt sich (entsprechend der schwächsten Fassung des operationalistischen Sinnkriteriums) ein angemessenes Verständnis des zu definierenden Begriffes ein. Dieser Gedanke führt aber auch schon zu einem weiteren Charakteristikum operationaler Begriffsbestimmungen: Sowohl wegen ihrer Sachbezogenheit als auch wegen ihrer Zweckgebundenheit erweist sich jede operationale Definition als eine spezifische Form von **Kontextdefinition**. Dabei ist es nicht einmal erforderlich, daß Eigenheiten des situativen Kontextes immer explizit vermerkt erscheinen. Informationen über die explorative Situation werden nicht selten implizit vermittelt. Bei allen Bedenken, Ausdruck (1) sei jeglichem Kontext entrückt - in einer Hinsicht ist die explorative Situation ja auch hier bereits implizit spezifiziert: Wenn Längenmessungen mit dem Meterstab erfolgen sollen, dann können die zu messenden Ausprägungen nicht winzig klein, aber auch nicht immens groß sein.

Die Einbeziehung des Kontextes bedeutet nicht, daß der Definitionsausdruck damit schon in eine Theorie eingebettet ist. Als Problem erweist sich aber, daß je mehr Kontext-Variablen in die Definition aufgenommen werden, sich die Begriffsbestimmung um so weiter von ihrer Allgemeingültigkeit entfernt. Sobald das Thema "operationale Definition als Kontextdefinition" ausgereizt ist, werde ich daher in einer gegenläufigen Argumentation untersuchen, welche Konsequenzen es für die operationale Definition hat, wenn man die situativen Variablen wieder eliminiert.

[78] Vgl. BRIDGMAN (1927), S. 4.

6.1 Determinanten des empirischen Erkenntnisprozesses

Mit vier Größen sind die Determinanten des empirischen Erkenntnisprozesses im wesentlichen erfaßt. Da ist einmal das **empirische Objekt O**, auf das die angegebene Operation gerichtet ist.[79] Zum anderen gibt es das **empirische Subjekt S**, das sich dieses Objektes annimmt, bei der strengsten Fassung des operationalistischen Sinnkriteriums also die angegebene Operation tatsächlich ausführt. Als weitere Größe, die für die Bedeutungskonstituierung relevant wird, ist das **Instrument I** einzubeziehen, dessen sich das empirische Subjekt S bei seiner Aktion zu bedienen hat. Eine Reihe von **besonderen Umständen U**, unter denen sich dieser empirische Prozeß vollzieht, braucht als "Restkategorie" im Moment nicht näher bestimmt zu werden.

Nimmt man diese Determinanten explizit in die Formulierung einer operationalen Definition mit auf, so gelangt man zu folgenden Ausdrücken:

(6)	der Gegenstand O ist unter den Umständen U [x cm] **lang**$_K$	$=_{def}$	das empirische Subjekt S wendet unter den Umständen U das Längen-Meßinstrument I auf den Gegenstand O an
(7)	der Gegenstand O ist unter den Umständen U [x kg] **schwer**	$=_{def}$	das empirische Subjekt S wendet unter den Umständen U das Gewichts-Meßinstrument I auf den Gegenstand O an
(8)	der Gegenstand O (das Ereignis O) ist unter den Umständen U [x Sekunden] **lang**$_Z$	$=_{def}$	das empirische Subjekt S wendet unter den Umständen U das Zeit-Meßinstrument I auf den Gegenstand O (das Ereignis O) an

[79] Soweit es um (physikalische wie nicht-physikalische) Eigenschaften geht, gibt es gute Gründe, trotz aller Fragwürdigkeit dieser ontologischen Konstruktion, den sogenannten Eigenschaftsträger als empirisches Objekt anzunehmen. Gewiß ist der Gegenstand der Erkundung die Eigenschaft selbst. Praktisch gesehen geht man bei der Exploration aber mit dem Träger dieser Eigenschaft um.

Der zu definierende Begriff ist fett hervorgehoben, der numerische Wert, der den Ausprägungsgrad markiert, erscheint als Variable x. Die Schwierigkeit, daß ein und derselbe Ausdruck zur Bezeichnung verschiedener physikalischer Dimensionen herangezogen wird ("lang" kann sich sowohl auf räumliche Ausdehnung als auch auf zeitliche Erstreckung beziehen), hat nichts mit der Operationalisierung zu tun und ist daher unabhängig von der Art und Weise, wie physikalische Eigenschaftsbegriffe letztlich definiert werden, zu lösen. (Zur besseren Unterscheidung verwende ich Indizes: "R" für "räumliche Ausdehnung", "Z" für "zeitliche Erstreckung".) Ebenso kann als stilistische Eigenart vernachlässigt werden, daß sich der Ausdruck "lang" - bezogen auf die zeitliche Erstreckung - besser mit dem Zeitwort "dauern" fügt als mit dem Hilfsverb "sein" bzw. gar ganz in jenem Verb aufgeht. Auch der Beigeschmack von Zirkularität, wie er sich mit der Benennung des Instrumentes I jeweils einstellt, sei vorerst kein Thema. Bedenklich stimmt allerdings, daß mit der Einbeziehung solcher Determinanten die Zuständigkeit der Hypothesentheoretiker wieder aktuell zu werden scheint. Das Definiendum nimmt denn fast schon die Gestalt einer Hypothese, das Definiens die Gestalt einer ihr zugeordneten Verifikationsanweisung an. Dennoch: die einzelnen Determinanten sind als Variablen notiert; das Definiendum erscheint nicht als Aussage, sondern als **Aussageform**. Und das Definiens ist auch keine Handlungsanleitung für einen konkreten Fall, also nicht die Beschreibung einer Handlung, sondern stellt als Beschreibung einer Handlungsweise, wenn man so will, eine **Anleitungsform** dar. Doch immer noch könnte man den Hypothesentheoretiker anrufen, denn seine Zuständigkeit erstreckt sich ja auch auf Gesetze und gesetzesartige Ausdrücke. Warum er trotzdem nicht mehr zuständig ist, hat einen anderen Grund: Obgleich die Definitionsglieder jetzt ziemlich komplex geworden sind und der zu definierende Begriff in einen Kontext einbezogen ist, die metasprachliche Differenz muß doch berücksichtigt bleiben. So repräsentieren denn auch die Ausdrücke (2)-(4), wie all die folgenden komplexen Definitionen, sprachliche Korrespondenzen, die aus Theorien abgeschieden wurden.

Noch bevor ich in die Diskussion eintrete, kann eine Besonderheit der operationalen Definition als Kontextdefinition erledigt werden. Für Kontextdefinitionen wurde in der traditionellen Definitionslehre das Postulat aufgestellt, daß auf beiden Seiten des Definitionszeichens die gleichen (freien) Variablen stehen müssen (Kriterium der Variablen-Gleichheit). Wie die Ausdrücke (6)-(8) zeigen, ist diese Forderung für operationale Definitionen ungeeignet. Denn alle Variablen, die auf seiten des Definiens zum operativen Element gehören (empirisches Subjekt, einzusetzendes Instrument) sind Größen, die auf seiten des Definiendums keine Funktion mehr haben.

Es ist nun typisch für instrumentale operationale Definitionen, daß sich das Definiens wie eine Gebrauchsanweisung für das einzusetzende Instrument liest. Und hier beginnt auch schon die Schwierigkeit. Wie ausführlich genau muß diese Anweisung erfolgen? Man stelle sich den kundigen Forscher vor, dem wenige Andeutungen genügen, im Gegensatz zu dem ungeübten, mit dem Umgang des Instruments kaum vertrauten, der eine genauere Einweisung benötigt. Ja man kann sich in der Tat zwei Extremfälle vorstellen. Einmal kann der Umgang mit dem Instrument so geläufig sein, daß man auf eine Gebrauchsanweisung gänzlich verzichten kann. Auf diesen Fall komme ich später zurück. Zum anderen ist es immerhin denkbar, die Handhabung eines Instruments in größtmöglicher Detailgenauigkeit auszubreiten.[80]

Um auch nur eine Ahnung von dieser Möglichkeit zu vermitteln, betrachte man den folgenden Ausdruck:

(9)	der Gegenstand O ist unter den Umständen U [x cm] **lang**$_R$	$=_{def}$	das empirische Subjekt S legt unter den Umständen U den Meterstab I in der folgenden Weise an den Gegenstand O an: das Instrument I muß dem Gegenstand O geradlinig und eben aufgelegt werden; das *eine* Ende von O muß bündig sein mit dem *einen* Ende von I; nun vergleicht S die Ausdehnung von O mit der skalierten Ausdehnung von I, indem S das *andere* Ende von O auf I abträgt und vermittels einer Markierung fixiert; S zählt auf I die (Zentimeter-)Intervalle bis zu dieser Markierung und vermerkt deren Anzahl

Ungeachtet der augenscheinlichen Mühsal, eine vergleichsweise banale Handlung geschmeidig zu beschreiben, wird für den Unkundigen wohl auch dieses aufgeblähte Definiens eine unzulängliche Anweisung sein. Weitere Details wären vonnöten. Zudem zeigt dieses Beispiel, wie komplex sich ein doch alltäglicher Vorgang erweist und in wie viele Teiloperationen ein solcher Vorgang bei genauerer Betrachtung zerfällt: Da ist zunächst das 'Anlegen' des Meterstabes an das Objekt mit den Teil-Operationen 'geradliniges Auflegen', 'ebenes Auflegen' sowie 'Bündig-Machen'. Es folgt der Vorgang des Vergleichens, der sich seinerseits gliedert

[80] Aus logischen Gründen kann zwar nicht unendlich, aber doch unbestimmt endlich in Teiloperationen zergliedert werden. Die Beschreibung der Handlung muß wie die Handlung selbst ja irgendwann ein Ende haben.

in die Teil-Operationen 'Markieren' (wie auch immer: durch bloßes Merken oder durch einen Bleistiftstrich) und 'Abzählen' (bzw. 'Ablesen', sofern die Intervalle bereits numeriert sind). Der gesamte Vorgang endet mit dem 'Vermerken' des Abzähl-Ergebnisses - sei es, daß man diesen Wert im Gedächtnis behält, ihn notiert oder gar in eine Datenverarbeitungsanlage eingibt. Wie gesagt, eine weitere Differenzierung der auszuführenden Handlungen ist prinzipiell immer möglich.

Unter der Voraussetzung der Synonymität von linker und rechter Seite der Definition, also unter Annahme des Postulats, daß eine Veränderung des Definiens auch eine Veränderung des Definiendums nach sich zieht, läge bei einer groben Beschreibung der auszuführenden Operation (beispielsweise in Ausdruck [6]) ein anderer Begriff von "lang" vor als bei einer detaillierten Beschreibung (wie in Ausdruck [9]). Mehr noch, mit der Aufnahme eines jeden weiteren Details würde das Definiens um jeweils eine neue Information bereichert und sich damit immer auch die Bedeutung des Begriffes "lang" verändern. Letztlich hätte dieser Begriff so viele Bedeutungen, wie Details an der Operation 'Längenmessung' ausgemacht und beschrieben werden können. Eine ganz und gar abwegige Konsequenz.

Allerdings erscheint diese Konsequenz sogleich weniger absurd, wenn man sich die apodiktische Position des Empirikers zu eigen macht, mit der wohl auch BRIDGMAN insgeheim sympathisierte: Der Empiriker steht vor einem konkreten Projekt; es genügt ihm nicht, das Definiens nur eben zu verstehen, sondern er will wissen, was er, wenn er jetzt gleich zu Werke geht, im einzelnen tun muß. Indes wird mit dieser Position nicht die strengste Fassung des operationalistischen Sinnkriteriums vertreten, die ja die Anwendung eines Begriffes in einem konkreten Fall verlangt. Vielmehr entspricht diese Position der höchsten Verstehens-Stufe, also der Stufe dieses Sinnkriteriums, die der Anwendung unmittelbar vorangeht. So ist in bezug auf die hier eingeführten Beispiele doch zu bedenken, daß ein ungeschultes empirisches Subjekt bei nur dürftiger Beschreibung der Operation die Länge des Gegenstandes O nicht feststellen kann. Auf die Sprache übertragen: Das Subjekt ist in diesem Falle außerstande, den Begriff "lang" auf den Gegenstand O anzuwenden. Fehlt in der Beschreibung der Operation auch nur ein Detail, das S nicht geläufig ist, so gibt es für S keine Möglichkeit, über die Anwendung des Begriffes "lang" in einer konkreten Situation zu befinden. Und allein in dieser Hinsicht kann man sagen: Einem empirischen Subjekt S, das mit der Handhabung des Längenmeßinstrumentes I nicht vertraut ist, bleibt die Anwendung des Begriffes "lang" in einem konkreten Fall schlichtweg versagt, soweit ihm dieser Begriff nur in der operationalen Definition (6) vorliegt. Dagegen kann das empirische Subjekt den Begriff "lang" in einer bestimmten Situation sofort anwenden, wenn ihm dieser Begriff gemäß der operationalen Definition (9) geläufig ist.

Diese Folgerung ist auf den ersten Blick nur nachvollziehbar, wenn man, wie es das empiristische Erkenntnisparadigma im Grunde gebietet, das physikalische Attribut "lang" in Verbindung mit einem numerischen Wert einem Etwas zuschreibt. Verzichtet man hingegen auf diese numerische Differenzierung, so ist diese Folgerung damit noch lange nicht abwegig. Natürlich kann man in dem diskutierten Falle die Eigenschaft 'lang' dem Objekt aufgrund bloßer Anschauung zuschreiben. Allein, die Eigenschaft der räumlichen Ausdehnung steht hier - und in der folgenden Argumentation - ja nur stellvertretend als Beispiel. Bei anderen physikalischen Eigenschaften ist die bloße Anschauung keine brauchbare Explorationsmethode. Andererseits wird sich der gestrenge Empiriker, selbst wenn diese numerische Differenzierung einmal ausgesetzt sei, kaum auf die bloße Anschauung als verbindliche Methode einlassen wollen. Man werfe nur einen Blick in die Psychologie: Daß eine Person extravertiert ist, zählt als verbürgte Erkenntnis nur insofern, als diese Person in einem einschlägigen Test ein entsprechendes Ergebnis erzielt hat. Kommt man zu dieser Erkenntnis allein aufgrund der "sozialen Wahrnehmung", so sinkt deren Wert doch beträchtlich, auch wenn man dabei die jenem Test zugrundegelegten Kriterien heranzieht.

Man könnte nun in der Absicht, die beklagte Vieldeutigkeit zu verhindern, gegen die Aufsplitterung der Operation in Teiloperationen einwenden, daß unabhängig davon, wie vertraut ein Subjekt im Umgang mit einem Instrument ist, zu einer erfolgreichen Erfassung bzw. Benennung eines Phänomens ein Subjekt letztlich immer auf die gleiche Weise zu verfahren habe. Der Unkundige muß die gleiche Handlung, in der gleichen Abfolge der gleichen Teiloperationen, ausführen wie der Kundige. Demnach würde sich jede breitgefächerte Beschreibung erübrigen. Dieser Einwand kann aber nicht greifen, weil damit ja die hier postulierte Vorrangigkeit der sprachlich gefaßten Anweisung vor der tatsächlich ausgeführten Handlung mißachtet würde. Zuerst kommt die Beschreibung der Operation, gewissermaßen das Konzept der Handlung, das zunächst das Verstehen des Definiendums begründet, an dem sich aber auch das empirische Subjekt orientiert, wenn es dem strengsten Sinnkriterium entsprechend dann tatsächlich handelt. Anders verhielte es sich, wenn mit dem Definiens eine Art von Protokoll einer bereits ausgeführten Handlung gegeben wäre. Dann könnte man Details der Handlung, wiewohl sie bereits abgeleistet sind, als bekannt voraussetzen und also vernachlässigen.

In der gleichen Absicht kann man aber auch opponieren, ohne die Perspektive des tatsächlich Handelnden einnehmen zu müssen. Man braucht die Sprachebene gar nicht erst zu verlassen, um dieser Vieldeutigkeit in der Folge dieser Aufsplitterung zu begegnen. So läßt sich eine allgemeine, grobe, skizzenhafte Beschreibung einer Operation durchaus als eine Art Oberbegriff für diese Operation auffassen. Und wer aufgrund einer solch skizzenhaften Anweisung nicht in der Lage ist, die geforderte Operation auszuführen, versteht eben diesen Oberbegriff nicht. Jemand, der etwa den Begriff "Junggeselle" (als Oberbegriff für die Unterbegriffe "unverheiratet" und "Mann") nicht versteht, ist in der gleichen Lage, wie derjenige, der die sprachliche Fügung "Anlegen des Meterstabes" (als Oberbegriff bzw. als Kurzfassung für eine ausgreifendere Beschreibung des Anlegevorgangs) nicht versteht. Und wenn man nun die Operation detaillierter faßt, so ist das vergleichbar dem Vorgang 'Oberbegriffe in Unterbegriffe zu zerlegen'. Da aber Oberbegriffe Unterbegriffe (semantisch) implizieren, also in einem analytischen Verhältnis zueinander stehen, wird mit dieser Aufsplitterung das Definiens überhaupt nicht mit Informationen angereichert. Was sich mit der Aufdröselung der Operation auf der Seite des Definiens demnach tut - so könnte man endlich argumentieren -, ist ein durchweg "analytisches Geschehen", das ohne jegliche Folge für die Bedeutung des Definiendums bleibt.

Nun löst auch diese ausschließlich auf die Sprache bezogene Argumentation das Problem der Vieldeutigkeit nicht, denn, um im Beispiel zu bleiben, wer den Begriff "Junggeselle" nicht versteht, kann von der synonymen Wendung "unverheirateter Mann" sehr wohl profitieren, sofern ihm die Bedeutung dieser Wendung geläufig ist. Ebenso findet sich derjenige um Informationen bereichert, der zwar mit der groben Beschreibung "Anlegen des Meterstabes" nichts anzufangen weiß, sehr wohl aber mit einer detaillierten Fassung. Zweifellos geht mit einer solchen Aufsplitterung der Operation eine Ausdifferenzierung der Bedeutung einher. Das heißt aber nicht auch schon eine Veränderung der Bedeutung. Bei allem Verständnis für den Unkundigen, der gewiß entscheidende Informationen aus dieser Differenzierung zieht, bleibt es doch dabei, daß sich damit auf seiten des Definiens, allgemein und salopp formuliert, nichts wesentliches tut. Es ist die gleiche Operation, die man das eine Mal sozusagen dem bloßen Augenschein folgend beschreibt, das andere Mal unter Zuhilfenahme der Lupe.

Gleichgültig, welche der vier Determinanten man explizit in die operationale Definition aufnimmt, diese leidige Polysemie[81] wird sich immer einstellen. Ein besonderer Umstand tritt dabei insofern ein, als die Variationen der drei Determinanten 'empirisches Objekt', 'empirisches Subjekt' und 'äußere Umstände' fast immer den Einsatz anderer bzw. andersartiger Instrumente verlangen. In anderer Terminologie könnte man auch sagen: Während diese drei Determinanten als unabhängige Variablen fungieren, ist die Determinante 'Instrument' die abhängige Variable. Bezieht man diese Notwendigkeit, andere oder gar andersartige Instrumente einzusetzen, auf die Sprache, so ergibt sich eine neue Sicht der hier anstehenden Problematik: Die Vieldeutigkeit des Definiendums resultiert nunmehr aus der Angabe jeweils unterschiedlicher Instrumente. Als 'besonders' ist dieser Umstand deshalb zu werten, weil damit die Veränderung auf seiten des Definiens nicht mehr als bloßes analytisches Geschehen abgetan werden kann. Die Angabe eines

---

[81] Absichtlich spreche ich hier von Polysemie und nicht von Homonymie. Nach Hans-Martin GAUGER wird bei Polysemie eine "bewußtseinsmäßige Verwandtschaft", also eine inhaltliche Beziehung zwischen den betreffenden Ausdrücken angenommen. Zwischen homonymen Ausdrücken dagegen besteht eine solche Beziehung gerade nicht. Die einzelnen Bedeutungen überlappen sich nicht. Vgl. GAUGER (1970), S. 81 f.

je anderen Instruments kann in der Tat als wesentliche Veränderung des Definiens gewertet werden, mit der sich in der Folge auch verschiedene Bedeutungen des Definiendums konstituieren. Doch auch hier darf nicht vorschnell pauschalisiert werden. Bevor ich diese Schwierigkeit jedoch theoretisch angehe, soll an einigen Beispielen demonstriert werden, wie mit Variationen dieser Determinanten das einzusetzende Instrument und, damit verbunden, meist auch die auszuführende Operation variiert.

Welches Instrument zum Einsatz kommt, hängt z. B. davon ab, wie das Phänomen bzw. der Gegenstand O, an dem die betreffende physikalische Eigenschaft ausgemacht werden soll, beschaffen ist. So wird man, um die Länge einer Rundung zu messen, sinnigerweise keinen Meterstab, sondern ein Maßband verwenden. Entsprechend wäre der Begriff "lang" operational zu definieren (wobei ich jetzt davon ausgehe, daß die Handhabung des Maßbandes hinlänglich bekannt ist und sich deshalb eine detaillierte Beschreibung erübrigt):

(10)	der Gegenstand O ist (in seiner Rundung) unter den Umständen U [x cm] **lang**$_R$	$=_{def}$	das empirische Subjekt S legt unter den Umständen U das Maßband I an den (gerundeten Teil von) Gegenstand O an

Ähnlich verhält es sich bei der Vermessung eines nicht besonders weitläufigen, dafür aber unebenen Terrains. Auch hier wird man den Rollmeter bzw. das Maßband dem Meterstab vorziehen.

Wem es abwegig und spitzfindig erscheint, daß die räumliche Ausdehnung, mit dem Meterstab gemessen, einen anderen Begriff von Länge bedingt als die räumliche Ausdehnung mit dem Maßband gemessen, wird doch gleich nachdenklich, sobald er sich auf jenen apodiktischen Standpunkt begibt, mit dem ich bereits bekannt gemacht habe: Der Begriff "lang", bezogen etwa auf den Rand eines Tellers, kann von einem empirischen Subjekt in einem konkreten Fall nicht angewendet werden, sofern diesem Subjekt nur ein Meterstab und kein Maßband zur Verfügung steht.

Allerdings kann man sich in diesem Falle jener apodiktischen Position durch verschiedene Tricks noch einmal entziehen. Zunächst zum Tellerrand: Für die Längenbestimmung dieser Rundung läßt sich durchaus der Meterstab verwenden - wenn man dieses Instrument nur anders handhabt, also die Operation verändert. So kann ich auf dem Tellerrand einen Punkt markieren, das *eine* Ende desEterstabes mit diesem Punkt bündig machen, um dann den Teller auf dem Meterstab so weit abzurollen, bis dieser Punkt den Meterstab wieder berührt: die Länge des Tellerumfanges ist auf der Skala markiert. Auch zur Vermessung des unebenen Terrains mag der Meterstab genügen: Die gewohnte Handhabung dieses Instrumentes wird beibehalten, jedoch mehrfach ausgeführt. Diese Wiederholungen verlangen dabei eine zusätzliche Operation: Zur Quantifizierung der Ausdehnung muß man jetzt noch addieren, wie oft man den Meterstab auf die beschriebene Weise angelegt hat.

Selbst wenn beide Möglichkeiten umständlich und zeitaufwendig sind, so erscheinen sie doch praktikabel und liefern bei entsprechender Fertigkeit und Routine die gleichen Ergebnisse wie unter Zuhilfenahme des Maßbandes. Genaugenommen entrinnt man dem apodiktisch argumentierenden Empiriker mit diesen Behelfsmaßnahmen jedoch nicht. Denn auch wenn das Instrument I, nämlich der Meterstab, in beiden Fällen beibehalten wurde, so mußte doch entweder die Handhabung dieses Instrumentes verändert oder eine zusätzliche Operation ausgeführt werden, um die gefragte Eigenschaft zu ermitteln. Und genau hier greift wieder das Argument des gestrengen Empirikers. Wer nämlich - in bezug auf den Teller - nicht versteht, was mit "abrollen" gemeint ist, oder - in bezug auf das unebene Gelände - mit der Anweisung "addieren" nichts verbindet, der ist auch nicht in der Lage, den Begriff "lang" auf diese beiden Objekte anzuwenden. Im Gegensatz zu der nur unterschiedlich differenzierten Beschreibung ein und derselben Operation (vgl. die Beispiele [6] und [9]) ist aber die Angabe einer neuen Operation (die man mit dem beibehaltenen Instrument auszuführen hat) oder die Angabe einer zusätzlichen Operation (die man über die gewohnte Handhabung des Instrumentes hinaus auszuführen hat) sehr wohl eine wesentliche Veränderung auf seiten des Definiens, die dann auch eine Bedeutungsveränderung des Definiendums nach sich zieht.

Ein neuer Aspekt ergibt sich, wenn man folgende Variante in Betracht zieht: Dem empirischen Subjekt sind die mathematischen Zusammenhänge zwischen Kreisdurchmesser und Kreisumfang bekannt. Abermals weiß sich das empirische Subjekt zu helfen, ohne gleich ein anderes Instrument einsetzen zu müssen. Verglichen mit den vorgenannten Beispielen gab es allerdings eine entscheidende Veränderung: Es wurde nunmehr nicht einfach das Instrument anders gehandhabt, sondern es kamen neue - rechnerische - Operationen hinzu, die, unabhängig vom Einsatz des Instrumentes, im Dienste einer bisher nicht bemühten geometrischen "Mini"-Theorie stehen. Einer Theorie, die, wenn man den Tellerrand auf dem Meterstab abrollt oder ein Maßband verwendet, irrelevant ist. Um einen groben Eindruck zu vermitteln, wie komplex das Geschehen jetzt schon geworden ist, sei eine entsprechende Operationalisierung versucht:

(11) der Tellerrand T ist (in seiner Rundung) unter den Umständen U [x cm] **lang**$_R$ $=_{def}$ S bestimmt den Mittelpunkt des Tellers;
S legt den Meterstab durch den Mittelpunkt eben auf den Teller auf;
S bestimmt auf dem Tellerrand einen Punkt A;
S macht das eine Ende des Meterstabes an diesem Punkt A mit dem Tellerrand bündig;
S bestimmt auf dem Tellerrand einen dem Punkt A gegenüberliegenden Punkt B;
S liest an diesem Punkt B den Skalenwert auf dem Meterstab ab und vermerkt diesen Meßwert;
S notiert aus den mathematischen Tabellen die Formel für den Kreisumfang;
S memoriert die Ludolphsche Zahl;
S setzt Meßwert und Ludolphsche Zahl in die Formel ein;
S multipliziert entsprechend der Formel;
S vermerkt das Produkt

Um diese Operationalisierung zu beurteilen, sei die neue Konstellation bedacht: Das Instrument wurde beibehalten, die Methode zur empirischen Erfassung des betreffenden Phänomens aber einer neuen, d. h. einer für die bisherigen Beispiele unerheblichen Theorie entlehnt. Natürlich ist diese neue Theorie in die Formulierung des Definiens eingegangen. Damit hat aber - und dieser Sicht kann man sich kaum entziehen - das Definiens wiederum eine wesentliche Veränderung erfahren. Eine Veränderung der rechten Seite, die zweifellos auf die linke Seite der Definition durchschlägt.

Bei allen Bemühungen, mit dem starren Meterstab doch irgendwie die Ausdehnung von Rundungen, unebenen Formen und dergleichen adäquat zu erfassen, kann man sich von jenem Empiriker mit seiner apodiktischen Haltung allerdings nie entscheidend absetzen. Stets bleibt er einem auf der Fährte und quält mit der Frage: Gut, das Instrument wurde beibehalten, aber wie kann ich über die korrekte Verwendung von "lang" in diesem konkreten Falle entscheiden, wenn ich all diese

Tricks nicht kenne und die Ausdehnung einer Rundung tatsächlich nur mit dem flexiblen Maßband zu bestimmen vermag?

Zwei weitere Beispiele führen noch plausibler als die bislang behandelten Fälle vor Augen, welche Konsequenzen es für den zu definierenden Begriff hat, wenn ein bestimmtes Phänomen so geartet ist, daß es zu seiner Erkundung besonderer Prüf- bzw. Meßmethoden bedarf, die ihrerseits auf spezifischen Theorien basieren.

Man denke einmal an besonders hohe Gegenstände wie Bäume, Bauwerke oder Berge. Um deren vertikale Längenausdehnung zu bestimmen, bedient man sich normalerweise trigonometrischer Gesetze. Zwar beginnt man auch hier recht bescheiden, indem man, durchaus unter Einsatz des starren Meterstabes, die Länge einer leicht zugänglichen (horizontalen) Strecke mißt. Dann aber wird es gleich kompliziert. Die Endpunkte dieser Strecke werden über zwei (imaginierte) Linien mit dem höchsten Punkt des zu messenden Gegenstandes in Beziehung gesetzt. Mit Hilfe eines Winkelmessers bestimmt man die Winkel zwischen diesen beiden Bezugslinien und jener (horizontalen) Strecke. Nun können die trigonometrischen Formeln herangezogen und mit den gewonnenen Daten "gefüllt" werden. Die auszuführenden Rechenoperationen sind dabei so komplex, daß man ohne elektronische Rechner oder zumindest ohne Tabellenwerke gemeinhin nicht auskommt. Schon diese skizzenhafte Darstellung läßt ahnen, wie schwierig es sein wird, ein passables Definiens zu formulieren. Ähnlich wie in Beispiel (10) verlangt die hier beanspruchte Theorie neben dem Einsatz des Meterstabes zusätzliche Operationen. Daß dabei sogar ein weiteres Instrument (Winkelmesser) erforderlich ist, soll nicht das eigentlich Besondere sein. Entscheidend ist vielmehr, daß dieses Beispiel keine Tricks mehr erlaubt. Zwar kann man sich noch ausmalen, welcher Aufwand getrieben werden müßte, um auch nur die Höhe eines Baumes allein mit dem Meterstab zu bestimmen - in der Praxis wären derartige Überlegungen aber kaum realisierbar. Was ich damit sagen will: Um die vertikale Ausdehnung besonders hoher Gegenstände in Erfahrung zu bringen, kommt man gar nicht daran vorbei, sich trigonometrischer Theorien zu bedienen. Oder, um es wiederum apodiktisch auf die Sprache zu beziehen: Wer diese Theorie nicht kennt, kann im konkreten Falle auch nicht entscheiden, ob der Begriff "[x m] lang" auf eine übermäßige (vertikale) Ausdehnung anzuwenden ist oder nicht. Wie zwingend diese Folgerung ist, wurde dargelegt. Auch für die entsprechende Operationalisierung gilt bereits Bekanntes: Das Definiens hat mit der Einbeziehung einer neuartigen, bislang nicht beanspruchten Theorie eine wesentliche Veränderung erfahren.

Das letzte Beispiel, das ich im Zusammenhang mit der Determinante 'empirisches Objekt' bzw. 'Beschaffenheit eines Gegenstandes' gebe, ist sicher immun gegen alle Tricks, dem empirischen Subjekt doch den Meterstab zu erhalten. So verwendet man vornehmlich zur Messung der Wassertiefe ein Verfahren, das unter der Bezeichnung "Echolot" geläufig ist. Man mißt dabei die Zeitdifferenz zwischen der Aussendung eines Schallimpulses an der Wasseroberfläche und dessen Wiedereintreffen nach Reflexion am Wassergrund, um diesen Zeitwert dann (unter Berücksichtigung der Ausdehnungsgeschwindigkeit von Schallwellen im Medium Wasser) in einen Distanzwert umzurechnen. Es wird also stellvertretend für die letztlich in Erfahrung zu bringende räumliche Ausdehnung überhaupt keine Strecke gemessen, sondern ein Zeitabschnitt bestimmt. Erst durch die rechnerische Einbeziehung weiterer Daten gelangt man dann zu jenem Distanzwert. Ohne die auszuführenden Operationen auch nur andeuten zu wollen, sei die neue Konstellation vergegenwärtigt: Man bedient sich bei dieser Messung einer - im Vergleich zur Messung mit dem Meterstab - andersartigen Theorie, die gar den Einsatz eines theoriespezifischen, d. h. nach den Prinzipien dieser Theorie konstruierten Instrumentes verlangt. Diese neue Theorie schlägt sich nicht darin nieder, daß lediglich zusätzliche Handlungen (gegebenenfalls unter Einsatz weiterer Instrumente) auszuführen sind, sondern das empirische Subjekt bedient sich dieser Theorie, indem es einfach jenes spezifische Instrument zum Einsatz bringt. Die neue Theorie ist gleichsam versteckt in diesem Instrument, sie manifestiert sich sozusagen in diesem Instrument und seiner Gebrauchsweise. Entsprechend wird bei der Operationalisierung die Theorie auch nicht durch eine umschriebene Anzahl von Operationen im Verbund mit anderen Operationen explizit ausgewiesen, sondern schleicht sich allein mit der Benennung des Instrumentes und der Angabe seiner Gebrauchsweise in das Definiens ein. Auch in diesem Falle wäre es nur ignorant, eine wesentliche Veränderung des Definiens leugnen zu wollen.

Während in diesem Beispiel das neue Instrument 'Echolot' gegenüber dem 'Meterstab' auch eine andere Handhabung erfordert, gibt es in der Tat Fälle, in denen zur Messung ein und derselben physikalischen Eigenschaft Instrumente bereitstehen, die zwar nach verschiedenen Prinzipien konstruiert sind, in denen sich also unterschiedliche Theorien manifestieren, die aber auf die gleiche Weise zu handhaben sind: Die (analog anzeigende) Quarzuhr wird ebenso gehandhabt wie die (analog anzeigende) mechanische Uhr. Das nach Celsius skalierte Thermometer wird in der gleichen Weise gehandhabt wie das nach Fahrenheit skalierte. Das in Zentimeter eingeteilte Längenmaß wird ebenso gehandhabt wie das in Inches eingeteilte.[82] Was die operationale Definition betrifft, geht bei all diesen Fällen die zugrundeliegende Theorie auf seiten des Definiens durch nichts anderes als durch die Benennung des zu verwendenden Instrumentes ein.

Vom unterschiedlichen Kenntnisstand der empirischen Subjekte und der daraus resultierenden Veränderungen auf seiten des Definiens war die Rede. Eine andere Variable, die auch am empirischen Subjekt festzumachen ist, betrifft den **Exakt-**

---

[82] Bekanntlich wurde ja einst die Meter-Einheit nicht willkürlich gewählt, sondern aufgrund theoretischer Überlegungen festgelegt. Der (Zenti-)Meter-Einteilung liegt also eine andere Theorie zugrunde als der Inch-Einteilung. Dabei tut es nichts zur Sache, wenn man die theoretischen Begründungen für die Meter-Einheit im Laufe der Zeit mehrfach gewechselt hat.

heitsanspruch, den S an eine empirische Untersuchung stellt. Unterschiedliche Ansprüche an die Exaktheit der Messung bedingen den Einsatz auch unterschiedlicher Instrumente. Oder, um es auf das hier diskutierte Postulat zu beziehen: Mit der Veränderung der Exaktheitsansprüche ändert sich auch die Bedeutung des entsprechenden Begriffes. So hat der Zeitbegriff "lang" über das Instrument 'Sanduhr' operationalisiert eine andere Bedeutung als über das Instrument 'Quarzuhr' operationalisiert. Als mögliches Kriterium für die Richtigkeit dieser Behauptung sei wiederum jene apodiktische Position eingenommen: Der Zeitbegriff "lang" kann auf die Leistung eines 100-m-Läufers - heutigen Exaktheitsansprüchen genügend - nicht angewendet werden, sofern dem empirischen Subjekt S nur eine Sanduhr zur Verfügung steht, sehr wohl aber, wenn S eine quarzgesteuerte (Stopp-)Uhr zur Hand hat.

Um auch ein Beispiel für einen Längenbegriff zu geben: Der Begriff "lang" hat über das Instrument 'Meterstab' operational definiert eine andere Bedeutung, als über das Instrument 'Meßschraube' operationalisiert. Wenn in der technischen Fertigung etwa der Durchmesser eines Metallzylinders auf einen hundertstel Millimeter genau bestimmt werden muß, so wird eine Meßschraube diesen Ansprüchen genügen. Steht dagegen nur ein Meterstab zur Verfügung, oder kennt man sich im Umgang mit der Meßschraube nicht aus, dann kann man nicht entscheiden, ob das Prädikat "[x mm] lang" auf den Durchmesser dieses Werkstückes anzuwenden ist oder nicht.

Im Zusammenhang mit dem Exaktheitsanspruch sei kurz auf einen Sonderfall eingegangen. Setzt man diesen, für die streng empirische Exploration geltenden Anspruch aus, so bietet sich nicht nur zur Bestimmung physikalischer Eigenschaften immer auch die Möglichkeit des **Schätzens** an. Fast alle Arten von Erfahrung, namentlich auch psychologische Beurteilungen, können dieser Methode unterstellt sein, wobei von Messung im eigentlichen Sinne dann nicht mehr gesprochen werden kann. Das Besondere bei diesem Vorgehen ist, daß man scheinbar ohne Instrument auskommt. Tatsächlich aber trägt man ein entsprechendes Instrumentarium gleichsam im Kopf und mißt, indem man diesen Maßstab in Gedanken an den zu messenden oder zu beurteilenden Gegenstand O anlegt bzw. O mit diesem "Gedankenmaßstab" vergleicht. Einmal davon abgesehen, ob solche "Kopfoperationen" überhaupt als Operationen im vorliegenden Kontext anzusehen sind, bietet sich, bezogen auf die Längenmessung, folgende Operationalisierung an:

(12)	der Gegenstand O ist unter den Umständen U [x cm] **lang**$_R$	$=_{def}$	das empirische Subjekt S <u>schätzt</u> unter den Umständen U die Länge von Gegenstand O

Selbst wenn bei dieser Bestimmung im Definiens nicht ausdrücklich ein Instrument angegeben ist, liegt hier doch keine nicht-instrumentale operationale Definition vor. Immerhin wird bei der Realisierung der Anweisung, wenn auch nur in Gedanken, auf ein Meßinstrument rekurriert. Zum Ausdruck kommt dies, sobald man die Angabe "Schätzen der Länge" paraphrasiert:

(13) der Gegenstand O ist
unter den Umständen U
[x cm] **lang**$_R$ $=_{def}$ das empirische Subjekt S
legt unter den Umständen U
in Gedanken
das Längenmeßinstrument I
an den Gegenstand O an

Da mit dieser Paraphrasierung das Definiens wiederum nur formal, nicht aber inhaltlich verändert wird, vermitteln sowohl Ausdruck (12) als auch Ausdruck (13) das gleiche Verständnis von "lang".

In den bisherigen Beispielen war die Determinante 'Instrument' stets abhängig von anderen, hier ebenfalls explizit ins Definiens aufgenommenen Größen, wie etwa der Beschaffenheit des zu erforschenden Objekts oder den Fertigkeiten und Ansprüchen des empirischen Subjekts. Abhängig ist man bei der Wahl geeigneter Hilfsmittel aber auch davon, welches **Arsenal an Instrumenten** überhaupt zur Verfügung steht. Die Palette kann sehr breit sein, wie beispielsweise in der Physik. Zur Messung diverser physikalischer Eigenschaften stehen Instrumente bereit, die fast allen Ansprüchen und Bedingungen genügen. Anders ist es dagegen in der Psychologie: Das Angebot an geeigneten Instrumenten zur Erfassung psychischer Eigenschaften ist weitaus dürftiger. Zwar kann man aus einer ganzen Reihe gleich valider Intelligenztests wählen. Nach Tests zur differenzierten Erhebung besonders hoher oder auch besonders niedriger Intelligenz wird man aber lange suchen müssen. Ebenso bleibt keine Wahl, wenn zur Messung einer bestimmten Persönlichkeitseigenschaft (z. B. Interferenz) überhaupt nur ein einziger Test zur Verfügung steht (STROOP-Test).

Im Zusammenhang mit dem zur Verfügung stehenden Arsenal an Instrumenten drängen sich einige Probleme auf. Während die Annahme, daß auf beiden Seiten der operationalen Definition etwas in Sprache Gefaßtes steht, hinreichend begründet wurde, ist ungeklärt, ob in dieser Definition denn jeweils Individuelles oder nur Typisiertes benannt wird. Was damit gemeint ist, will ich einmal nur in bezug auf das Definiens, und da wiederum nur bezüglich der Determinante 'Instrument', ausführen. Ist also, so sei die Frage konkretisiert, innerhalb der Beschreibung der auszuführenden Operation auf seiten des Definiens ein ganz bestimmtes, individuelles Instrument benannt oder nur ein bestimmter Typ von Instrument? Diese

Frage ist deshalb von Brisanz, weil BRIDGMAN die Bedeutungsvariation des Definiendums genaugenommen ja nicht mit unterschiedlichen Operationen, sondern mit dem Einsatz unterschiedlicher Instrumentarien in Verbindung bringt und andere Veränderungen auf seiten des Definiens als bedeutungsvariierende Größen ignoriert.

Was BRIDGMAN letztlich dazu bewog, dem Instrument solche Priorität beizumessen, bleibt unklar. Es könnte damit zusammenhängen, daß, wie ausgeführt, das Instrument die von allen anderen Determinanten des empirischen Prozesses jeweils abhängige Größe darstellt. Betrachtet man jedoch den Kontext, innerhalb dessen BRIDGMAN seine Sprachtheorie entwickelt, so spricht vieles dafür, daß er bei seiner Argumentation die unterschiedliche Präzision der Instrumente im Visier hatte und den durchaus plausiblen Zusammenhang konstruierte: Die Bedeutung des Definiendums variiert mit der Präzision des für die Messung vorgesehenen, also im Definiens benannten Instruments.

Die sich damit abzeichnende Vieldeutigkeit läßt sich nur eindämmen, indem man von vornherein postuliert, daß man sich mit der Benennung eines Instruments nicht auf ein bestimmtes Instrument, sondern auf einen Instrumententypus bezieht. Da die Individualisierung anderer Determinanten (dieser bestimmte Physiker da [Subjekt A], dieser eine Metallzylinder dort [Objekt A]) in gleicher Weise zu Vieldeutigkeiten führt, ist dieses Postulat zu verallgemeinern: In der operationalen Definition wird nicht auf Individuelles Bezug genommen, sondern auf Typisiertes, d. h. auf eine Klasse von Objekten, Subjekten, Instrumenten. Und was das operative Element im engeren Sinne angeht: In operationalen Definitionen bezieht man sich nicht auf Handlungen, sondern auf Handlungsweisen oder, wie ich im Hinblick auf den Einsatz eines Instrumentes gesagt habe: auf Anwendungsformen. Ein Begriff wird also nicht definiert über ein bestimmtes empirisches Subjekt, das unter bestimmten Umständen ein bestimmtes Instrument auf ein bestimmtes Objekt in einer bestimmten Weise ansetzt, sondern ein Typ von Subjekt (der im Labor arbeitende Physiker mit seinen typischen Fertigkeiten und Ansprüchen) setzt einen Typ von Instrument unter bestimmten (standardisierten) Laborbedingungen auf einen Typ von Objekt auf eine typische Weise an. Was ich hier für die operationale Definition in Anspruch nehme, gilt, die ostensive Definition ausgenommen, für alle Definitionsarten: das Definiendum bezieht sich ebensowenig wie das Definiens auf den Einzelfall, sondern auf Klassen von Individuen.[83] So ist die Definition "Junggeselle $=_{def}$ unverheirateter Mann" ja auch nicht auf einen Einzelfall gemünzt, sondern auf die Klasse aller unverheirateter Männer. Bezögen sich die

[83] Soweit in den hier besprochenen Beispielen bei der Angabe des Instruments der bestimmte Artikel verwendet wird ("der Meterstab", "das Maßband"), ist damit selbstverständlich nicht ein bestimmtes, einzelnes Meßinstrument gemeint, sondern es wird Bezug genommen auf die Klasse dieser Instrumente.

Definitionen auf Einzelfälle, so wäre damit nicht mehr als eine je individuelle Bedeutung gewonnen.

Gleichwohl ist mit der Annahme, daß die in eine operationale Definition eingehenden Determinanten nicht Einzelfälle, sondern Klassen von Fällen betreffen, die Polysemie noch nicht aus der Welt geschafft, hat ein Begriff nun doch immer noch so viele Bedeutungen wie es Typen von Instrumenten, Typen von Subjekten, Typen von Objekten und eben auch Handlungsweisen bzw. Anwendungsformen gibt.

Was die durch Bezugnahme auf nur Typisiertes gewonnene Reduzierung der Bedeutungsvariation angeht, muß eine wichtige Einschränkung gemacht werden. Soweit es nur um das Verstehen der Handlungsanweisung, also um die Bedeutung des Definiendums geht, reicht die Bezugnahme auf Klassen aus. Folgt man aber der strengsten Fassung des operationalistischen Sinnkriteriums und will das Definiendum in einem konkreten Falle anwenden, so kann man dazu ja nicht etwa die Klasse der Meterstäbe einsetzen, sondern muß mit einem einzelnen, bestimmten Element aus dieser Klasse operieren. Auch genügt es jetzt nicht, sich auf einen Typ von Objekt einzustellen, sondern ein einzelnes, bestimmtes Brett wird gemessen. Kurzum: Der Raumbegriff "lang" hat demnach so viele Anwendungen (wohlgemerkt: nicht Bedeutungen), wie weltweit Instrumente zur Messung der räumlichen Ausdehnung eingesetzt werden. Die Bedeutung wird stets über Allgemeines bestimmt, die Anwendung dagegen ist individuell. Wie Bedeutung und Anwendung eines Begriffes danach divergieren, wird noch augenfälliger, wenn man einmal vom Mißerfolg der ausgeführten Operation her argumentiert. Beobachtungsfehler, Meßfehler, Unzulänglichkeiten des verwendeten Instruments, das alles ist zwar nicht bedeutungskonstituierend, sehr wohl aber anwendungsrelevant.

Die Möglichkeit, das Problem der Polysemie über die Typisierung zu lösen, wird bereits auf der Verstehens- sprich Bedeutungsebene unterlaufen, sofern man bezüglich der Determinanten 'Instrument' nicht allein auf die eigens zur Exploration entwickelten Instrumente zurückgreift, sondern schlechthin alles akzeptiert, was instrumentabel ist. Da dem empirischen Subjekt nunmehr ein geradezu unerschöpfliches Instrumenten-Arsenal zur Verfügung steht, nimmt die Bedeutungsvielfalt des Definiendums groteske Ausmaße an.

Zwar fernab jeglicher Praxis, aber eben doch einer theoretischen Erörterung wert, ist die Möglichkeit, zum Beispiel jeden Gegenstand, der eine bestimmte - stabile - räumliche Ausdehnung hat, als Instrument zur Längenmessung einzusetzen. Von dieser bestimmten Ausdehnung wird dann als Intervall-Einheit ausgegangen und die Meßoperation beschränkt sich letztlich darauf, diese Einheit immer wieder anzulegen, um dann einfach abzuzählen, wie oft dieser Anlege-Vorgang ausgeführt wurde. Die zu beschreibende Operation ist damit für alle Instrumente gleich und gliedert sich in die endlich wiederkehrenden Teiloperationen: Anlegen, Bündig-

Machen, Markieren, um dann mit der Addition der Anlege-Vorgänge zum Abschluß zu kommen. So kann man jeden Tisch mit einem einzelnen Kugelschreiber messen und die Länge des Tisches in solchen Kugelschreiber-Einheiten bestimmen. Die Länge läßt sich aber ebenso in den Einheiten anderer Unikate (dieses Buch, diese Zigarette, dieser Kugelschreiber, dieses Auto) festlegen. Wenn man jetzt der Annahme folgt, wonach verschiedene Instrumente verschiedene Bedeutungen determinieren, so ist man erneut im Dilemma: Denn danach hätte etwa der Längenbegriff "lang" genau so viele Bedeutungen, wie es einzelne Gegenstände gibt, die räumlich ausgedehnt und somit als Längenmeßinstrumente einsetzbar sind. Im Gegensatz zum voraufgegangenen Problem, wo man über einschlägige Instrumente bzw. Instrumentarien typisieren konnte, ist eine solche Typisierung jetzt ausgeschlossen.

Dennoch kann man derartige Anlege-Vorgänge aber so uminterpretieren, daß man auch hier der Vieldeutigkeit beikommt. Vordergründig scheint mit der Benennung eines jeweils anderen Instruments eine wesentliche Veränderung des Definiens einherzugehen: Es steht da immer ein anderer Begriff, der sich stets auf einen anderen Gegenstand (als Meßinstrument) bezieht, also immer anderes bedeutet. Genauer besehen sollte man sich ob dieser Vielfalt aber nicht täuschen lassen, denn für den hier gefragten Zweck interessiert bei allen möglichen Gegenständen, die als Vergleichs- bzw. Meßinstrumente herangezogen werden, immer nur ein einziger Aspekt, nämlich deren räumliche Ausdehnung.

Mit dieser Einschränkung reduziert sich dann aber auch diese bedrohliche Vielfalt auf seiten des Definiens: Die unzählig vielen Benennungen all dieser möglichen Instrumente sind nichts anderes als Namen für unterschiedlich große Intervalle. Wie groß aber auch immer man diese Intervalle wählt - am Prinzip der Längenmessung ändert sich nichts. Stets bleibt zu bestimmen, wie oft eine einmal festgelegte Einheit an einen zu messenden Gegenstand angelegt werden kann. An diesem Prinzip ändert sich in der Tat auch dann nichts, wenn andere Operationen ausgeführt werden müssen, weil, aus welchen Gründen auch immer, als Instrumente nur Vergleichsobjekte zur Verfügung stehen, die entweder zu klein oder zu groß dimensioniert sind. Selbst weitgehend sachbedingte Problemfälle können mit Geschick noch einem Ergebnis zugeführt werden: die Länge eines bestimmten Maikäfers etwa, ausgedrückt in Einheiten eines bestimmten Kugelschreibers.

Was ich soeben anhand der Längenmessung exemplifiziert habe, kann auch in bezug auf die Bestimmung anderer physikalischer Eigenschaften, etwa der Zeitmessung, nachvollzogen werden. Der Zeitbegriff "lang" hätte demnach genau so viele Bedeutungen, wie es Ereignisse gibt, die sich in der Zeit erstrecken und damit als Zeitintervalle instrumentabel sind. Legte man als Intervall etwa den Lidschlag zugrunde, ließe sich die Lebensdauer eines jeden Menschen in Augenblicken messen. Als Vergleichseinheit könnte man aber ebensogut die Zeit nehmen, die Person

A von seinem Haus zum Bahnhof braucht, oder die vergeht, ehe eine bestimmte Rose von Jericho, einmal in Wasser gelegt, sich voll entfaltet. Auch im Falle der Zeitmessung kann die bereits angebotene Lösung zur Eindämmung der Vieldeutigkeit in Anspruch genommen werden: Jede Zeitmessung basiert letztlich auf ein und demselben Prinzip, das unabhängig davon gilt, wie groß die Maßeinheit gewählt wird und unter welcher Designation diese Einheit im Definiens erscheint.

Der Umstand, daß die Wahl der Längeneinheit am Prinzip der Längenmessung nichts ändert, hat Konsequenzen für den zu definierenden Längenbegriff. Denn wenn sich auf seiten des Definiens etwas Invariantes ausmachen läßt, so kann man nicht umhin, auch für das Definiendum etwas entsprechend Unveränderliches anzunehmen. Um sich auf diese Folgerung näher einzulassen, müßte erst geklärt werden, was denn das Prinzip der Längenmessung überhaupt sei. In Anbetracht der Schwierigkeit eines solchen Unterfangens, will ich es zunächst bei einem bildhaften Vergleich belassen. Jeder Bestimmung der räumlichen Ausdehnung liegt eine Theorie der Längenmessung zugrunde, die sich je nachdem, wie der Einzelfall gelagert ist, auch auf individuelle Besonderheiten dieses Falles bezieht. Wenn man nun von diesen Besonderheiten einzelner Bestimmungen absieht und entsprechend auch jene Teile der Theorie "herausbricht", die nur solche Besonderheiten betreffen, so hat man schließlich den Kern der Theorie freigelegt. Dieser "innere Teil" macht gleichsam das Invariante an der Theorie aus. Der theoretische Kern der Längenmessung, so ließe sich nunmehr metaphorisch und doch prägnant formulieren, korrespondiert hier mit der Kernbedeutung des zu definierenden Längenbegriffs. Demzufolge hätte eben auch der Längenbegriff "lang" einen über die Bezeichnungen aller möglichen Intervalle hinweg - und das heißt: über die Benennungen aller Gegenstände, die räumlich ausgedehnt und zugleich instrumentabel sind, hinweg - konstanten Teil der Bedeutung.

Nachdem ich für drei der vier Größen, die den Prozeß der empirischen Erkenntnisgewinnung determinieren, Beispiele gegeben habe, noch ein paar Bemerkungen zur vierten Größe. In bezug auf diese letzte Determinante spreche ich pauschal von "besonderen Umständen" und deute damit an, daß sie für eine Reihe verschiedenster situativer Gegebenheiten steht - eine Determinante, von der abermals die Determinante 'Instrument' als abhängig zu betrachten ist. Beispielsweise kann sich ein Gegenstand in derart beengten Verhältnissen befinden, daß man zur Bestimmung seines Gewichts anstatt einer Balkenwaage eine Federwaage einsetzen muß. Auch wird man sich schwertun, in einem schnell dahinfahrenden Auto, die Zeit mit einer Sanduhr messen zu wollen. Zur Messung bestimmter physikalischer Eigenschaften müssen etwa in der Sahara andersartige Instrumente eingesetzt werden als in der Arktis. Schließlich wird in den meisten Fällen eine Messung nur dann zu einem Ergebnis führen, wenn der zu messende Gegenstand nicht in absoluter Dunkelheit verharrt. Und um nicht aus dem Blick zu verlieren, welche Relevanz solche Umstände für die operationale Definition haben, sei ein letztes Mal die Position des apodiktisch argumentierenden Empirikers bemüht: Wer solchen Umständen nicht durch geeignete Vorgehensweisen, durch angemessene Operationen zu begegnen weiß, ist letztlich auch nicht in der Lage, Begriffe wie "[x cm] $lang_R$", "[x kg] schwer", "[x Grad Celsius] warm", "[x Minuten] $lang_Z$" sinnnvoll auf ein zu untersuchendes Objekt anzuwenden.

Läßt man die gegebenen Beispiele noch einmal Revue passieren, so können sich Definientia zusammenfassend wie folgt unterschieden:
(1) Ein und dieselbe Operation (unter Einsatz eines bestimmten Instrumententyps) kann in unterschiedlicher Ausführlichkeit beschrieben werden.
(2) Bei Beibehaltung einer bestimmten Art von Instrument kann das Instrument jeweils unterschiedlich gehandhabt werden.
(3) Bei Beibehaltung einer Art von Instrument und bei Beibehaltung einer Art von Handhabung dieses Instrumententyps können zusätzliche - nicht mehr diese Handhabung betreffende - Operationen ausgeführt werden.
(4) Es können andersartige Instrumente eingesetzt werden, die alle gleichartig gehandhabt werden.
(5) Es können andersartige Instrumente eingesetzt werden, die auch je anders zu handhaben sind.

Der ersten Konstellation ist insoweit ein Sonderstatus einzuräumen, als sie gar nicht in direkte Konkurrenz tritt zu den anderen vier Konstellationen. Denn jede der Konstellationen (2)-(5) kann in einer mehr oder weniger ausführlichen Version dargeboten werden. Die Frage ist also zunächst einmal, wie sich diese unterschiedlichen Versionen im Vergleich miteinander ausnehmen. Bei strenger Indikation stellt sich zweifelsohne mit jeder neuen Version, und sei sie noch so geringfügig, eine Veränderung des Definiens ein - eine Veränderung, die sich unter Voraussetzung des Prinzips der Synonymität dann stets auch auf die Bedeutung des Definiendums verändernd auswirken muß. Allein diese Strenge scheint nicht angemessen, da diese Veränderungen doch nur oberflächlicher Natur sind, d. h. ausschließlich die Form (und nicht den Gehalt) des Definiens betreffen. Wie bereits dargelegt, sind die unterschiedlichen Versionen, in denen auf seiten des Definiens eine Operation beschrieben wird, nichts anderes als Paraphrasen, die im Prinzip vermittels sprachlicher Operationen ineinander überführt werden können. Gemäß dem Postulat der Synonymität ändert sich damit an der Bedeutung des Definiendums überhaupt nichts, da das Definiendum stets mit dem gleichen semantischen Gehalt korrespondiert. Welche Textsemantik die Überführung der einzelnen Versionen letztlich zu leisten vermag, braucht hier nicht diskutiert zu werden.

Andererseits ist offensichtlich, daß man Unterschiede in der Ausführlichkeit mit den verschiedenen Stufen des operationalistischen Sinnkriteriums in Beziehung setzen kann. Sofern es um das bloße Verstehen geht, man also die schwächste Form dieses Kriteriums beansprucht, bedarf es keiner ausführlichen Beschreibung der Handlungsanweisung. Ist man dagegen der strengsten Fassung dieses Kriteriums verpflichtet, dann steht ja der Vollzug der im Definiens beschriebenen Handlung an. Um aber eine Handlung korrekt ausführen zu können, muß sie auch detailliert konzipiert sein.

Die andere, viel dringlichere Frage gilt dem Vergleich bzw. der Abgrenzung der Konstellationen (2)-(5) untereinander. Wonach hat man sich bei dieser Differenzierung auszurichten? Wiederholt habe ich eine Veränderung auf seiten des Definiens in Zusammenhang gebracht mit einem, durch irgendwelche Determinanten des Erfahrungsprozesses bedingten Wandel in der theoretischen Ausrichtung, also die einer Operation jeweils zugrundeliegende Theorie als mögliches Unterscheidungskriterium herangezogen.

Nimmt man einmal an, daß die Längenmessung im einfachsten Falle (eine ebene, geradlinige Strecke ohne jegliche Schikanen wird durch Anlegen des Meterstabes gemessen [vgl. etwa die Beispiele (6) bzw. (9)]) auf einer Standardtheorie (der Längenmessung) basiert, die ihrerseits eine charakteristische Konstellation auf seiten des Definiens zeitigt. Und, darauf soll diese Annahme ja hinauslaufen: Insoweit der Längenbegriff "lang" über diese Standardtheorie operationalisiert wird (in knapper oder auch in ausführlicher Version), soweit hat dieser Begriff ein und dieselbe Bedeutung. Verallgemeinert man dieses Postulat, dann kann folgende These formuliert werden: In einer operationalen Definition von der Art, wie sie in diesem Kapitel zur Debatte steht, ändert sich die Bedeutung eines zu definierenden Begriffes nur dann, wenn sich auch die Theorie ändert, die der im Definiens beschriebenen Operation zugrundeliegt. Oder, noch einmal gewendet: Immer dann, wenn im Definiens eine andere Theorie beansprucht wird (ich habe mir vorbehalten, in diesem Falle von einer "wesentlichen Veränderung" des Definiens zu sprechen), hat dies auch eine Veränderung der Bedeutung des Definiendums zur Folge. Erhebt man nun jene (im Grunde beliebig aus einer Anzahl von möglichen Theorien herausgegriffene) Standardtheorie zur Norm und geht die Konstellationen (2)-(5) noch einmal durch, so wird man feststellen, daß sie alle - die zweite mit gewissen Einschränkungen - von jener auf der Standardtheorie basierenden Konstellation abweichen. Das Abweichende kann sich in Form anderer Operationen (Konstellation [2]), in Form zusätzlicher Operationen (Konstellation [3]), wie auch in Form andersartiger Instrumente (Konstellationen [4] und [5]) manifestieren.

Die Konstituierung der Bedeutung des Definiendums an der im Definiens thematisierten Theorie festzumachen, hat Konsequenzen. Zunächst wird mit dieser Annahme nicht nur das Prinzip der Synonymität aufgegeben, sondern es wird darüber hinaus in Frage gestellt, ob derartige Bedeutungsbestimmungen überhaupt noch mit den Kategorien der Definitionslehre zu fassen sind. In der traditionellen Lehre von den Definitionen wird, namentlich wenn man das Prinzip der Synonymität beansprucht, angenommen, daß sich die (wohlbekannte) Bedeutung eines - und darauf sei hier abgehoben - umgrenzten, isolierten sprachlichen Gebildes (Definiens) vollständig auf einen in seiner Bedeutung bislang mehr oder weniger indifferenten sprachlichen Ausdruck (Definiendum) überträgt. Nun ist zwar auch eine Theorie - läßt man alternative Ansichten einmal außer acht - als sprachliches Gebilde anzusehen, doch von mitunter solch grandiosen Ausmaßen, daß von "umgrenzt", "überschaubar", "isoliert", "in seiner Bedeutung gänzlich wohlbekannt" nicht mehr die Rede sein kann.[84] Wenn damit aber die Definitionstheoretiker von ihrer Zuständigkeit suspendiert sind, wer nimmt sich dann dieser Problematik an? Die These, wonach sich die Bedeutung eines Begriffes je nach beanspruchter Theorie wandelt, führt fast zwangsläufig zu jenem hypothesentheoretischen Verständnis von der operationalen Definition. Bekanntlich erfährt diesem Verständnis zufolge ein sprachlicher Ausdruck nicht dadurch seine Bedeutung, daß ihm entsprechend dem Definitionsschema eine bekannte Bedeutung an die Seite gegeben wird, sondern - vereinfacht gesprochen - dadurch, daß dieser Begriff in einem Gefüge von Hypothesen und Gesetzen verankert wird, die ihrerseits allesamt einer empirischen Prüfung auszusetzen sind. Um nur eine Konstellation herauszugreifen: Für den Fall, daß man über den Kreisdurchmesser zur Bestimmung des Kreisumfanges gelangt, müßte die gesetzesmäßige Beziehung zwischen diesen beiden Größen ebenso zur Konstituierung der Bedeutung des Längenbegriffes "lang" herangezogen werden, wie etwa - bei entsprechend hohen Ansprüchen - Computer-Programme, die die Ludolphsche Zahl auf tausend Stellen hinter dem Komma exakt berechnen.

Bei aller Plausibilität dieser Auffassung, wonach nämlich in operationalen Definitionen die Bedeutung des Definiendums von der im Definiens thematisierten Theorie abhängt, darf doch jene metasprachliche Differenz nicht ignoriert werden. Operationale Definitionen sind aus einer Theorie abgeschiedene Sprachregeln. Die Zuständigkeit der Hypothesentheoretiker beschränkt sich aber auf die Ebene der Theorie-geleiteten Annahmen und Aussagen. Nur von dort aus können Theorien einer kritischen Prüfung unterzogen und gegebenenfalls verbessert werden. Und erst aus einer verbesserten Theorie, was da heißen mag: einer Theorie, die schlüssigere Erklärungen zuläßt, die zu einer verfeinerten Explorationsmethode führt u. ä., läßt sich dann eine präzisere Bedeutung abscheiden.

Blendet man das Problem der metasprachlichen Differenz noch einmal aus, so fällt auf, daß beim hypothesentheoretischen Verständnis von der operationalen Definition die Konstellationen (2) und (3) keinerlei Beachtung finden. Die Möglichkeit, daß sich eine bloß in der Handlung, genauer gesagt: in der Handhabung eines Instrumentes manifestierende Abweichung von einem Standardverfahren auf das Definiendum bedeutungsverändernd auswirkt, wird nirgends diskutiert. Fast

[84] Lorenz Bruno PUNTEL z. B. hat keine Scheu, den Begriff "Wahrheit" als Definiendum, die verschiedenen Wahrheitstheorien als diesem Definiendum zugeordnete Definientia zu betrachten. (vgl. PUNTEL 1993, passim)

immer steht an einschlägigen Stellen dem Sinne nach und gleichwohl lapidar zu lesen: Die Konstruktionsprinzipien des Instrumentes gehen als bedeutungskonstituierend in die Operationalisierung mit ein. Diese Fixierung auf das Instrument hat ihren Grund wohl darin, daß ja auch BRIDGMAN die Bedeutungsveränderung auf seiten des Definiendums mit dem Einsatz unterschiedlicher Instrumente verband.

Wie vornehmlich in Kap. 4.1 ausgeführt, wird von den Vertretern der Hypothesentheorie die rechte Seite der operationalen Definition als Verifikationsanweisung verstanden. Daß bereits BRIDGMAN einem solchen Verständnis anhing, davon zeugt nicht zuletzt ein Synonymitätskriterium, das er in die Diskussion brachte und das auf den ersten Blick seiner Einfachheit wegen besticht: Wenn ein und derselbe Begriff auf verschiedene Weisen operational definiert ist, dann hat dieser Begriff immer dann die gleiche Bedeutung, wenn die in den Definientia beschriebenen (auch und gerade im Hinblick auf den Einsatz andersartiger Instrumente unterschiedlichen) Operationen zu den gleichen Ergebnissen führen. Aus wenigstens zwei Gründen ist dieses Kriterium abzulehnen:
(1) Über die Synonymität von (operational definierten) Längenbegriffen könnte nur von ausgeführten Handlungen aus rückwirkend entschieden werden. Das aber impliziert, daß man vor dem Vollzug der Handlungen davon auszugehen hat, daß jeder (operational definierte) Längenbegriff etwas anderes bedeutet und es überhaupt keine stabile Bedeutung gibt.
(2) Meßfehler würden - als Produkte tatsächlich ausgeführter Operationen - in den Rang bedeutungskonstituierender Ereignisse erhoben. Denn jetzt könnte der Nachweis der Synonymität daran scheitern, daß man beim Vollzug der Handlung etwas falsch gemacht hat. Das aber hieße: Vieldeutigkeit etabliert sich aufgrund von Meßfehlern.

Mit der Einbeziehung verschiedener Größen, die den Prozeß der empirischen Erkenntnisgewinnung determinieren, war es möglich geworden, einige Probleme der operationalen Definition dezidierter zu beurteilen. Unbefriedigend blieb dabei, daß das Definiens mit der Aufnahme jeder weiteren Determinante immer mehr zur Beschreibung eines Einzelfalls tendierte. Diese Entwicklung nahm da ihren Anfang, wo ich mich auf die - durch BRIDGMANs Rede von "actual operations" genährte - Vorstellung einließ, bei den hier zur Debatte stehenden Operationen handle es sich um **gerichtete** Operationen. Nun war in der voraufgegangenen Diskussion an dieser Stelle bei BRIDGMAN wiederholt Vorsicht geboten. Man erinnere sich: Zum einen führte der Begriff "actual" zu Verwirrungen, was die Seinsweise des Definiens anbetraf. Zum anderen hatte diese Redeweise - da "actual" ja durchaus "auf den Einzelfall bezogen" impliziert - die mißliche Konsequenz, vermittels operationaler Definitionen würden nicht viel mehr als individuelle Bedeutungen gewonnen.

Im folgenden möchte ich die entgegengesetzte Richtung einschlagen und BRIDGMANs Ansinnen dahingehend modifizieren, daß nicht nur der Gedanke, im Definiens bezöge man sich auf einen Einzelfall, verschwindet, sondern auch die Vorstellung aufgegeben werden muß, bei den bedeutungskonstituierenden Operationen würde es sich um irgendwelche gerichteten Operationen handeln. Das heißt im Klartext: Nicht nur vom sachlich konkreten Bezug ist zu abstrahieren, die operationale Definition ist überdies völlig aus dem situativen Kontext zu lösen; all die Determinanten, denen bislang das Interesse galt, bleiben außer acht. Damit kehre ich auch schon zurück zu jenen kargen Ausdrücken:

(1) $\text{lang}_R =_{def}$ mit dem Meterstab messen

(14) $\text{lang}_Z =_{def}$ mit der Uhr messen

die mit der Angabe eines spezifischen Instrumentes allerdings noch zu sehr einem bestimmten Kontext verhaftet sind und deshalb weiter verallgemeinert werden sollten:

(15) $\text{lang}_R =_{def}$ mit einem Längen-Meßinstrument messen

(16) $\text{lang}_Z =_{def}$ mit einem Zeit-Meßinstrument messen

Prosaisch liest sich das so: Die (Raum-)Eigenschaft 'lang' ist dadurch (real) definiert, daß sie mit einem Längenmeßinstrument gemessen werden kann, bzw. die (Zeit-) Eigenschaft 'lang' ist dadurch (real) definiert, daß sie mit einem Zeitmeßinstrument gemessen werden kann. Oder, um die Sprachbezogenheit zu akzentuieren: Der (Raum-) Begriff "lang" ist dadurch definiert, daß er eine Eigenschaft bezeichnet, die mit einem Längenmeßinstrument gemessen werden kann bzw. der (Zeit-)Begriff "lang" ist dadurch definiert, daß er eine Eigenschaft bezeichnet, die mit einem Zeitmeßinstrument gemessen werden kann.

Wenn ich mich auf der Definiens-Seite so allgemein wie nur möglich gebe, sollte ich dies konsequenterweise auch auf der Definiendum-Seite tun, also gleich die Dimensions-Begriffe selbst (d. h. Begriffe, die sich in allgemeinster Weise auf physikalische Dimensionen beziehen) einsetzen und nicht erst irgendwelche begrifflichen Derivate[85]:

(17) Länge $=_{def}$ mit einem Längen-Meßinstrument messen

(18) Zeit $=_{def}$ mit einem Zeit-Meßinstrument messen

[85] Solange ich mich noch streng an BRIDGMANs Vorstellung von den "actual operations", damit also an die Einzelfall-Bezogenheit von Operationen gehalten habe, war diese Verallgemeinerung gerade auch auf der Definiendum-Seite ausgeschlossen (vgl. hier Kap. 3).

beides Ausdrücke, die in ihrer prosaischen Fassung wiederum vertrauter erscheinen: Länge ist das, was man mit dem Längenmeßinstrument messen kann; Zeit ist das, was man mit dem Zeitmeßinstrument messen kann.[86]

Wie aber sind die Ausdrücke (17) und (18) zu beurteilen? Zunächst muß man konstatieren, daß bei einem so allgemein gehaltenen Definiens, wie es eben nur bei der Vernachlässigung jener Determinanten möglich wird, die Frage nach der Mehrdeutigkeit des Definiendums ihren Sinn verliert. Denn eine Variation des Definiens ist jetzt ja nicht mehr vorgesehen. Auch der zuletzt erwogene Vorschlag zur Klärung der Polysemie, wonach die Bedeutung des Definiendums mit der Theorie variiert, die man im Definiens beansprucht, greift nicht mehr. Denn betrachtet man die behandelten Fälle vor dem Hintergrund dieser Auffassung noch einmal genauer, so wird man feststellen, daß die im Definiens angesprochene Theorie ja stets von der Besonderheit einer der Determinanten abhängt. Läßt man diese Determinanten außer acht, quälen auch nicht deren Besonderheiten, und man ist folglich nicht gezwungen, eine auf diese Besonderheiten abgestimmte Theorie zu bemühen.

Das Zweifelhafte an dieser Abhängigkeit der Bedeutung des Definiendums von der im Definiens angesprochenen Theorie wird noch deutlicher, wenn man sich dem Problem von einer anderen Seite nähert. Ausgangspunkt ist die soeben getroffene Feststellung, wonach nichts außer den Determinanten (eingedenk ihrer Besonderheiten) die im Definiens bemühte Theorie bedingt. Hat es aber überhaupt Sinn, so könnte man fragen, etwa in bezug auf die Längenmessung von verschiedenen Theorien der Längenmessung auszugehen? Oder, um das Problem auf den Punkt zu bringen: Beruhen denn die Konstruktionsprinzipien all dieser unterschiedlichen Längenmeßinstrumente letzten Endes nicht doch auf nur einer einzigen theoretischen Annahme? Mit dieser Frage komme ich zurück auf jene vielversprechende Vermutung, wonach sich für all diese Längenmeßtheorien so etwas wie ein theoretischer Kern ausmachen läßt, aus dem gleichsam als invarianter Anteil über alle Kontexte hinweg eine Kernbedeutung der Längenbegriffe abgeschieden werden kann.

So schlicht und geschmeidig die Ausdrücke (1), (14), (15), (16), (17) und (18) auch erscheinen mögen, es macht jenes bereits angedeutete Unbehagen zu schaffen, daß diese operationalen Definitionen - wie es gar offen in den verallgemeinerten Fassungen (15) und (17) zutage tritt - zirkulär sind: Der zu definierende Be-

[86] Wie sehr ich mich mit diesen Ausdrücken der Redeweise des Physikers angenähert habe, offenbart der Blick in ein gängiges Physiklehrbuch, wo es heißt: "Länge ist durch Meßverfahren definiert" - selbstverständlich ohne den Hinweis, daß es sich hierbei um eine operationale Definition handelt (KUHN 1984, S. 84). Auch stehen diese meine Beispiele in Einklang mit der Redeweise des Physikers, als allgemeinsten Begriff für die räumliche Ausdehnung das Substantiv "Länge" (und eben nicht "Raum") zu verwenden.

griff wird, wenn auch meist innerhalb von Zusammensetzungen, auf seiten des Definiens verwendet, um das einzusetzende Instrument zu spezifizieren. Eine Möglichkeit, diesem Manko zu begegnen, bietet sich, indem man jenem invarianten Anteil der Längenmessung auf die Spur kommt. Konkret gesprochen: indem man auf der Definiens-Seite das "Längenmeßinstrument" eliminiert und an seine Stelle das allgemeinste Konstruktionsprinzip aller Längenmeßinstrumente setzt. Zwar habe ich schon einmal gezögert, mich auf ein derartiges Unterfangen einzulassen. Begibt man sich damit doch unweigerlich in einen Bereich voller Spekulationen. Die Suche nach den allgemeinsten Prinzipien von Längen- und Zeit-Messung ist denn dem Bemühen gleichzusetzen, zum Wesen von Raum und Zeit vorzudringen. Auch wenn es nicht viel mehr ist als eine Spielerei mit tieferem Sinn, will ich doch andeuten, wohin eine solche Bestimmung führen könnte.

Im Zusammenhang mit der Unterscheidung zwischen offener und geschlossener operationaler Definition wurde das wesentliche Charakteristikum der offenen operationalen Definition herausgearbeitet: Der im Definiens anzugebende bzw. bei der Ausführung der Operation einzusetzende Maßstab ist nichts weiter als eine (zumindest theoretisch ins Unendliche reichende) Abfolge inhaltlich nicht definierter (gleich großer) Intervalle. Eine inhaltliche Definition, also eine qualitative Bestimmung erfolgt nur insoweit, als diese Intervalle auf einzelne physikalische Dimensionen, wie Raum, Zeit, Masse, Widerstand und dergleichen bezogen werden. Greift man diese elementare Bestimmung nun auf und betrachtet sie als das Prinzip der Messung physikalischer Eigenschaften schlechthin, d. h. eben auch als das allgemeinste Konstruktionsprinzip aller Meßinstrumente für physikalische Eigenschaften, so steht es frei, Ausdruck (14) wie folgt zu übersetzen - die qualitative Bestimmung erscheint dabei fett hervorgehoben:

(19) $\text{lang}_R =_{def}$ Abfolge von (gleichen) **Raum**-Intervallen bestimmen

Und was für das Raum-Adjektiv geleistet werden kann, ist ebenso für das Zeit Adjektiv wie auch für die Dimensions-Begriffe möglich:

(20) $\text{lang}_Z =_{def}$ Abfolge von (gleichen) **Zeit**-Intervallen bestimmen

(21) Länge $=_{def}$ Abfolge von (gleichen) **Raum**-Intervallen bestimmen

(22) Zeit $=_{def}$ Abfolge von (gleichen) **Zeit**-Intervallen bestimmen

Daß das operative Element auf seiten des Definiens - bislang repräsentiert durch das Verb "messen" - nunmehr durch die synonyme Fügung "Abfolge bestimmen" vertreten wird, tut nichts zur Sache. Anstelle von "messen" könnte man ebenso "(...)-Intervalle zählen" einsetzen.

Löst man das operative Element aus dem Definiens heraus, indem man auf das Verb verzichtet, so ist die operationale Definition auch schon in eine Wesensbestimmung übergegangen. Sinnigerweise sei diese Transformation nur an den Dimensions-Begriffen demonstriert:

(23) Länge $=_{def}$ Abfolge von (gleichen) **Raum**-Intervallen

(24) Zeit $=_{def}$ Abfolge von (gleichen) **Zeit**-Intervallen

Bisher bin ich von **gleich großen** Intervallen ausgegangen. Sowohl theoretisch als auch praktisch gesehen, spricht aber nichts gegen die Verwendung nicht-gleicher Intervalle, wenn die Unterschiede dieser Einheiten nur bekannt sind. So kann man die Länge eines Tisches ja durchaus in "4 Einheiten 'Zigarette' + 8 Einheiten 'Buch' + 3 Einheiten 'Kugelschreiber'" angeben. Im Prinzip ist diese Einschränkung also entbehrlich:

(25) Länge $=_{def}$ Abfolge von **Raum**-Intervallen

(26) Zeit $=_{def}$ Abfolge von **Zeit**-Intervallen

Wiederum mag die prosaische Lesart besser gefallen: Länge ist die Abfolge von Raum-Intervallen; Zeit ist die Abfolge von Zeit-Intervallen.

Als ich mich mit der Determinante 'Instrument' auseinandersetzte, habe ich auf den Umstand hingewiesen, daß grundsätzlich jeder im Raum existierende Gegenstand ein bestimmtes Raum-Intervall darstellt und insofern als Längenmeßinstrument verwendet werden kann. Gleiches gilt für die Zeit: Im Prinzip stellt jedes in der Zeit sich erstreckende Ereignis ein bestimmtes Zeit-Intervall dar und kann insofern als Zeit-Meßinstrument verwendet werden. Dieser Umstand läßt sich bei der Formulierung der Definitionsausdrücke verwerten:

(27) Länge $=_{def}$ Abfolge von **räumlich ausgedehnten Dingen**

(28) Zeit $=_{def}$ Abfolge von **zeitlich sich erstreckenden Ereignissen**

Beseitigt man noch die Tautologien (alle [materiellen] Dinge sind räumlich ausgedehnt; jedes Ereignis erstreckt sich in der Zeit), so verkürzt sich die rechte Seite der Definition zusehends:

(29) Länge $=_{def}$ Abfolge von Dingen

(30) Zeit $=_{def}$ Abfolge von Ereignissen

Anklänge an KANTs Bestimmungen von Raum und Zeit stellen sich schließlich ein, wenn man die Definientia auf die jeweilige Dimension abstimmt und präpositional auflöst:

(31) Länge $=_{def}$ Nebeneinander von Dingen

(32) Zeit $=_{def}$ Nacheinander von Ereignissen

Holt man aber das operative Element auf seiten des Definiens in Form eines Verbs zurück, so wandeln sich diese Wesensbestimmungen wieder in explizite operationale Definitionen:

(33) Länge $=_{def}$ Nebeneinander von Dingen bestimmen

(34) Zeit $=_{def}$ Nacheinander von Ereignissen bestimmen

Was hat diese, nicht bloß als Spielerei verstandene Ableitung gebracht? Angetreten war ich ja mit der Absicht, der Zirkularität offener operationaler Definitionen beizukommen. Gewiß, der nach außen hin erkennbare Zirkel ist verschwunden. Was mit dieser Ableitung darüber hinaus gewonnen ist, sei einmal dahingestellt. Kritisch bleibt einstweilen anzumerken:
(1) Mit diesen Wesensbestimmungen habe ich mich ja doch nur metaphorisch aus der Affäre gezogen.[87] Versteckterweise bleiben Raum- und Zeitvorstellung natürlich in den Präpositionalausdrücken erhalten.
(2) Auch muß ernsthaft bezweifelt werden, ob mit dieser Umwandlung tatsächlich das allgemeinste Prinzip der Längen- bzw. Zeit-Messung (oder gar das allgemeinste Konstruktionsprinzip der jeweiligen Meßinstrumente) getroffen wurde.
(3) Was die Zeit-Bestimmung angeht, sind bei dieser Ableitung historischer und physikalischer Zeit-Begriff konfundiert - ein Umstand, der nicht stören muß.[88]
(4) Selbst wenn man in dieser Ableitung des Definiens doch so etwas wie ein allgemeines Prinzip von Längen- bzw. Zeit-Messung anzuerkennen geneigt ist - was sich hier für die Raum-Dimension und mit Abstrichen auch für die Zeit-Dimension vergleichsweise banal demonstrieren ließ, gelingt für andere physikalische Dimensionen beileibe nicht ebenso glatt.

---

[87] Nicht allein Wesenseinsichten - die meisten philosophischen Erkenntnisse, ja generell philosophische Probleme können überhaupt nur in metaphorischer Rede zur Sprache gebracht werden.

[88] Wie eng beide Zeit-Begriffe zusammenhängen, mag eine simple Konstruktion verdeutlichen: Man könnte ja an einem Zahnrad in einer mechanischen Uhr einen Zahn A bestimmen und bei der ruckartig fortschreitende Kreisbewegung die einzelnen Positionen dieses Zahnes auf der Kreisbahn als ein Nacheinander von Ereignissen betrachten (Ereignis 1: Zahn A weicht 5° von der Achsensenkrechten ab; Ereignis 2: Zahn A weicht 10° von der Achsensenkrechten ab usw.).

Auf die erste Spielerei folgt gleich eine zweite - wiederum nicht ohne tieferen Sinn. Man kann das Definiens nämlich nicht nur wie soeben zu einer wesensmäßigen Bestimmung "verkümmern" lassen. Es ist auch möglich - unbeschadet des operationalen Charakters der Definition -, einzelne Teile des Definiens zu eliminieren: zum einen die explizite Angabe der auszuführenden Operation, zum andern die Angabe des einzusetzenden Instruments.

Bei meiner Klassifikation der operationalen Definitionen war ich davon ausgegangen, daß die Operationalisierung von Begriffen, die sich auf physikalische Eigenschaften beziehen, stets in Form instrumentaler operationaler Definitionen geschieht, eben weil zur Erkundung physikalischer Eigenschaften, zumal unter dem Postulat exakter Erfassung, Instrumente zum Einsatz kommen. Daraus ergab sich weiterhin, daß fast immer, wenn Instrumente eingesetzt werden, auch die Handhabung dieser Instrumente ausdrücklich mitgeliefert wird, d. h. es sich zudem um explizite operationale Definitionen handelt. Es gibt nun zwei Gründe, warum man bei der Operationalisierung von physikalischen Eigenschaftsbegriffen gegebenenfalls auf jene "Gebrauchsanweisung" für die Instrumente verzichten kann.

Der erste Grund ist weitgehend theoretisch motiviert. Die Feststellung physikalischer Eigenschaften macht, wie mehrfach betont, nur insoweit Sinn, als man den Grad der Ausprägung dieser Eigenschaften bestimmt. 'Empirisch erkunden' heißt in bezug auf physikalische Eigenschaften - und auch darin wiederhole ich mich - immer 'messen'. In den gegebenen Beispielen wurde die auszuführende Operation denn auch unabhängig von der spezifischen Handhabung bestimmter Instrumente in allgemeiner Weise mit dem Tätigkeitswort "messen" beschrieben. Verwertet man das zuvor erwogene Verständnis von dieser Tätigkeit, dann hat dieses Wort über alle physikalischen Dimensionen hinweg und über alle zum Einsatz kommenden Instrumente hinweg eine einzige Bedeutung, nämlich: die Abfolge bestimmen bzw. die Intervall-Einheiten zählen. Mit dieser durchgängig konstanten Bedeutung aber hat das operative Element im Definiens für das Definiendum - gleichgültig auf welche Dimension es sich bezieht - nicht mehr die Funktion einer *differentia specifica.* Also kann darauf verzichtet werden.

Den Begriff "messen" kann man aber ebenso anders interpretieren. Nämlich in der Weise, daß sich dieser Begriff immer auch auf das angegebene Instrument bezieht, also dessen spezifische Handhabung beschreibt. In den Fügungen "mit dem Meterstab messen" und "mit der Uhr messen" hätte "messen" demnach verschiedene Bedeutungen, eben weil der Meterstab anders gehandhabt wird als die Uhr. Gemäß dieser Interpretation dürfte also die mit "messen" umschriebene Operation auf seiten des Definiens keinesfalls unterschlagen werden. Dennoch gibt es - jetzt aus praktischen Erwägungen heraus - einen zweiten Grund, auf diese explizite Angabe der Operation zu verzichten. So sind die Adressaten von operationalen Definitionen, namentlich im Wissenschaftsbetrieb, ja keine Laien, sondern Spezialisten mit besonderen Kenntnissen und Fertigkeiten. Man kann also guten Gewissens davon ausgehen, daß das betreffende empirische Subjekt aufgrund der bloßen Angabe des Instruments auch schon versteht, was das Definiendum ausmacht, namentlich weiß, wie die Meßoperation auszuführen wäre.

Beschränkt man sich im Definiens denn auf die Angabe eines Instruments, verzichtet also auf eine ausdrückliche Gebrauchsanweisung für dieses Instrument, so entspricht dies

Schema VII [Definiendum] $=_{def}$ [Instrument]

wobei daran erinnert sei, daß nach wie vor nur offene operationale Definitionen zur Debatte stehen. Was dieses Schema also repräsentiert, sind offene, instrumentale und implizite operationale Definitionen. Unterstellt man die besprochenen Beispiele diesem Schema, so gelangt man zu einem Typ von operationaler Definition, den ich hinfort als **Telegrammstil-Definition** bezeichnen will:

(35) Länge $=_{def}$ Meterstab

(36) Zeit $=_{def}$ Uhr

oder mit einem schon spezifischen Definiendum:

(37) Durchmesser $=_{def}$ Meßschraube

(38) Entfernung $=_{def}$ Sextant

(39) Abstand $=_{def}$ Echolot

Für den kompetenten Adressaten ist mit der bloßen Angabe des Meßinstrumentes nicht nur implizit die Gebrauchsanweisung für dieses Instrument mitgeliefert, sondern darüber hinaus auch implizit ein situativer Kontext festgesetzt, in dem die jeweilige Operationalisierung überhaupt nur einen Sinn ergibt. Wer etwa mit dem Echolot umzugehen versteht, wird vernünftigerweise damit nicht die Länge eines Tisches messen wollen. Diese implizite Informationsvermittlung gilt auch für den Fall, daß anstelle des Instruments schlagwortartig eine besondere Methode, ein spezifisches Verfahren angeben wird. Daß es sich dabei um keine lupenreine instrumentale operationale Definition mehr handelt, soll nicht weiter stören:

(40) Dauer [eines Kernzustandes] $=_{def}$ MÖSSBAUER-Spektroskopie

Ein empirisches Subjekt, das während seines irdischen Daseins auf diese operationale Definition trifft und sie nicht bloß zur Kenntnis nimmt (bei entsprechender

Wißbegier gar im Konversationslexikon nachliest, was sich hinter dieser Angabe verbirgt), sondern tatsächlich eine Zeitmessung mit dieser im Definiens angegebenen Methode durchzuführen beabsichtigt, wird wohl soweit instruiert sein, daß die Beherrschung dieser Methode außer Frage steht.

Der tiefere Sinn dieser Spielerei liegt endlich darin, daß solche operationalen Definitionen - eben in dieser reduzierten Notierung - durchaus in der Literatur anzutreffen sind. Namentlich wenn es darum geht, bestimmte, psychologisch relevante Phänomene über psychologische Tests (als Instrumente) zu operationalisieren. Ich werde im Zusammenhang mit geschlossenen operationalen Definitionen darauf zu sprechen kommen. Hier war nicht mehr beabsichtigt, als diese reduzierte Notierung auf offene operationale Definitionen anzuwenden. Schema VII repräsentiert demnach nicht bloß eine façon de parler, sondern kann sowohl theoretisch als auch im Hinblick auf die Praxis gerechtfertigt werden.

Kein zwingender Grund besteht dagegen, das Definiens um die Angabe des Instruments zu reduzieren. Es sei denn, man will sich wie hier einen weiteren Einblick in die Struktur operationaler Definitionen verschaffen. Der Verzicht auf die Angabe des Instruments führt indes zu Notierungen, die

Schema I [Definiendum] $=_{def}$ [Operation]

folgen:

(41) $lang_R$ $=_{def}$ messen

(42) $lang_Z$ $=_{def}$ messen

(43) schwer $=_{def}$ messen

(44) heiß $=_{def}$ messen

(45) schnell $=_{def}$ messen

die unter Verwertung der hier getroffenen Interpretation von "messen" wie folgt transformiert werden können:

(46) $lang_R$ $=_{def}$ Intervall-Einheiten zählen

(47) $lang_Z$ $=_{def}$ Intervall-Einheiten zählen

(48) schwer $=_{def}$ Intervall-Einheiten zählen

(49) heiß $=_{def}$ Intervall-Einheiten zählen

(50) schnell $=_{def}$ Intervall-Einheiten zählen

Wie man sieht, wird bei diesen Ausdrücken das Definiendum nicht mehr spezifisch differenziert. Trotzdem sind sie nicht ohne Informationswert. Immerhin erfährt man ja, was zu tun ist: man muß die Abfolge bestimmen bzw. Intervall-Einheiten zählen. Aber diese Handlungsanweisung erfolgt gleichsam ins Leere; sie ist sozusagen richtungslos. Was offene operationale Definitionen angeht, heißt dies: Es bleibt ungeklärt, auf welche physikalische Dimension sich die Handlung bezieht. Solche Bestimmungen, in denen nur gesagt wird, was zu tun ist, die Qualität, worauf sich dieses Tun zu richten hat, aber fehlt, werde ich fortan als **unvollständige operationale Definitionen** bezeichnen.[89]

Im Zusammenhang mit der konsequenten Verallgemeinerung des Definiens, beispielhaft repräsentiert durch die Ausdrücke (15) und (16), kündigte sich bereits eine Schwierigkeit an, die abermals den Wert operationaler Definitionen zu beeinträchtigen scheint. Als ich die operationale Definition dem herkömmlichen Definitionsschema unterstellte, geschah dies nicht nur zum Zwecke einer gefälligen Präsentation, sondern damit waren auch gewisse Voraussetzungen verbunden. Eine dieser Voraussetzungen betrifft die Richtung der Bedeutungsgebung: Das in seiner Bedeutung bekannte Definiens erfüllt das semantisch überhaupt nicht oder nur ungenügend abgegrenzte Definiendum mit Bedeutung. Die Bedeutung des Definiendums wird identifiziert mit der Bedeutung des Definiens.

Nun habe ich bereits mit dem Fall bekannt gemacht, daß ein sich ständig wandelndes Definiens eine immer andere Bedeutung auf stets das gleiche sprachliche Gebilde (Definiendum) ausstrahlt. Man erinnere sich: Das Längen-Adjektiv "lang" konnte ebenso über den Meterstab wie über das Maßband oder das Echolot operational definiert werden. Diese "Mehrdeutigkeit des Definiendums" hatte gewiß ihre Tücken. Immerhin aber war sie vereinbar mit der durch das Definitionsschema vorgegebenen Richtung der Bedeutungsübertragung: Äußerlich gleich erscheinende Ausdrücke wurden mit verschiedenen Inhalten versehen. Schwerer tut man sich, was diese Richtung der Bedeutungsübertragung angeht, wenn bei einer Anzahl sich äußerlich unterscheidender Definienda keine Möglichkeit besteht, das Definiens zu variieren. Ein einziges Definiens strahlt, um im Bilde zu bleiben, immer die gleiche Bedeutung auf die linke Seite aus, was immer dort stehen mag. So gesehen erfährt denn ein Allgemeinbegriff wie etwa "Länge" keine semantische Differenzierung gegenüber attributiven Begriffen, die grammatikalisch als Adjektive erscheinen. "Länge" und "lang" sind gleichbedeutend:

---

[89] Da es sich hier um eine besondere Form von Unvollständigkeit handelt, ist das Attribut "unvollständig" nicht - wie in der klassischen Definitionslehre - gleichbedeutend mit "partiell".

(51) Länge $=_{def}$ mit dem Meterstab messen

(1) $lang_R$ $=_{def}$ mit dem Meterstab messen

Ebensowenig ist eine Differenzierung der attributiven Begriffe untereinander möglich:

(52) kurz $=_{def}$ mit dem Meterstab messen

(53) breit $=_{def}$ mit dem Meterstab messen

(54) hoch $=_{def}$ mit dem Meterstab messen

(55) tief $=_{def}$ mit dem Meterstab messen

Eine Schwierigkeit, die sich im übrigen nicht nur bei Ausdrücken ergibt, die auf physikalische Eigenschaften bezogen sind. Ein exemplarischer Vorgriff auf Begriffsarten, die es im Kapitel über geschlossene operationale Definitionen zu analysieren gilt, mag dies belegen:

(56) Intelligenz $=_{def}$ mit dem Intelligenztest messen

(57) intelligent $=_{def}$ mit dem Intelligenztest messen

(58) klug $=_{def}$ mit dem Intelligenztest messen

(59) gescheit $=_{def}$ mit dem Intelligenztest messen

Als Problem macht hier zu schaffen, daß sich auf der linken Seite der Definition Varianten aufdrängen, die semantisch zu differenzieren sind, das Definiens aber zu keiner Variation fähig ist. Zu der zuvor beklagten **Polysemie gleichlautender Definienda** gesellt sich nunmehr eine **Synonymie anders lautender Definienda**. Nachdem ich, was die Polysemie betrifft, einige Möglichkeiten angedeutet habe, diesem Problem beizukommen, möchte ich auch für die Synonymie eine Überlegung anstellen, die die damit verbundenen Schwierigkeiten zumindest zu relativieren gestattet.

Das mangelhafte semantische Differenzierungsvermögen des Definiens wird immer dann zum Problem - auch bei anderen Definitionsarten -, wenn es mehrere sprachliche Ausdrücke gibt, mit denen Eigenschaften aus einem bestimmten Eigenschaftsbereich bezeichnet werden können. Da gerade für die Raum- und Zeit-Dimension eine Fülle von sprachlichen Ausdrücken zur Verfügung steht, scheint mir die Erörterung dieser Problematik hier dringlicher als im Zusammenhang mit anderen Eigenschaftsbereichen.

Namentlich Begriffe, die physikalische Eigenschaften betreffen, beziehen ihre semantische Unschärfe aus verschiedenen Arten sogenannter **Kontextrelativitäten**. Zwei Arten dieser Relativität seien kurz betrachtet. Zum einen gibt es eine Relativität, die den Objektbereich betrifft. Was etwa bedeutet "groß"? Diese Frage ist nur befriedigend zu beantworten, wenn man den Objekt-Bereich miteinbezieht, innerhalb dessen man diesen Eigenschaftsbegriff anzuwenden gedenkt. "Groß" in bezug auf Säugetiere bedeutet etwas anderes als in bezug auf Insekten oder Mikroben. Der Begriff "schwer" bezogen auf Musikinstrumente bedeutet etwas anderes als bezogen auf Bücher. Diese Relativität ist offensichtlich. Jede Art von Definition ist davon tangiert. Lösbar ist dieses Problem durchweg nur, indem man stets den Gegenstandsbereich, auf den sich die Definition bezieht, explizit macht. Wegen dieser ebenso einheitlichen wie einfachen Lösung soll das Problem dieser objektbezogenen Kontextrelativität hier nicht vertieft werden.

Ungleich interessanter für den vorliegenden Zusammenhang ist eine zweite Art von Kontextrelativität. Sie hat mit dem Umstand zu tun, daß viele Begriffe für physikalische Eigenschaften, insbesondere soweit sie in der Umgangssprache verwendet werden, in bezug auf den Menschen normiert sind oder, wie man im gegebenen Zusammenhang auch sagen könnte, deren Verwendung das (empirische) Subjekt als Bezugsgröße voraussetzt. Temperaturbegriffe wie "kühl" oder "lau" erhalten einen beträchtlichen Teil ihrer Bedeutung durch eine unausgesprochene Bezugnahme auf die Körpertemperatur des Menschen. Genauer betrachten möchte ich aber eine andere Art subjektbezogener Relativität. Sie betrifft die räumliche Ausdehnung und hat etwas mit der Perspektive zu tun, die ein (empirisches) Subjekt gegenüber der Richtung der Ausdehnung, die empirisch erfaßt, gemessen bzw. bezeichnet werden soll, einnimmt. "Hoch", "breit", "tief" sind Begriffe, die zwar allesamt eine räumliche Ausdehnung bezeichnen, daneben aber eine jeweils andere Perspektive des wahrnehmenden, messenden, beschreibenden Subjekts voraussetzen.

Nun ist es sicher nicht abwegig, wenn man annimmt, daß es gerade deshalb so viele verschiedene Eigenschaftsbegriffe für den Längenbereich gibt, weil unterschiedliche Perspektiven zu berücksichtigen sind. Aus diesem Umstand erwächst indes eine Forderung. Eine adäquate Definition und das heißt: eine brauchbare semantische Differenzierung dieser Längenbegriffe untereinander muß also immer diesen perspektivischen Kontext miteinbeziehen. Die meisten Definitionsarten werden dieser Forderung gar nicht oder nur bedingt gerecht. Für die drei genannten Begriffe schlägt der DUDEN[90] folgende Definitionen vor:

(60) breit $=_{def}$ rechts und links weit ausgedehnt

(61) hoch $=_{def}$ nach oben weit ausgedehnt

und für den Begriff "tief" als Bezeichnung einer räumlichen Ausdehnung gibt es gleich zwei Lesarten:

(62) tief $=_{def}$ nach unten weit ausgedehnt

(63) tief $=_{def}$ weit in das Innere von etwas hineinreichend

Auch wenn diese vier Bestimmungen auf den ersten Blick nicht als operationale Definitionen imponieren, so erweisen sie sich doch als Definitionen mit einem betont operationalen Charakter: Das Definiens vermittelt in verkappter Form, wie (vom Standort des empirischen Subjektes aus gesehen) das Meßinstrument jeweils anzulegen ist. Das aber heißt: Voraussetzung dafür, daß solche Definientia überhaupt formuliert werden können, ist jener "operational point of view". Und mehr sollte an dieser Stelle nicht gezeigt werden. Da demnach allein die operationale Definition jene perspektivische Relativität angemessen zu erfassen vermag, leistet folglich auch nur diese Definitionsart die nötige semantische Differenzierung zwischen den einzelnen Längenbegriffen.

Abgesehen von den letzten Beispielen war meine Argumentation inzwischen von der Anstrengung geprägt, den Kontext so weit wie möglich aus der Definition hinauszudrängen. Dies hat jedoch zu einer Allgemeinheit des Definiens geführt, so daß eine semantische Differenzierung des Definiendums schlechterdings nicht mehr möglich war. Für welche Alternative man sich auch entscheidet, es ist eine Wahl zwischen Skylla und Charibdis: Berücksichtigt man den Kontext, so quält man sich fortan mit der Polysemie gleichlautender Definienda; vernachlässigt man dagegen den Kontext, hat man seine Probleme mit jener Synonymie anders lautender Definienda.

Nachdem ich mich bislang ausschließlich dem Problem gewidmet habe, wie offene operationale Definitionen strukturiert sind, will ich mich zum Ende dieses Kapitels der Frage zuwenden, welche Gültigkeit denn die in diesen Definitionen mitgeteilten Informationen besitzen. Ausgangspunkt der Überlegung ist - wie nicht selten in sprachphilosophischen Debatten - die Rückbesinnung auf den Sprach-

---

[90] Vgl. DUDEN, Bd. 10 (Bedeutungswörterbuch) (1970), S. 141 ("breit"), S. 339 ("hoch"), S. 651 ("tief").

erwerb. Die erste physikalische Dimension, die sich dem kindlichen Verständnis erschließt, ist die räumliche Ausdehnung. "Dem kindlichen Verständnis sich erschließen" heißt in erster Linie: Das Kind lernt Begriffe verwenden, die sich auf diese Dimension beziehen. Bei diesem Lernprozeß wird zweierlei vermittelt. Zum einen lernt das Kind, daß die räumliche Ausdehnung (von etwas) ein Phänomen ist, das unmittelbar wahrgenommen werden kann. Zum andern lernt das Kind, daß, sobald es die räumliche Ausdehnung von einem Etwas bestimmen bzw. Längenbegriffe auf dieses Etwas anwenden will, Vergleichsprozesse angestrengt werden müssen.[91] Eine typische Äußerung aus dieser Anfangsphase lautet, von Amelie festgestellt: "Livia ist größer als ich". Hier hat ein Vergleichsprozeß stattgefunden: Der 'Livia-Längen-Intervall' wird verglichen mit dem eigenen 'Amelie-Längen-Intervall'.[92]

Diese, durch den Spracherwerb vermittelte Information, nämlich daß bei der Identifizierung einer Längenausprägung bzw. bei der Anwendung von Längenbegriffen die Operation des Vergleichens von Längen-Intervallen ausgeführt werden muß, ist in zweifacher Weise paradigmatisch. Erstens wird damit die Grundlage gelegt für das Messen der räumlichen Ausdehnung schlechthin: immer geht es dabei um den Vergleich von Längen- bzw. Raum-Intervall-Einheiten. Diesem Verständnis angemessen ist demnach folgende operationale Bestimmung:

(64) $\text{lang}_R =_{def}$ mit Längen-Intervall-Einheiten vergleichen

Die Angabe "Längen-Intervall-Einheiten" steht aber für "Längenmeßinstrument", so daß substituiert werden kann:

(65) $\text{lang}_R =_{def}$ mit dem Längen-Meßinstrument vergleichen

Wenn man jetzt die Interpretation von "messen" revidiert, dann gelangt man wiederum zu jener allgemeinen Fassung:

---

[91] Indirekt findet sich diese Auffassung durch Erwin TEGTMEIER gestützt, der in seiner konzentrierten Untersuchung über die komparativen Begriffe die Ansicht vertritt, daß die Komparativ-Form von Adjektiven gegenüber der Positiv-Form die ursprünglichere sei. Und die Verwendung von Komparativ-Formen kann in der Tat nur über Vergleichsprozesse gelehrt bzw. gelernt werden (vgl. TEGTMEIER 1981). - Im übrigen wäre zu erwägen, ob man diese Auffassung nicht radikal verallgemeinern sollte: Denn ein Großteil der Wörter kann überhaupt nur gelernt werden, indem man Vergleichs- bzw. Komplementärprozesse anstrengt. Dies gilt für Substantive (Hut/Mütze, Strauch/Baum) und Adjektive (krumm/gerade, glatt/rauh) ebenso wie für Verben (gehen/schreiten) und sogar Konjunktionen (und/oder, bevor/nachdem) (vgl. dazu meine Ausführungen in Kap. 4.3).

[92] Wenn ich jetzt das Messen als ein Vergleichen verstehe, dann widerspricht das nicht der zuvor favorisierten Interpretation vom Messen als einem Bestimmen der Abfolge von Intervallen bzw. einem Zählen von Intervall-Einheiten. Mit dem jetzt bemühten Verständnis greife ich nurmehr auf die Interpretation zurück, die ich bereits in Kap. 4.3 gegeben habe.

(15) $lang_R =_{def}$ mit dem Längen-Meßinstrument messen

aus der sich die Aussage ableiten läßt: "Die Raum-Eigenschaft 'lang' ist mit dem Längen-Meßinstrument meßbar". Diese Aussage aber ist unabhängig von empirisch nachweisbaren Tatbeständen notwendig wahr. Dieser Befund endlich gibt Aufschluß, aus welcher Art von Theorie die operationale Definition (15) abgesetzt wurde. Es ist eine Theorie über die Dinge dieser Welt, die einem beim Spracherwerb vermittelt wird. Man weiß jetzt etwas über diese Dinge, nicht etwa weil man diese Dinge kennt, sie gar erkundet hat, sondern weil man über sie sprechen kann.

Ebenfalls aus diesem Sprachwissen abgeschieden sind operationale Definitionen, in denen auf seiten des Definiens statt der allgemeinen Bezeichnung "Längen-Meßinstrument" bestimmte Typen von Instrumenten angegeben werden:

(1) $lang_R =_{def}$ mit dem Meterstab messen

(66) $lang_R =_{def}$ mit der Meßschraube messen

Vergegenwärtigt man sich noch einmal die kindliche Vorstellung, so ist jetzt anstelle der eigenen Körpergröße (als Intervall-Einheit) das Meter-Intervall bzw. das Meßschrauben-Intervall getreten. Und was die Gültigkeit der aus diesen Bestimmungen abgeleiteten Aussagen angeht, hat sich wie gesagt nichts geändert. Jenseits aller empirischen Überprüfungen gilt: Die Raum-Eigenschaft 'lang' ist **im Prinzip** ebenso mit dem Meterstab wie mit der Meßschraube meßbar.

Das Verständnis von der räumlichen Ausdehnung und ihrer Bestimmung durch Vergleichsprozesse ist aber noch in einer zweiten Hinsicht paradigmatisch. Mit diesem Verständnis wird nämlich zudem das Fundament bereitet für das Verständnis aller physikalischen Dimensionen eingedenk ihrer Meßbarkeit: Immer wenn es um physikalische Dimensionen geht, müssen Vergleichsprozesse vorgenommen werden. Das ist ein Wissen, das sich mit dem Verständnis von der räumlichen Ausdehnung erstmals einstellt, sich im Laufe der Entwicklung auf andere physikalische Dimensionen verallgemeinert und aus dem zugleich Anwendungsregeln für Dimensionsbegriffe abgeschieden werden.[93]

Soweit dieses Wissen auf andere physikalische Dimensionen generalisiert wurde, kann man daraus beispielsweise folgende Bestimmungen extrahieren:

(18) $lang_Z =_{def}$ mit einem Zeit-Meßinstrument messen

---

[93] Ob das Wissen um die Dimensionen von Raum und Zeit (als Formen der Anschauung) darüber hinaus, etwa im Sinne von KANT, auch erkenntnistheoretisch begründet werden kann, sei hier nicht diskutiert.

(67) heiß $=_{def}$ mit einem Temperatur-Meßinstrument messen

(68) schwer $=_{def}$ mit einem Gewichts-Meßinstrument messen

Allesamt Ausdrücke, die sich wie gehabt überführen lassen:

(14) $lang_Z$ $=_{def}$ mit der Uhr messen

(69) heiß $=_{def}$ mit dem Thermometer messen

(70) schwer $=_{def}$ mit der Waage messen

Auch jetzt sind Aussagen ableitbar, die - im Prinzip - ihrer Struktur nach analytisch, ihrem Erkenntniswert nach apriori wahr sind. Dabei kann die sprachliche Gestaltung dieser Aussagen durchaus divergieren; das hängt nicht zuletzt davon ab, ob man sachbezogen oder sprachbezogen ableitet. Zunächst sachbezogen: "Die Zeit-Eigenschaft 'lang' ist mit der Uhr meßbar"; "Die Temperatur-Eigenschaft 'heiß' ist mit dem Thermometer meßbar"; "Die Gewichts-Eigenschaft 'schwer' ist mit der Waage meßbar". Demgegenüber sprachbezogen (aber ohne Berücksichtigung von Kontextrelativitäten): "Über die Anwendung des Zeit-Attributs 'lang' kann man vermittels der Uhr befinden"; "Die Anwendung des Temperatur-Attributs 'heiß' ist durch den Einsatz eines Thermometers reglementiert"; "Über die Anwendung des Gewichts-Attributs 'schwer' ist unter Zuhilfenahme einer Waage zu entscheiden". Operationalisiert man also von dieser, mit dem Sprachlernen erworbenen Wissensbasis aus, gehen nicht-empirisch gewonnene Informationen in die operationale Definition ein.

Meine bewußt vorgenommene Einschränkung, diese Aussagen seien nur **im Prinzip** analytisch strukturiert bzw. apriori wahr, soll darauf hindeuten, daß diese Aussagen sehr wohl einen empirisch relevanten Anteil haben. Es ist denn nur empirisch zu entscheiden, ob in einem bestimmten Falle (evtl. gar in einem Typ von Fall) der Meterstab das zur Bestimmung der räumlichen Ausdehnung geeignete Meßinstrument ist, oder man besser daran täte, die Meßschraube zu verwenden. Verallgemeinert heißt dies: Operationale Definitionen implizieren stets in der Weise Aussagen über die Wirklichkeit, als man nur empirisch feststellen kann, ob in bestimmten Fällen ein bestimmter Instrumententyp angemessen ist, die und keine andere Präzision der Messung angebracht ist, das empirische Subjekt die erforderliche Kompetenz im Umgang mit diesem bestimmten Instrumententyp besitzt usw.

Die erkenntnistheoretischen Konstellationen sind gerade nach dieser letzten Einlassung so komplex geworden, daß noch einmal zusammengefaßt sei: Operationale Definitionen sind, wie andere Definitionsarten auch, Sprachregeln, die aus

Theorien abgesetzt und damit auf eine andere Ebene gehoben wurden. Dieses Abgesetzt-Sein gegenüber der Theorieebene habe ich "metasprachliche Differenz" genannt. Auf dieser anderen Ebene einmal angekommen, ist die Bedeutung eines Begriffes festgelegt und kann nicht mehr revidiert werden. Wollte man die Bedeutung revidieren, sprich präzisieren, müßte man diese Ebene wieder verlassen und den Weg über eine andere Theorie nehmen. Mit der Festlegung der Bedeutung sind auf dieser Metaebene auch die Regeln der Anwendung festgesetzt. Allerdings kann die Anwendung scheitern, eben weil man die Regeln falsch umsetzt. Diese Fehler sind, wie ausgeführt, einer empirischen Kontrolle zugänglich. Die Sprachregeln können jederzeit der Metaebene wieder entzogen werden, indem man sie in Aussagen transformiert. Solchermaßen übersetzt geben sie dann ihre Herkunft preis: Entweder stammen sie aus dem Sprachwissen oder dem Erfahrungswissen. Und hier erst greift die Frage nach dem erkenntnistheoretischen Status. Das Sprachwissen entstammt aus Theorien über die Welt, die man mit dem Spracherwerb internalisiert. Zur Reproduktion dieses Wissens bedarf es keines Blickes auf die Dinge selbst, es genügt die Reflexion auf den Sprachgebrauch. Anders beim Erfahrungswissen. Das wird bereitgestellt von Theorien, die man aus der Erfahrung im Umgang mit den Dingen zieht. Und nur dieses Erfahrungswissen ist im eigentlichen Sinne empirisch überprüfbares Wissen. Die im vorausgehenden Abschnitt diskutierte Konstellation dürfte indes der Normalfall sein: Zwischen Sprachwissen und Erfahrungswissen sind die Übergänge fließend. Für die operationale Definition aber bedeutet das: Je mehr Determinanten aufgenommen werden und je spezifischer diese Determinanten sind, desto mehr an Erfahrungswissen liegt einer Definition zugrunde.

6.2 "Fixe Intervalle"

Zum Abschluß der Diskussion über offene operationale Definitionen sei ein Sachverhalt aufgriffen, der schon überleitet zu den alsdann zu besprechenden geschlossenen operationalen Definitionen und der eben wegen dieser Sonderstellung zu neuen Erkenntnissen über die Struktur operationaler Definitionen verhilft. Namentlich was die Zeit-Dimension angeht, gibt es eine Reihe von Ausdrücken, die bestimmte Intervalle auf dem unendlichen Zeitkontinuum bezeichnen und sowohl in der Umgangssprache als auch in der Wissenschaftssprache verwendet werden. Um nur einige zu nennen: "Tag", "Stunde", "Minute". Dabei kann jede dieser Intervall-Bezeichnungen ganz im Sinne der traditionellen Auffassung von Definitionen problemlos durch jeweils eine andere Intervall-Bezeichnung definiert bzw. substituiert werden:

(71) [1] Tag $=_{def}$ 24 Stunden

(72) [1] Stunde $=_{def}$ 60 Minuten

(73) [1] Minute $=_{def}$ 60 Sekunden

Bezeichnungen für bestimmte Zeitintervalle müssen nicht unbedingt über Bezeichnungen für andere Zeiteinheiten definiert sein, sie können auch bestimmt werden, indem man auf dem Zeitkontinuum die Grenzen eines Intervalls angibt:

(74) Frühling $=_{def}$ die Zeit vom 20./21. März bis zum 20./21 Juni eines Jahres

Unter dem physikalisch-astronomischen Aspekt ist dies ohne Zweifel eine untadelig präzise Bestimmung. Aber gerade sie zeigt, was es heißt zu behaupten, operationale Definitionen seien reduktionistisch. Denn gewöhnlich verbinden wir mit dem Begriff "Frühling" ganz andere Inhalte. Inhalte, die hier einfach der Präzision zum Opfer fallen. Nun mag dies ein extremes Beispiel sein. Doch siehe da, wenn man diverse Lexika konsultiert, findet man dort unter dem Stichwort "Frühling" tatsächlich keine andere als diese, auf astronomischen Berechnungen basierende Bestimmung. Da gibt es kein blaues Band, da steht nichts von wohlbekannten Düften, nichts von einem leisen Harfenton.[94]

An den Definitionen (71)-(73) fällt zunächst auf, daß beiderseits des Definitionszeichens numerisch festgelegte Einheiten stehen. Diese Ausdrücke legen sprachlich also eine Präzision vor, wie sie jener einschlägig motivierte explorative Zweck auch für die zu untersuchende Sache beansprucht. Ob dieser Zweck letztlich wissenschaftlichen Belangen oder nur der Ordnung im Alltagsleben dient, bleibt sich gleich. Nicht in dieser Weise präzise und damit auch weniger tauglich für exakte Überprüfungen oder, wenn man es wieder sprachbezogen formuliert: nicht geeignet für eine eindeutige Verwendung etwa der Intervall-Bezeichnung "Tag" sind alltägliche Vorstellungen, die man mit diesem Begriff verbindet: Tag ist es nur, wenn es hell ist; ein Tag besteht aus dem 'hellen Tag' und der 'dunklen Nacht' und dergleichen.

Ein weiterer Aspekt dieser Definitionen klang bereits an: Sowohl Definiendum als auch Definiens **bezeichnen** ein bestimmtes Intervall auf dem Zeitkontinuum. Ich sehe daher kein Hindernis, die Einheit links und rechts des Definitionszeichens im eingeführten Sinne jeweils als Designator zu betrachten, selbst wenn dieser Ter-

---

[94] Vgl. z. B. Der Neue Brockhaus (1958), Bd. 2, S. 273: "**Frühling, Frühjahr, Lenz**, die Zeit zunehmender Tageslängen etwa von der Tagundnachtgleiche ab. Der *astronomische* F. dauert auf der nördl. Halbkugel vom 21. März bis 22. Juni, auf der südl. Halbkugel vom 23. September bis 22. Dezember, der *meteorologische* F. umfaßt entsprechend die Monate März, April, Mai bzw. September, Oktober, November." Obgleich mit "Lenz" sogar das "poetische Synonym" vermerkt wird, beschränken sich die Angaben auf rein astronomische bzw. meteorologische Tatbestände. Daran ändert sich auch nichts, wenn in den jüngsten Auflagen der Lexika der Eintrag "Frühling" meist unter dem Stichwort "Jahreszeiten" aufgeht.

minus nicht zur Kategorisierung von Begriffen gedacht war, die sich auf physikalische Eigenschaften beziehen, sondern für Begriffe eingeführt wurde, die "echte" Qualitäten bezeichnen.

Obgleich diese knappe Beurteilung die Ausdrücke (71)-(73) nicht zwingend als operationale Definitionen ausweist, kann man sie doch

Schema III [Definiendum] $=_{def}$ [Designator]

unterstellen. Skeptisch stimmt diese Klassifizierung indes aus einem anderen Grund. Denn noch stehen ja Begriffe für physikalische Eigenschaften zur Diskussion, also Begriffe, zu deren Bestimmung offene operationale Definitionen verwendet werden, und schon wird ein Definitionsschema herangezogen, das typisch ist für geschlossene operationale Definitionen. Diese Ungereimtheit aber ist nicht aufzuklären, bevor ich nicht näher begründet habe, warum ich diese Definitionen als operationale Definitionen betrachte.

Gemäß der traditionellen Vorstellung über Aufgabe und Funktion einer Definition gilt auch für die Ausdrücke (71)-(73): Was auf der linken Seite der Definition steht, wird definiert, d. h. in seiner Bedeutung bestimmt durch das, was auf der rechten Seite der Definition steht. Gleich am Beispiel festgemacht, heißt dies: Wer den Zeit-Begriff "Tag" in seiner Bedeutung nicht versteht, dafür aber den Begriff "Stunde" und darüber hinaus noch die Zahlen kennt und auch zählen kann, der wird aufgrund von Definition (71) in der Lage sein, mit dem Zeit-Begriff "Tag" eine sinnvolle Vorstellung zu verbinden. Gibt man diesem Verständnis nun einen "operationalistischen Kick", so erhält die Wendung "mit einem Begriff eine Vorstellung verbinden" jenen einschlägigen Sinn, nämlich zu wissen, was man zu tun hat, um das mit diesem Begriff bezeichnete Phänomen festzustellen. Wer also nicht in der Lage ist, auf dem Zeitkontinuum das Intervall zu markieren, das einer Zeiteinheit von einem Tag entspricht bzw. - sprachbezogen - mit dem Begriff "[1] Tag" bezeichnet werden kann, dafür aber das Intervall von einer Stunde bestimmen kann, zudem die Zahlen kennt, zu zählen und zu addieren vermag, dem wird es aufgrund von Definition (71) möglich sein, den Begriff "[1] Tag" korrekt zu verwenden. Dieser "operationalistische Kick" ist wohl nur nachvollziehbar in bezug auf die strengste Fassung des operationalistischen Sinnkriteriums, also für den Fall, daß es um die Anwendung eines Begriffes und nicht bloß um seine Bedeutung geht.

Was hier so abstrakt entwickelt wirkt, sei durch eine zwar unwahrscheinliche, aber doch denkbare Begebenheit illustriert. Angenommen ein Schiffbrüchiger rettet sich schwimmend auf eine unbewohnte Insel. Dabei hat er gleich mehrfach Glück. Ihm bleibt nicht nur sein Tagebuch und ein Bleistiftstummel, sondern er behält auch seine immer noch funktionierende Armbanduhr am Handgelenk. Dieser einsame Mensch nun, der den Umgang mit seiner Uhr nicht vergessen hat, ist in der vom operationalistischen Standpunkt aus betrachtet denkbar günstigsten Situation, den Begriff "[1] Stunde" in der Weise verwenden zu können, als er in der Lage ist, Zeitintervalle von einer Stunde exakt zu bestimmen. Und es wird ihm, da er aufgrund seiner Sprachkompetenz die Zuordnung "1 Tag hat 24 Stunden" kennt und auch rechnerisch mit Zahlen umzugehen weiß, mit mehr oder weniger Aufwand überdies gelingen, das Zeitintervall von einem Tag so exakt zu bestimmen, daß er in seinem Tagebuch präzise angeben kann: "Während des zurückliegenden Tages habe ich sechs Stunden unter einer Palme gelegen. [Auf einsamen Inseln gibt es immer Palmen!] Danach bin ich mehrere Stunden den Strand entlang marschiert. Zweimal habe ich für je eine Stunde Rast gemacht und dabei insgesamt vier Kokosnüsse geknackt. Den Affen jedoch habe ich gestern 7 Minuten vor 12 Uhr gesehen und morgen werde ich mir Punkt 12 Uhr Pfeil und Bogen basteln, um den Affen [von dann vorgestern] zu erlegen." Selbst wenn die rauhe See den Glasdeckel seiner Armbanduhr fortgespült hätte und durch das aggressive Meerwasser die Ziffern verblaßt wären, könnte sich unser einsamer Kämpfer aufgrund seines Wissens im Umgang mit (Analog-)Uhren und mit Hilfe einer leicht anzubringenden Markierung mit einer Variante von Definition (71) seine Fähigkeit, Zeitintervalle exakt zu bestimmen, erhalten:

(75) [1] Tag $=_{def}$ 2 Umdrehungen des Stundenzeigers (um 360°)

Wäre ihm allerdings seine Uhr nicht erhalten geblieben und hätte er auch keine Ahnung, wie man sich aufgrund der Konstellation von Gestirnen zeitlich orientieren kann, müßte er sich allein auf sein subjektives Zeitgefühl verlassen. Er könnte zwar noch mit einiger Berechtigung etwas von Tagen in sein Buch notieren, insofern er sich an die umgangssprachliche Verwendung (vom hellen Tag und von der dunklen Nacht) hält. Es wäre ihm aber nicht mehr möglich, zuverlässig zu chronographieren: "Am zweiten Tage habe ich eine Stunde lang einen Pfeil geschnitzt", eben weil er das Intervall von einer Stunde nicht mehr exakt bestimmen und damit auch die Bezeichnung für diese Zeiteinheit nicht mehr präzise verwenden könnte.

An diesem Punkt erfüllt meine Robinsonade auch schon ihren Zweck: Die korrekte Verwendung der Intervall-Bezeichnungen, wie sie in den Definitionen (71)-(73) vorkommen, hängt - zumal im Hinblick auf einen explorativen Zweck, der sich meinem Robinson freilich nur bedingt aufdrängt - immer davon ab, daß ich ein Instrument (hier: eine Uhr) zur Hand habe, mit dem ich diese Zeitintervalle bestimmen kann. Oder, um es noch prägnanter zu fassen: Ohne die Möglichkeit, diese Zeitintervalle zu bestimmen, also ohne Meßvorgang, haben die Bezeichnungen für diese Intervalle in konkreten Situationen keine Verwendung. Und der vage umgangssprachliche Gebrauch derartiger Intervall-Bezeichnungen ist letztlich auch nur möglich, insofern im Prinzip all diese Intervalle mit Hilfe von Instrumenten exakt bestimmbar sind.

Wie unabdingbar das Meßinstrument für den korrekten Gebrauch solcher Bezeichnungen ist, wird noch deutlicher, wenn man sich in wissenschaftliche Gefilde begibt. Dort trifft man auf Bestimmungen mit einem Exaktheitsgrad, der ohne die Möglichkeit, Meßinstrumente - gewöhnlich im Rahmen einer hochkomplexen Theorie - einzusetzen, überhaupt nicht faßbar wäre:

(76) [1] Sekunde $=_{def}$ 31 556 925, 974 7ste Teil des tropischen Jahres für 1900 (= 31.12.1899, 12 Uhr mittags)

(77) [1] Sekunde $=_{def}$ 86 400ste Teil des mittleren Sonnentages

(78) [1] Sekunde $=_{def}$ das 9 192 631 770fache der Periodendauer der dem Übergang zwischen den beiden Hyperfeinstrukturniveaus des Grundzustandes von Atomen des Nuklids Caesium-133 entsprechenden Strahlung

Die Tatsache nun, daß solche präzisen Intervall-Bezeichnungen überhaupt nur unter Zuhilfenahme von Meßinstrumenten verwendet werden können und selbst ihr umgangssprachlicher Gebrauch nur vor dem Hintergrund exakter Messungen denkbar ist, zwingt zu einem operationalistischen Verständnis der hier besprochenen Bestimmungen. Diese entpuppen sich damit als verkappte operationale Definitionen, die in vollständiger Formulierung

Schema V [Definiendum] $=_{def}$ [Instrument, Operation, Designator]

folgen und da lauten:

(79) [1] Tag $=_{def}$ mit der Uhr 24 Stunden bestimmen

(80) [1] Stunde $=_{def}$ mit der Uhr 60 Minuten bestimmen

(81) [1] Minute $=_{def}$ mit der Uhr 60 Sekunden bestimmen

wobei für Definition (79) noch die jetzt wirklich ausformulierte Variante anzubieten wäre:

(82) [1] Tag $=_{def}$ mit der (Analog-)Uhr die Zeiteinheit bestimmen, die der Stundenzeiger braucht, um sich zweimal um 360° zu drehen

Löst man die hier nicht näher spezifizierte Handlungsanweisung ("bestimmen") heraus, so lassen sich die Ausdrücke (79)-(81) entsprechend

Schema VI [Definiendum] $=_{def}$ [Instrument, Designator]

zu jetzt impliziten (instrumentalen, geschlossenen) operationalen Definitionen verkürzen:

(83) [1] Tag $=_{def}$ Uhr: 24 Stunden

(84) [1] Stunde $=_{def}$ Uhr: 60 Minuten

(85) [1] Minute $=_{def}$ Uhr: 60 Sekunden

Betrachtet man die Schemata V und VI, erstmals angewendet, genauer, so wird man sich eines Charakteristikums gewahr, das bislang keine Beachtung fand. Man kann das Definiens geschlossener operationaler Definitionen, soweit sie explizit und/oder - mit Einschränkung - instrumental sind, nämlich noch unter einem anderen Gesichtspunkt gliedern, als dies bei der Einführung der entsprechenden Schemata in Kap. 5 geschehen ist. So läßt sich das Definiens dieser operationalen Definitionen unterteilen zum einen in einen **operativen** Teil, in dem vermerkt ist, welche Operation man auszuführen hat bzw. welches Instrument man (gegebenenfalls auf welche Weise) einsetzen muß, und zum zweiten in einen **deskriptiven** Teil, der die Bezeichnung (den Designator) für die Eigenschaft enthält, über deren Vorliegen bzw. Benennung man zu befinden hat.[95] Um diese Zweiteilung deutlich sichtbar zu machen, unterlege ich den operativen Teil mit einer "O"-Zone, den deskriptiven Teil mit einer "D"-Zone:

(86) [1] Stunde $=_{def}$ mit der Uhr bestimmen: 60 Minuten
-----------O---------------/ ------D------

Beschränkt man sich auf die Angabe des Instruments, verkürzt sich auch der operative Teil:

(87) [1] Stunde $=_{def}$ Uhr: 60 Minuten
--O-/ ------D------

Diese Binnenstruktur des Definiens, die sich wie gesagt für alle expliziten und, mit Einschränkung, instrumentalen und zugleich geschlossenen operationalen Definitionen aufweisen läßt, kann bei den Bestimmungen der hier diskutierten Art allerdings nicht so eindeutig vorgenommen werden. Darauf komme ich gleich zu spre-

---

95 Ich ziehe bei dieser Gliederung den Ausdruck "operativ" nicht nur wegen der morphologischen Verwandtschaft zu "deskriptiv" dem Ausdruck "operational" vor, sondern möchte hier bewußt jegliche Verbindung zu BRIDGMANs Theorie kappen. Selbstverständlich sind mit dem Begriff "operativ" auch keine anderweitigen Verbindungen hergestellt, wie etwa zu DINGLERs Operativismus (vgl. Kap. 2).

chen. Warum ich diese Zweiteilung dennoch bereits jetzt einführe, hat seinen Grund. Ungeachtet des angedeuteten Vorbehalts findet man über dieses Gliederungsprinzip nämlich zu wichtigen Einsichten in die Struktur der Definitionen (71)-(73). Ausgehen möchte ich von der Frage nach der Funktion, die der im deskriptiven Teil des Definiens vorgegebene Designator für die im operativen Teil beschriebene Handlung hat. Noch einmal mag einem mein Robinson auf die Sprünge helfen. Wenn dieser Schiffbrüchige mit Hilfe seiner intakten Uhr und aufgrund der Definition (82) die Zeitspanne eines Tages feststellen will, wird er immer wieder einen Blick auf seine Uhr werfen, und zwar so lange, bis sich der Stundenzeiger über 24 Stundenintervalle hinweg bewegt bzw. sich zweimal um 360° gedreht hat. Dann nämlich ist die Operation - erfolgreich - abgeschlossen, das Zeitintervall von 24 Stunden, entsprechend der Definition (71) bzw. (82) also das Intervall "1 Tag", festgestellt. Robinson kann seine (explorative) Handlung beenden, sich niederlassen und in sein Buch notieren: "Den vergangenen Tag über habe ich ... gemacht" - eine für die Überlieferung untadelig präzise Zeitangabe. Um nun wieder von der Illustration zu abstrahieren: Was im deskriptiven Teil des Definiens angegeben ist, fungiert gleichsam als Kriterium für den Erfolg der im operativen Teil des Definiens angegebenen Operation oder, wenn man es sprachbezogen und gleich für den gesamten Definitionsausdruck verbindlich wendet: Wenn der Vollzug der Operation als Ergebnis das Vorliegen des mit dem Designator bezeichneten Phänomens erbringt, so ist damit auch das Vorliegen des mit dem Definiendum zu bezeichnenden Phänomens gegeben. Die Berechtigung, den im Definiens enthaltenen Designator zu verwenden, erlaubt es zugleich, das Definiendum zu verwenden. Was also der deskriptive Teil des Definiens enthält, ist nicht nur ein Kriterium für den erfolgreichen Abschluß der auszuführenden Handlung, sondern zugleich ein Kriterium für die korrekte Anwendung des Definiendums.

Damit liegt eine Antwort auf die Frage vor, warum hier bereits Definitionsschemata in Anspruch genommen werden, die geschlossene operationale Definitionen repräsentieren, wo doch die Bestimmung physikalischer Eigenschaftsbegriffe allein offener operationaler Definitionen vorbehalten ist. Bei meiner Unterscheidung zwischen offenen und geschlossenen operationalen Definitionen bin ich ausgegangen von der verschiedenartigen Organisation der Maßstäbe, die im Sinne der zweiten spezifischen Bestimmung OD_2 (vgl. Kap. 4.3) zur Erfassung von Ausprägungsgraden verwendet werden. Nun kann man das Begriffspaar "offen/ geschlossen" auch in einer anderen Weise explizieren, ohne allerdings gänzlich von jener ersten Verwendungsweise abzuweichen. Wie das geschehen soll, deutete sich soeben an, als ich die Gliederung des Definiens in einen operativen und einen deskriptiven Teil erläutert habe. Wenn der vorgegebene Designator als Kriterium für den (erfolgreichen) Abschluß der auszuführenden Operation fungiert, dann setzt dieser Designator der auszuführenden Operation gleichsam ein Ende; der Designator "schließt" diese Operation. Wird dagegen im Definiens kein solcher

Designator angegeben, dann ist auch kein Ende der auszuführenden Operation vorbestimmt; die Operation bleibt so gesehen "offen". Es vermengen sich also zwei unterschiedliche Verwendungsweisen von "offen" bzw. "geschlossen". Offen (oder auch geschlossen) kann einerseits der einzusetzende Maßstab sein, andererseits aber auch die auszuführende Operation. Der Zusammenhang zwischen beiden Verwendungsweisen stellt sich wie folgt dar: Bei der Verwendung geschlossener Maßstäbe (und der Extremfall, daß der Maßstab nur eine einzige diskrete Qualität umfaßt, sei hier ausdrücklich einbezogen) hat die auszuführende Operation zumindest immer dort ein Ende, wo der Maßstab endet. Da in diesem Falle das Ende der Operation im Definiens begründet liegt, will ich von einem **definitionsinternen** Ende sprechen. Der geschlossene Maßstab muß dabei keineswegs durch das zu messende Phänomen "ausgereizt" sein. Wie weit der Maßstab ausgereizt wird, das ist - jenseits der Bedeutungs-Konstituierung - eine Frage der Anwendung dieses Maßstabes in einem konkreten Fall: Zum Beispiel vermag man auch dann noch von einem Haus sprechen, wenn dieses Haus nicht alle "Haus-Kriterien", die ein entsprechender Maßstab bereithält, erfüllt. Anders bei den offenen Maßstäben: Sie haben kein definitionsinternes Ende; da es kein "Abschlußkriterium" gibt, ist die auszuführende Operation, zumindest von der Definition her gesehen, als endlos konzipiert. Gleichwohl gibt es bei der Anwendung eines offenen Maßstabes in einem konkreten Fall ein **definitionsexternes** Ende: die Operation endet, weil das zu eruierende Phänomen "endet", d. h. in seiner Ausprägung "nichts mehr hergibt". Zum Beispiel ist der gemessene Gegenstand nicht länger als 2 m. Als Fazit bleibt festzuhalten: Von der begrifflichen Konzeption her fügen sich geschlossene Maßstäbe mit geschlossenen Operationen, offene Maßstäbe mit offenen Operationen. Im Falle der "festen Einheiten" wird diese Regelmäßigkeit jedoch durchbrochen; "Maßstabs-Art" und "Operations-Art" divergieren.

Obgleich es um ein Phänomen geht (nämlich die Zeit), das nur vermittels eines offenen Maßstabes erfaßt werden kann, wird der auszuführenden Operation durch die (definitionsinterne) Vorgabe eines Kriteriums ein Ende gesetzt. In diesem Falle spreche ich von **quasi-geschlossenen** operationalen Definitionen. Alle in diesem Unterkapitel 6.2 besprochenen Bestimmungen repräsentieren solche quasi-geschlossenen operationalen Definitionen: Zeitintervalle können nur mit Hilfe offener Maßstäbe erfaßt werden. Dennoch ist mit der Angabe einer bestimmten Anzahl von Intervallen ("24 Stunden") oder, wie im Falle der Definition von "Frühling", mit der Angabe von zwei Grenzwerten der auszuführenden Meßoperation - definitionsintern - ein Ende gesetzt. Soweit im Definiens (eben wie bei den Ausdrücken [71]-[73]) allein das Kriterium vermerkt ist ("24 Stunden", "60 Minuten", "60 Sekunden"), handelt es sich meiner Nomenklatur zufolge um quasi-geschlossene, implizite, nicht-instrumentale operationale Definitionen. Die Möglichkeit, daß ein geschlossener Maßstab mit einer offenen Operation zusammengeht, führt augenscheinlich zu einem Widerspruch, da ja bei geschlossenen Maßstäben die auszuführende Handlung immer dort endet, wo der Maßstab endet.

Ein vorletzter Gedanke führt nochmals zurück zu den "echten" offenen operationalen Definitionen. Es läßt sich die Frage stellen, ob die hier eingeführte Zweigliederung des Definiens nicht doch auch für jene Definitionen in Anspruch genommen werden kann. Bei allen Versuchen, das Definiens derart zu gliedern, wird man aber an der bereits ausgemachten Besonderheit scheitern, daß nämlich physikalische Eigenschaften - soweit es um deren Exploration geht - sich als Qualitäten (man erinnere sich: jede Quantität ist die Quantität einer Qualität!) nicht aus den sie erfassenden Instrumenten heraustrennen lassen. Wie zwecklos eine Unterteilung des Definiens unter diesem besonderen Umstand wäre, sei kurz am vertrauten Beispiel demonstriert.

Erstens könnte man als Qualität ein Attribut der Zeit-Dimension aus dem Instrument lösen:

(88) $\text{lang}_Z =_{\text{def}}$ mit der Uhr messen: lang_Z

Abgesehen davon, daß dieser Ausdruck offen erkennbar zirkulär ist, steht im deskriptiven Teil des Definiens jetzt zwar ein deskriptiver Begriff ("lang"), aber die mit diesem Begriff beschriebene Eigenschaft kann hier überhaupt nicht als (Erfolgs-)Kriterium für die auszuführende Messung mit der Uhr fungieren.

Stellt man dagegen zweitens den Dimensions-Begriff der Instrumentenangabe an die Seite:

(89) $\text{lang}_Z =_{\text{def}}$ mit der Uhr messen: Zeit

dann ist zwar die offen erkennbare Zirkularität verschwunden, aber der deskriptive Teil des Definiens enthält weder einen eigentlich deskriptiven Begriff (Designator) noch ein Kriterium für den erfolgreichen Abschluß der Operation. Ausdruck (89) könnte allenfalls dazu beitragen, jenen Sinnzusammenhang aufzuhellen, aufgrund dessen operationale Definitionen sich überhaupt erst formulieren lassen: Mit der Angabe "Zeit" wird ein Kriterium dafür gesetzt, daß die Uhr ein adäquates Meßinstrument ist.

Dieser Befund gilt gleichermaßen für die dritte Möglichkeit, nämlich daß man aus dem Instrument nicht die Dimension und auch kein ihr zugehöriges Attribut, sondern eine Wesenseigenschaft, wenn man so will, ein allgemeinstes Konstruktionsprinzip ablöst:

(90) $\text{lang}_Z =_{\text{def}}$ mit der Uhr messen: Nacheinander der Ereignisse

Die offen erkennbare Zirkularität ist zwar beseitigt, der deskriptive Teil enthält aber weder einen deskriptiven Begriff, noch ist die Wesenseigenschaft ein Kriterium für das Ende der auszuführenden Operation.

Was ich hier am Beispiel der Zeit-Dimension entwickelt habe, analysiert sich für alle physikalischen Dimensionen gleichermaßen. Die Unmöglichkeit, eine physikalische Eigenschaft als Qualität von dem sie messenden Maßstab oder - insofern Maßstäbe in Instrumenten realisiert sind - von dem sie messenden Instrument abzutrennen, führt indes zu einer weiteren Klassifikation: bei diesen Eigenschaften handelt es sich durchweg um **Instrumenten-gebundene Eigenschaften**. Und, soweit man deren operationale Definition im Blick hat, entspricht der sachbezogenen Argumentation ja immer auch eine sprachbezogene: Begriffe, die sich auf physikalische Eigenschaften beziehen, sind **Instrumenten-gebundene Begriffe** und, soweit sie unmittelbar Beobachtbares bezeichnen: **Instrumenten-gebundene Designatoren** bzw. **Instrumenten-gebundene Indikatoren**. Daß es auch Instrumenten-gebundene Designatoren gibt, die sich nicht auf physikalische Eigenschaften beziehen, davon wird noch die Rede sein.

Vor dem Hintergrund dieser Unmöglichkeit erklärt sich schließlich auch mein Vorbehalt, jene Zweigliederung des Definiens für quasi-geschlossene operationale Definitionen geltend zu machen. Denn genau besehen enthält der bei den Ausdrücken (86) und (87) als operativ ausgewiesene Teil des Definiens auch ein deskriptives Element. Da man nämlich die Zeit-Qualität aus dem im operativen Teil angegebenen Instrument 'Uhr' nicht lösen kann, wird mit der Instrumentenangabe bereits implizit thematisiert, welche Qualität zur Exploration ansteht. Um dieser Zwitterstellung gerecht zu werden, muß man den vermeintlich "reinen" operativen Teil mit einer zweifach belegten Zone ("O/D"-Zone) markieren:

(91) [1] Stunde $=_{def}$ mit der Uhr bestimmen: 60 Minuten
------------O/D----------/ ------D------

Diese zweifach belegte Zone ist auch für den Fall aufweisbar, daß man Schema VI folgt und das Definiens um die ausdrückliche Angabe, was denn zu tun ist, verkürzt. Der im Instrument enthaltene Maßstab repräsentiert jetzt das operative Element, die unlösbar an diesen Maßstab gebundene physikalische Eigenschaft das deskriptive Element:

(92) [1] Stunde $=_{def}$ Uhr: 60 Minuten
-O/D-/ ------D------

Man mag darüber hinwegsehen, daß "deskriptiv" jetzt zweierlei bedeutet. Wird dieses Prädikat dem Instrument 'Uhr' zugewiesen, so ist damit die zur Exploration anstehende physikalische Qualität schlechthin gemeint. Wird dieses Prädikat aber der Angabe "60 Minuten" unterlegt, so betrifft es lediglich einen in der Wirklichkeit sich manifestierenden Ausschnitt dieser Qualität.

Die Ambivalenz bei der Zuordnung des Instruments hängt im übrigen von der Art des Instruments ab. Da sich dieses Problem in anderem, später zu diskutierendem Zusammenhang besser greifen läßt, sei es erst einmal aufgeschoben. Bereits jetzt aber kann festgehalten werden, daß allein mit der Besetzung des operativen Teils durch eine Instrumentenangabe die operationale Definition keineswegs als explizit, sondern lediglich als instrumental zu klassifizieren ist.

7. Zum Begriff der Operation

Mit der Zweckbestimmung der operationalen Definition in Kap. 4.1 wurde lediglich ein grober Rahmen gesteckt für das, was man im vorliegenden Zusammenhang unter "Operation" zu verstehen hat: nämlich eine Handlung, die dem Zwecke dient, etwas in Erfahrung zu bringen, also zu empirischer Erkenntnis zu gelangen. Näher betrachtet ergibt sich eine Reihe von Problemen, die gelegentlich schon angeklungen sind, zum Teil aber erst noch entfaltet werden müssen.

Zu Beginn möchte ich mich nochmals mit der Sinnfrage befassen, also Überlegungen anstellen, woher die im Definiens beschriebene Handlung ihren Sinn bezieht. Weiter soll geklärt werden, welche Verrichtungen und Aktivitäten überhaupt als Operationen innerhalb jenes Rahmens angesehen werden können. Schließlich setze ich mich, nachdem positiv bestimmt wurde, was im vorliegenden Kontext als Operation zu betrachten ist, mit solchen Operationsbegriffen auseinander, die bei BRIDGMAN und damit auch im Zusammenhang mit der von ihm favorisierten Form der Definition - trotz gelegentlich anderslautender Bekundungen - keine Rolle spielen.

Zur Veranschaulichung meiner Argumentation greife ich auf Beispiel (11) zurück, jetzt geringfügig verändert:

(93) der Tellerrand T ist (in seiner Rundung) unter den Umständen U [x cm] **lang**$_R$	$=_{def}$	S bestimmt den Mittelpunkt des Tellers; S legt den Meterstab durch den Mittelpunkt eben auf den Teller auf; S bestimmt auf dem Tellerrand einen Punkt A; S macht das eine Ende des Meterstabes an diesem Punkt A mit dem Tellerrand bündig; S bestimmt auf dem Tellerrand einen dem Punkt A gegenüberliegenden Punkt B; S liest an diesem Punkt B den Skalenwert auf dem Meterstab ab und vermerkt diesen Meßwert; S schlägt in den mathematischen Tabellen die Formel für den Kreisumfang nach; S schreibt sich diese Formel aus dem Tabellenwerk heraus; S setzt Meßwert und Ludolphsche Zahl in die Formel ein; S multipliziert entsprechend der Formel; S vermerkt das Produkt

Dieses Beispiel einer operationalen Definition mag auf den ersten Blick verblüffen. Häufen sich doch plötzlich Verrichtungen, die "ohne Arbeit am Objekt" vonstatten gehen: "im Tabellenwerk nachschlagen", "etwas aus dem Tabellenwerk herausschreiben", ja sogar ohne nach außen hin sichtbare Aktivität, gleichsam stumm und bewegungslos erfolgen: "sich etwas ins Gedächtnis zurückrufen", "multiplizieren". Vergegenwärtigt man sich den zupackenden Forscher, der mit einem Objekt, sei es um dieses Objekt als solches oder nur um eine daran haftende Eigenschaft zu eruieren, hantiert, so sind gerade diese Verrichtungen nur in einem weitergefaßten Sinne als Operationen zu betrachten.

Man muß zweierlei unterscheiden: Erstens gibt es innerhalb eines solchen Komplexes eine Reihe von Verrichtungen, die keinem explorativen "Primärzweck" unterstellt sind, sondern als Hilfsdienste das zu eruierende Objekt nur mittelbar betreffen und insofern allenfalls einem explorativen "Sekundärzweck" unterstehen. Zweitens gibt es Verrichtungen, bei denen es nicht nur schwerfällt, sie für sich genommen einem explorativen (Primär-)Zweck zu unterstellen, sondern bei denen man zudem Mühe hat, sie überhaupt als Handlungen zu begreifen. Während der erste Aspekt die Frage nach der Sinnhaftigkeit von explorativen Handlungen betrifft, geht der zweite Aspekt in die Frage ein, welche Handlungen schlechthin als Operationen im hier relevanten Sinne gelten können.

Zuerst zur Sinnfrage. Die Beantwortung ist zwar kurz und bündig, sie bleibt aber in einer Hinsicht unbefriedigend. Was einen Komplex von Operationen zu einer sinnvollen Einheit werden läßt, ergibt sich allein aus dem explorativen Zweck, etwas Bestimmtes in Erfahrung bringen zu wollen. Unbefriedigend bleibt diese Antwort, weil damit das Sinnvoll-Sein dieser Einheit aus etwas erwächst, was sich durch diese Einheit erst mit Sinn erfüllen soll, nämlich die Bezeichnung für dieses bestimmte Etwas. Die komplexe Operation, die auf seiten des Definiens von Ausdruck (93) beschrieben ist, bildet überhaupt nur eine sinnvolle Einheit, insofern sie dem Zwecke dient, die räumliche Ausdehnung eines Tellerrandes zu ermitteln. Was man unter räumlicher Ausdehnung ("Lang-Sein") eines Tellerrandes zu verstehen hat, soll aber gerade vermittels dieser komplexen Operation definiert werden. Kurzum: Die Sinnhaftigkeit dessen, was auf der rechten Seite der operationalen Definition steht, kann nur unter der Voraussetzung begründet werden, daß man eine Vorstellung von dem hat, was auf der linken Seite dieser Definition steht. Dies führt zurück zu jener These von der Vorgängigkeit eines Sinnzusammenhangs (vgl. Kap. 4.1).

Wenn man zur Begründung dieser Sinnhaftigkeit von einem Vorbegriff, von einer vagen Vorstellung von jenem Etwas, das es zu explorieren gilt, ausgehen muß, so ist als nächstes zu fragen, wie sich denn ein solches Vorverständnis heranbildet. Nun, das kann auf verschiedene Weise geschehen. Es kann über den Spracherwerb vermittelt sein, es kann sich aber auch, um in der Diktion HEIDEGGERs zu reden, aus dem "besorgenden Umgang" mit den Dingen dieser Welt einstellen. Auf jeden Fall handelt es sich bei diesem Vorverständnis um ein Wissen, das sich weder nur empirisch gewinnen noch ausschließlich empirisch begründen läßt.

Das Verständnis eines Vorbegriffes allein würde dem explorativen Zweck nicht genügen. Beispielsweise könnte ein empirisches Subjekt mit einem gewissen Verständnis, also einem Vorbegriff von Zeit, begründen, welche Operation überhaupt nur Sinn macht, Zeit zu bestimmen. Dieses Vorverständnis allein würde aber nicht ausreichen, um zeitliche Erstreckung auch schon empirisch erfassen zu können. Das Vorverständnis wäre immer weniger als das Wissen, wie das mit diesem Vorverständnis Bedeutete - namentlich in einem konkreten Fall - empirisch erfaßt werden kann.

Daraus folgt dreierlei: Erstens konstituiert sich in operationalen Definitionen Bedeutung nicht gleichsam "aus dem Stand", sondern das, was das Definiendum mit Bedeutung erfüllt, nämlich die im Definiens beschriebene Operation, muß seinerseits auf etwas Sinnvolles gründen, also irgendwoher Sinn beziehen. Zweitens sind Definitionen, die nichts außer dieses Vorverständnis fixieren, keineswegs wertlos, sondern schaffen überhaupt erst die Voraussetzungen für die Formulierung operationaler Definitionen. Auch wenn BRIDGMAN NEWTONs Verständnis von Zeit als nutzlos abtut,[96] so ist doch fraglich, ob ohne die Vorgabe einer solchen wesensmäßigen Bestimmung von Zeit Zeitbegriffe überhaupt operational zu definieren sind. Drittens schließlich: Selbst wenn operationale Definitionen diesem Gedankengang zufolge stets auf ein Vorverständnis des zu definierenden Begriffs angewiesen und demnach zirkulär sind, steht der Wert dieser Art von Definition doch insoweit außer Frage, als sie jenes vage Vorverständnis zu einem, im Hinblick auf das explorative Handeln, präzisen Verständnis verfeinern.

Auch die metaphorisch formulierte Frage, was in operationalen Definitionen denn an Bedeutung von der rechten auf die linke Seite ausstrahlt, ist - unabhängig vom Handicap der Zirkularität - im Einklang mit der beschriebenen Sinnbegründung zu beantworten: Eine aufgrund ihres explorativen Zweckes als sinnvoll ausgemachte Handlung auf seiten des Definiens erfüllt das Definiendum mit Bedeutung. Aus einer sinnvollen Handlung ergibt sich in der operationalen Definition ein bedeutungstragender Begriff, der sinnvoll verwendet werden kann. Berücksichtigt man den Umstand, daß das Definiens sprachlich gegeben ist, muß ein Zwischenschritt eingelegt werden: Die Beschreibung einer sinnvollen Handlung zeitigt einen sinnvollen Text. Damit aber wäre die in Kap. 3 getroffene Voraussetzung erfüllt, daß nämlich auf beiden Seiten des Definitionsausdruckes etwas Sprachliches steht. Man müßte sich nicht mehr mit der Schwierigkeit der Bedeutung bzw. Sinnhaftigkeit von unterschiedlichen Seinsweisen (die Bedeutung eines Begriffes korre-

---

96 Vgl. BRIDGMAN (1927), S. 7 ff.

spondiert mit einer sinnvollen Handlung) auseinandersetzen, sondern der Bedeutungstransfer von der rechten auf die linke Seite wäre eine rein semantische Angelegenheit: aus einem sinnvollen Text ergibt sich ein sinnvoll zu verwendender Begriff.

Die soeben entwickelten Zusammenhänge lassen sich vertiefen. BRIDGMAN wurde vielfach vorgeworfen, daß sein operationalistischer Ansatz als sprachliches Sinnkriterium nichts tauge. Schließlich könne man alle möglichen (Teil-)Operationen zu unzähligen Varianten kombinieren und dann jeden Nonsens definieren. Illustriert wird dieser Vorwurf nicht selten an einem recht plakativen Beispiel: Man präsentiert eine Eigenschaft mit dem beziehungsreichen Namen "Grölter" - als Kunstwort kreiert aus den Wörtern "Größe" und "Alter". Es lasse sich ja, so wird nicht ohne Süffisanz opponiert, für jede Person Größe und Alter bestimmen und daraus dann eine individuelle Maßzahl errechnen. Das Messen der Körpergröße sei eine sinnvolle Operation, die Bestimmung des Alters ein sinnvolles Tun und Rechnen wohl auch. Und so konstituiert sich aus drei zweifellos sinnvollen Operationen ein mehr oder weniger sinnloser Begriff.[97]

Mit diesem Beispiel wird ein Einwand formuliert, der seiner Art nach weder neu noch originell ist. Auch gegen die Nominaldefinition wurde vorgebracht, daß man jeden Begriff, selbst Nonsense-Wörter beliebig definieren könne. Nun wäre das nicht weiter schlimm, würde man mit der Nominaldefinition nicht die Option erwerben, von der Sprachebene zur Sachebene zu wechseln, um dann über Realdefinitionen ein Reich beliebiger Gegenstände zu hypostasieren. Gefeit ist man gegen solchen Mißbrauch nur dann, wenn der Wechsel von der Sprachebene zur Sachebene erschwert wird, also für die Realdefinitionen Restriktionen eingeführt werden - eine Aufgabe, der man sich besonders im klassischen Rationalismus angenommen hat. Als strengste Beschränkung galt die Forderung, daß eine Begriffsbestimmung nur dann als Realdefinition zu akzeptieren ist, wenn das mit dem Definiendum bezeichnete Phänomen realiter aufgewiesen werden kann. Ob mit dieser Forderung nach Einlösbarkeit des Definiendums in der Wirklichkeit schon ein erster Schritt in Richtung operationaler Definition getan wurde, wie man gelegentlich angedeutet findet, ist eher zweifelhaft, zumal bei dieser Forderung ja nicht vorgesehen war, die Methode der Einlösung in das Definiens mitaufzunehmen.

Geradezu moderat angesichts dieses strengen Postulats gibt sich LEIBNIZ, wenn er verlangt, daß das vermittels Realdefinitionen Definierte nicht wirklich, sondern nur möglich sein muß. Dabei bietet er zwei "Tests auf Möglichkeit" an: Zum einen

---

[97] Stellvertretend für alle Autoren, die ihren Einwänden mit diesem Beispiel Nachdruck verleihen, sei Carl G. HEMPEL genannt (vgl. HEMPEL 1974, S. 47). - Bei allem Zynismus, der dieses Beispiel in den Angriffen gegen BRIDGMAN oft begleitet, muß man gerechterweise einräumen, daß es ebenso gegen das empiristische Sinnkriterium verwendet werden kann: Der Begriff "Grölter" besitzt zweifellos empirische Signifikanz.

kann man nach dem Definierten in der Wirklichkeit Ausschau halten; trifft man es an, so ist die Möglichkeit *aposteriori* erwiesen. Denn was wirklich ist, ist auch möglich.[98] Zum andern kann man das Definiendum begrifflich zergliedern. Gelingt dies widerspruchsfrei, ist die Möglichkeit *apriori* sichergestellt.[99]

Diese zweite von LEIBNIZ vorgeschlagene Abklärung der Möglichkeit trifft sich mit bereits Bekanntem. In Kap. 4.1 habe ich hervorgehoben, daß man sich einig ist, jedes operationale Definieren sei von der Bedeutungsanalyse des Definiendums ausgehend zu betreiben. Gerade dies wurde im Falle von "Grölter" aber nicht gemacht. Vielmehr griff man zwei Maßzahlen heraus, kombinierte ohne vernünftigen Grund die dazugehörenden Erhebungsmethoden mit einer Verrechnungsmethode und generierte erst dann eine Kunst-Größe. Nimmt man dagegen den Weg über die Bedeutungsanalyse, kommt man prospektiv erst gar nicht auf diese Größe. Und kehrt man diesen Weg um, so wird eine Bedeutungsanalyse von "Grölter" bzw. der unter diesem Begriff vereinigten Maßzahlen entlarven, wie unsinnig diese Kunst-Größe als individuelle Maßzahl ist. Eine Verallgemeinerung dieser Vorgehensweise führt zu folgendem Befund: Die Begriffsbestimmungen, die aus Bedeutungsanalysen hervorgehen, sind, da jenseits der Empirie - *apriori* - erhoben, sogenannte **analytische Definitionen**. Betreibt man die Operationalisierung von der Begriffsanalyse ausgehend, dann sind analytische Definitionen in eben der Funktion den operationalen Definitionen vorgeschaltet, als sie die Vorgängigkeit eines Sinnzusammenhangs klären und damit das Sinnvollsein der operationalen Definitionen garantieren.

Demonstrieren läßt sich diese Funktion an den Beispielen, die in Kap. 4.1 die These von der Vorgängigkeit eines Sinnzusammenhanges untermauerten. Aufgrund einer analytisch strukturierten Einsicht wie "Holz ist nicht intelligent", macht Intelligenzmessung an Holz keinen Sinn. Ebenso versichern analytische Einsichten wie "Gedanken sind nicht räumlich ausgedehnt" augenblicklich, wie unsinnig es ist, die räumliche Ausdehnung von Gedanken messen zu wollen.

---

[98] Eine Folgerung, der sich Christian WOLFF nicht anzuschließen vermochte. - Zur Unterscheidung zwischen Nominaldefinition und Realdefinition im klassischen Rationalismus, namentlich bei Christian WOLFF vgl. erst jüngst die luziden Ausführungen von Hans Werner ARNDT (1995).

[99] Vgl. LEIBNIZ (1684 [1965]): "Atque ita habemus quoque discrimen inter *definitiones nominales*, quae notas tantum rei ab aliis discernendae continent, et *reales*, ex quibus constat rem esse possibilem (...) *Possibilitatem* autem rei vel a priori cognoscimus, vel a posteriori. Et quidem a priori, cum notionem resolvimus in sua requisita, seu in alias notiones cognitae possibilitatis, nihilque in illis incompatibile esse scimus (...) a posteriori vero, cum rem actu existere experimur, quod enim actu existit vel extitit, id utique possibile est." (S. 40) - Wie LEIBNIZ sich die Begriffsanalyse, also den Möglichkeitsnachweis *apriori* vorstellt, legt er ausführlich 1686 ([1982] § 61) dar.

Ein Rest an Skepsis bleibt. Mit der Reflexion auf den Sprachgebrauch greift man nämlich auf einen vorhandenen Bestand an Begriffen und damit auf einen vorhandenen Bestand an Wissen zurück. Der nach neuen Erkenntnissen strebende Wissenschaftler will aber nicht bei dem schon namhaft Gemachten verharren, sondern den Rahmen dieses Bestandes verlassen. So konnte in der Psychologie eine Reihe von Phänomenen isoliert werden, die weder in der Alltags- noch in der Wissenschaftssprache bezeichnet waren, denen man sich also vermittels einer Begriffsanalyse gar nicht annähern konnte (Repression, Fokussierung, Interferenz, Flow). Trotzdem ließen sich diese Eigenschaften mit ihrer Benennung als sinnvolle Konstrukte etablieren. Das rührt unter anderem daher, daß man die "Prüfung auf Möglichkeit" auch vom Definiens ausgehend durchführen kann. Doch Achtung - das Beispiel "Grölter" beeindruckt ja vor allem deshalb, weil auf seiten des Definiens nicht nur mögliche, sondern gar locker zu realisierende Operationen angegeben sind. Möglichkeit und Realisierbarkeit reichen als Restriktionen jetzt offensichtlich nicht.[100] Das Definierende muß in erster Linie sinnvoll sein. Zwar sind Altersermittlung, Längenmessung und Multiplikation allesamt sinnvolle Handlungen, aber, und darauf kommt es an, eben nur für sich genommen; in ihrer Kombination, als Einheit begriffen, sind diese Handlungen höchst fragwürdig. Damit wird ein weiteres Mal jenes Konzept von der sinnvollen Handlungseinheit bemüht. Aufgrund dieses Konzeptes ist es ebenso verboten, blindlings irgendwelche sinnvollen Einheiten "aufzubrechen", Operationen daraus zu "entnehmen" und zu neuen Handlungsketten zusammenzufügen, wie es auch nicht erlaubt sein kann, für sich genommen schon explorative Handlungen beliebig zu komplexen Operationen zu kombinieren.

Wenn ich dieses Kombinationsverbot mit den Adverbien "blindlings" und "beliebig" abschwäche, so abermals im Hinblick auf die Ambitionen des forschenden Wissenschaftlers. Überhaupt nicht kombinieren zu dürfen, bedeutete Stagnation. Wissenschaftlicher Fortschritt aber hängt im besonderen davon ab, daß neuartige Vorgehensweisen - und seien sie nur neu in der Kombination bewährter Methoden - erlaubt sind. Als Kriterium für das, was kombiniert werden darf, fungiert letztlich immer wieder jener von außen an eine Handlung herangeführte Sinn.

Selbst wenn man, vom Definiens ausgehend, nicht mehr auf ein Vorverständnis des zu erkundenden Zieles bauen kann, läßt sich doch zumindest ein Vorverständnis davon entwickeln, in welche Richtung die Exploration zielt. Ein Blick auf

---

[100] Realisierbarkeit ist das strengste Kriterium, das BRIDGMAN für definierende Operationen anbietet. Mit zunehmender Aufweichung seiner Konzeption rückt er 1938 aber auch noch von dieser Restriktion ab. Den "operationalen Definitionen im engeren Sinne", also den Bestimmungen, die sich im Definiens auf in der Wirklichkeit realisierbare Operationen beziehen, stellt er "operationale Definitionen im weiteren Sinne" an die Seite: hier genügt es, wenn im Definiens auf "irgendwelche Operationen" Bezug genommen wird. Damit ist auch sinnlosen Operationen Einlaß gewährt.

die bekannten Beispiele zeigt, wie auch jetzt dieses Vorverständnis über analytische Definitionen abgerufen werden kann: Jegliches Bemühen, an Holz Intelligenz zu testen, wird abgeblockt durch analytische Einsichten wie "Holz besitzt keine Persönlichkeitseigenschaften"; und die Ermittlung der räumlichen Ausdehnung von Gedanken wird man erst gar nicht aufnehmen, weil analytische Einsichten wie "Gedanken haben keine Körper" bzw. "Gedanken haben keine Masse" die Unsinnigkeit dieses Unterfangens erweisen. In beiden Fällen muß der Unsinnigkeits-Nachweis also nicht über ein Vorverständnis der Definienda "intelligent" und "lang" geführt werden.[101]

Diese knappen Betrachtungen deuten an, wie mit der Sinnbegründung qua analytisch strukturierter Einsichten ein weiteres Mal nicht empirisch gewonnene Erkenntnisse in operationale Definitionen eingehen. Ob die Sinnbegründung immer und nur auf diesem Wege herbeizuführen ist, sei dahingestellt. Das grundsätzliche Problem tritt zutage, sobald man die Ausgangssituation verallgemeinert. Soweit es um den nach Erkenntnis strebenden Wissenschaftler geht, ergibt sich das den Sinn seiner Handlungen begründende Vorverständnis gemeinhin aus seiner "Gedankenarbeit", deren Resultat sich in Form einer Hypothese niederschlägt. Dabei ist klar zu unterscheiden zwischen dem, was diese Hypothese sinnvoll erscheinen läßt, was sie sozusagen überprüfenswert macht einerseits und ihrer empirischen Bestätigung andererseits. Der wissenschaftliche Fortschritt wird zwar mit der Bestätigung der Hypothese festgeschrieben; eingeleitet, ja überhaupt ermöglicht wird dieser Fortschritt aber mit dem darin fixierten Vorverständnis. Was eine Überlegung, eine Hypothese sinnvoll erscheinen läßt, ist keineswegs allein empirisch zu klären, sondern erschließt sich aus einem sinnvollen Gesamtzusammenhang, aus der rationalen Verwaltung und Nutzung des versammelten Wissens, aus der Kohärenz erkenntnisbringender Handlungen und dergleichen mehr. Verständlicherweise kann eine solch universelle Sinnbegründung hier nicht ausgeführt werden.

Wie unberechtigt in der Praxis die Sorge ist, mit den operationalen Definitionen werde jeglichem Unsinn Tür und Tor geöffnet, belegen nicht zuletzt die Beispiele, die aufgeboten werden, um diese Sorge zu begründen. Man ist erstaunt, wie wenig Mühe es bereitet, selbst die irrwitzigsten Operationalisierungen sich auszudenken, und man ist beruhigt ob der geringen Anstrengung, diesen Unsinn sogleich zu erkennen.[102]

---

[101] Im Falle von "Grölter" wird eine Analyse der definierenden Handlungen zeigen, daß diese vermeintliche Kunst-Größe gar nicht so abwegig ist. Maßzahlen, die das Verhältnis von Größe und Alter ausdrücken, haben in der Entwicklungsphysiologie als Normen sehr wohl ihre Berechtigung. Jeder Kinderarzt macht davon regen Gebrauch - auch wenn es für diese Maßzahlen keinen übergeordneten sprachlichen Repräsentanten gibt. Als individuelles Unterscheidungsmerkmal, dem Fingerabdruck vergleichbar, ist "Grölter" aber sicher Unsinn.

[102] Wesentlich komplexer als die operationale Definition von "Grölter", aber ebenso schnell als Unsinn zu identifizieren ist die von Franz ADLER entworfene Operationalisierung der fiktiven Größe "C_N" (vgl. ADLER 1946/47).

Mit dieser skizzenhaft entworfenen Sinnbegründung ist schließlich auch über die Berechtigung jener eingangs des Kapitels erwähnten Hilfsdienste entschieden: Teiloperationen, die für sich genommen keinem explorativen Primärzweck unterstellt werden können, bedürfen, sofern sie Hilfsdienste innerhalb einer sinnvollen Einheit (d. h. innerhalb einer Handlung mit explorativem Primärzweck) erfüllen, keiner gesonderten Begründung.

Als Fazit kann festgehalten werden: Die auf seiten des Definiens beschriebene Operation muß sich als sinnvolle Einheit darstellen. Die Sinnhaftigkeit dieser Einheit ergibt sich aus ihrem explorativen Zweck. Dieser explorative Zweck basiert seinerseits auf einem Vorverständnis dessen, was man zu explorieren gedenkt, bzw. auf einem Vorverständnis davon, in welche Richtung die Erkundung zielt. Das Vorverständnis wiederum bezieht seinen Sinn aus einem übergeordneten Ganzen. Alle Handlungen, die zum Zwecke der Exploration eines bestimmten Etwas ausgeführt werden müssen, erhalten selbst dann, wenn sie dieses bestimmte Etwas nur mittelbar betreffen, ihren Sinn aus diesem einen Zweck.

Nun zur zweiten Frage: Welche Operationen können überhaupt einem explorativen Zweck unterstellt werden? Diese Frage ist nicht zuletzt deshalb von besonderer Brisanz, weil BRIDGMAN bereits in seinen ersten Einlassungen von 1927 die "mental operations" als den "physical operations" (und damit vor allem den Meßoperationen) ebenbürtig angesehen hat.[103] Für ihn schien das nicht weiter problematisch, zumal er bei diesen "mentalen Operationen" wohl ausschließlich an mathematische Operationen dachte.

Der Einfachheit halber will ich auch diese zweite Frage von Beispiel (93) ausgehend erörtern. Bewußt setze ich mich dabei aber über die geschlossene Einheit des dort im Definiens beschriebenen Komplexes hinweg und greife verschiedene Teiloperationen heraus, um sie dann für sich genommen zu analysieren. Sinnvoll ist diese Analyse wohlgemerkt nur vor dem Hintergrund der strengsten Fassung des operationalistischen Sinnkriteriums.

Vorab noch einmal die Ausgangssituation: Zweifelsohne kann man in jeder Phase der komplexen Handlung den jeweils nächsten Handlungsschritt mit einer "Was-tun?"-Frage abrufen und dabei auch ein Objekt ausmachen, auf das diese Teiloperation gerichtet ist. Allein mit dieser Frage ist das operationalistische Ansinnen aber nicht erfaßt. Die Grundfrage der operationalistischen Position lautet - soweit man sie nur auf die Sache bezogen formuliert: Wie kann das, was ein Begriff bezeichnet, festgestellt werden?

---

[103] BRIDGMAN (1927), S. 5. In der deutschen Übersetzung von 1932 ist diesbezüglich von "mentalen Akten" bzw. "geistigen Akten" die Rede (S. 5).

Setzt man diese Frage als oberstes Kriterium auf die Teiloperationen, wie sie im Definiens von Ausdruck (93) vorkommen, an, so ergibt sich folgendes Bild: Da sind zunächst Handlungen, die direkt am zu eruierenden Objekt ansetzen. Man hantiert mit dem Objekt, nimmt es in Augenschein, gegebenenfalls unter die Lupe, stellt seine Eigenschaften fest, mißt es und dergleichen. Der explorative Zweck dieser "manuellen Operationen"[104] ist offensichtlich.

Ebenfalls nach außen hin sichtbar sind Operationen, die die zweite Kategorie ausmachen. Die dazu zählenden Handlungen sind allerdings nur unter der Voraussetzung, daß man den Empiriebegriff beträchtlich erweitert, als explorative Operationen zu betrachten. Zu dieser Kategorie gehört beispielsweise die mit der Sequenz "Formel für Kreisumfang in der Tabelle nachschlagen" beschriebene Handlung. So kann man diese Sequenz durchaus in Definiendum und Definiens spalten und - zugegeben in einem höchst eigenwilligen Verständnis - als (explizite, geschlossene) operationale Definition notieren:

(94) Formel für Kreisumfang $=_{def}$ nachschlagen in der Formelsammlung: Stichwort "Kreisumfang"

Augenscheinliche Ungereimtheiten, wie etwa offen erkennbare und versteckte Zirkularität (daß man die Formel nicht im Kochbuch, sondern in der mathematischen Formelsammlung sucht, setzt ja ein Vorverständnis von "Kreisumfang" voraus!), spielen für diesen Ausdruck und auch für die nächsten Beispiele keine Rolle. Im Moment kommt es nur darauf an zu klären, wie es um diese Ausdrücke im Hinblick auf jenes oberste Kriterium steht.

Kein Zweifel, bei Ausdruck (94) greift die entscheidende Frage: Was muß man tun, um das, was im Definiendum benannt ist, nämlich die Formel für den Kreisumfang, in Erfahrung zu bringen? (Wohlgemerkt: Es geht nicht darum, den Umfang eines bestimmten Kreises in Erfahrung zu bringen und auch nicht darum, zu definieren, was der Kreisumfang ist.) Die Antwort kann nur lauten: Man muß in der Formelsammlung nachschlagen. Oder, um dieses Kriterium prädikativ einzubringen: Die Formel für den Kreisumfang ist etwas, was in Erfahrung gebracht werden kann, indem man in der mathematischen Formelsammlung nachschlägt. Gewiß wären auf diese operationalistische Grundfrage auch andere Antworten möglich: Man könnte eine kompetente Person um Auskunft bitten, selbst die Formel herzuleiten versuchen usw. Aber auch das ändert nichts an der Tatsache, daß eine solche Einheit für sich genommen einem explorativen "Primärzweck" unterstellt werden kann.

---

[104] DINGLER 1932 im Vorwort zur deutschen Übersetzung von BRIDGMAN (1927), S. VIII.

Zu welcher Konsequenz eine solche Einschätzung führt, macht das folgende Beispiel deutlich. Man stelle sich vor, das Alter einer Person sei zu bestimmen. Jenseits aller biologischen und chemo-physikalischen Tests gibt es eine viel einfachere Methode: man sieht in den Personaldokumenten nach. Auch diesen Zusammenhang von zu bestimmender Größe einerseits und auszuführender Operation andererseits kann man in ein Definitionsschema fassen:

(95) Alter [von Person X] $=_{def}$ in den Personaldokumenten [von Person X] nachsehen:
Rubrik: "Geburtsdatum"
- laufendes Kalenderjahr bestimmen
- Geburtsjahr vom Kalenderjahr abziehen

Schlägt man das Definiens dem Definiendum als Prädikat zu, so läßt sich prosaisch formulieren: Das Alter einer Person ist etwas, was man in Erfahrung bringen kann, indem man in den Personaldokumenten dieser Person nachsieht. Ist die Person bereits tot, bleibt nur folgende Bestimmung (wobei die Klärung des Alters nunmehr Antwort geben soll auf die Frage: Wie lange hat die Person X gelebt?):

(96) Alter von Iulius Caesar $=_{def}$ im Lexikon nachlesen:
Stichwort "Iulius Caesar"/
Rubrik "Lebensdaten"

Man bedenke jetzt die Ausschließlichkeit: Das Alter von Iulius Caesar ist etwas, was gar nicht mehr anders in Erfahrung gebracht werden kann, außer daß man im Lexikon nachliest oder aus irgendwelchen - ausschließlich in Schriftform - überlieferten Quellen Informationen einholt.

Nun ist das Nachlesen, überhaupt das Sich-kundig-Machen anhand von schriftlich Fixiertem, eine Vorgehensweise, auf der letztlich sämtliche Kulturwissenschaften basieren. Und so trivial es erscheint: Wenn BRIDGMAN vom operationalistischen Standpunkt aus alle Wissenschaften im Visier hat, muß man derartige Aktivitäten als sinnvoll und - in bezug auf ihre Funktion innerhalb von operationalen Definitionen - auch als bedeutungskonstitutiv akzeptieren. Daß bei all diesen zuletzt analysierten Beispielen der Empiriebegriff zu erodieren beginnt, ist augenfällig.

Eine dritte Kategorie umfaßt ebenfalls Operationen, die nach außen hin sichtbar sind und insofern zu Recht als Handlungen bezeichnet werden. Selbst bei erweitertem Empiriebegriff unterstehen sie für sich genommen aber niemals einem explorativen Zweck. Bei ihnen zielt die operationalistische Grundfrage ganz offensichtlich ins Leere. Ich kann mein Tun zwar auf eine bestimmte Formel richten, indem ich sie aus einem Buch herausschreibe, oder mein Handeln auf bestimmte Zahlenwerte beziehen, indem ich diese Werte notiere bzw. in eine Formel einsetze.

Aber dieses bloße Herausschreiben, dieses Notieren und Einsetzen sind keine explorativen Handlungen, ebenso wie die Objekte (Formel und Zahlenwerte) - soweit von diesen Handlungen betroffen - keine Gegenstände der Exploration sind.

Zu diesem Typ von Handlungen muß eine wichtige Ergänzung gemacht werden. Als BRIDGMAN darüber befand, welche Verrichtungen im Sinne des Operationalismus als Operationen anzusehen sind, sprach er ausdrücklich von "'paper and pencil' operations".[105] Nun ist das nichts Besonderes und fügt sich in das bisher Gesagte. Ohne weiteres können diese Handlungen jenen Hilfsdiensten zugerechnet werden: Was man nicht "im Kopfe" behalten oder vollziehen kann, muß man eben schriftlich machen. Ein explorativer Zweck kommt diesen Verrichtungen *sui generis* nicht zu.

In unzulässiger Weise aufgewertet und verzerrt wird diese Zuordnung BRIDGMANs jedoch, wenn namentlich Psychologen sie in Anspruch nehmen, um die Verwendung von Fragebogentests zu rechtfertigen. Das ist ein Mißverständnis. Papier- und Bleistiftoperationen betreffen, wie gesagt, jene Hilfsdienste und sind als solche vom empirischen Subjekt und nicht vom empirischen Objekt zu verrichten. Dabei ist der Umstand, daß die Psychologen als empirische Subjekte mitunter einen Teil der "Erfahrungsarbeit" an die empirischen Objekte delegieren, indem sie die Fragebogen zum Ausfüllen an die zu testenden Personen ausgeben, eine nicht zuletzt aus der Praxis geborene Variante explorativen Handelns. Diese Variante wird indes nicht durch BRIDGMANs Befund gerechtfertigt, sondern liegt im Vermögen des empirischen Objekts begründet, nämlich über sich und sein Verhalten reflektieren und kommunizieren zu können.

Die mentalen Operationen schließlich bilden die vierte Kategorie. Da der Vollzug dieser Operationen nach außen hin nicht mehr sichtbar ist, dürfte es unverfänglicher sein, hier anstatt von Handlungen von Aktivitäten zu sprechen. Diese vierte Kategorie unterteilt sich ihrerseits in zwei Subkategorien. Die erste Subkategorie umfaßt Aktivitäten, die - wiederum bei entsprechend weitgefaßtem Empiriebegriff - durchaus einem explorativen Zweck unterstellt werden können, die zweite Subkategorie hingegen entzieht sich diesem Zweck völlig.

Was die erste Gruppe angeht, betrachte man die Sequenz "Ludolphsche Zahl Pi ins Gedächtnis zurückrufen", die wiederum in eine (jetzt unvollständige) operationale Definition überführt werden kann:

(97) Ludolphsche Zahl Pi $=_{def}$ ins Gedächtnis zurückrufen

---

[105] Vgl. BRIDGMAN (1938), S. 123.

Auch hier ist es kein Problem, die operationalistische Grundfrage anzubringen: Was muß man (unter den gegebenen Umständen) tun, um das, was das Definiendum bezeichnet, zu erkunden? Nun, man muß im Gedächtnis "kramen". Doch einigermaßen verwegen mutet jetzt die alternative Formulierung an: Die Ludolphsche Zahl Pi ist etwas, was man in Erfahrung bringen kann, indem man sich daran erinnert.

Man sollte bei solchen Abwägungen stets die historische Tatsache vor Augen haben, daß BRIDGMAN bei allem Bemühen um Generalisierung seiner Definitionsmethode immer dem naturwissenschaftlichem Forschungsparadigma verhaftet blieb: Ein empirisches Subjekt bringt etwas, das außer seiner selbst - in der Regel materiell - gegeben ist, in Erfahrung. Den Fall also, daß das empirische Subjekt sich selbst zum Gegenstand der Erfahrung macht, hat BRIDGMAN nicht erwogen. Während man sich, was Ausdruck (97) angeht, noch einmal retten kann, indem man beteuert, daß das, was man aus dem Gedächtnis hervorholt, schließlich einmal "von außen" aufgenommen worden war, kommt man in die Bredouille, sobald man Operationen in Betracht zieht, die zur Wahrnehmung innerer Regungen und Vorgänge, wie Emotionen, Gelüste, Gedanken, Vorstellungen und dergleichen dienen. In diesem Falle müßte man die Introspektion (im naiven Sinne von Selbstbeobachtung[106]) als eine explorativen Zwecken dienende Aktivität anerkennen.

Auf den ersten Blick scheint es nicht schwierig, diese Zuordnung mit Hilfe der operationalistischen Grundfrage zu rechtfertigen. Man könnte, um ein Beispiel zu geben, einmal sachbezogen fragen: Wie ist die Befindlichkeit 'Hunger' festzustellen? Zum andern sprachbezogen: Wie ist diejenige Befindlichkeit festzustellen, die man mit dem Begriff "Hunger" bezeichnet? Immer wäre die Antwort: Nun, man muß in sich hineinhorchen. Allein diese Fragestellung läßt aber keine angemessene Operationalisierung erkennen. Sieht man einmal von dem Handicap ab, daß sich die Vorgehensweise nur metaphorisch umschreiben läßt, dann gerät eine entsprechende operationale Definition entweder unvollständig:

(98) Hunger $=_{def}$ in sich hineinhorchen

oder zwar vollständig, aber zirkulär:

(99) Hunger $=_{def}$ in sich hineinhorchen: Hunger

---

[106] Gemeint ist schlichtweg das, was man tut, wenn einen etwa der Psychologe (zum Zwecke der Informationsgewinnung) fragt: Wie fühlen Sie sich jetzt? Was empfinden Sie? Was denken Sie? Auf die Fälle, wo mit "Introspektion" ein spezifisches Vermögen gemeint ist (z. B. freies Assoziieren in der Psychoanalyse), will ich hier ebensowenig eingehen wie auf Erkenntnismethoden, die innerhalb der Philosophie unter der Bezeichnung "innere Wahrnehmung" firmieren.

Die Zirkularität wäre nur aufzulösen, wenn man ein entsprechendes (aber gewiß schwer zu findendes) Innen-Kriterium bemüht:

(100) Hunger $=_{def}$ in sich hineinhorchen: Gefühl X

Die Operation mit irgendwelchen Außen-Kriterien (d. h. mit nach außen hin sichtbaren Hunger-Indizien) zu "schließen", verbietet sich, da der Witz (und natürlich auch das Manko) der Introspektion ja gerade darin besteht, solcher Kriterien nicht zu bedürfen.

Bei aller Plausibilität, mit einem breiter gefaßten Empiriebegriff auch das Verständnis von explorativen Operationen zu erweitern, führt dies, umgesetzt auf das Konzept der operationalen Definition, doch zu beträchtlichen Turbulenzen. Abgesehen von den angesprochenen Unwägbarkeiten wie Zirkularität und metaphorische Redeweise, sind sämtliche Beispiele sowohl zur dritten Gruppe von Operationen als auch zur ersten Subkategorie der vierten Gruppe an entscheidender Stelle deformiert: Zwar handelt es sich meiner Klassifikation zufolge unbestreitbar um geschlossene operationale Definitionen, doch die von mir aufgebotenen Kriterien, die jeweiligen Operationen zu "schließen", sind allesamt höchst fragwürdig. Um jedoch zu klären, warum das so ist, müßten insbesondere alle Weiterungen des Empiriebegriffes schärfer herausgearbeitet werden.

Zur zweiten Subkategorie der mentalen Operationen zählen die mathematischen Operationen. Warum sie sich einem explorativen Zweck entziehen, will ich wiederum an einem Beispiel verdeutlichen. Man betrachte dazu die Teiloperation "S multipliziert entsprechend der Formel für den Kreisumfang". Auch diese Sequenz kann man - eingedenk all der genannten Ungereimtheiten - als operationale Definition formulieren:

(101) Kreisumfang U $=_{def}$ Kreisdurchmesser d und Ludolphsche Zahl Pi multiplizieren

Vordergründig läßt sich die operationalistische Grundfrage stellen: Was muß man tun, um das, was im Definiendum bezeichnet wird (nämlich den Kreisumfang), festzustellen? Antwort: Man muß den Kreisdurchmesser d und die Ludolphsche Zahl Pi miteinander multiplizieren. Soweit scheint alles klar. Doch genauer besehen gibt es Schwierigkeiten. Zunächst hat man sich klarzumachen, daß eine Antwort auf die "Was-tun?"-Frage eine Antwort auf die "Was-ist?"-Frage voraussetzt. Mit anderen Worten: Die operationale Definition (101) läßt sich nur formulieren unter der Vorgabe der nominalen Definition

(102) Kreisumfang U $=_{def}$ $d \cdot Pi$

die den Kreisumfang lediglich als funktionalen Zusammenhang von Kreisdurchmesser und Ludolphscher Zahl bestimmt, und im Gegensatz zu Ausdruck (101) das, was man tun muß, ja nicht *expressis verbis* herausstellt.

Die eigentliche Schwierigkeit aber besteht darin, daß bei der Antwort auf die "Was-tun?"-Frage das Verb "feststellen" zwei Lesarten zuläßt. Soweit man mit "feststellen" nur darauf abzielt, daß man rechnen muß, wird der explorative Zweck verfehlt. Eine Rechenoperation ist für sich genommen keine explorative Handlung. Um zum wahren Anliegen vorzudringen, ist die operationalistische Frage zu spezifizieren: Was muß man tun, um den Umfang realiter gegebener Kreise zu bestimmen? Antwort: Man muß der Realität jeweils ein Datum entnehmen (Durchmesser eines bestimmten Kreises) und diesen empirischen Wert mit einer Konstanten (Pi) verrechnen. Die operationalistische Frage bzw. das darin verwendete Verb "feststellen" zielt also auf einen ganz anderen Aspekt: Es geht nicht darum, daß gerechnet wird, sondern darum, daß etwas in der Wirklichkeit Gegebenes (die Länge eines Kreisumfanges) rechnerisch erfaßt wird. Wendet man diesen Vorgang von der Sachbezogenheit zur Sprachbezogenheit, ist man wieder bei der strengsten Fassung des operationalistischen Sinnkriteriums angelangt. Soweit es aber um ein rechnerisches Erfassen geht, können Rechenoperationen gleich dem Notieren und Einsetzen lediglich als Hilfsdienste gewertet werden, die für sich genommen zwar keinem explorativen Zweck unterstehen, aber für die Einheit einer explorativen Handlung doch unentbehrlich sind.

Zum eingehenderen Verständnis möchte ich die Problematik der mentalen Operationen noch von einer anderen Seite her entwickeln - ausgehend von einem klassischen Beispiel, das völlig außerhalb des von BRIDGMAN kultivierten Terrains liegt und schon deshalb zu keiner Zeit dem Verdacht ausgesetzt war, eine operationale Definition zu sein. Die Bestimmung:

(103) Junggeselle $=_{def}$ unverheirateter Mann

wird gemeinhin als Nominaldefinition verstanden, die zugleich dem klassischen Postulat *definitio fit per genum proximum et differentiam specificam* genügt.[107]

Als Nominaldefinition gibt Ausdruck (103) eine Antwort auf die sprachbezogene Frage: Was bedeutet der Begriff "Junggeselle"? Je nachdem, welche Perspektive man wählt, kann diese Nominaldefinition ebenso als Realdefinition begriffen werden und dann Antworten geben auf sachbezogene Fragen wie: Was ist ein Junggeselle? Welche Eigenschaften machen den Junggesellen aus? - ohne gleich als Wesensbestimmung verunglimpft werden zu müssen.

---

[107] Das für ein ganzes Bündel semantischer Probleme Exemplarische an dieser Definition tritt erst im Englischen so recht hervor, wo der Ausdruck "bachelor" ja gleich mehrere Bedeutungen hat.

Nun läßt sich - bei entsprechendem Blickwinkel - dieser Nominal- bzw. Realdefinition überdies ein operationaler Aspekt abgewinnen. Eine stufenweise Annäherung mag wiederum über gezielte Fragen erfolgen: Wie kann man den Begriff "Junggeselle" verstehen? Wie kommt man zu einem Verständnis des Begriffes "Junggeselle"? Oder, um den handlungsbezogenen Aspekt noch direkter anzusprechen: Was muß man tun, um den Begriff "Junggeselle" zu verstehen? Nun, man muß in einem geistigen Akt die beiden Merkmale 'Mann-sein' und 'unverheiratet-sein' zu einer Einheit kombinieren. Und schon kann man diesen Zusammenhang in einer operationalen Definition fixieren - mit einer Handlungsvorschrift über zwei Argumenten:

(104) Junggeselle $=_{def}$ kombinieren: Mann, unverheiratet

Auf den ersten Blick könnte man in der Tat eine explizite geschlossene operationale Definition vermuten, die sich auf seiten des Definiens wie gehabt in einen operativen ("kombinieren") und in einen deskriptiven Teil ("Mann", "unverheiratet") gliedert. Doch der Schein trügt. Bewußt habe ich bei meinen Fragen, die den operationalen Aspekt hervorlocken sollten, auf Verben verzichtet, die sich - wie etwa jenes verdächtige Tunwort "feststellen" - auf eine aus der Realität zu gewinnende Erfahrung beziehen. Und hier liegt auch schon das Trügerische begründet. Mit dem Verb "kombinieren" wird zwar eine Aktivität, wenn es beliebt: eine Operation angesprochen, aber diese Aktivität unterliegt eben keinem explorativen Zweck.

Unabhängig davon gibt es wenigstens drei weitere Gründe, die es nahelegen, mentale Operationen nicht als Operationen im hier gefragten Sinne zu betrachten:
(1) Solche operationalen Anteile, wie ich sie für das klassische Beispiel (103) zutage gefördert habe, können letztlich für jede Art von Definition ausgemacht werden. Denn jegliche Begriffsbestimmung verlangt von dem, der sich ihrer bedient, geistige Aktivitäten. Wer aber den Operationsbegriff so weit faßt, muß auch die unsägliche Konsequenz ziehen, jede Form der Definition als operationale Definition zu begreifen.
(2) Im Definiens einer operationalen Definition ist die Beschreibung einer Operation verlangt. Mentale Aktivitäten können im eigentlichen Sinne aber gar nicht beschrieben werden. Während mit den Verben "addieren", "multiplizieren" usw. Rechenoperationen noch annähernd spezifiziert sind, wird etwa mit dem Verb "kombinieren" lediglich vage angedeutet, was im Kopfe abläuft. Ja, wie man sieht, läßt sich über diese Vorgänge überhaupt nur in Metaphern sprechen. Von einer differenzierten Beschreibung kann schon gar keine Rede sein.
(3) Der dritte Grund hängt mit dem normativen Anspruch operationaler Definitionen zusammen. Was im Definiens steht, ist ja als Anleitung für ein empirisches Subjekt gedacht: Was muß ein Subjekt tun, um irgend etwas festzustellen? Was aber heißt es, zu geistigen Aktivitäten anzuleiten? Während man zum Multiplizie-

ren immerhin noch dezidierte Rechenregeln angeben kann, die ein Subjekt schrittweise zu befolgen hat, wenn es zu einer richtigen Lösung kommen will, läßt sich diese Möglichkeit auf den Fall des Kombinieren schlechterdings nicht übertragen. Man stelle sich diese Anleitung einmal vor: "Um zu einem Verständnis des Begriffes 'Junggeselle' zu kommen, mußt du die Begriffe 'Mann' und 'unverheiratet' miteinander kombinieren. Also, eins, zwei, drei - kombiniere jetzt! ... So, nun verstehst du den Begriff 'Junggeselle'". - Man kann nicht dazu anleiten, was sich ohne willentliche Steuerung - gleichsam automatisch - vollzieht, und zwar bei jedem, der sprechen gelernt hat, bei jedem, der denken kann.[108]

Etwas anderes ist es dagegen, daß man ebenso wie Ausdruck (101) auch diese klassische Nominaldefinition (103) auf die erfahrbare Wirklichkeit beziehen und damit einem explorativen Zweck unterstellen kann. Die entscheidenden Fragen, die diesen Bezug abrufen, sind, einmal sachbezogen: Wie kann man feststellen, ob eine bestimmte Person X ein Junggeselle ist? und einmal sprachbezogen: Wie kann man feststellen, ob die Bezeichnung "Junggeselle" auf eine bestimmte Person X zutrifft oder nicht? Die Nominaldefinition wandelt sich unter dieser Fragestellung zu einer "echten" operationalen Definition:

(105) [Person X ist] Junggeselle $=_{def}$ in den Personaldokumenten nachlesen: ob die Person X
a) ein Mann und
b) unverheiratet ist

Die Ausrichtung auf die Wirklichkeit erfolgt hier, indem Definiendum und Definiens ganz unspezifisch auf irgendeine - aber doch in der Realität existierende - Person bezogen werden. Gemeinhin erscheint dieser Bezug ja nicht explizit, sondern ist der operationalen Definition aufgrund des explorativen Zweckes inbegriffen. Die hier gebotene Ausführlichkeit dient lediglich zur Verdeutlichung. Man beachte aber die Akzentverschiebung: Es ist jetzt nicht mehr gefragt, was man "tun" muß, um zu einem Begriff von etwas zu gelangen, sondern gefragt ist: Was muß man tun, um das mit diesem Begriff Gemeinte, das unter diesem Begriff Verstandene, in der Realität ausfindig zu machen?

Wer die im Hinblick auf jene "Quellenwissenschaften" formulierte operationale Definition (105) mit Mißbehagen betrachtet, mag sich an der Variante für den volksbefragenden Sozialwissenschaftler erfreuen:

---

[108] Daß diese letzten Argumente auch irgendwie für die Operation 'Wahrnehmung' gelten, wird nicht bestritten. Nur ist das Problem mit der Wahrnehmung nicht so virulent: Zum einen hat sich BRIDGMAN in diesem Falle weitgehend zurückgehalten, zum andern ging es um die Wahrnehmung vornehmlich im Zusammenhang mit impliziten operationalen Definitionen. Daß in solchen operationalen Definitionen gerade nicht ausdrücklich zum Wahrnehmen angeleitet wird, steht im Einklang mit meiner Argumentation.

(106) [Person X ist] Junggeselle $=_{def}$ a) beobachten, ob die Person X ein Mann ist und
b) Person X fragen, ob sie unverheiratet ist

Und wem das Fragen als exploratives Tun unlauter erscheint, der halte sich an die pure Beobachtung:

(107) [Person X ist] Junggeselle $=_{def}$ a) beobachten, ob die Person X ein Mann ist und
b) beobachten, ob Person X
- keinen Ehering trägt,
- alleine wohnt,
- nie in Begleitung einer Frau ist
(oder: ständig in Begleitung einer anderen Frau ist)

Penibel gemäß der ersten spezifischen Bestimmung OD_1 (vgl. Kap. 4.2) wurde hier auch noch die im Prinzip nur nachlesbare oder erfragbare Eigenschaft "unverheiratet" soweit empirisiert, daß man weder auf schriftliche Quellen angewiesen ist noch mit dem betroffenen Objekt unmittelbar zu kommunizieren braucht. Ob die genannten Merkmale tatsächlich zuverlässige Indizien für das Merkmal 'unverheiratet' sind, steht auf einem anderen Blatt. Gewiß ist mit dieser Variante aber das getroffen, was sich der streng behavioristisch ausgerichtete Sozialwissenschaftler unter einer seriösen Operationalisierung vorstellt.

Mit jeder Definition geht ein normativer Anspruch einher. Eine Definition schreibt vor, was ein Wort bezeichnet, was ein Wort bedeutet, wie ein Wort zu verwenden ist usw. Wer solche Vorschriften mißachtet, kann sich in einer Kommunikationsgemeinschaft nicht mitteilen. Bei fast allen Definitionen besteht indes kein Zweifel, daß sich der normative Anspruch auf den Sprachgebrauch bezieht. Bei operationalen Definitionen ist das anders. *Prima facie* mag es scheinen, als würde es hier gar nicht um die Reglementierung von Sprache gehen, sondern nur darum, wie man (richtig) zu handeln habe, wenn man etwas in Erfahrung bringen will.[109]

Dieser Eindruck könnte einen auf den Gedanken bringen, operationale Definitionen, wie andere Handlungsvorschriften auch, im Sinne der praktischen Philosophie zu begründen. Da dies im einzelnen auszuführen zu weit ginge, sei wenig-

[109] Genaugenommen müßte die Beschreibung der Operation auf seiten des Definiens also nicht nur unter sachbezogenem, sondern auch unter sprachbezogenem Aspekt in die Imperativform gebracht werden. Darauf will ich aber verzichten, da bei anderen Definitionsarten dieser normative Anspruch ja auch nicht explizit zum Ausdruck kommt.

stens eine Möglichkeit der Begründung angedeutet. Dazu mache ich eine Anleihe bei Ernst TUGENDHAT, der, gewiß nicht fernab jeglicher Tradition, zwischen Vernunftnorm und sozialer Norm, die er als moralische Norm begreift, unterscheidet.[110] Sachbezogen sind operationale Definitionen Vernunftnormen. Denn für jede im Definiens angegebene Handlungsvorschrift kann eine rationale Begründung geliefert werden: Wenn man das mit dem Definiendum bezeichnete Etwas in Erfahrung bringen will, dann wäre es unvernünftig, nicht so zu handeln, wie es im Definiens angegeben steht. Sprachbezogen sind operationale Definitionen dagegen zunächst soziale Normen: Die Begründung muß auf den Kommunikationspartner bezogen sein. Gleichwohl sind sie als soziale Normen aber keine moralischen Normen. Wer die im Definiens angegebene Handlungsvorschrift nicht befolgt, handelt nicht verwerflich, insofern er einem anderen schadet, gegen einen Sittencodex verstößt oder dergleichen. Vielmehr kann auch diese soziale Norm, wenn auch nur in des Wortes "schwachem Sinne"[111], vernünftig begründet werden: Wer die im Definiens angegebene Handlungsvorschrift nicht befolgt, kann das mit dem Definiendum bezeichnete Etwas nicht so benennen, wie es diejenigen Sprachbenutzer vermögen, die dieser Vorschrift folgen. Es wäre aber unvernünftig, sich von der Sprachgemeinschaft auszuschließen. Dieser Befund kann für alle Sprachregeln verallgemeinert werden: Sprachregeln sind soziale Normen, die rational begründet werden können.

In seinem eigenen Bemühen, operationale Definitionen auf ein sicheres Fundament zu stellen, läßt sich BRIDGMAN auf eine ganz andere, jenseits der praktischen Philosophie entworfene Begründung ein. So schlägt er als "Grundoperation" die Messung der Gleichzeitigkeit vor, auf die sich dann alle anderen Operationen aufbauen ließen.[112] Eine fürwahr konstruktivistische Anwandlung! Man kann diesen Gedanken ja noch nachvollziehen, wenn man bedenkt, wie eng BRIDGMANs Ansatz mit EINSTEINs Entdeckungen verbunden ist. Auch mag diese Fundierung innerhalb der Physik plausibel erscheinen. Doch wenn man operationales Definieren als begriffsbildende Maßnahme schlechthin betrachtet, so ist dieser Rückbezug doch eher abwegig. Von der methodologischen Fragwürdigkeit, sich überhaupt auf die Suche nach einer sicheren Basis zu begeben, einmal abgesehen, bieten sich in praktischer Hinsicht schon andere Vorgehensweisen als Grundoperationen an. Zwar kann man auch noch, was die Wahrnehmung betrifft, einen theoretische Zusammenhang zur Theorie der Relativität von Raum und Zeit herstellen. Dieser Zusammenhang ist aber, soweit es um Qualitäten geht, die ohne Hilfsmittel, mit bloßem Auge wahrzunehmen sind, für die Praxis gänzlich irrelevant.

Wenn schon an der Praxis orientiert, dann müßte man, namentlich wenn es um die Exploration von Intensitätsgraden gemäß OD_2 geht, die Messung der räumlichen

---

110 Vgl. TUGENDHAT (1984), S. 69 ff.

111 Ebd. S. 94.

112 Vgl. BRIDGMAN (1938), S. 120.

Ausdehnung als Grundoperation bemühen. Denn fast alle Ausprägungen werden, sei es zum besseren Verständnis, sei es zur gefälligeren Präsentation, räumlich abgebildet. Das reicht von der Messung der Zeit mit der (Analog-)Uhr über alle Arten von Zeigerausschlägen bis hin zu Diagrammen, wo diskrete Merkmale flächig abgebildet werden. Gewiß kann man auch jetzt wieder einen Zusammenhang mit der Relativitätstheorie herstellen - aber eben doch nur sehr theoretisch.[113]

BRIDGMAN verbindet mit seinem Begründungsversuch noch einen anderen Gedanken. Die Messung der Gleichzeitigkeit ist für ihn nicht nur eine Operation, auf die alle anderen Operationen zurückgeführt werden können, sondern auch - und das ist nur konsequent gedacht - eine nicht mehr weiter zerlegbare Operation. Ob hinter dieser Vorstellung womöglich das Konzept von einer Handlung als (sinnvoller) Einheit verborgen ist, läßt sich nicht zweifelsfrei klären. Ich jedenfalls will es tunlichst vermeiden, mich auf so etwas wie elementare oder gar atomare Handlungen einzulassen. Wenn ich von "Operation als Einheit" spreche, dann nicht in dem Sinne, daß diese Operation nicht weiter zerlegt werden könnte, sondern dahingehend, daß diese Operation als sinnvolle Handlung einem festumrissenen explorativen Zweck unterliegt. Auch hielte ich es für abwegig, mentale Operationen nur deshalb als atomare Operationen zu betrachten, weil sie nicht mehr differenziert beschrieben werden können.

Es ist in den letzten Jahren geradezu Mode geworden, sprachliche Gebilde, die auch nur entfernt etwas mit Begriffsbestimmungen zu tun haben, kurzerhand als "operationale Definitionen" zu bezeichnen. Neben eher abwegigen Klassifizierungen gibt es eine Reihe von Fällen, bei denen die Bezeichnung "operationale Definition", wenn auch nicht im hier verwendeten Sinne, verständlich erscheint. Dazu zählen in der Hauptsache solche Begriffsbestimmungen, bei denen irgendwelche Handlungen oder Aktivitäten eine Rolle spielen. Diese Tendenz läuft parallel zu dem Bestreben, immer dann von operationaler Definition zu sprechen, wenn es um die Bestimmung von Begriffen geht, die sich auf nach ihrer Intensität abstufbare Eigenschaften beziehen. Von diesem, nicht zuletzt historisch zu erklärenden Umstand war andernorts ausführlich die Rede (vgl. Kap. 4.2). Nun ist es zweifelsohne einsichtig, wenn eine Begriffsbestimmung als operationale Definition bezeichnet wird, eben weil eine Aktivität irgendwie an der Bedeutungskonstituierung beteiligt ist. Allerdings darf man nicht verkennen, daß dabei vielfach ein anderer Operationsbegriff zugrundegelegt wird, ein Operationsbegriff, der insbesondere in keiner Verbindung zu dem hier ausgemachten explorativen Zweck steht. Da die

[113] Diese Abbildung von Ausprägungen aller Art auf die räumliche Dimension schlägt sich im übrigen auch in diversen Wortschöpfungen und Redewendungen nieder, wenn Ausdrücke für irgendwelche meßbaren Größen mit Raumbegriffen komponiert werden: Zeitabschnitt, Zeitraum, Zeitspanne, die Zeit verrinnt, die Zeit vergeht, Temperaturhöhe, Schwankungsbreite und dergleichen.

Reihe solch nachvollziehbarer Verwendungsweisen kaum zu überblicken ist, kann hier nur eine Auswahl angesprochen werden.

Keiner näheren Erläuterung bedarf die gelegentlich in der Sprachwissenschaft anzutreffende Verwendung von "operationaler Definition" für die Bestimmung von Tätigkeitswörtern (tanzen $=_{def}$ sich rhythmisch zur Musik bewegen). Das sind Nominaldefinitionen, meist dem klassischen Schema *definitio fit per genum proximum et differentiam specificam* folgend; beide Definitionsglieder gehören der gleichen Sprachebene an.

HAYAKAWA nennt als typisches Beispiel für operationale Definitionen Kochrezepte.[114] Hier wird unter "Operation" ganz offensichtlich kein exploratives Handeln verstanden. Denn es geht nicht darum zu prüfen, ob ein bestimmter Begriff auf ein bestimmtes Phänomen anzuwenden ist oder nicht, sondern darum, wie dieses Phänomen überhaupt in die Welt gesetzt werden kann. Nicht eine Prüf- oder Meßoperation wird verlangt, sondern ein Schöpfungsakt. Dabei ist es unerheblich, ob man ein Phänomen über die Anleitung, wie es hergestellt wird, oder, indifferent gegenüber einem Schöpfer, über die Angabe des Vorganges, wie es entsteht, bestimmt. Solche Definitionen gehen zurück auf ARISTOTELES und sind als **genetische Definitionen** bzw. **Kausaldefinitionen** in die Literatur eingegangen.

Im übrigen lassen sich derartige Produktionsanleitungen durchaus für Prüfanweisungen, also für operationale Definitionen in meinem Sinne nutzbar machen. Immerhin ist es möglich, die im Kochrezept empfohlenen Zutaten bzw. deren Zustand nach einer Phase des Verquirlens und Erhitzens als Indizien heranzuziehen, um etwa festzustellen, ob das vorgefundene Etwas zurecht die Bezeichnung "Burgundersauce" trägt oder nicht.

Ein wiederum anderer Operationsbegriff wird bemüht, wenn man Gebrauchsanweisungen als operationale Definitionen rubriziert. Zwar habe auch ich an früherer Stelle bemerkt, instrumentale operationale Definitionen würden sich wie Gebrauchsanweisungen lesen. Dabei hatte ich aber nur Anleitungen für solche Instrumente im Visier, die zu einer Überprüfung, im gegebenen Falle auch zu einer Messung herangezogen werden, also dem hier ausgemachten Zweck dienlich sind. Ein Staubsauger etwa ist in der Regel nicht diesem Zweck unterstellt. Folglich ist eine Gebrauchsanleitung für dieses Gerät meinem Verständnis nach keine operationale Definition des Begriffes "Staubsauger". Akzentuiert man den Begriff der Operation nur ein wenig anders, so macht es aber durchaus Sinn, einen Gegenstand - und ich rede jetzt im Hinblick auf materiell Gegebenes ganz sachbezogen - über die Operationen zu bestimmen, die mit Hilfe dieses Gegenstandes ausgeführt werden können. So ist es nur plausibel, den Gegenstand 'Staubsauger' (real) zu

[114] Vgl. HAYAKAWA (1971), S. 192.

definieren über die Tätigkeiten, die mit diesem Gerät verrichtet werden können. Genauso wie sich eine Tasse eben als jener Gegenstand (real) definieren läßt, den man auf eine ebene Unterlage stellen und an einer eigens dafür angebrachten Vorrichtung von dieser Unterlage wieder abheben kann, als einen Gegenstand, in den man etwas einfüllen und aus dem man etwas trinken kann usw. Soweit Gegenstände über eine Gebrauchsanweisung definiert werden, wird vor allem ihr instrumentaler Charakter herausgestellt.[115] Eine Verbindung zwischen dieser Form der operationalen Definition und der von mir favorisierten Form ergibt sich abermals für den Fall, daß Elemente einer solchen Gebrauchsanweisung zur Exploration herangezogen werden.

Gegenüber diesem Fall ist die Bedeutung von "Operation" nur um eine Nuance versetzt, wenn man Phänomene danach bestimmt, welche Handlungen man **an** ihnen (und nicht, wie soeben, **mit** ihnen) ausführen kann. Der instrumentale Charakter tritt also zugunsten einer passiven Befindlichkeit zurück. Ein Haus etwa läßt sich ausbauen, einreißen, beheizen, verputzen und dergleichen mehr. Auch hier kann man nachvollziehen, wenn eine derartige Bestimmung eines Gegenstandes über Handlungen, die zu "erleiden" er in der Lage ist, als operationale Definition bezeichnet wird. Und wie gehabt können solche "passiven" Merkmale durchaus als Indizien für eine Exploration nutzbar gemacht werden.

Den drei bisher angesprochenen Fällen war, vom indifferenten Schöpfer abgesehen, gemeinsam, daß die Handlung von einem Subjekt ausgeht. Nun läßt sich eine Handlung aber nicht nur am Subjekt, sondern auch am Objekt festmachen. Danach wäre ein Gegenstand auf die Weise (real) zu definieren, daß man auflistet, welche Aktivitäten dieser Gegenstand selbst auszuführen im Stande ist. Das setzt im allgemeinen voraus, daß das Objekt überhaupt aktiv handeln kann, kurzum: belebt ist. Ein derart gelagertes Operationsverständnis findet sich denn auch vornehmlich in der Psychologie, wo etwa Menschentypen danach bestimmt bzw. unterschieden werden, welche Handlungsweisen für sie charakteristisch sind. So ist es denn plausibel, von operationaler Definition zu sprechen, wenn man z. B. extravertierte Menschen als Typen (real) definiert, die sich offen geben, zugänglich sind, ihrerseits soziale Kontakte suchen, gerne über sich sprechen und ähnliches mehr.

---

[115] In Anbetracht eines erweiterten Sinnes von "instrumental" gehören hierher auch die Schachfiguren. Sie werden dadurch (real) definiert, daß man angibt, wie man mit ihnen im Spiel ziehen darf. - Sicher wäre es naheliegend solche instrumentalen Bestimmungen als **Gebrauchsdefinitionen** zu bezeichnen. Doch ist diese Verwendung blockiert, da insbesondere CARNAP diesen Terminus mit Kontextdefinitionen gleichsetzt. Die Akzentverschiebung ist offensichtlich: Im vorliegenden Zusammenhang kommt es darauf an, daß (real) bestimmt wird, was man mit etwas machen kann. CARNAP dagegen wertet schon allein die Eingliederung eines Begriffes in einen syntaktisch-semantischen Verbund als Gebrauch. (Vgl. CARNAP 1928 [1979], § 39) - Andererseits wird anstelle von "operationaler Definition" hin und wieder auch von "instrumenteller Definition" gesprochen, wobei "instrumentell" dann aber eindeutig auf einen explorativen Zweck abzielt (vgl. den Hinweis bei MAYNTZ/HOLM/HÜBNER 1972, S. 18).

Abermals lassen sich auch diese "aktiven" Merkmale als Indizien im Rahmen eines explorativen Vorgehens verwerten.

Die Tatsache, daß bei den genannten Fällen die einzelnen Bestimmungselemente in der Funktion von Indikatoren doch auch für eine operationale Definition in dem Sinne, wie ich diese Bezeichnung verstehe, herangezogen werden können, ist, wie betont, nicht das primäre Motiv, diese Fälle als operationale Definitionen zu klassifizieren.[116] Andererseits lassen sich alle drei Aspekte, der genetische, der instrumentale und vorzüglich der passive, im Sinne eines explorativen Tuns interpretieren. Man kann, durchaus einsichtig, im Verlauf der Exploration einem Objekt so zusetzen, daß seine zu eruierenden Eigenschaften der explorativen Maßnahme überhaupt zugänglich werden. Man generiert also diese Eigenschaften.[117] Man kann, eher abwegig, **mit** diesem Objekt Beobachtungs- und Meßinstrumente "beschäftigen". Und, demgegenüber wieder naheliegend: Man kann Untersuchungen und Messungen **an** diesem Objekt vornehmen.

Wie komplex die Verhältnisse geraten können, mag Raymond B. CATTELLs Definition von "Persönlichkeit" demonstrieren: "Persönlichkeit ist dasjenige, was eine Vorhersage darüber gestattet, was eine Person in einer gegebenen Situation tun wird." Für Carl GRAUMANN ist das eine operationale Definition.[118]

Und in der Tat gibt es in dieser Bestimmung gleich zwei operative Elemente, die zu dieser Klassifizierung Anlaß geben können: Zum einen ist das (empirische) Subjekt mit einer Aktivität beteiligt (Vorhersage treffen). Zum andern hängt diese Aktivität von einer Handlung des (zu untersuchenden) Objekts ab. Selbst wenn diese Bestimmung von CATTELL ganz offensichtlich im Hinblick auf den empirischen Forschungsprozeß getroffen wurde, fällt sie hier doch aus dem Rahmen. Es ist eine **formale Definition**[119] von "Persönlichkeit", die sich als solche auch nicht

---

[116] Vereinigt finden sich die hier verworfenen Verwendungen bei Ralph BORSODI, der in seiner in Details durchaus erhellenden, in Anspruch und Ausführung allerdings sonderbaren Monographie über die Definition (das Problem der Definition, das aus einem der siebzehn Probleme der Menschheit erwächst, soll gelöst werden) zu folgender Bestimmung gelangt: "*Operational Definition* - Definition of a word by describing the operations or activities of the referent - what it does in contrast to what it is - or by describing the operations which may be performed with it, or by the purposes for which it may be used." (1967, S. 28)

[117] Vgl. die Bestimmung von UPMEYER in Anm. 56.

[118] Vgl. GRAUMANN (1960), S. 141 f.

[119] Unter formalen Definitionen verstehe ich Bestimmungen, welche - "versteckt explizit" - Leerstellen enthalten, die erst mit der Anwendung dieser Definitionen auf bestimmte Fälle zu belegen sind. Zum Beispiel erlangt die formale Definition "Kunst $=_{def}$ das, was einem gefällt" erst dann volle Geltung, wenn sie in einem Anwendungsfalle belegt wird, was dann zu folgender Ausformulierung führt: "Für Person P ist der Gegenstand G Kunst, weil G P gefällt." Kommt es bei solchen formalen Definitionen zu keiner Anwendung respektive Belegung, dann sind sie zu weit gefaßt. Denn dann ist im gegebenen Beispiel nicht auszuschließen, daß es für jeden Gegenstand mindestens eine Person gibt, die daran Gefallen findet. Daraus aber folgt: Alles ist Kunst. -

in mein Schema fügt, wonach alle operationalen Definitionen entweder **offene** (gegebenenfalls quasi-offene) oder **geschlossene** operationale Definitionen sind.

Merkwürdigerweise ist man in einem anderen Fall, nämlich bei den **ostensiven Definitionen**, betont zurückhaltend. Auch hier gehören zweifellos Handlungen zum Definieren - Handlungen, die ein Subjekt, wenn auch nicht zum Zwecke der Exploration, auf ein Objekt gerichtet ausführt. Trotz dieser Handlungs-Anteile werden solche Definitionen aber nicht als operationale Definitionen klassifiziert. Das mag damit zusammenhängen, daß man sich lange Zeit nur mit dem Gegenstand und dem Wort befaßt hat, das bei der Zeige-Handlung im Geiste diesem Gegenstand "angeheftet" wird, und darüber die Wichtigkeit gerade der Handlung für das Gelingen ostensiver Definitionen verkannt hat. Ich komme auf dieses Problem zurück.[120] Ebenso wird erst später, in Kap. 10, erörtert, was die Wissenschaftstheoretiker dazu bewog, gerade und ausschließlich die verschiedenen Definitionen für Dispositionsprädikate als operationale Definitionen zu bezeichnen.

Es ist unumgänglich, im vorliegenden Zusammenhang kurz auf WITTGENSTEIN einzugehen. In bezug auf die Sprachtheorie, die WITTGENSTEIN seit etwa 1930 in seinem Spätwerk, namentlich in den 1953 postum erschienenen "Philosophischen Untersuchungen" entworfen hat, spricht Siegfried J. SCHMIDT von einem "operationalen Modell der Bedeutung"[121], und nicht selten findet sich WITTGENSTEINs Bedeutungskonzeption, die er selbst in die programmatische Formulierung "Die Bedeutung eines Wortes ist sein Gebrauch in der Sprache" faßte,[122]

Gleichwohl besitzen solche Definitionen auch ohne Belegung einen vorläufigen Sinn. Dieser besteht im gegebenen Falle schlicht darin, daß diese Bestimmung (eingedenk der eben abgeleiteten Konsequenz) eine einflußreiche Position der modernen Kunstauffassung markiert: den individuellen Subjektivismus.

[120] Eine Beziehung unter einem anderen Aspekt hat bekanntlich BUNGE hergestellt, indem er ostensive und operationale Definitionen als Referitionen klassifiziert (vgl. Anm. 41). Verzerrt wird diese Klassifizierung allerdings von RADNITZKY, wenn er unter Bezugnahme auf BUNGE behauptet, die operationale Definition sei ein Spezialfall der ostensiven Definition (vgl. RADNITZKY 1992, S. 31).

[121] SCHMIDT (1969), S. 19 ff.

[122] WITTGENSTEIN (1951), PU § 43. Zuweilen wird WITTGENSTEINs Spätphilosophie mit dieser Formulierung identifiziert. Dabei übersieht man, daß der späte WITTGENSTEIN diese "Bedeutung aus dem Gebrauch" ausdrücklich "nicht für *alle* Fälle" (ebd.) reklamiert und durchaus andere Formen der Bedeutungskonstituierung einräumt. So diskutiert er z. B. in PU § 139 ff. die Bedeutung eines Wortes, vermittelt durch ein Bild, das sich einstellt, sobald man dieses Wort hört. Das sind deutliche Anklänge an seine eigene, im Tractatus logico-philosophicus vertretene Frühphilosophie und entspricht der traditionellen Vorstellung, wonach ein Wort einen fixen Bezug hat und sich dementsprechend über die Angabe eines Merkmalbündels definieren läßt. - WITTGENSTEINs programmatische Formulierung ist im übrigen eine gleichfalls formale Bestimmung (vgl. Anm. 119). Denn volle Geltung erlangt auch diese Definition nur, wenn sie für einzelne Wörter belegt wird. Unbelegt ist sie dagegen entschieden zu weit, denn sie gilt in dieser Form für jedes Wort und jeden Verwender bzw. jede Verwendung. Beispielsweise ist der individuelle Gebrauch eines Wortes (also auch der Gebrauch, der der allgemeinen Verwendung

kurzerhand als die "operationale Definition der Bedeutung" bzw. "operationale Definition der Begriffe" von anderen Bedeutungstheorien abgesetzt.[123] Zur Charakterisierung von WITTGENSTEINs Theorie wird begrifflich damit ein Zusammenhang hergestellt, der auch in BRIDGMANs Intention lag.

Zu klären ist also, ob zwischen den Konzeptionen beider Autoren irgendwelche Gemeinsamkeiten bestehen. Bevor ich mich jedoch darauf einlasse, will ich kurz der Frage nachgehen, ob denn möglicherweise sogar eine gegenseitige Beeinflussung stattfand. Schon zeitlich auszuschließen ist, daß BRIDGMAN durch WITTGENSTEIN zur Konzeption von der operationalen Definition fand. Als BRIDGMAN nämlich 1927 seine Überlegungen zu einer alternativen Definitionsform veröffentlichte, engagierte sich WITTGENSTEIN gerade als Architekt in der Wiener Kundmanngasse. Zwar zeigte sich WITTGENSTEIN entschlossen, zur Philosophie zurückzukehren (erste Kontakte zum Wiener Kreis wurden gerade geknüpft), doch die späte Sprachtheorie war noch lange nicht konturiert. Was die Einflußnahme von BRIDGMAN auf WITTGENSTEIN angeht, so gibt es zu gewissen Spekulationen durchaus Anlaß. Es ist keinesfalls abwegig, daß der immer auch an den Grundlagen der Naturwissenschaften interessierte WITTGENSTEIN die Schriften von BRIDGMAN kannte und daraus auch Anregungen empfing. Sollte WITTGENSTEIN tatsächlich BRIDGMANs "Logic of Modern Physics" gelesen haben, so dürfte ihm eine Bemerkung nicht entgangen sein, die die Quintessenz seiner eigenen späten Sprachtheorie gleichermaßen apodiktisch vorwegnimmt: "For of course the true meaning of a term is to be found by observing what a man does with it, not by what he says about it. We may show that this is the actual sense in which concepts is coming to be used by examining in particular Einstein's treatment of simultaneity".[124]

Und wenn WITTGENSTEIN nur die deutsche Übersetzung zur Hand hatte, so stand bereits dort jene erst Jahrzehnte später von ihm vorgelegte programmatische Formulierung fast wortgleich zu lesen: "Denn wir müssen den wahren Sinn eines Begriffes natürlich in seiner Verwendung sehen und nicht in der Meinung, die jemand von ihm hat. Wir wollen am Beispiel der Behandlung des Gleichzeitigkeitsbegriffes durch Einstein zeigen, daß die wahre Bedeutung eines Begriffes künftig in seiner Anwendung gesehen wird."[125] Bei aller Mutmaßung - meines Wissens verwendet WITTGENSTEIN aber an keiner Stelle das Attribut "operational".

---

zuwiderläuft) ja nicht ausgeschlossen. Andererseits erhält diese Bestimmung insoweit einen vorläufigen Sinn, als in ihr die sprachtheoretische Position des späten WITTGENSTEIN (wenn auch zu pauschal) konzentriert ist.

[123] Vgl. HENNE/WIEGAND (1969), S. 138; HEGER (1976), S. 32.

[124] BRIDGMAN (1927), S. 7. Wiederholt findet sich diese Auffassung von einer Gebrauchsbedeutung 1938 (S. 117) - abermals verdächtig ähnlich WITTGENSTEINs späteren Formulierungen.

[125] Vgl. BRIDGMAN (1927) - in der deutschen Übersetzung von 1932, S. 6.

Was ist nun der Grundgedanke von WITTGENSTEINs später Sprachtheorie? WITTGENSTEIN wählt zur Illustration seiner Thesen wiederholt das Bild von den Wörtern als Werkzeugen bzw. Instrumenten.[126] Mit diesem Vergleich stellt er selbst ganz unverblümt den Bezug sprachlicher Zeichen zu Handlungen heraus und provoziert damit geradezu, hinsichtlich seiner Bedeutungs-Definition von operationaler Definition zu sprechen. Gleich dem Handwerker, der mit seinen verschiedenen Instrumenten hantiert und dabei unterschiedliche Handlungen ausführt, bedient sich der Sprachbenutzer der einzelnen Wörter, um damit Verschiedenes zu tun. Er kann Fragen stellen, Bitten äußern, Informationen geben usw.[127]

Wenn WITTGENSTEIN sagt, die Bedeutung eines Wortes würde sich aus dessen Gebrauch in der Sprache ergeben, so richtet er seine Aufmerksamkeit ja nicht nur auf das, was man mit einem Wort alles tun kann, sondern ganz allgemein darauf, welche Tätigkeiten den Gebrauch eines Wortes sozusagen begleiten. Aus dieser Koinzidenz von Handlung und Wortgebrauch leitet er seine zentrale These ab: Die Bedeutung eines Wortes konstituiert sich über die Handlungen, die man vollzieht, während man dieses Wort verwendet. Entscheidend dabei ist, daß nicht jedes Wort beliebig mit jeder möglichen Handlung zusammengehen kann. An dem von WITTGENSTEIN gewählten Bild verdeutlicht: Mit verschiedenen Werkzeugen läßt sich ganz Unterschiedliches verrichten. Ein einzelnes Werkzeug erhält aber gerade dadurch eine spezifische Funktion - übertragen auf ein Wort heißt das: eine (spezifische) Bedeutung -, daß man mit ihm ganz bestimmte Operationen ausführen kann - und andere eben nicht! Die mit einem Werkzeug möglichen Verrichtungen definieren gleichsam dieses Werkzeug. Der Hammer etwa erfährt seine Funktion ("Bedeutung") als Werkzeug u. a. dadurch, daß man damit Nägel einschlagen, nicht aber Schrauben eindrehen kann. Mit dem Wort "Haus" kann ich nach einem Gebilde der physischen Welt fragen, in das ich sogleich einzutreten gedenke; es ist aber nicht möglich, mit diesem Wort im Fleischerladen etwas zu verlangen, womit ich dann meinen Hunger stillen kann.

Um nun den Unterschied zwischen BRIDGMAN und WITTGENSTEIN deutlich vor Augen zu haben, vergegenwärtige man sich abermals die operationalistische Grundfrage in ihrer zweifachen Version. Einmal sachbezogen: Welche Operationen muß ich ausführen, um ein bestimmtes Phänomen als solches identifizieren zu können? Und sprachbezogen: Welche Operation muß ich ausführen, um ein bestimmtes Phänomen als solches bezeichnen zu können? Die erste Version hat etwas mit dem explorativen Zweck zu tun, die zweite Version etwas mit der Referenzbedeutung. Damit sind die ersten beiden und zugleich entscheidenden Unterschiede zu WITTGENSTEIN auch schon angesprochen.

---

[126] Vgl. WITTGENSTEIN (1951), PU §§ 11, 421, 569. Noch deutlicher: WITTGENSTEIN (1958) im Wiederabdruck der deutschen Übersetzung 1970, S. 107 f. sowie WITTGENSTEIN (1969), § 31, S. 67.

[127] Vgl. PU § 11.

Wenn denn in bezug auf WITTGENSTEINs späte Bedeutungskonzeption von "operationaler Definition" gesprochen wird, so ist jetzt klar, daß hierbei ein gänzlich anderer Operations-Begriff zugrundeliegt. Die Handlung geht zwar abermals vom Subjekt (Sprachbenutzer) aus, aber das Subjekt geht nicht mit einem Objekt um (wie bei einer Prüf- oder Meßoperation), sondern verhält sich bloß und spricht dabei. Dieses Verhalten kann zwar auch der Exploration dienen, aber es muß nicht diesem einzigen Zweck unterstellt sein. Während BRIDGMAN also - und dies ist der erste Unterschied - von der Warte des empirisch vorgehenden Naturwissenschaftlers aus nur Prüf- bzw. Meßoperationen in Betracht zieht, sind für WITTGENSTEIN schlechthin alle "von Wörtern begleitete" Handlungen des Menschen bedeutungskonstituierend.

Unter dem Aspekt des Werkzeugcharakters von Sprachzeichen wäre es sicher angemessener, wenn man sagen würde, WITTGENSTEIN habe "Bedeutung", da die Wörter gleich den Werkzeugen über jeweils typische Funktionen bestimmt sind, **funktional** definiert. Hier von "operationaler Definition" zu sprechen ist mißverständlich und die gelegentlich anzutreffende Behauptung, WITTGENSTEIN habe eine "Gebrauchsdefinition" der Begriffe bzw. der Bedeutung vorgelegt, verbietet sich aus einem anderen Grund.[128]

Bei der Rede von der "operationalen Definition" in bezug auf WITTGENSTEINs späte Sprachkonzeption hat das Attribut "operational" zudem einen Beiklang, der BRIDGMANs Intention nachgerade verfehlt. "Operational" besagt hier denn nicht nur, daß sich die Bedeutung über die den Wortgebrauch begleitenden Operationen einstellt, sondern damit ist zugleich gemeint, daß die Bedeutung von Anwendungsfall zu Anwendungsfall schwankt, also flexibel und keineswegs über alle Anwendungen hinweg fix ist.[129]

Daß mit der sprachbezogenen Version der operationalistischen Grundfrage die Referenztheorie der Bedeutung beansprucht wird, habe ich an früherer Stelle ausgeführt (vgl. Kap. 4.3). Für die zweite hier zu treffende Abgrenzung sei lediglich ergänzt: Während BRIDGMAN ganz offensichtlich nur an die Referenzbedeutung denkt, geht es WITTGENSTEIN ja gerade darum, diese, seiner Ansicht nach simplifizierende Vorstellung von der Wortbedeutung zu überwinden.

---

[128] Vgl. Anm. 115.

[129] Nicht zuletzt wegen dieses Beiklangs ist es fragwürdig, wenn WITTGENSTEIN zur Erläuterung seiner Konzeption von der Wortbedeutung immer wieder die - doch starre - Verwendung von Schachfiguren als Vergleich heranzieht (vgl. PU §§ 31, 33-35, 563). STEGMÜLLER, der die Sprachtheorie des späten WITTGENSTEIN gar als "Schachtheorie der Sprache" bezeichnet, hat im einzelnen dargelegt, warum dieser Vergleich hinkt (vgl. STEGMÜLLER 1976, S. 591 ff.).

Ein dritter Unterschied wird offenbar, sobald man sich vergegenwärtigt, wie verschieden denn für beide Autoren die Form ist, in der sich (operationale) Definitionen präsentieren. Im Gegensatz zu BRIDGMAN läßt WITTGENSTEIN an keiner Stelle den Gedanken aufkommen, seine Bedeutungsdefinition sei irgendwie in das traditionelle zweigliedrige Definitionsschema zu bringen. Selbst wenn man WITTGENSTEINs später Sprachtheorie dieses Schema unterlegen würde, so gäbe es doch keinen Zweifel daran, daß dabei auf der Definiens-Seite nichts sprachlich Fixiertes steht, sondern dort nur der Sprachbenutzer im Umgang mit Instrumenten, Gegenständen oder sonst irgendwelchen Phänomenen waltet. Das aber entspricht dem handlungstheoretischen Verständnis von der operationalen Definition (vgl. Kap. 3). Eine Ähnlichkeit zwischen BRIDGMAN und WITTGENSTEIN besteht demnach nur insofern, als sich BRIDGMAN in seinen frühen Einlassungen zumindest dem Verdacht aussetzt, eben diesem Verständnis anzuhängen.

Von BRIDGMAN weit entfernt ist WITTGENSTEIN schließlich viertens in der Art und Weise, wie er diese handlungstheoretische Position transzendiert. Es genügt WITTGENSTEIN denn nicht, daß schlechthin alle Handlungen des Menschen bedeutungskonstituierend sind, sondern seiner Ansicht nach unterliegt jede Handlung des Menschen irgendwelchen - aus der Natur der menschlichen Art sich ergebenden - "Lebensformen", die die Bedeutung mittragen. Und wenn der Sprachbenutzer bei der Verwendung eines Wortes dann auch noch mit einem (Meß-)Instrument hantiert (WITTGENSTEIN spricht hier in einem anderen Sinne als zuvor von einem "Instrument der Sprache"[130]), so gehört eben nicht nur dieses individuelle Instrument zur Bedeutung eines Wortes, sondern auch das ideale Muster dieses Instruments oder, wie WITTGENSTEIN sagt: "das Paradigma (...), womit verglichen wird" (ebd.). Zur Bedeutung der Längenbegriffe gehört neben der (idealen) Meßoperation nicht nur irgendein gerade zuhandener Meterstab, sondern auch dessen Ideal, nämlich das Urmeter,[131] ebenso wie das System der Farben, repräsentiert in der Farbtabelle bzw. dem Farbenoktaeder, die Bedeutung eines jeden einzelnen Farbwortes konstituiert oder, wie WITTGENSTEIN formulieren würde: zur Grammatik der Farbwörter gehört. Tatsächlich geht er aber noch einen Schritt weiter: Diese Instrumente **sind** Grammatik.[132]

[130] Vgl. PU § 50.
[131] Vgl. ebd.
[132] Vgl. WITTGENSTEIN (1964), wo es im Wiederabdruck 1970, S. 75 heißt: "Das Farbenoktaeder ist Grammatik (...)".

8. Geschlossene operationale Definitionen

8.1 Die operationale Definition von Begriffen mit direktem empirischem Bezug

"Steht in der Ecke ein Stuhl?" - "Schau doch hin!" Die Frage könnte von George Edward MOORE stammen, der gerade an der Existenz der Außenwelt zweifelt, die lakonische Antwort von Ludwig WITTGENSTEIN, der damit den Beweis ihrer Existenz antritt. Auch wenn es den beiden Kontrahenten um ontologische Probleme gehen mag, so ist dieser bescheidene Dialog für die hier anstehende Fragestellung doch nicht ohne Reiz. Denn was WITTGENSTEIN MOORE erwidert, könnte ebensogut eine Antwort auf die operationalistische Grundfrage sein, was denn zu tun, welche Operation denn auszuführen sei, wenn man in Erfahrung bringen wollte, ob der Begriff "Stuhl" auf den in der Ecke stehenden Gegenstand zutrifft oder nicht. Und es bedarf keiner Anstrengungen, eine entsprechende operationale Definition zu formulieren:

(108) Stuhl $=_{def}$ hinschauen

Da dieser Ausdruck auf den ersten Blick befremdlich erscheint, seien zum besseren Verständnis der weiteren Argumentation einige Bemerkungen vorausgeschickt. Begriffe mit direktem empirischem Bezug sind schlichtweg Begriffe, die sich auf unmittelbar Gegebenes beziehen (meiner Diktion zufolge also Designatoren). Nun habe ich bislang aus guten Gründen gezögert zu klären, was man denn unter "unmittelbar gegeben" zu verstehen hat, möchte aber jetzt drei mögliche Bestimmungen einführen. Dabei reicht die dritte Bestimmung als Arbeitskriterium für meine Zwecke völlig aus. Die Bedeutung von Begriffen, die sich auf unmittelbar Gegebenes beziehen, kann erstens innerhalb einer simplen Referenzsemantik entwickelt werden. Von dieser Möglichkeit, daß nämlich der Begriff für ein Referenzobjekt steht, war wiederholt die Rede. Zweitens kann man das unmittelbar Gegebene aber auch als Reiz betrachten, der unsere Sinne affiziert, und die auf solche Reize bezogenen Begriffe, entsprechend Willard V. O. QUINE, mit einer Reizbedeutung füllen. Drittens kann man davon ausgehen, daß alle Begriffe, die sich auf unmittelbar Gegebenes beziehen, ostensiv definiert werden können. Unmittelbar gegeben ist danach alles, worauf mit dem Finger gezeigt werden kann. Diese dritte Bestimmung ist mir deshalb sympathisch, weil damit Einschränkungen verbunden sind, die die bevorstehende Erörterung vereinfachen: Zum einen soll es nur um Begriffe gehen, die sich auf materiell Gegebenes beziehen. Zum anderen ist "unmittelbar gegeben" gleichbedeutend mit "unmittelbar beobachtbar", d. h., von allen menschlichen Sinnen ist nur der Gesichtssinn betroffen.[133]

---

[133] Gelegentlich wird die Kategorie "ostensive Definition" in einem erweiterten Sinne gebraucht (vgl. BORSODI 1967, S. 31 f.). Schließlich kann man auch auf Eigenschaften, die nicht den Gesichtssinn, sondern andere Sinne affizieren, "hinweisen". Demnach läge eine ostensive Defi-

Das Unbehagen, das einen angesichts von Ausdruck (108) beschleicht, rührt daher, daß man nicht recht weiß, ob es irgendeinen Sinn macht, gegenüber unmittelbar Beobachtbarem jenen operationalistischen "point of view" einzunehmen. Sprachbezogen argumentiert: Hat es Sinn, Begriffe, die sich auf unmittelbar Beobachtbares beziehen, also Designatoren, operational zu definieren? Denn wie solche Designatoren zu ihrer Bedeutung gelangen, bereitet ja kein allzu großes Kopfzerbrechen, zumindest erscheint es unproblematisch, wie darüber zu befinden ist, ob ein Designator auf ein (beobachtbares) Phänomen anzuwenden ist oder nicht. Entwickelt man die Problematik vor dem Hintergrund der ersten spezifischen Bestimmung OD_1 (vgl. Kap. 4.2), so muß man in der Tat bezweifeln, ob mit der operationalen Definition von Designatoren irgend etwas gewonnen ist. Denn jetzt steht plötzlich auf der linken Seite der Definition ein Designator. Das Definiendum muß also nicht erst auf etwas Beobachtbares bezogen werden, da es selbst etwas Beobachtbares bezeichnet. Damit scheint eine operationale Bestimmung ihren Sinn verloren zu haben. Denn was gemäß des operationalistischen Ansatzes das Definiendum mit Bedeutung erfüllt und erst mit dem Definiens vermittelt werden soll, ist jetzt schon, wenn auch implizit, im Definiendum enthalten. Trotz dieser ungünstigen Ausgangssituation will ich die durch jenen kleinen Dialog angeregte Argumentation fortsetzen.

Beispiel (108), für den vorliegenden Zweck stilistisch verbessert

(109) Stuhl $=_{def}$ beobachten

unterliegt

Schema I [Definiendum] $=_{def}$ [Operation]

und gefällt als explizite, nicht-instrumentale operationale Definition. Mit dem Umstand, daß jetzt nicht mehr Begriffe für physikalische Eigenschaften operational zu definieren sind, ist vorerst nur negativ beschieden, daß man es nicht mehr mit offenen operationalen Definitionen zu tun hat. Der positive Bescheid, mit Ausdruck (109) liege eine geschlossene operationale Definition vor, steht einstweilen aus, da das Definiens überhaupt nichts enthält, was auf einen inhaltlichen Maßstab schließen läßt.

---

nition von "bitter" vor, wenn ein kundiger Sprecher in einem Kommunikationsakt seinen Gesprächspartner Mandeln kosten läßt und dabei den Satz spricht: "Den Geschmack, den du jetzt auf der Zunge hast, nennt man 'bitter'." Kaum mehr vertretbar ist die Ansicht ZETTERBERGs, Begriffe, die eine moralische Bewertung beinhalten, seien ebenfalls ostensiv zu definieren, und zwar dadurch, daß man einem Kommunikationspartner eine gute Tat zeigt (vgl. ZETTERBERG 1965, S. 34 f.).

Zieht man die am Ende von Kap. 6.2 offerierte Einteilung heran, wonach sich das Definiens operationaler Definitionen in einen operativen und einen deskriptiven Teil gliedert, so ist festzuhalten, daß das Definiens von Ausdruck (109) lediglich einen operativen Teil enthält. Es wird gesagt, was man tun muß ("beobachten"), aber worauf sich dieses Tun zu beziehen hat, erfährt man nicht. Es ist, um eine ebenfalls eingeführte Kategorie zu verwenden, eine offene Operation, die durch kein Kriterium zu Ende bzw. zum Erfolg gebracht werden kann. Insofern handelt es sich bei Ausdruck (109) um eine **unvollständige** operationale Definition, vergleichbar dem Ausdruck

(110) Länge $=_{def}$ messen

Auch hier ist die auszuführende Handlung ein offenes Tun, das - da kein Kriterium vorhanden ist - weder mit einem positiven noch mit einem negativen Ergebnis abgeschlossen werden könnte.

Was den zu definierenden Begriff angeht, scheint mit der Information, die das Definiens hergibt, nicht viel erreicht. Die im Definiens angegebene Operation ist zu allgemein, als daß sie irgendwelche bedeutungsdifferenzierende Funktion haben könnte. Auch in dieser Hinsicht ist Ausdruck (109) mit Ausdruck (110) vergleichbar: Um die Ausprägung irgendeiner physikalischen Eigenschaft in Erfahrung bringen zu können, steht Messen an - eine Operation, die zur Erfassung aller physikalischen Eigenschaften gleichermaßen verlangt wird und insofern als Bedeutungs-Konstituens keine diskriminierende Funktion hat. Dennoch ist das, was im Definiens von Beispiel (109) steht, nicht wertlos. Immerhin erfährt man, daß - sachbezogen - ein Stuhl etwas ist, das beobachtet werden kann. Um den Wert dieser Information in sprachbezogener Hinsicht erkennen zu können, bedarf es eines kleinen Kniffs.

Sofern Ausdruck (109) als operationale Definition gemäß Schema I verstanden wird, ist es nur naheliegend, daß bei der Beschreibung der Operation der Tätigkeits-Charakter (das "operative Element") in Form des Verbs herausgestellt wird. Man kann diese Beschreibung sprachlich aber auch anders gestalten, indem man eine aus dem Verb abgeleitete Adjektivform wählt:

(111) Stuhl $=_{def}$ beobachtbar

Mit dieser formalen Transformation geht eine folgenreiche Umgewichtung einher: Jener Tätigkeits-Charakter verliert sich, an seine Stelle tritt ein Eigenschafts-Charakter. Was jetzt im Definiens steht, kann nicht mehr als Antwort auf die operationalistische Grundfrage verstanden werden, sondern entpuppt sich als Eigenschaft der zu bestimmenden Größe. Sachbezogen formuliert heißt das: Stühlen kommt die Eigenschaft zu, daß sie beobachtbar sind; sprachbezogen gewendet: "beobachtbar" ist ein sprachliches Merkmal von "Stuhl". Selbst wenn man Ausdruck (111) nicht mehr als operationale Definition zu betrachten geneigt ist, so ist dieser Ausdruck doch aus einer operationalen Definition abgeleitet.

Zwar wurde mit dieser Ableitung etwas gewonnen, doch mutet dieser Gewinn immer noch so bescheiden an, daß Zweifel bleiben, ob es Sinn macht, Begriffe mit direktem empirischem Bezug operational zu definieren. Die Skepsis dürfte allerdings weichen, sobald man andere Beispiele heranzieht. Mit Ausdruck (109) bin ich davon ausgegangen, daß der zu definierende Begriff Elemente einer Klasse von eigenständigen (materiellen) Gebilden bezeichnet. Wie aber steht es mit Begriffen, die keine solchen Gebilde, sondern Eigenschaften bezeichnen? Man erinnere sich: Nach wie vor virulent ist das Problem, daß Eigenschaftsbegriffe nicht intensional definiert werden können. Eigenschaften von Eigenschaften lassen sich schwerlich konzipieren. Doch wie verhält es sich, wenn man Eigenschaftsbegriffe operational zu definieren versucht?

Wenn ich mich jetzt auf Farben bzw. Farbwörter einlasse, muß eine zweifache Abgrenzung gegenüber den hier gesondert behandelten Begriffsarten (physikalische Begriffe und Dispositionsprädikate) gezogen werden:
(1) Wie allseits geläufig, kann man Farben auch als physikalische Eigenschaften bestimmen. Je nach der Wellenlänge des Lichtes, das farbige Flächen bei natürlicher Beleuchtung reflektieren, lassen sich die Farbtöne dieser Flächen voneinander unterscheiden. Für den wissenschaftlichen Gebrauch müßte eine Operationalisierung der Farbwörter also über dieses Verfahren der Frequenzmessung erfolgen.[134] Das interessiert im Moment aber nicht. Hier kommt es allein darauf an, daß der Gebrauch der Farbwörter, auch ohne auf diese physikalische Bestimmung rekurrieren zu müssen, gelernt werden kann bzw. daß es dieser wissenschaftlichen Definition überhaupt nicht bedarf, um Farbwörter sinnvoll und ohne Mißverständnisse zu verwenden. Bei den sich anschließenden Ausführungen geht es also nur darum, insoweit etwas zur Semantik der Farbwörter beizutragen, als diese Begriffe dem Vokabular der Alltagssprache angehören.[135]

---

[134] Es würde sich dann um quasi-geschlossene operationale Definitionen handeln (vgl. Kap. 6.2): Um die Farbe 'rot' zu ermitteln, muß das Meßinstrument für die Wellenlänge (offener Maßstab!) einen Wert zwischen 600 und 780 nm [Nanometer] (Kriterium!) anzeigen. Eine Bestimmung, die strukturgleich ist mit der bereits bekannten Definition: Um das Zeitintervall '1 Tag' zu bestimmen, muß sich der Minutenzeiger des Zeit-Meßinstruments (offener Maßstab!) 24 mal über die Kreisfläche drehen (Kriterium!).

[135] Den Gebrauch der Farbwörter auf jene physikalische Bestimmung der Farben gründen zu wollen, ist nach G. E. MOORE bekanntlich ein naturalistischer Fehlschluß ("naturalistic fallacy"; vgl. in der deutschen Übersetzung von 1970, S. 40 f.). Was die operationale Bestimmung der Farbwörter angeht, muß dieser Einwand jedoch relativiert werden. Denn man kann sich - wenn auch nur im wissenschaftlichen Bereich - sehr wohl Verhältnisse vorstellen, wo die Messung der Lichtschwingungen die Methode der Wahl ist, um herauszufinden, ob das, was ein Körper "ausstrahlt", "rot" genannt werden kann oder nicht.

(2) Auch sei von der Möglichkeit abgesehen, Farben als Dispositionen zu behandeln. Immerhin könnte man, wie später noch zu diskutieren sein wird, den Zusammenhang konstruieren, eine Fläche würde nur unter der Bedingung, daß natürliches Licht auf sie fällt, dem menschlichen Auge in ihrer tatsächlichen Farbe erscheinen.

Greift man den Farbton 'Rot' heraus und imaginiert eine Situation, vergleichbar dem Umstand, der MOORE mit WITTGENSTEIN ins Gespräch brachte, so lautet die operationalistische Grundfrage: Wie kann man feststellen, ob eine bestimmte Fläche rot ist bzw. ob diese Fläche bezüglich ihrer Farbigkeit mit dem Begriff "rot" bezeichnet werden kann? Eine entsprechende Antwort läßt sich wie gehabt in eine operationale Definition bringen:

(112) rot $=_{def}$ beobachten

Ebenso wie Ausdruck (109) folgt auch diese Bestimmung Schema I. Als explizite, nicht-instrumentale operationale Definition repräsentiert Ausdruck (112) gleichwohl eine unvollständige Definition: für die auszuführende Handlung gibt es weder ein Erfolgs- noch ein Mißerfolgskriterium. Und von einer bedeutungsdifferenzierenden Funktion des Definiens kann ebenfalls keine Rede sein.

Wenn man nun wie bei Ausdruck (111) das Definiens bearbeitet und den Tätigkeits-Charakter zugunsten eines Eigenschafts-Charakters zum Verschwinden bringt, schafft man wiederum einen interessanten Übergang. Von der Beschreibung der auszuführenden Operation gelangt man zu einer Charakteristik der zu bestimmenden Eigenschaft:

(113) rot $=_{def}$ beobachtbar

Nachdem sich eine intensionale Definition für Eigenschaftsbegriffe zwar verbietet, ist man über eine operationale Definition eines solchen Begriffes (Ausdruck [112]) aber doch zu so etwas wie einer Eigenschaft einer Eigenschaft gekommen. Was damit die operationale Analyse erbracht hat, nämlich daß 'Rot' bzw. alle Farben beobachtbar sind, ist mehr oder minder vergleichbar mit jener phänomenologischen Einsicht, alle Farben seien ausgedehnt. Während diese phänomenologische Einsicht das Wesen von Farben im Hinblick auf den ontologischen Aspekt erhellt, betrifft die operationale Analyse den erkenntnistheoretischen Aspekt.

In gleicher Weise kann man auch bereits abgehandelte Operationalisierungen transformieren. Aus

(41) lang_R $=_{def}$ messen

folgt analog

(114) $lang_R =_{def}$ meßbar

Auch 'meßbar' sagt, wenn man so will, etwas aus über das Wesen der räumlichen Ausdehnung.

Angesichts dieser Transformationen, die für alle Beobachtungsbegriffe gleichermaßen durchgeführt werden können, stellt sich einmal mehr die Frage, woher denn die Informationen stammen, die im Definiens der analysierten Beispiele erscheinen. Darauf gibt es eine klare Antwort: Wer ein Wort ostensiv lernt, der erfährt nicht nur, daß dieses Wort dem Phänomen, auf das gezeigt wird, als Name "angeheftet" ist, sondern der lernt zudem ein Verfahren, wie er in anderen Situationen entscheiden kann, ob ein solches Phänomen gegeben ist oder nicht bzw. ob auf das gegebene Phänomen das gelernte Wort anzuwenden ist oder nicht. Was da zusätzlich gelernt wird, ist aber nichts anderes als eine Antwort auf die operationalistische Grundfrage. Ich kann das Wort "Stuhl" verwenden, weil es eine Person gab, die mir Sprache beibringen wollte und eines Tages auf einen Gegenstand zeigte, ich meinen Blick in Richtung ihres Fingers wandte, **den Gegenstand sah** und dabei hörte, wie diese Person das Wort "Stuhl" aussprach. Ich kann das Wort "rot" verwenden, weil jemand auf eine Fläche zeigte, ich meinerseits **auf die Fläche schaute**, tatsächlich etwas sah und während dieser Wahrnehmung auch noch vernahm, wie diese Person laut und deutlich "rot" sagte.[136] Beim ostensiven Definieren wird ein Wort durch Zeigen gelehrt und durch Hinschauen gelernt. Bezieht man diese Einsicht auf den vorliegenden Kontext, so läßt sich verallgemeinern: Bei der Operationalisierung von Designatoren erscheint im operativen Teil des Definiens eine Information, die beim Spracherwerb mitgelernt wird und dann später jederzeit durch Reflexion auf den Sprachgebrauch wieder abgerufen werden kann. Erneut ist man bei der Analyse der operationalen Definition also an einer Station angekommen, wo nicht empirisch erworbenes Wissen in die operationale Definition einfließt.

Bisher gab es keinen Anlaß, Designatoren über instrumentale operationale Definitionen zu bestimmen. Doch kann man sich unschwer Situationen vorstellen, in denen gemeinhin direkt beobachtbare Phänomene nur unter dem Einsatz von Instrumenten erfahrbar sind. Bevor ich aber solche Umstände entwickle, sei kurz ein

[136] Das Problem, daß der Fingerzeig möglicherweise einer anderen Eigenschaft dieser Fläche gilt, sei hier ausgeklammert. WITTGENSTEIN, der sich mit diesem Mißverständnis befaßte, gab zu bedenken, daß eine ostensive Handlung überhaupt nur gelingen kann, sofern beim Lerner schon einiges an Sprachverständnis vorbereitet ist. Dabei fand er zu einer Unterscheidung - der Gebrauch eines Wortes kann nur verstanden werden, wenn zuvor dessen Rolle in der Sprache bekannt ist (PU §§ 30, 156, 182) -, die erst später von Ulrich STEINVORTH systematisch erhellt wurde (vgl. STEINVORTH 1969).

Sonderfall betrachtet. Auf die banale Frage: Womit beobachtet man? gibt es eine ebenso banale Antwort, gleich in die Form einer operationalen Definition gebracht:

(115) Stuhl $=_{def}$ mit den Augen beobachten

Ein Ausdruck, der offensichtlich nach

Schema IV [Definiendum] $=_{def}$ [Operation, Instrument]

gebildet ist.

Zwei Gründe sprechen indes dagegen, die rechte Seite von Schema IV in dieser Weise aufzublasen: Erstens gerät das Definiens damit zu einer Tautologie. Mit einer solchen Erweiterung ist praktisch keinerlei Informationszuwachs verbunden. In theoretischer Hinsicht könnte man allenfalls erwägen, ob mit der Angabe dieses natürlichen Instrumentes der Vorgang des Beobachtens nicht doch irgendwie präzisiert wird, oder - hochtrabend gesprochen - das Beobachten gar in seinem Wesen erfaßt wird. Es wurde ja schon einmal die Möglichkeit bedacht, daß das Konstruktionsprinzip des einzusetzenden Instrumentes für die Bedeutungskonstituierung relevant werden kann. Ein zweiter Grund, der gegen Ausdruck (115) spricht, ist mit der Vereinbarung gegeben, als Instrument nur künstliche, d. h. zur Unterstützung der natürlichen Sinne gefertigte Instrumente zuzulassen. Nicht zuletzt dieser Grund verbietet es auch, die Tautologie auf seiten des Definiens gemäß

Schema VII [Definiendum] $=_{def}$ [Instrument]

wieder aufzulösen:

(116) Stuhl $=_{def}$ Augen

Bei aller Abartigkeit dieses Ausdrucks, mit der Angabe des "natürlichen Instruments" werden doch auch jetzt - implizit - Konstruktionsprinzipen mitgeliefert, die etwas vermitteln über die Art und Weise, wie das mit dem Definiendum benannte Phänomen empirisch zu erfassen ist.

Der Einsatz eines vorgefertigten Instrumentes ist nachgerade geboten, wenn man jenen fiktiven Dialog zwischen MOORE und WITTGENSTEIN an eine besondere Situation bindet. Es könnte ja sein, daß die beiden aus dem Fenster über den Hof schauen und sich über einen Stuhl unterhalten, der auf einem Balkon des gegenüberliegenden Hauses steht und nur mit Hilfe eines Fernglases ausgemacht werden kann. Wollte man unter diesen spezifischen Umständen "Stuhl" operational definieren, hätte man sich wieder an Schema IV zu halten und demgemäß zu operationalisieren:

(117) Stuhl $=_{def}$ mit dem Fernglas beobachten

Ich will die Diskussion darüber, welche Rolle die Einbeziehung des situativen Kontextes für die Bedeutungskonstituierung spielt, nicht erneut entfachen. Allein jener gestrenge Empiriker aus Kap. 6.1 soll als Exponent der strengsten Fassung des operationalistischen Sinnkriteriums noch einmal zu Wort kommen und über die Berechtigung von Definition (117) urteilen: Ohne den Einsatz eines Fernglases, so würde er deklamieren, kann man nicht entscheiden, ob jener Gegenstand im Hause gegenüber ein Stuhl ist oder nicht. Sprachbezogen und mit einer schon leicht komischen Note: Ohne Fernglas kann der Begriff "Stuhl" nicht angewendet werden.

An diesem Beispiel wird erstmals deutlich, daß es sehr wohl erforderlich sein kann, auch Begriffe, die sich auf direkt Beobachtbares beziehen, operational zu definieren. Immer können ja Umstände herrschen, die dazu zwingen, die Operation des Beobachtens derart zu spezifizieren.

Was die Beurteilung von Ausdruck (117) im Vergleich zu Ausdruck (115) angeht, hat sich in einer Hinsicht nichts verändert. Ob im Definiens ein natürliches oder ein künstliches Instrument angegeben ist, das einzusetzende Instrument gehört in allen besprochenen Fällen stets zur auszuführenden Operation, d. h., mit der Angabe des Instrumentes wurde lediglich der operative Teil des Definiens erweitert. Da ein Kriterium für den Erfolg bzw. Mißerfolg der Operation aber nach wie vor fehlt, handelt es sich bei Ausdruck (117) ebenfalls um eine unvollständige operationale Definition. An diesem Mangel ändert sich auch dann nichts, wenn man - mehr als Spielerei - das Definiens jetzt gemäß Schema VII um die explizite Angabe der Operation verkürzt:

(118) Stuhl $=_{def}$ Fernglas

Mit viel Wohlwollen könnte man für diesen Ausdruck noch die Umschreibung formulieren: In bestimmten Situationen kann man über den Gebrauch des Begriffes "Stuhl" nur befinden, indem man ein Fernglas einsetzt. Genaugenommen ist das aber nicht einmal mehr eine "Telegrammstil-Definition". Denn während im Definiens von Ausdruck (116) mit der Instrumentenangabe "Auge" ja das Konstruktionsprinzip des Sehapparates und damit, zumindest von der naturwissenschaftlichen Warte aus, etwas zum Prinzip des Sehens mitgeliefert wird, leistet die Angabe "Fernglas" allenfalls einen Beitrag zum Wesen des Vergrößerns.

In einer anderen Hinsicht muß die Beurteilung jedoch revidiert werden. Die Information, die nämlich jetzt im operativen Teil des Definiens steht, ist nicht mehr über den Spracherwerbsprozeß vermittelt, sondern aus einer empirisch gewonnenen Erkenntnis abgeschieden. Denn ob in der inszenierten Situation ein Fernglas das adäquate Instrument ist, das läßt sich letztlich nur empirisch entscheiden.

Die bisherige Diskussion litt unter dem Handikap, daß sich keine Möglichkeit bot, die zu definierenden Designatoren (in der Position des Definiendums) vermittels **vollständiger** operationaler Definitionen zu bestimmen. Doch auch das läßt sich in Szene setzen. Ändert man nur ein wenig die Perspektive, so zeigt sich, daß diese Möglichkeit sogar in jenem kleinen Dialog zwischen MOORE und WITTGENSTEIN angelegt ist. Um das herauszupräparieren, sei einmal auf beiden Seiten der Definition der situative Kontext miteinbezogen. Der zu definierende Begriff ist dabei fett markiert:

(119) in der Ecke steht ein **Stuhl** $=_{def}$ den Blick auf den Gegenstand in der Ecke richten

Noch augenfälliger tritt durch die leicht formalisierte Variante

(120) X ist ein **Stuhl** $=_{def}$ auf Gegenstand X schauen

zutage, daß sich die Situation jetzt schlagartig verändert hat. Denn auf seiten des Definiens zeichnet sich so etwas wie ein Kriterium ("Gegenstand X") für die auszuführende Operation ("schauen") ab. Es wird jetzt nämlich gesagt, wenn auch noch wenig spezifiziert, worauf sich diese Operation zu richten hat: auf den Gegenstand X. Die Operation hat plötzlich ein Ziel. Wiederum taucht aber das Problem der Zirkularität auf. Denn um das Definiens von Ausdruck (120) formulieren zu können, muß ich schon etwas über dieses Ziel - das es ja erst zu bestimmen gilt - wissen. Zumindest bedarf es der Information, daß dieses Ziel meiner Operation eine eigenständige, materiell gegebene Einheit, kurzum ein Gegenstand neben anderen Gegenständen ist.

Das Mißbehagen ob dieser Zirkularität schwindet, sobald man jenes Vorwissen für einen bestimmten Kontext spezifiziert. So könnte es ja sein, daß ich verschiedene Teile an diesem Gegenstand kenne und auch zu benennen in der Lage bin, jedoch nicht weiß, daß die mit Gegenstand X gegebene Kombination dieser Teile als "Stuhl" bezeichnet wird. Zwar kenne ich die (übertragene) Bedeutung von "Beinen", kann auch zählen, weiß gar, was man eine "ebene Platte" nennt, und vermag darüber hinaus auch noch mit dem Begriff "Rückenlehne" etwas zu verbinden. Daß man aber einen Gegenstand, der aus einer ebenen Platte (Merkmal a), vier Beinen (Merkmal b) und einer Rückenlehne (Merkmal c) besteht, einen "Stuhl" nennt, das ist mir nicht geläufig. Und wer mir diesen Begriff beibringen wollte, könnte sich mit der folgenden definitorischen Angabe begnügen:

(121) Stuhl $=_{def}$ ebene Platte, 4 Beine, Rückenlehne

Der Einfachheit halber spare ich auf seiten des Definiens die "nächste Art" (z. B. Möbelstück) aus und nehme nur drei "spezifische Unterschiede" (ungeachtet ihrer Konstruktion) auf. Vordergründig ist das sicher keine operationale Bestimmung, sondern - je nach Blickwinkel - entweder eine Nominal- oder eine Realdefinition. Allerdings läßt sich die eben entworfene Situation so umdeuten, daß man sie auf die erste spezifische Bestimmung OD_1 beziehen kann.

Wegen meiner eingeschränkten Sprachkompetenz ist ein Stuhl zunächst ein für mich nicht identifizierbarer Gegenstand. Erkenntnistheoretisch - nicht aber ontologisch - ist diese Situation dem Umstand vergleichbar, daß man etwas nicht direkt Beobachtbares zu identifizieren versucht. Und so, wie ich zur Identifizierung von etwas Nicht-direkt-Beobachtbarem beobachtbare Indizien brauche, bedarf es jetzt verschiedener Merkmale, die mir bekannt und meiner Wahrnehmung gleichwohl direkt zugänglich sind, damit ich einen Stuhl als solchen zu identifizieren in der Lage bin. Mit diesem Fall, daß man nämlich aufgrund subjektiver Unzulänglichkeiten etwas gemeinhin direkt Beobachtbares nur über diverse Merkmale erfassen kann, ist ein weiterer Umstand angesprochen, der es gebietet, Begriffe mit direktem empirischem Bezug (im Sinne von OD_1) operational zu definieren. In dieser Weise interpretiert, ist Ausdruck (121) eine implizite (nicht-instrumentale, geschlossene) operationale Definition, die

Schema II [Definiendum] $=_{def}$ [Designator]

unterliegt, wobei die Angabe mehrerer Designatoren ja ausdrücklich zulässig ist. Macht man nun - in rein theoretischer Absicht - die auszuführende Operation explizit, so gelangt man über

Schema III [Definiendum] $=_{def}$ [Operation, Designator]

zu einer expliziten operationalen Definition:

(122) Stuhl $=_{def}$ beobachten: ebene Platte, 4 Beine, Rückenlehne

die noch ausführlicher - beiderseitig unter Einbeziehung des Kontextes - formuliert, jetzt auch in aller Deutlichkeit den operationalistischen Standpunkt erkennen läßt, der letztlich zu dieser Begriffsbestimmung geführt hat:

(123) X ist ein **Stuhl** $=_{def}$ durch Beobachtung prüfen, ob Gegenstand X aus einer ebenen Platte, 4 Beinen und einer Rückenlehne besteht

Wie ist eine solche Begriffsbestimmung - zumal im Hinblick auf die tatsächliche Anwendung des Definiendums - zu beurteilen? Um nicht von kontextuell bedingten Weiterungen oder von sprachlichen Eigenheiten, die aus stilistischen Gründen gewählt wurden, abgelenkt zu werden, will ich mich auf die Betrachtung allein von Ausdruck (122) konzentrieren, wobei eine dezent formalisierte Version meine Argumentation noch klarer werden läßt:

(124) Stuhl $=_{def}$ beobachten: a, b, c

Um unter all den Gegenständen, die sich im Zimmer befinden, einen Stuhl als einen solchen zu identifizieren, brauche ich jetzt nur Ausschau zu halten (im Sinne von: durch Beobachtung prüfen), welchem dieser Gegenstände die Merkmale a, b und c anhaften - und schon ist die Sache 'Stuhl' identifiziert und kann von mir mit dem Ausdruck "Stuhl" bezeichnet werden.

Gewiß ist jene Zirkularität auch in Ausdruck (124) noch virulent. So ist das Vorwissen, das Ausdruck (120) zirkulär erscheinen ließ, als eine in der Definition selbst nicht mitgelieferte Information weiterhin aktuell. Um mit Ausdruck (124) überhaupt etwas anfangen zu können, muß man bereits wissen, daß das Definiendum für ein eigenständiges (materielles) Gebilde steht, das als Träger verschiedener Merkmale fungiert.

Entscheidend für die Beurteilung von Ausdruck (124) ist, daß sich das Definiens auf die beschriebene Weise in zwei Teile gliedern läßt: in einen operativen Teil einerseits und einen deskriptiven Teil andererseits. Graphisch sichtbar wird diese Struktur, wenn man, wie in Kap. 6.2 bereits praktiziert, die beiden Glieder mit Markierungen unterlegt:

(125) Stuhl $=_{def}$ beobachten: a, b, c
------O------/ ---D--

Jetzt, da diese Zweiteilung ohne Vorbehalt vollzogen werden kann, sei das Verhältnis beider Definiens-Teile zueinander noch einmal genauer betrachtet - wiederum vor dem Hintergrund der strengsten Fassung des operationalistischen Sinnkriteriums. Zunächst kläre ich diese Beziehung vom deskriptiven Teil ausgehend. Dieser Teil erhält seine Bezeichnung ja aufgrund der Tatsache, daß in ihm irgendwelche sprachlichen Ausdrücke stehen, vermittels derer einzelne Merkmale an dem zu bestimmenden Phänomen (bezeichnet durch das Definiendum) **beschrieben** werden können. Welche Funktion dieser deskriptive Teil in bezug auf den operativen Teil hat, läßt sich nur sachbezogen adäquat formulieren. Die im deskriptiven Teil genannten Merkmale sind denn die Kriterien für den Abschluß der im operativen Teil beschriebenen Handlung. Die Operation ist auf diese Merkmale gerichtet und muß so lange ausgeführt werden, bis man entscheiden kann, ob diese Merkmale vorliegen oder nicht. Hat man die Merkmale ausfindig gemacht, so ist die Operation erfolgreich abgeschlossen. Was dann heißt: das Definiendum kann zu Recht auf das fragliche Phänomen angewendet werden. Eine Anwendung verbietet sich dagegen, wenn die Operation erbracht hat, daß jene Merkmale nicht vorliegen. Gleichgültig nun, ob die Handlung erfolgreich ist oder nicht, auf jeden Fall kann sie zu einem Ende gebracht werden. Und dieses Ende wird gesetzt durch die Angaben im deskriptiven Teil. Daraus folgt zweierlei: Erstens sind alle operationalen Definitionen, in denen die auszuführende Handlung derart durch Kriterien begrenzt ist, **vollständige** operationale Definitionen. Da sich aber mit diesen Kriterien überhaupt erst ein deskriptiver Teil etabliert hat, ergibt sich zweitens: Alle operationalen Definitionen, deren Definiens einen deskriptiven Teil enthält, sind immer auch vollständige operationale Definitionen.

Wie steht es mit dem operativen Teil? Vorrangig gilt, was die Erörterung in Kap. 3 ergeben hat: In operationalen Definitionen korrespondiert das Definiendum nicht mit einer tatsächlich ausgeführten Handlung, sondern mit der Beschreibung einer Handlung. Im operativen Teil ist also eine Handlung beschrieben. Daß aber sowohl im deskriptiven Teil als auch im operativen Teil des Definiens etwas beschrieben wird, darf keinesfalls dazu verleiten, beide Beschreibungen als gleichrangig zu betrachten. Während im deskriptiven Teil Ausdrücke stehen, vermittels derer man Merkmale, die dem zu bestimmenden Phänomen anhaften, bezeichnen kann, enthält der operative Teil nichts, was in gleicher Weise zur Bezeichnung bzw. Beschreibung solcher Merkmale dienen könnte. Der operative Teil gewährt vielmehr eine Information **über** diese Merkmale: in ihm wird angegeben, wie diese Merkmale in Erfahrung zu bringen sind. Da aber die Art des In-Erfahrung-Bringens gleichwohl als Charakteristikum jener Merkmale betrachtet werden kann, läßt sich das Verhältnis zwischen operativem und deskriptivem Teil verkürzt wie folgt umschreiben: Im operativen Teil ist eine Eigenschaft all der Merkmale bezeichnet, die im deskriptiven Teil angegeben sind. Das aber bedeutet, daß der operative Teil einer anderen Sprachebene angehört als der deskriptive Teil. Da im operativen Teil etwas über den deskriptiven Teil gesagt wird, ist es nur naheliegend, den operativen Teil der metasprachlichen Ebene, den deskriptiven Teil dagegen der objektsprachlichen Ebene zuzuordnen. Doch will man dem gesamten Ausdruck (125) gerecht werden, muß auch noch die linke Seite in diese Hierarchie eingepaßt werden. Während der deskriptive Teil des Definiens Bezeichnungen für die Merkmale enthält, die dem auf der linken Seite der Definition angesprochenen Phänomen anhaften, kann das Definiendum als Bezeichnung für dieses Phänomen selbst oder, wenn man so will, als Bezeichnung für das Konglomerat aus jenen Merkmalen betrachtet werden. Mit dem Definiendum ist das Phänomen beschrieben, mit dem deskriptiven Teil einzelne Aspekte dieses Phänomens. Definiendum und deskriptiver Teil des Definiens stehen damit auf der gleichen sprachlichen Ebene. Oder, im Kontrast dazu: Der operative Teil des Definiens ist sowohl in bezug auf den deskriptiven Teil als auch in bezug auf das Definiendum Metasprache. Und dieses beiderseitige Verhältnis hängt wohlgemerkt nicht zusammen mit der hier aktuellen Besonderheit, wonach sich nämlich das Definiendum wie auch die im deskriptiven Teil enthaltenen Designatoren auf unmittelbar Gegebenes beziehen. Auch hat man sich gerade an dieser Stelle noch einmal zu vergegenwärtigen, daß die soeben getroffene Unterscheidung zwischen verschiedenen Sprachebenen allein die Binnenstruktur einer (geschlossenen) operationalen Definition betrifft und also nichts zu tun hat mit jener metasprachlichen Differenz, die bei der Abscheidung von Definitionen aus Theorien entsteht.

Bevor ich in der Diskussion fortfahre, möchte ich vier Ergänzungen zum bisher Gesagten machen. Die Bestimmung

(121) Stuhl $=_{def}$ ebene Platte, 4 Beine, Rückenlehne

wird gemeinhin als **intensionale** Definition bezeichnet. Es geht um den Begriffs**inhalt** (Intension); das Definiendum wird definiert, indem einzelne Merkmale und Eigenschaften des durch das Definiendum bezeichneten Gegenstandes aufgezählt werden. Im Gegensatz dazu betrifft die **extensionale** Definition den Begriffs**umfang** (Extension); auf seiten des Definiens werden die Exemplare aufgelistet, die alle unter den zu definierenden Begriff fallen.

Diese klassische Unterscheidung ist für das Verständnis geschlossener operationaler Definitionen hilfreich. Entschließt man sich nämlich, Ausdruck (121) als (geschlossene) operationale Definition zu betrachten, so bleibt der intensionale Charakter dieses Ausdrucks davon gänzlich unberührt, zugleich erhält der Ausdruck damit aber, salopp formuliert, einen extensionalen Touch. Denn der Zweck der Operation besteht ja darin, vermittels Beobachtung, oder verallgemeinert: vermittels einer explorativen Handlung festzustellen, welche Phänomene unter den zu definierenden Begriff fallen. Man kann also sagen: Die operationale Definition bietet, entweder explizit oder auch nur implizit, stets aber ihrem Anspruch nach, einen "Test auf Extension" - und Kriterien bei diesem Test sind eben jene intensionalen Merkmale, also das, was den Begriffsinhalt ausmacht.

Die zweite Ergänzung betrifft die Frage nach dem Ursprung der auf seiten des Definiens mitgeteilten Informationen. So habe ich bereits ausgeführt, daß die Information im operativen Teil, zumindest was die elementaren, von allen situativen Kontexten gelösten Beispiele (111), (113) und (114) angeht, im Spracherwerbsprozeß vermittelt wird. Das gilt ebenso für die Informationen im deskriptiven Teil. Die ostensive Definition lehrt mich nicht nur, daß ein Stuhl etwas Beobachtbares ist, sondern ich lerne dabei auch, welche Attribute den Stuhl zum Stuhl machen. Für diese elementaren Fälle kann damit als Befund festgehalten werden: Die Informationen, die beide Teile des Definiens enthalten, stellen in bezug auf das Definiendum kein hypothetisches Wissen dar, das der empirischen Absicherung bedarf, sondern diese Informationen sind dem Sprachwissen entnommen.

Zu diesem Befund kann drittens ergänzt werden, was unmittelbar aus der Bestimmung der impliziten operationalen Definition folgt: Zerlegt man bei dieser Unterart der operationalen Definition das Definiens, so ist im Normalfall, d. h. wenn bloß Beobachten als Operation ansteht, die semantische Beziehung zwischen operativem und deskriptivem Teil von analytischer Struktur.

Die Einsicht, daß der operative Teil gegenüber allen anderen Teilen der Definition in der Metasprache steht, macht eine vierte Ergänzung nötig. Nachdem ich bei den Ausdrücken

(111) Stuhl $=_{def}$ beobachtbar

(113) rot $=_{def}$ beobachtbar

(114) $lang_R$ $=_{def}$ meßbar

aus dem operativen Teil Merkmale des durch das Definiendum bezeichneten Phänomens extrahiert habe, stellt sich jetzt die Frage, ob diese extrahierten Merkmale ebenso wie der Teil, aus dem sie hervorgingen, im Verhältnis zum Definiendum auf einer anderen Sprachebene anzusiedeln sind. Bislang bin ich einer Entscheidung ausgewichen und habe - sprachbezogen - wohlweislich nur sehr allgemein von **sprachlichen** Merkmalen gesprochen, die da für das Definiendum gewonnen wurden. Jetzt aber gibt es einen guten Grund, diese Merkmale nicht als **semantische** Merkmale mit dem Definiendum auf eine Stufe zu stellen. Wenn es indes keine semantischen Merkmale für das Definiendum sind, kann man sie dann als syntaktische Merkmale verstehen? **Syntaktische** Merkmale gehören in gewisser Hinsicht ja auch der metasprachlichen Ebene an. Immerhin fällt auf, daß innerhalb der Theorie der generativen Transformationsgrammatik Eigenschaften wie 'zählbar' oder 'graduierbar', also Eigenschaften, die - sachbezogen - ebenso wie die von mir ausgemachten Bestimmungsgrößen 'beobachtbar' oder 'meßbar' Erkenntnisweisen betreffen, sprachbezogen als syntaktische (und eben nicht als semantische) Merkmale behandelt werden.[137] Das schmälert indes nicht den Befund, daß die in diesem Kapitel vorgenommenen Ableitungen aus den einzelnen Definientia tatsächlich zu Eigenschaften von Eigenschaften geführt haben.

---

[137] Vgl. HUNDSNURSCHER (1971), v. a. S. 12 ff.

Ein neuer Aspekt gelangt in die Diskussion, sobald man zwei bisher gesondert betrachtete Konstellationen miteinander verbindet. Gesetzt den Fall, ich stehe an jenem Fenster zum Hof und will mir Klarheit verschaffen über einen mit bloßem Auge nur schemenhaft wahrnehmbaren Gegenstand auf dem gegenüberliegenden Balkon. Ich greife deshalb zum Fernglas, muß dann aber resigniert feststellen, daß ich auf Anhieb nicht sagen kann, was für ein Gegenstand das ist. Lediglich einige Teile daran - die Merkmale a, b, c - vermag ich zu erkennen. Wer nun vom Standpunkt der strengsten Fassung des operationalistischen Sinnkriteriums aus dieser spezifischen Situation gerecht werden will, muß sich an die Frage halten: Was ist zu tun, um jenen Gegenstand im Haus gegenüber als Stuhl zu identifizieren? Eine passende Antwort kann in Form einer operationalen Definition gegeben werden:

(126) Stuhl $=_{def}$ mit dem Fernglas beobachten: a, b, c

Als explizite, instrumentale und zudem geschlossene operationale Definition unterliegt dieser Ausdruck

Schema V [Definiendum] $=_{def}$ [Operation, Instrument, Designator]

Wiederum erhellt sich die Struktur, wenn man die beiden Glieder des Definiens graphisch kenntlich macht:

(127) Stuhl $=_{def}$ mit dem Fernglas beobachten: a, b, c
---------------O------------------/ ---D--

Der deskriptive Teil stellt Kriterien bereit, die die nunmehr komplexe Handlung nach Durchlaufen des Prüfvorgangs ("prüfen auf a, b und c") enden läßt. Entscheidend ist, daß die besonderen Umstände dieser Situation (die zu erfassende Gegebenheit ist so weit entfernt, daß man ein künstliches Instrument einsetzen muß) sich im operativen und nicht im deskriptiven Teil des Definiens niederschlagen. Anders gesagt: Nur der metasprachliche Bereich ist von der besonderen Situation tangiert; der objektsprachliche Bereich dagegen bleibt über die unterschiedlichen Situationen hinweg ganz offensichtlich unberührt. Auch weiterhin wird ein Stuhl aufgrund der drei Merkmale a, b und c bestimmt sein. Für geschlossene operationale Definitionen, also für operationale Definitionen, deren Definiens man eindeutig in einen operativen und einen deskriptiven Teil zerlegen kann, ist damit eine wichtige Konsequenz verbunden: Wenn ein Begriff vermittels mehrerer operationaler Definitionen bestimmt wird, und sich diese Definitionen nur im operativen Teil des Definiens unterscheiden, so ist dieser Begriff damit nicht polysem. Anders verhält es sich, wenn man, wie bei der operationalen Definition von Begriffen für physikalische Eigenschaften, wegen der Einheit von Qualität und sich darüber erhebender (formaler) Skalierung, gar nicht so klar zwischen den beiden Definiens-Teilen differenzieren kann. Da mit der Angabe unterschiedlicher Instrumente beide Teile des Definiens tangiert waren, blieb hier das Problem der Polysemie allzeit virulent. Das wird es auch für den - noch zu besprechenden - Fall bleiben, daß sich jene situationsspezifischen Umstände im deskriptiven Teil einnisten.

Diese unterschiedliche Gewichtung der Definiens-Teile verlangt eine weitere Differenzierung der Frage nach dem Ursprung der in operationalen Definitionen mitgeteilten Informationen. Bereits in Kap. 8.1 wurde ausgeführt, daß operationale Definitionen vor allem dann empirisch verbürgte Informationen enthalten, wenn sie auf spezifische Situationen zugeschnitten sind. Jetzt kann man präzisieren: Sofern dieser Zuschnitt im operativen Teil erfolgt, ist die in diesem Teil enthaltene Information aus Erfahrungswissen abgesetzt, schlägt sich dieser Zuschnitt aber im deskriptiven Teil nieder, dann ist die Information in diesem deskriptiven Teil dem Erfahrungswissen entnommen.

Mit meinem Beispiel, wonach ein Stuhl aufgrund von drei Merkmalen vollständig bestimmt ist, habe ich mich zweifellos in einer einfachen Welt eingerichtet. Nehme ich von meiner Bestimmung Merkmale weg, wird die Welt noch einfacher, füge ich dagegen weitere Merkmale hinzu, wird die Welt komplexer. Das alles ist keine Angelegenheit für operationale Definitionen, sondern kann vermittels Realdefinitionen bzw., wenn man sich sprachbezogen gibt, vermittels Nominaldefinitionen geschehen. Nun kann ich einen Stuhl aber auch - im Sinne von OD_2 - auf das Kontinuum "Sitzgelegenheiten" respektive "Möbelstücke" beziehen, indem ich die drei Merkmal a, b und c zu einem Minimal-Maßstab kombiniere. Bisher bin ich stillschweigend davon ausgegangen, daß ein Gegenstand nur dann ein Stuhl ist, wenn er alle drei Merkmale an sich vereint. Fehlte auch nur ein Merkmal, gab es da keinen Stuhl und das Wort "Stuhl" konnte nicht angewendet werden. Jetzt ist das System dynamischer. Weist ein Gegenstand alle drei Merkmale auf, so verkörpert dieser Gegenstand den - in bezug auf die von mir geschaffene Welt - idealen Typus eines Stuhles, und man kann wegen der wechselseitigen Beziehung zwischen Sach- und Sprachebene diesen Gegenstand mit voller Berechtigung einen Stuhl nennen. Weist ein Gegenstand aber nur zwei dieser Merkmale auf, fehlt etwa Merkmal c (Rückenlehne), so ist die Stuhl-Artigkeit nicht voll ausgeprägt. Ein Umstand, der auf die Sprachebene durchschlägt und die Verwendung des Wortes "Stuhl" nur bedingt gestattet. Im konkreten Fall könnte dann ja ein Hocker in der Ecke stehen. (Daß es möglicherweise auch ein Tisch ist - mit ebener Platte und vier Beinen -, diesen hochkomplizierten Fall habe ich in meiner Welt nicht vorgesehen.) Wie erwähnt, werden solche Abstufungen sowohl bei der Wahrnehmung der Welt als auch beim Sprechen über diese Welt ständig vorgenommen. Nur vollzieht sich das weitgehend automatisch, und ohne daß man davon bewußt Kenntnis nimmt. Man legt sich nicht erst derartige Maßstäbe zurecht. Kommt es jedoch darauf an, irgendwelche Phänomene exakt zu erfassen, ist es angezeigt, Merkmale, wie eben beschrieben, zu Maßstäben zu formieren. Das aber vermag eine Real- bzw. Nominaldefinition nicht zu leisten, sondern kann meinem Verständnis zufolge nur vermittels operationaler Definitionen konzipiert werden.

Nachdem bislang zwei Umstände beschrieben wurden, die es notwendig machten, auch Designatoren operational zu definieren (zum einen war die durch den Designator bezeichnete Gegebenheit aufgrund äußerer Bedingungen der direkten Wahrnehmung nicht zugänglich, zum andern konnten aufgrund von Wissensdefiziten Designator und Referent nicht korrekt zugeordnet werden), ist mit dem Fall, daß die durch den Designator bezeichnete Gegebenheit in ihrer Ausprägung als diese bestimmte Gegebenheit erfaßt werden, d. h. auf einem Kontinuum im Sinne von OD_2 plaziert werden soll, ein dritter Umstand genannt.

Begriffe für Merkmale, die zu einem Maßstab fraktioniert sind, werden, wie in Kap. 4.3 eingeführt, in Großbuchstaben notiert, die gegenseitige Abhängigkeit durch Querstriche zwischen den Buchstaben symbolisiert. Somit erhält man folgenden Ausdruck:

(128) Stuhl $=_{def}$ A-B-C

Da inhaltliche Maßstäbe ebenso wie formale Maßstäbe als (künstliche) Instrumente betrachtet werden, unterliegt dieser Ausdruck als implizite, instrumentale, geschlossene operationale Definition

Schema VII [Definiendum] $=_{def}$ [Instrument]

Dabei ist zu beachten, daß die Variable 'Instrument' jetzt anders belegt wird. War das Instrument bisher ein Hilfsmittel, das eingesetzt wurde, um besonderen äußeren Umständen gerecht zu werden, und gehörte es als solches dem operativen Teil des Definiens an, so bildet das Instrument jetzt, sozusagen als geordnetes Merkmalspaket, den deskriptiven Teil des Definiens; graphisch verdeutlicht:

(129) Stuhl $=_{def}$ A-B-C
---D---

Macht man - wiederum in rein theoretischer Absicht - die Operation explizit, so gelangt man über

Schema IV [Definiendum] $=_{def}$ [Operation, Instrument]

zu dem Ausdruck

(130) Stuhl $=_{def}$ beobachten: A-B-C

Da es bei der Verwendung eines Maßstabes mit der bloßen Beobachtung nicht getan ist, sondern eine komplexere Operation verlangt wird, müßte im operativen Teil des Definiens korrekterweise anstelle von "beobachten" "klassifizieren" oder (mit Einschränkung) "messen" stehen. Es genügt jetzt nicht mehr, einen Gegenstand aufgrund von drei spezifischen Merkmalen vermittels Beobachtung von anderen Gegenständen abzusetzen, sondern dieser Gegenstand muß darüber hinaus innerhalb einer Menge ähnlicher Gegenstände rangmäßig eingeordnet werden.

Die funktionalen Beziehungen der Definitionsglieder untereinander haben sich indes nicht geändert. Was im operativen Teil des Definiens steht, ist sowohl gegenüber dem Definiendum als auch gegenüber dem deskriptiven Teil des Definiens Metasprache. Und wie gehabt handelt es sich auch jetzt um eine vollständige operationale Definition. Die Handlung zielt nicht ins Leere, sondern ist auf die im Maßstab genannten Qualitäten gerichtet. Verglichen mit Ausdruck (124) gibt es aber, zumindest wenn es zur Ausführung der Operation kommt, einen winzigen Unterschied: Der Maßstab zerstückelt gewissermaßen die Operation. Die Handlung ist jeweils nach Erreichen eines Kriteriums (als einer Maßeinheit) für einen Moment abgeschlossen. Zu Ende ist dieser Vorgang, sobald alle Einheiten überprüft, d. h. am zu bestimmenden Gegenstand identifiziert oder auch nicht identifiziert worden sind.

Mit einem inhaltlichen Maßstab auf seiten des Definiens ist endlich klar geworden, daß es hier um geschlossene operationale Definitionen geht. Da ich die Unterscheidung "offen/geschlossen" an der Maßstabs-Art festgemacht habe, tut man sich mit der Einteilung schwer, solange gar kein Maßstab vorgesehen ist. Im Prinzip deutet die Angabe auch nur eines Kriteriums im Definiens ja auf einen inhaltlichen Maßstab hin. Insofern ist bereits mit Ausdruck (121), wo die Merkmale ja noch gar nicht zu einem (inhaltlichen) Maßstab fraktioniert waren, positiv beschieden gewesen, daß in diesem Kapitel geschlossene operationale Definitionen thematisiert sind.

Zum Schluß seien noch zwei Varianten vorgestellt und in ihrer Struktur erläutert. Überhaupt kein Definitionsschema habe ich für den Fall vorgesehen, daß das zu "messende" Phänomen sich in einer der direkten Beobachtung unzuträglichen Position befindet. Mit welchem Grad an Berechtigung kann man etwa jenen Gegenstand in der gegenüberliegenden Wohnung einen "Stuhl" nennen? Um darauf antworten zu können, muß ich ja das Fernglas zur Hilfe nehmen. Als Operationalisierung wäre also angemessen:

(131) Stuhl $=_{def}$ mit dem Fernglas beobachten: A-B-C

Interessant ist dieser Ausdruck insofern, als auf seiten des Definiens jetzt beide Möglichkeiten, die Variable 'Instrument' zu belegen, aktuell sind. Während das

Fernglas als Instrument zur Überwindung jener äußeren Unzuträglichkeiten im operativen Teil genannt ist, bildet der aus den Qualitäten formierte Maßstab den deskriptiven Teil. Beide Definiens-Teile sind auch für den Fall noch zu identifizieren, daß man die explizite Angabe der Operation teilt:

(132) Stuhl $=_{def}$ Fernglas: A-B-C

Trotz des Telegramm-Charakters handelt es sich um eine vollständige (implizite, instrumentale) operationale Definition: die im Maßstab vertretenen Qualitäten setzen als Kriterien der unter Einsatz eines Fernglases auszuführenden Operation ein Ende. Und implizit ist dieser Ausdruck insofern, als die im Maßstab fraktionierten Eigenschaften unausgesprochen vermitteln, wie sie in Erfahrung gebracht werden können - nämlich durch Beobachtung.

8.2 Die operationale Definition von Begriffen mit indirektem empirischem Bezug

Viele Begriffe, derer man sich in der alltäglichen Kommunikation bedient, haben keinen direkten empirischen Bezug, beziehen sich also nicht auf unmittelbar beobachtbare Phänomene. Dazu zählen vor allem Abstrakta (Frieden, Freiheit, Gehorsam, Liebe), sogenannte Dispositionsprädikate (wasserlöslich, brennbar, intelligent, ängstlich, müde) sowie Ausdrücke, die eine Bewertung einschließen (gut, schön, mutig). Während man die Bedeutung von Designatoren ohne größere Probleme über die Gegebenheiten (Objekte, Eigenschaften) bestimmen kann, auf die sie direkten Bezug nehmen, hilft eine derartige Referenzsemantik bei Abstrakta, Dispositionsprädikaten oder normativen Begriffen nicht weiter. Vielmehr sind diese Begriffsarten nur mittelbar über meist subtil miteinander verflochtene Anwendungskriterien an die erfahrbare Wirklichkeit gebunden. So befindet sich ein Tier in Freiheit, wenn es in seinem Bewegungsdrang nicht durch künstlich errichtete Begrenzungen eingeschränkt wird; ein Gegenstand ist schwimmfähig, wenn er im Wasser nicht untergeht; man kann einen Menschen mutig nennen, wenn er ein Kind aus den Flammen rettet usw.

Ähnlich verhält es sich mit dem theoretischen Vokabular der Erfahrungswissenschaften. Auch theoretische Begriffe haben als Abstraktionen des menschlichen Verstandes keinen direkten empirischen Bezug, sondern sind mittelbar über Anwendungskriterien auf die erfahrbare Realität bezogen. Dabei ist zu beachten:
(1) In der Alltagssprache sind die Anwendungskriterien für Abstrakta - und unter diesen Oberbegriff sollen einmal alle Ausdrücke der Alltagssprache gefaßt sein, die keinen direkten empirischen Bezug haben - meist recht vage und dem Sprachbenutzer in der Regel auch nicht so bewußt geläufig, daß er sie auf Anhieb auflisten könnte. In den Wissenschaften ist das notgedrungen anders. Die Anwen-

dungskriterien der theoretischen Begriffe sind nicht nur exakt, sondern auch explizit festgelegt.

(2) Oft ist es nicht möglich, eine klare Grenze zwischen Umgangs- und Wissenschaftssprache zu ziehen. Viele Begriffe, die ursprünglich nur in der wissenschaftlichen Kommunikation Verwendung fanden, diffundierten in die Alltagssprache und verloren dabei ihre exakt festgelegte Bedeutung. Das gilt für psychologische Termini, die menschliche Verhaltensweisen betreffen (hysterisch, debil, extravertiert), ebenso wie für Begriffe aus der Soziologie, die über bestimmte Lebensqualitäten definiert sind (Unterschicht) oder für Fachausdrücke, die der Ökonomie entstammen und deren Gebrauch meist von mathematisch definierten Parametern abhängt (z. B. Wachstum). Umgekehrt wechselten auch zahlreiche Begriffe der Alltagssprache in die Wissenschaftssprache und wurden dort dann an dezidierte Anwendungskriterien gebunden. Das gilt wiederum in besonderer Weise für Begriffe, die sich auf menschliches Verhalten beziehen, wie "intelligent", "ängstlich", "impulsiv". Selbst Begriffe, die in der alltäglichen Kommunikation als Designatoren fungieren, wurden mit ihrer Aufnahme in den wissenschaftlichen Diskurs zu kriterienbezogenen Termini. Man denke an Bezeichnungen für Metalle (Gold, Kupfer), deren wissenschaftliche Verwendung in der Chemie durch die Ordnungsprinzipien des Periodischen Systems geregelt ist, oder an Ausdrücke, die in der Meteorologie aufgrund physikalischer Parameter zu einer fachspezifischen Verwendung gelangten (Blitz, Donner, Gewitter). Andere Begriffe, die von der Umgangssprache in die Wissenschaftssprache wechselten, sind z. B. die Ausdrücke, die delinquentes Verhalten bezeichnen (Diebstahl, Mord). Als Termini innerhalb der Jurisprudenz wurden sie im Strafgesetz an feste Kriterien gekoppelt.

(3) Dieses zuletzt gegebene Beispiel aus der Strafjustiz gibt zu erkennen, daß ich den Erfahrungsbegriff abermals sehr weit fasse. Dabei sei an das erinnert, was im Zusammenhang mit dem explorativen Zweck der operationalen Definition gesagt wurde: Es geht in einem weitergefaßten Sinne um das Überprüfen, Feststellen und Kontrollieren von real Gegebenem. Und real gegeben sind neben historischen Tatsachen eben auch Produkte des kulturellen Schaffens. Deshalb ist es durchaus angebracht, in den vorliegenden Kontext auch die Termini der Kunst- und Literaturwissenschaft einzubeziehen. So ist der Begriff "Wellenmäander" an feste Kriterien gebunden, nach denen der Kunstwissenschaftler oder auch der Archäologe Ausschau halten muß, um entscheiden zu können, ob eine Verzierung an einer Vase mit diesem Begriff bezeichnet werden kann oder nicht. Ebenso ist in der Literaturwissenschaft der Terminus "Tagelied" an eindeutig festgelegte Anwendungskriterien gebunden. Und der Literaturwissenschaftler muß sich auf die Suche nach diesen Kriterien machen, wenn er entscheiden will, welche Produkte der mittelalterlichen Dichter unter den Begriff "Tagelied" fallen und welche nicht.[138]

---

[138] Jürgen LANDWEHR begnügt sich nicht damit, literaturwissenschaftliche Begriffe zu definieren, sondern er fordert, kursiv ausgezeichnet, daß diese Begriffe zu *operationalisieren* seien (vgl. LANDWEHR 1975, S. 24).

Mit dieser knappen Einstimmung ist noch einmal skizziert, worum es hier geht. Die operationalistische Grundfrage lautet jetzt, zunächst sachbezogen: Wie kann man Abstraktes in Erfahrung bringen? Antwort: Man muß dieses Abstrakte auf Direkt-Wahrnehmbares beziehen. Oder sprachbezogen: Wie kann man über die Verwendung von Begriffen, die Abstraktes bezeichnen, entscheiden? Antwort: Man muß diese Begriffe mittelbar über Anwendungskriterien an Direkt-Wahrnehmbares binden. Ein Vorgang, der in der Fachliteratur zuweilen auch als "Empirisierung von Begriffen" abgehandelt wird und den ich unter dem Titel "Erste spezifische Bestimmung der operationalen Definition (OD_1)" (Kap. 4.2) vorläufig geklärt habe. Ein Begriff, der sich auf etwas nicht unmittelbar Beobachtbares bezieht, wird in der Weise operational definiert, daß man ihn in Verbindung setzt mit etwas direkt Beobachtbarem, wobei man, aufgrund des postulierten Verweisungszusammenhangs, vom Gegebensein des Beobachtbaren auf das Gegebensein des Nicht-Beobachtbaren schließen kann. Dieser rein sachbezogenen Formulierung entspricht eine - zumindest einseitig - sprachbezogene: Ist das Beobachtbare gegeben, so liegt auch das Nicht-Beobachtbare vor und der für dieses Nicht-Beobachtbare stehende Begriff (Definiendum) kann verwendet werden. Mit dieser "Vermittlung" zwischen Beobachtbarem und Nicht-Beobachtbarem ist eine der wichtigsten Funktionen operationaler Definitionen angesprochen, nämlich jene Funktion, die ich in der Einleitung unter dem Stichwort "Realitätsbezug" herausgestellt habe.

Der mit der ersten spezifischen Bestimmung der operationalen Definition beschriebene Sachverhalt wird auf typische Weise vom zweiten in Kap. 5 eingeführten Definitionsschema repräsentiert:

Schema II [Definiendum] $=_{def}$ [Designator]

Um dem Verweisungszusammenhang gerecht zu werden, ist es angezeigt, von der ebenfalls vorgestellten Variante auszugehen:

Schema IIa [Indicandum] $=_{def}$ [Indikator]

Da der Verweisungszusammenhang in diesem Kapitel grundsätzlich wichtig ist, wird in allen hier zu untersuchenden Schemata die Variable 'Definiendum' durch 'Indicandum' bzw. 'Designator' durch 'Indikator' ersetzt - für jedes der eingeführten Schemata wird also die mit dem Kleinbuchstaben a markierte Variante herangezogen.

Welche Struktur hat nun diese Art von operationaler Definition? Zunächst wird mit der Angabe einer unmittelbar beobachtbaren Gegebenheit im Definiens **implizit** die Information mitgeliefert, was man zu tun hat: man muß beobachten. Da kein Instrument vermerkt ist, handelt es sich zudem um eine **nicht-instrumentale** operationale Definition. Die im Definiens angegebene (nicht-physikalische) Qualität schließlich läßt das Prinzip des **geschlossenen** Maßstabes erkennen. Über diese drei Charakteristika hinausgehend ist zu konstatieren: Diese Art der operationalen Definition enthält auf seiten des Definiens nur einen deskriptiven Teil. Damit ist aber zugleich eine **vollständige** operationale Definition gegeben: Die im Definiens genannte Qualität dient als Kriterium für die auszuführende Operation; sobald man vermittels Beobachtung über das Vorliegen bzw. Nicht-Vorliegen dieser Qualität befunden hat, ist die Operation abgeschlossen.

Einige Beispiele mögen diese Variante der operationalen Definition illustrieren. Dabei ist die für Schema IIa ausdrücklich vorgesehene Möglichkeit, mehrere Indikatoren anzugeben, teilweise realisiert:

(133) Freude $=_{def}$ lachen

(134) Angst $=_{def}$ (a) zittern
(b) Schweißausbruch
(c) erbleichen

(135) Müdigkeit $=_{def}$ (a) gähnen
(b) die Augen reiben

(136) Extraversion $=_{def}$ (a) gerne über sich sprechen
(b) die Gesellschaft anderer Menschen suchen

(137) Aggressivität $=_{def}$ andere Menschen schlagen

(138) Intelligenz $=_{def}$ (a) schnelles Kopfrechnen
(b) schnelles Auswendiglernen

(139) Demokratie $=_{def}$ (a) allgemeines Wahlrecht
(b) Freiheit der Rede
(c) Gleichheit vor dem Gesetz

Um meine Analyse der Beispiele einigermaßen transparent zu gestalten, mache ich eine Reihe mehr oder minder vertretbarer Einschränkungen. Zunächst zur Form dieser Begriffsbestimmungen. Da es für die weitere Erörterung unerheblich ist, habe ich bewußt auf eine differenzierte Ausformulierung meiner Beispiele verzichtet. In jedem Beispiel fehlt denn so etwas wie ein *genus proximum*: "Angst ist eine menschliche Verhaltensform, die sich daran zeigt, daß man zittert und erbleicht"; "Müdigkeit ist der Zustand eines Menschen, in dem dieser ... "; "Demokratie ist eine Staatsform, in der ... " usw. Auch ist es - nachdem die Frage der Einzelfall-Bezogenheit eingehend diskutiert wurde - eine bloße Äußerlichkeit, wenn ich auf der linken Seite dieser Definitionen die substantivische Form des zu definierenden Ausdrucks seiner adjektivischen Form vorgezogen habe. Weitgehend verzichten werde ich überdies auf die Angabe der "Ausprägungsrichtung" (große Müdigkeit $=_{def}$ häufiges Gähnen). Die Beispiele sind so einfach gewählt, daß diese Richtung ohne ausdrücklichen Vermerk zu erkennen ist. Auch sei noch einmal darauf hingewiesen, daß eine Begriffsbestimmung, die gemäß dem zweiten Definitionsschema gebildet ist, auf den ersten Blick gar keine operationale Definition, sondern eine Abart der Nominaldefinition zu sein scheint. Soweit die eingeführten Beispiele aber im Hinblick auf jenen explorativen Zweck aufgeboten werden, ist es gerechtfertigt, sie als operationale Definitionen zu rubrizieren.

Heikel, aber durchaus vertretbar ist es, wenn ich Dispositionen vorerst so behandle, als erschöpfe sich deren Problematik darin, daß verborgene (sogenannte **latente**) Eigenschaften über "offene" (direkt beobachtbare bzw. **manifeste**) Eigenschaften erschlossen werden können; d. h., der besondere Aspekt, daß nämlich diese "offenen" Eigenschaften nur unter bestimmten Bedingungen auftreten, wird hier bewußt vernachlässigt. Zudem beschränke ich mich - soweit ich sachbezogen argumentiere - auf den Verweisungszusammenhang zwischen latenter und manifester Eigenschaft. Ein parallel dazu aufweisbarer Erklärungszusammenhang eingedenk der damit verbundenen Kausalproblematik (eine Person zeigt die und die Manifestation, **weil** sie so und so disponiert ist) wird nicht thematisiert. Damit erübrigt sich auch, all den verschiedenen, logischen wie faktischen Modalitäten bezüglich der Verbindung zwischen Indicandum und Indikator nachzuspüren. Die Möglichkeit, Unterschiede in dieser Verbindung zu fixieren, indem man verschiedene Arten von Indikatoren bestimmt, wird am Ende dieses Kapitels aufgegriffen.

Nur am Rande streifen möchte ich die Frage, ob denn Schema IIa tatsächlich bloß eine Abart von Schema II darstellt oder nicht doch eine grundsätzlich andere Art der Beziehung repräsentiert. Gemäß der eben eingeführten terminologischen Unterscheidung zwischen latenter und manifester Eigenschaft kann man ja durchaus sagen: Eine beobachtbare bzw. manifeste Eigenschaft verweist auf eine nichtbeobachtbare bzw. latente Eigenschaft. Oder, umgekehrt gedacht: Eine latente (nicht-beobachtbare) Eigenschaft manifestiert sich in (verschiedenen) beobachtbaren Eigenschaften. Überträgt man die Verhältnisse, wie sie durch Schema II exponiert werden, auf Schema IIa, so führt das zu einer nicht unumstrittenen Angleichung: Die Manifestationen einer bestimmten Disposition sind so etwas wie Eigenschaften dieser Disposition. Sachbezogen mag das - nicht zuletzt wegen der damit einhergehenden Hypostasierung - zweifelhaft sein. Sprachtheoretisch sehe ich hingegen keine Bedenken, die Indikatoren als semantische Merkmale des Indicandums aufzufassen. Zumindest für meine bevorstehende Argumentation ist es vertretbar, die Anwendungskriterien ebenso als semantische Merkmale zu behandeln wie die Bezeichnungen für Attribute materiell gegebener Phänomene. Das heißt, um bei den Beispielen zu bleiben: Das Gerne-über-sich-Sprechen und das

Gesellschaft-anderer-Menschen-Suchen ist für die Extraversion das gleiche wie die vier Beine, die ebene Platte und die Rückenlehne für den Stuhl. Immerhin kann man die Verhältnisse ja auch umkehren, indem man sich Situationen vorstellt, in denen die Attribute materiell gegebener Phänomene zu Indizien werden. Man denke nur an den Archäologen, der bei einer Grabung seinem Kollegen mitteilt: Was ich bis jetzt sehe, nämlich diesen geschwungenen Henkelansatz, deutet darauf hin ("verweist darauf"), daß das, was ich gefunden habe (aber noch nicht vollständig sehe), eine Amphore ist.

Als zum Vokabular der Alltagssprache gehörend, sind die Begriffe "Intelligenz" bzw. "intelligent" jedem kompetenten Sprecher geläufig. Ein Mensch wird "intelligent" genannt, wenn er etwa schnell im Kopfrechnen ist (Anwendungskriterium a), in kurzer Zeit etwas auswendig lernen kann (Anwendungskriterium b), vieles weiß (Anwendungskriterium c), stilvolle Briefe schreiben kann (Anwendungskriterium d) und eine Nickelbrille trägt (Anwendungskriterium e). Um gleich die eingeführte Unterscheidung zu verwenden: Die manifesten Eigenschaften a, b, c, d und e verweisen auf die latente Eigenschaft 'Intelligenz'. Oder: Die (nicht direktbeobachtbare) latente Eigenschaft 'Intelligenz' manifestiert sich in diesen (direktbeobachtbaren) Eigenschaften. Selbst wenn diese Anwendungskriterien dem kompetenten Sprecher augenblicklich nicht voll bewußt sind, wird er keine Mühe haben, durch Überlegung auf weitere solche Kriterien zu kommen. Auch tut es der alltäglichen Kommunikation keinen Abbruch, wenn diese Kriterien nicht exakt festgelegt sind, und einige Sprachbenutzer mehr Anwendungskriterien zur Verfügung haben, d. h. den Begriff "Intelligenz" differenzierter verwenden als andere. Soweit es einen "Kern" gemeinsamer Kriterien gibt, ist die Verständigungsmöglichkeit gesichert.

Diesen Sachverhalt kann man in einen erkenntnistheoretisch relevanten Kontext übertragen. Wenn ich etwa jenen kompetenten Sprecher - oder auch mich selbst als Mitglied der Sprachgemeinschaft - frage: Wie kann man feststellen, ob dieser Mensch dort intelligent ist? so wird die Empfehlung lauten, doch nach den Manifestationen a, b, c, d und e zu schauen. Entscheidend ist, daß der Sprachbenutzer keine empirischen Untersuchungen anstellen muß, um diese Frage zu beantworten, sondern es genügt, wenn er sich auf seinen Sprachgebrauch besinnt. Ähnlich wie beim Lernen von Wörtern, die direkt Beobachtbares bezeichnen, wird auch, wenn man ein Indicandum wie "Intelligenz" verwenden lernt, Wissen auf verschiedenen Stufen internalisiert. Man erfährt erstens, daß Intelligenz etwas ist, das sich nicht unmittelbar beobachten läßt. Man erfährt zweitens, welche Manifestationen von Intelligenz künden (das ist das Wissen, das sich im deskriptiven Teil des Definiens niederschlägt). Man erfährt drittens, daß (und durchaus auch wie im einzelnen) diese Manifestation unmittelbar beobachtbar sind (das sind dann die Informationen, die der operative Teil des Definiens enthält). So gesehen spiegelt also die Zuordnung (vorläufig ohne operativen Teil im Definiens)

(140) $\text{Intelligenz}_1 =_{def} a, b, c, d, e$

durch den Spracherwerb vermitteltes Wissen wider und eben nicht Erfahrungswissen.

Relativiert wird dieser Befund allerdings durch die Tatsache, daß wissenschaftliche, also empirisch gewonnene Erkenntnisse ständig in das über die Sprache bereitgestellte Wissen diffundieren und somit auch die Alltagssprache präziser machen. Werden solche Erkenntnisse bereits beim Spracherwerb internalisiert, so werden mit der Reflexion auf den Sprachgebrauch zwangsläufig die wissenschaftlich gewonnenen Erkenntnisse reproduziert.

Dennoch überzeugt es nicht, unter Hinweis auf solche Einzelfälle die Bezweifelbarkeit von Sprachregeln damit zu begründen, daß man letztlich nicht genau sagen kann, welche der Anwendungskriterien aus empirisch gewonnenem Wissen abgeschieden sind und welche nicht. Sicher spielt es eine Rolle, ob ein Wort nur in der Alltagssprache oder sowohl in der Alltagssprache als auch in einer Wissenschaftssprache verwendet wird. Besonders akut ist dieses Problem der Wissensdiffusion bei Ausdrücken, die sich auf menschliches Verhalten beziehen. Während das Wort "Müdigkeit" bzw. "müde" seinen angestammten Platz in der Alltagssprache hält, und seine dortige Verwendung von Erkenntnissen der Physiologie ganz unbehelligt blieb, hat der Begriff "Intelligenz" (weniger vielleicht das Adjektiv "intelligent") doch auch im umgangssprachlichen Gebrauch eine mit psychologischen Erkenntnissen getränkte Bedeutung. Begriffe, die ihre "erste Verwendung" in der Wissenschaft haben, behalten in aller Regel ihre dort explizierten Anwendungskriterien, sobald sie sich, wie etwa "introvertiert" oder "extravertiert", in der Umgangssprache etablieren. Keiner Bedeutungsschwankung unterliegen dagegen Begriffe, deren Verwendung allein an empirisch gewonnene Kriterien gebunden ist und die im wissenschaftlichen Vokabular verbleiben (z. B. "Interferenz" in der Wahrnehmungs- bzw. Persönlichkeitspsychologie).

Ein radikaler Schnitt zwischen Umgangs- und Wissenschaftssprache, gar das Verbot, in beiden Vokabularien Homonyme zu verwenden, würde das Problem nicht lösen. Mit einer solchen Zäsur wäre in den Verhaltenswissenschaften nicht zuletzt die Kommunikation zwischen empirischem Subjekt und empirischem Objekt in einer dem Erkenntnisgewinn abträglichen Weise gestört. Es gibt also gerade in diesen Wissenschaften Gründe, die wissenschaftliche und die umgangssprachliche Verwendung eines Begriffes nicht allzusehr divergieren zu lassen. Das aber bedeutet, daß die "Weisheit der Sprache", wie sie sich einem bei der Reflexion auf den Sprachgebrauch offenbart, eine verbindliche Instanz darstellt.

Werden Begriffe wie "Intelligenz" oder "Angst" in der Wissenschaft verwendet, so ist es unabdingbar, alle Anwendungskriterien explizit aufzulisten. Auch muß über die Wertigkeit der einzelnen Kriterien entschieden werden. Das geschieht größtenteils vermittels empirischer Untersuchungen. Dabei wird sich zeigen, welche Kriterien eine "hohe Valenz" besitzen und welche Kriterien als weniger zuverlässig auszusondern sind. Hier fällt dann auch manche Entscheidung gegen die umgangssprachliche Verwendung. Teilaspekte, wie z. B. Kreativität, werden von der umfassenden Disposition 'Intelligenz' abgespalten und als eigenständige Disposition an ihrerseits spezifische Kriterien gebunden. Im freien Spiel von Versuch und Irrtum wird man möglicherweise zu Kriterien finden, die bislang keine Rolle spielten, trotzdem aber besonders valide sind.

Eine solche, vorwiegend empirisch geleitete Konstruktion von Begriffen[139] sei hier angedeutet. Man gehe wie gehabt davon aus, daß es in der Umgangssprache für den Begriff "Intelligenz" fünf Anwendungskriterien (vgl. Definition [140]) gibt, die alle von der naiven Intelligenztheorie T_1 bereitgestellt werden. (Wiederum wird außer acht gelassen, daß sich diese Merkmale eher lose fügen, also nicht allen Sprachmitgliedern gleichermaßen geläufig sind.) Empirische Befunde haben nun erbracht, daß das Indiz d auf eine dispositionelle Eigenschaft verweist, die zwar etwas mit Intelligenz zu tun hat, aber für sich genommen so komplex ist, daß es sich empfiehlt, sie hinfort als eigenständige Verhaltensweise zu betrachten (z. B. Kreativität). Anders verhält es sich mit Indiz e: In der Wissenschaft ist es, aus welchen Gründen auch immer, unbrauchbar. Dafür hat man ein Kriterium k ausgemacht, das ebenso zuverlässig wie die Indizien a, b und c auf die Disposition 'Intelligenz' verweist. Es hat sich somit eine elaborierte Theorie der Intelligenz (T_2) herausgebildet, gemäß der "Intelligenz" wie folgt definiert werden kann:

(141) $\text{Intelligenz}_2 =_{def}$ a, b, c, k

Mit diesen vier Anwendungskriterien ist innerhalb von T_2 die Bedeutung von "Intelligenz" vollständig abgedeckt, so daß sich folgern läßt: Wer diese vier Kriterien erfüllt, kann als der Idealtypus des intelligenten Menschen gelten.

Nun gibt es eine zweite elaborierte Theorie T_3, nach der es ebenfalls vier Anwendungskriterien für "Intelligenz" bzw. "intelligent" gibt:

(142) $\text{Intelligenz}_3 =_{def}$ a, b, c, m

Abermals haben sich die Kriterien a, b und c als besonders valide erwiesen; wie gehabt verweist d auf etwas anderes und wurde deshalb ausgesondert; e taugt wie-

---

139 Für derartig gebildete Begriffe hat sich die Bezeichnung "Konstrukt" durchgesetzt; der Vorgang selbst, der sich natürlich weitaus komplizierter ausnimmt als hier vermittelt, ging als "Konstruktbildung" bzw. "Konstruktvalidierung" in die Literatur ein, wobei diese Validierung stets sachbezogen auf der Theorieebene erfolgt. Erst aus den Erkenntnissen über die Sachen werden Anwendungskriterien für die Begriffe abgeschieden, die diese Sachen bezeichnen.

derum nichts. Aber auch das Kriterium k aus T_2 ist nicht so zuverlässig wie das neu ermittelte Kriterium m.

Mein Befund bzgl. Ausdruck (142) deckt sich mit der Einschätzung von Ausdruck (141). Mit den Kriterien a, b, c und m ist die Bedeutung von "Intelligenz" innerhalb der dritten Theorie vollständig abgedeckt. Die vier Kriterien repräsentieren jetzt in bezug auf T_3 den Idealtypus des intelligenten Menschen. Erkenntnistheoretisch beachtenswert bleibt: Da nach den Kriterien a, b und c auch der alltägliche Gebrauch von "Intelligenz" (Intelligenz$_1$ aufgrund von T_1) mitgeregelt ist, erbringt die Reflexion auf diesen Gebrauch eine sowohl mit T_2 als auch mit T_3 kompatible Erkenntnis.

Die Tatsache, daß jetzt unterschiedlich definierte Intelligenz-Begriffe vorliegen, belebt erneut die von BRIDGMAN vertretene Ansicht, ein Begriff habe so viele Bedeutungen, wie Operationen für ihn angegeben werden können. Im Zusammenhang mit der operationalen Definition von Begriffen, die sich auf physikalische Eigenschaften beziehen, geriet diese Auffassung von der Mehrdeutigkeit bekanntlich ins Wanken. In bezug auf die erste spezifische Bestimmung der operationalen Definition OD_1 gibt diese Vorstellung von der Mehrdeutigkeit zunächst jedoch keinen Sinn. Dieser Ansicht zufolge müßten nämlich alle Designatoren bzw. Indikatoren, da sie *sui generis* nur über die eine Operation "Anwendung des Gesichtssinnes" operationalisiert werden können, die gleiche Bedeutung haben. Man kann dieser absurden Konsequenz nur dadurch entgehen, daß man BRIDGMANs These zu der Schema IIa angemessenen Behauptung umwandelt, die Bedeutung eines Begriffes sei so vielfältig wie die Kriterien, die seine Anwendung reglementieren. Das macht Sinn und steht auch im Einklang mit der geläufigen Vorstellung vom Bedeutungswandel kriterienbezogener Begriffe. Es geht jetzt wohlgemerkt nicht mehr um eine explorative Handlung, die in allen möglichen Varianten anzugeben ist, sondern operational definieren heißt nunmehr: den zu definierenden Begriff an Anwendungskriterien koppeln. Und mit jeder Variation dieser Kriterien wandelt sich auch die Bedeutung des Definiendums. Um in meiner Theorie von der operationalen Definition zu bleiben: Es ist jetzt nicht die Rede vom operativen Teil des Definiens, sondern allein davon, wie der deskriptive Teil "besetzt" ist. Also kann man sagen, daß mit jeder Neubesetzung des deskriptiven Teils sich auch die Bedeutung des Definiendums ändert. Dabei ist es nicht so, daß mit jedem neuen Kriterium sich die Bedeutung vollkommen ändert, sondern jeder Indikator exponiert einen jeweils anderen Aspekt einer komplexen, nicht unbedingt abgeschlossenen, aber doch konsistenten Gesamtbedeutung. Semantische Merkmale sind, um ein gängiges Bild zu verwenden, Mosaiksteinen vergleichbar, die sich zusammengesetzt zu einem sinnvollen Ganzen fügen. Wie sich Veränderungen im deskriptiven Teil ausnehmen, macht man sich am besten mengentheoretisch klar. Zwei Begriffe sind in ihrer Bedeutung identisch, wenn der deskriptive Teil für beide Begriffe die gleichen Anwendungskriterien enthält (Gleichheit). Die Bedeutungen zweier Begriffe sind sich ähnlich, wenn sich die Merkmalsmengen überlappen, d. h. wenn nur ein Teil der Anwendungskriterien gemeinsam ist (Durchschnitt). Gibt es dagegen keine gemeinsamen Kriterien, sind die Bedeutungen der beiden Begriffe vollkommen verschieden (Nullmenge).

Zur Abklärung operationaler Definitionen wird häufig eine Definitionskategorie bemüht, die selbst mannigfach schillernd ist: die partielle Definition. Es ist also angezeigt, diesen Begriff hier genauer zu fassen. Traditionell unterscheidet man zwischen expliziten bzw. vollständigen (zuweilen auch: totalen) Definitionen einerseits und partiellen Definitionen andererseits.[140] Während bei der ersten Kategorie das Definiens die Bedeutung des Definiendums vollständig abdeckt, bleibt bei partiellen Definitionen auf seiten des Definiendums immer ein Rest an semantischer Kapazität, der durch das Definiens nicht bestimmt wird. In bezug auf diesen unerledigten Rest spricht man im englischen Sprachraum von "surplus meaning", im Deutschen hat sich neben der Bezeichnung "Überschußbedeutung" auch die Rede von der "semantischen Offenheit" durchgesetzt.[141]

Soweit man den Begriff "partiell" auf operationale Definitionen bezieht, ist damit immer gemeint, daß die im Definiens vermerkte Menge an Anwendungskriterien (Designatoren bzw. Indikatoren) unvollständig ist. Auf meine Unterteilung des Definiens übertragen, heißt das: Es geht ausschließlich um die Unvollständigkeit des deskriptiven Teils. Diese Einschränkung will ich für die folgenden Überlegungen beibehalten. Daß man Partialität darüber hinaus auch für den operativen Teil des Definiens reklamieren kann, soll erst später bedacht werden.

Wie steht es nun um die Vollständigkeit bzw. Unvollständigkeit der soeben diskutierten Intelligenz-Definitionen? Ich habe bereits hervorgehoben, daß jeder dieser drei Intelligenz-Begriffe innerhalb der jeweiligen Theorie in seiner Bedeutung vollständig abgedeckt ist. Keine dieser drei Theorien gibt mehr als die je ausgewiesenen Intelligenz-Kriterien her. Es ist also der Schluß zulässig: "vollständig" heißt immer "vollständig hinsichtlich der (einem Begriff) zugrundeliegenden Theorie". Damit vereinbar sind die leicht abgeschwächten Varianten: Vollständigkeit ist nur erreichbar hinsichtlich eines bestimmten Aspektes bzw. - ganz sachbezogen - hinsichtlich einer bestimmten Art und Weise, wie ein Phänomen sich darbietet. Dies impliziert, daß im Grunde genommen jede Definition eine nur partielle Definition ist. Auch bei dem klassischen Beispiel "Mensch $=_{def}$ vernunftbegabtes Lebewesen" wird die Bedeutung des Definiendums ja nur unter dem einen Aspekt der intellektuellen Fähigkeit vollständig abgedeckt. Ein anderer Aspekt, die äußer-

140 Wiederholt habe ich darauf hingewiesen, daß ich für meine Nomenklatur die Begriffe "explizit" und "vollständig" von der überkommenen Verwendung abweichend und auch keineswegs synonym gebrauche (vgl. Anm. 75).

141 Daneben finden sich auch andere, meist nicht besonders geglückte Wortschöpfungen. KRAUTH etwa favorisiert die freie Übertragung "Sinn-Mehr" (1970, passim, v. a. S. 126 f.).

liche Erscheinung zum Beispiel, wird damit gar nicht angesprochen. Und die gemeinhin als vollständig anerkannte Definition "Mensch $=_{def}$ nackthäutiger [früher: ungefiederter] Zweibeiner" unterschlägt ihrerseits, daß sich der Mensch auch durch sein Vermögen, zur Lösung von Problemen konsequent selbstgefertigte Werkzeuge einzusetzen, von allen anderen Lebewesen abhebt.

Zwar ist der Exponent der Intelligenz-Theorie T_2 von der Überlegenheit seiner Konzeption überzeugt, gleichwohl weiß er als redlicher Wissenschaftler, wie unzulänglich seine Theorie doch ist und wie lückenhaft der daraus abgeleitete Satz an Anwendungskriterien für den Begriff "Intelligenz". Dieses Wissen bezieht er, indem er alternative Verwendungsweisen von "Intelligenz" reflektiert bzw., was dem gleichkommt, indem er sich die konkurrierenden Theorien T_1 und T_3 vergegenwärtigt. Daraus folgt, in umgekehrter Richtung geschlossen, die erste und zugleich allgemeinste Lesart von "partiell": Ein Begriff ist immer dann partiell definiert, wenn die definierenden Merkmale (Anwendungskriterien) nur aus einer einzigen Theorie stammen und es alternative Theorien gibt, die andere einschlägige Merkmale bereitstellen, die aber unberücksichtigt bleiben. Oder bezüglich der angedeuteten Varianten und gleich sachbezogen: Ein Phänomen ist immer dann partiell definiert, wenn sich die definierenden Merkmale nur auf einen Aspekt bzw. nur auf eine Art des Gegebenseins dieses Phänomens beziehen, und es andere Aspekte daran bzw. Arten des Gegebenseins gibt, die in der fraglichen Definition gerade nicht erfaßt sind. "Unvollständig" bzw. "partiell" wird jetzt also im Sinne von "relativ vollständig" (relativ bzgl. einer Theorie, eines Aspektes usw.) verwendet und in Gegensatz gebracht zu "absolut vollständig" (i. S. von: alle Theorien, alle Aspekte usw. umfassend). Und eben dieser Umstand, daß nämlich mit einer einzigen Theorie nicht alles erschöpfend geklärt und besiegelt ist bzw. unter einem einzigen Aspekt nicht alles erfaßt ist, hat Konsequenzen für die Begrifflichkeit: die Begriffe sind von einer Aura semantischer Unbestimmtheit umgeben.

Bevor ich den Begriff "partiell" weiter abkläre, will ich auf die wichtigsten Vor- und Nachteile der semantischen Offenheit von Begriffen eingehen. Anders als man es zunächst erwarten sollte, liegt in dieser Offenheit ein großer Vorteil. Wenn nämlich die Bedeutung eines Indicandums nicht unveränderbar ein für allemal festgesetzt ist, sondern es eine Pufferzone gibt, die fortwährend Veränderungen erlaubt, so erweist sich das für die Wissenschaften als ausgesprochen günstig: Zum einen können neue Erkenntnisse in Form weiterer Indikatoren einem Indicandum zugeordnet werden, d. h., man kann die Bedeutung dieses Indicandums dem aktuellen Wissensstand entsprechend präzisieren. Zum andern können Indikatoren, die sich im Laufe des Erkenntnisprozesses als unzureichend erwiesen haben, eliminiert und durch bessere ersetzt werden. In diesem Falle wird die Bedeutung eines Indicandums meist von Grund auf neu bestimmt. Daß die Begriffe, indem man Inhalte deutlicher oder auch neu erhellt, zunehmend geschärft werden, ist eine allseits geschätzte Entwicklung.

Der Vorteil der semantischen Offenheit läßt sich auch in einem weiteren Sinne explizieren: Theoretisieren, ja überhaupt Forschen hat etwas Dynamisches an sich und ist als solches auf die Flexibilität der Begrifflichkeit angewiesen. Da aber Begriffe nur insofern in ihrer Bedeutung flexibel sind, als sie semantisch offen bleiben, ist diese semantische Offenheit so betrachtet eine der wichtigsten Voraussetzungen für wissenschaftlichen Fortschritt.

Vielfach wird der Vorteil der semantischen Offenheit von denjenigen Wissenschaftlern unterlaufen, die dem Ideal einer absolut vollständigen Definition anhängen. Für sie markieren partielle Definitionen Vorstufen einer wissenschaftlichen Aneignung. Man ist, so ihre Überzeugung, auf diese Art der Definition als begriffsbildenden Notbehelf nur so lange angewiesen, bis man, salopp gesagt, die Fakten im Griff habe und zu vollständigen Begriffsbestimmungen übergehen könne. Diese utopische Vorstellung, wonach partielle Definitionen früher oder später in vollständige Definitionen überführt werden können, basiert auf einem naiven Wissenschaftsverständnis. Selbst wenn wissenschaftliches Handeln überwiegend zielgerichtet ist, so nimmt es beim Erreichen eines Zieles doch kein Ende, sondern organisiert sich auf der Grundlage gesicherten Wissens stets von neuem.

Wenn man einmal davon absieht, daß unzureichend geklärte Begriffe niemals befriedigen können, sind die Nachteile partieller Definitionen v. a. definitionstheoretischer Natur. Diese Nachteile offenbaren sich, sobald man versucht, partielle Definitionen den klassischen Definitionskriterien zu unterstellen. So kann man auf diese Definitionen verständlicherweise das Kriterium der Substituierbarkeit nicht anwenden. Denn solange das Definiens die Bedeutung des Definiendums nur teilweise abdeckt, ist es nicht möglich, das Definiendum in allen möglichen Kontexten *salva veritate* durch das Definiens zu ersetzen.

Mit dem Kriterium der Non-Kreativität kommt man nur dann in Konflikt, wenn man sich über das Substituierungsverbot hinwegsetzt. Um das zu zeigen, kehre ich zur Definition von "Intelligenz" zurück. Angenommen, innerhalb von T_2 wurde nicht nur ein - positives - Kriterium k gefunden, dessen Vorliegen auf Intelligenz (jetzt abgekürzt: I) hindeutet, sondern auch ein - negatives - Kriterium w, das, sofern es gegeben ist, mit großer Wahrscheinlichkeit gegen das Vorliegen von Intelligenz spricht. Bringt man die Beziehung zwischen Indicandum und Indikatoren in ein Kalkül, so gelangt man zu zwei partiellen Definitionen:

(a) $k \supset I$
(b) $w \supset \neg I$

Aus beiden Definitionen folgt logisch der Satz

(c) $\neg(k \wedge w)$

Er besagt, daß es keinen Menschen gibt, der die beiden Manifestationen k und w gleichzeitig haben kann. Da dieser abgeleitete Satz aber den zu definierenden Terminus I selbst nicht mehr enthält, kann es sich hierbei auch nicht mehr um eine (partielle) Definition von I handeln. Vielmehr wird eine Beziehung zwischen den Indikatoren hergestellt, die empirischen Charakter hat und damit bestätigt oder verworfen werden kann. Man müßte diese Behauptung verwerfen, wenn man einen Menschen fände, an dem sich gleichzeitig die Manifestationen k und w zeigten. Diese Zurückweisung würde aber notwendigerweise auch die Verwerfung der beiden partiellen Definition (a) und (b) beinhalten. Die Gültigkeit von (wenigstens zwei) partiellen Definitionen für ein einziges Indicandum ist, wie man sieht, zu einem gewissen Grade von empirischen Gegebenheiten abhängig.[142]

Bevor ich zu spezifischen Lesarten von "partiell" komme, sei kurz überlegt, was es denn heißt, diesen Begriff in seinem allgemeinen Verständnis auch auf den operativen Teil des Definiens anzuwenden. Danach bedeutet "partiell" nichts anderes, als daß in diesem Teil nicht alle Möglichkeiten festgeschrieben sind, wie denn die im deskriptiven Teil vermerkten Kriterien in Erfahrung gebracht werden können bzw. wie der im deskriptiven Teil angegebene Maßstab anzulegen ist. Hier indes Vollständigkeit anstreben zu wollen, würde in letzter Konsequenz bedeuten, die je besonderen Umstände aller Einzelfälle aufzulisten. Ein absurdes Unterfangen.

---

142 Bemühungen, diese unerwünschte Eigenschaft partieller Definitionen zu beseitigen, blieben als formale Spielereien ohne praktische Konsequenzen. PRZEŁĘCKI z. B. hat 1961 ein Verfahren vorgeschlagen, alle auf ein Indicandum bezogene partiellen Definitionen so umzuformen, daß aus ihnen keine faktischen Behauptungen mehr deduziert werden können. Er machte sich dabei - demonstriert an meinem Beispiel - folgende Argumentation zu eigen: Würde ein Mensch mit den Manifestationen k und w existieren, müßte man ihm nach den Definitionen (a) und (b) sowohl I als auch dessen Negation non-I zusprechen - was offenkundig zu einem Widerspruch führte. Wenn man diese Annahme nun direkt bei der Formulierung der Definitionen berücksichtigt, erhält man die beiden Ausdrücke

(d) $(k \wedge \neg w) \supset I$

(e) $(\neg k \wedge w) \supset \neg I$

aus denen logisch der Satz

(f) $\neg((k \wedge \neg w) \wedge (\neg k \wedge w))$

folgt, der seinerseits nun keine empirische Behauptung mehr, sondern eine Tautologie ist. Er ist somit unabhängig von der Erfahrung, also notwendig wahr. Tatsächlich ist es PRZEŁĘCKI mit seinem Verfahren aber nur gelungen, eine Reihe partieller Definitionen dem Kriterium der Non-Kreativität zu unterstellen. Gegen eine etwaige Abhängigkeit dieser Definitionen vom Erfahrungswissen richtet sein Vorschlag nichts aus. Und ob er mit den erweiterten Bestimmungen (d) und (e) die Intelligenz-Definition vervollständigt hat, ist nicht nur aus formalen Gründen fraglich. Sofern es nicht um die Bestimmung von Antonymen geht, fällt auf Definitionen *ex negativo* ja bekanntlich ein gewisser Verdacht.

Das berechtigte Bestreben, partielle Definitionen zu verbessern, wird wie gesagt oft von dem Ansinnen dominiert, eine absolut vollständige Definition zu erzwingen. Daß man dabei viel Unsinn produziert, wird v. a. deshalb nur selten durchschaut, weil vordergründig alles so leicht erscheint: Partialität löse man einfach zunehmend auf, indem man ständig weitere Anwendungskriterien herbeischafft. Und wenn eine einzige Theorie nicht genügend solcher Kriterien bereitstellt, dann hole man sich diese Kriterien eben aus anderen Theorien bei. Um zu veranschaulichen, wie problematisch das ist, will ich noch einmal das Bild von der Bedeutung als Mosaik verwenden. Sind alle Teile des Mosaiks vorhanden und auch zusammengefügt, so ist das Bild - übertragen: die Bedeutung des Definiendums - vollständig. Fehlen dagegen Teile, ist das Bild nicht vollständig - übertragen heißt das: die Bedeutung des Definiendums ist nur partiell abgedeckt. Man muß sich dann auf die Suche nach den fehlenden Teilen machen. Fraglich ist allerdings, ob jedes Teilchen, das man findet, in ein und dasselbe Mosaik paßt, oder ob es nicht für ein bestimmtes Phänomen doch verschiedene Mosaiken gibt und dazu Mosaiksteine, die zwar in das eine, nicht aber in das andere Mosaik passen.

Aggression beispielsweise wird in der Psychologie über manifestes Verhalten (etwa einen anderen Menschen schlagen), in der Physiologie dagegen über hormonelle Veränderungen operational bestimmt. Und es stellt sich jetzt die Frage, ob beide Indikatoren, selbst wenn sie auf dasselbe Indicandum verweisen, Mosaiksteine eines einzigen Bildes sind. Von der Physiologie aus betrachtet ist die Operationalisierung "Aggression $=_{def}$ vermehrte Katecholamin-Ausschüttung" keine partielle, sondern eine vollständige Definition, also ein "abgeschlossenes Bild". Und es wäre völlig verfehlt, wenn man in dieser Wissenschaft den Begriff "Aggression" zu präzisieren suchte, indem man manifeste Verhaltensweisen als Anwendungskriterien in das Definiens aufnähme. Der im Labor arbeitende Physiologe könnte diese Verhaltensweisen in seinem Reagenzglas nicht sehen! (Die verhaltensbezogene Interpretation biochemischer Vorgänge ist *nota bene* etwas anderes.) Betrachtet man den Fall von der Psychologie aus, so wird umgekehrt ein über sichtbares Verhalten definierter Begriff nicht präziser, indem man das Definiens mit Kriterien aus der Biochemie anreichert. Ein Psychologe, der in einer Schulklasse sitzt, um das aggressive Verhalten eines Schülers zu studieren, sieht die biochemischen Abläufe nicht! Dieses zusätzliche Kriterium böte ihm keinerlei Hilfe bei der Entscheidung, ob das Verhalten des Schülers als aggressiv zu bezeichnen ist oder nicht. Dennoch ist gerade unter Psychologen das Ansinnen weit verbreitet, die als unvollständig eingestuften verhaltensbezogenen Definitionen durch die Aufnahme solcher biochemischer Kriterien in vollständige Definitionen zu überführen. Dieses Ansinnen ist natürlich bestimmt durch die Idealisierung des naturwissenschaftlichen Paradigmas und folgt der Überzeugung, daß sichtbare Verhaltensweisen auf physiologische Korrelate reduziert werden können, und daß, wenn man diese Reduktion konsequent betrieben habe, dann erst auch die

Psychologie auf einer soliden Basis stünde.[143] Hier wird schlicht ignoriert, daß es z. B. für "Aggression" - um im Bilde zu bleiben - zwei unterschiedliche Mosaiken gibt, ein 'physiologisches Mosaik' und ein 'verhaltensbezogenes Mosaik'.

Daß ein Indikator aus einer Theorie nicht mit einem Indikator aus einer anderen Theorie in einer Definition zusammengeführt werden darf, schließt indes nicht aus, daß es irgendwelche sachlichen Zusammenhänge zwischen den beiden (durch diese Indikatoren bezeichneten) Indizien gibt und diese möglicherweise gar kausal voneinander abhängen.

Diese Tatsache nämlich, daß es streng voneinander zu separierende Aspekte bzw. Gegebenheitsweisen eines Phänomens gibt, belebt abermals BRIDGMANs radikale These von der vielfachen Bedeutung. So ist in der Tat die Ansicht vertretbar, daß Indikatoren, die sich auf zwei verschiedene Aspekte bzw. Gegebenheitsweisen eines Phänomens beziehen, nicht die Bedeutung eines einzigen Indicandums konstituieren, sondern die Bedeutung zweier durchaus gleichlautender, semantisch aber voneinander abzugrenzender Indicanda.

Leider behauptet sich jenes Ansinnen, absolute Vollständigkeit bei Definitionen zu erzwingen, oft auf viel subtilere Weise als durch bloßen Kriterientransfer. Geradezu berüchtigt sind die Versuche, die Gültigkeit von Anwendungskriterien, die eine bestimmte Theorie bereitstellt, vermittels Methoden zu prüfen, die einer anderen Theorie entstammen. Obschon dies vordergründig ein erkenntnistheoretisches Problem ist, das auf der Theorieebene erörtert werden müßte, läßt es sich doch jederzeit definitionstheoretisch diskutieren.

Dieses Schicksal der stellvertretenden Gültigkeitskontrolle widerfuhr namentlich den althergebrachten, nicht an der empirischen Forschung gewachsenen Theorien. Fast alle Versuche, die in den letzten Jahrzehnten angestrengt worden sind, psychoanalytische Konzepte zu bestätigen bzw. zu widerlegen, bleiben, selbst wenn sie zu eindeutigen Ergebnissen führen, unbefriedigend. Das wird dann in der Regel zu Lasten der Psychoanalyse ausgelegt. Die einen werten dieses Mißbehagen als untrüglichen Beweis dafür, daß die Psychoanalyse eine grandiose Spekulation sei, die nicht einmal zur empirischen Überprüfung tauge, geschweige denn ihr standhalte. Andere wieder urteilen moderater. Sie beklagen lediglich FREUDs schwammige Begriffe, die eine nur unzureichend elaborierte Theorie bedingen. Daß das Unbefriedigende an solchen Versuchen vornehmlich der Operationalisierung, eingedenk all ihrer Mängel, zuzuschreiben ist, wird so gut wie nie in Erwägung gezogen. Dabei wäre anhand einer Begriffsanalyse doch relativ leicht zu belegen, daß mit der Empirisierung gerade von psychoanalytischen Begriffen nur wenig an

[143] Auch in diesem Zusammenhang gilt: Was vielen Psychologen als physiologische Substruktion imponiert, firmiert in der modernen Philosophie unter dem Titel "naturalistischer Fehlschluß" (vgl. auch Anm. 135).

Bedeutung aufgeklärt wird bzw. ein hoher Anteil unerledigter Bedeutung zurückbleibt. Das hängt mit einer weiteren Schwierigkeit zusammen, die die Empiriker bislang nicht zu lösen vermochten: Es gibt nämlich keine Instanz, die gewährleisten kann, daß die Umsetzung einer nicht-beobachtbaren Einheit in eine beobachtbare Einheit "ins Bild paßt". So werden zur Empirisierung psychoanalytischer Begriffe vielfach Indikatoren herangezogen, die irgendwelchen anderen Theorien (vor allem der behavioristischen Lerntheorie) entnommen sind und nur höchst entfernt in einem sachlichen Zusammenhang zur Psychoanalyse stehen. Da wird "Verdrängen" über "Vergessen" operationalisiert und das Trauma, das die Verdrängung bedingt, durch einen "unavoidable electric shock", der einen Lernprozeß stört, erzeugt.[144] Der Begriff "orale Fixierung" wird um seine übertragene Bedeutung verkürzt, wenn man ihn ausschließlich zur Bezeichnung von Vorgängen verwendet, die mit der Nahrungsaufnahme in Verbindung stehen,[145] oder wenn man sich auf Anwendungskriterien wie "Häufigkeit der Mundbewegungen"[146] oder "Intensität des Daumenlutschens"[147] beschränkt.

Bei all diesen Versuchen, die Gültigkeit von Konstrukten zu sichern, werden, um abermals im Bilde zu bleiben, Steine des 'behavioristischen Mosaiks' in das 'psychoanalytische Mosaik' eingepaßt. Daß empirische Untersuchungen zur Theorie der Psychoanalyse, die auf solchen fragwürdigen Transformationen basieren, ihren Zweck verfehlen, liegt auf der Hand.

Die erste spezifische Bestimmung der operationalen Definition OD_1 steht unter dem Motto: Was nicht beobachtbar ist, muß beobachtbar gemacht werden. Jede Einheit eines der direkten Beobachtung nicht zugänglichen Phänomens - zur Veranschaulichung gestatte man diese atomistische Vorstellung - kann demnach in eine beobachtbare Einheit umgesetzt werden. Bezogen auf die Begriffsbildung impliziert dieses Motto also, daß es grundsätzlich möglich ist, die Bedeutung eines Indicandums nicht nur in ihrem Kern, sondern auch in all ihren Nuancen und Schattierungen durch Indikatoren abzudecken. Nun gibt es berechtigte Zweifel an der Haltbarkeit dieser Forderung. Für viele sozialwissenschaftliche Phänomene oder genauer gesagt: für Begriffe, die zu deren Bezeichnung verwendet werden, läßt sich nämlich zeigen, daß ihre Empirisierung keineswegs in vollem Umfang gelingt. Meist können lediglich bestimmte Einheiten der Beobachtung zugänglich gemacht werden. Es bleibt ein Rest ("surplus meaning"), der nur schwer, z. T. überhaupt nicht durch Beobachtbares erschlossen werden kann. Diese Einschränkung indes kommt einer Amputation des Forschungsobjektes gleich: Mit der Empirisierung bzw. Operationalisierung (sofern ich mich auf OD_1 beziehe, können

---

144 Vgl. GLUCKSBERG/KING (1967).
145 Vgl. GOLDMAN-EISLER (1951).
146 Vgl. BLUM/MILLER (1952).
147 Vgl. YARROW (1954).

beide Begriffe ja synonym gebraucht werden) wird ein nicht unmittelbar beobachtbares Phänomen auf seine beobachtbaren Anteile **reduziert**.

Damit komme ich zum ersten spezifischen Verständnis von "partiell": Eine Definition wird allein deshalb als unvollständig betrachtet, weil sich die Anwendungskriterien auf das bloß Beobachtbare eines Phänomens beschränken und solche Anteile dieses Phänomens, die zwar auch irgendwie erfahrbar, nur eben nicht direkt beobachtbar sind, unterschlagen werden. Um diese besondere Form der Unvollständigkeit auszugleichen, werden verschiedene Wege beschritten. Zum einen versucht man, während die direkte Beobachtung als einzig verbindliche Erkenntnisquelle erhalten bleibt, dem nicht direkt beobachtbaren Phänomen zunehmend mehr beobachtbare Anteile abzutrotzen. Zum andern wird versucht, den unerledigten Rest an Bedeutung vermittels anderer Erkenntnismethoden aufzuklären.

Zunächst zum ersten Weg. So läßt sich der Begriff "Wohnkultur"[148] als theoretischer Begriff der Soziologie empirisieren, indem man einige markante Einrichtungsgegenstände auswählt und deren Bezeichnungen als Indikatoren verwendet. Dabei wird sich herausstellen, daß diese Indikatoren nur einen Teil dessen zu erfassen vermögen, was man gemeinhin mit dem Begriff "Wohnkultur" verbindet. Eingefleischte Empiriker könnten monieren, man habe die Empirisierung eben nicht konsequent genug betrieben; bei raffiniert ausgeklügelter Umsetzung würde der Beobachtung auch das zugänglich, was nur am Rande in diesem Begriff mitschwingt. Aber selbst wenn man alle Einrichtungsgegenstände miteinbezieht, wenn man ihre Anordnung berücksichtigt, wenn man die Farbe der Tapete, den Weichheitsgrad des Flokati, die Raumtemperatur, wenn man die Transparenz der Stores und den Einfallswinkel des Sonnenlichts am 5. November 1957 als Indikatoren in die operationale Definition von "Wohnkultur" aufnimmt, so wird doch der Bereich des Atmosphärischen, der an der Bedeutung dieses Begriffes im allgemeinen zentralen Anteil hat, aufgrund dieses Sammelsuriums beobachtbarer Stücke kaum zu vermitteln sein. Eine solche Beschreibung könnte ebensogut auf ein mit Sorgfalt gestaltetes Schaufenster eines Einrichtungshauses passen. Anders verhält es sich zugestandenermaßen, wenn man den Begriff "Wohnkultur" in einer um den atmosphärischen Aspekt verkürzte Bedeutung verwendet, um z. B. zwischen der Wohnkultur von Amerikanern und der von Troglodyten zu unterscheiden. Innerhalb dieses Kontextes können die aufgezählten Indikatoren das Gemeinte durchaus angemessen wiedergeben.

Empiriker, die glauben, sich mit der Forderung nach nicht enden sollender Empirisierung die totale Gebundenheit an die beobachtbare Realität sichern zu können, müssen sich in wenigstens vier Punkten Kritik gefallen lassen:

---

[148] Ich entnehme dieses Beispiel SEIFFERT (1973), S. 193 und v. a. S. 243 ff.

(1) Die Vorstellung, der vollständigen Bedeutung eines Indicandums durch die Angabe immer neuer Indikatoren approximativ gerecht zu werden, führt zu einer Empirisierung *ad infinitum*. Um dies zu verhindern, müßte man ein Abbruchkriterium formulieren.
(2) Mit fortschreitender Empirisierung wird eine Fülle von Daten anfallen, die aus rein praktischen Gründen überhaupt nicht verarbeitet werden kann.
(3) Mit zunehmender Empirisierung wird die Bedeutung eines Indicandums tatsächlich nicht präzisiert, sondern systematisch verzerrt, denn das Herauspräparieren der beobachtbaren Anteile präzisiert die Bedeutung stets nur in **eine** Richtung.
(4) Nicht zu vergessen das umgekehrt reziproke Verhältnis von Extension und Intension: Je mehr Anwendungskriterien man im Definiens aufbietet, desto weniger Fälle gibt es, auf die das Definiendum anwendbar ist.

Man brauchte dieser spezifischen Unvollständigkeit nun keine weitere Beachtung schenken, wenn jenes Kontingent an unerledigter Bedeutung für die Wissenschaft vollkommen irrelevant wäre. Daß dem nicht so ist, haben selbst die überzeugtesten Empiriker erkannt, auch wenn sie das meist nicht offen zugeben wollen. Einen augenfälligen Beleg dafür liefern AMELANG/BARTUSSEK, wenn sie zur Einführung eines Persönlichkeitsmerkmals nicht nur angeben, wie dieses Merkmal eruiert werden kann ("Messung"), sondern zusätzlich zu dieser Operationalisierung eine der phänomenologischen Beschreibung verwandte Charakterisierung ("Umschreibung") liefern.[149] Damit bin ich auch schon bei der alternativen Möglichkeit, dieser ersten spezifischen Partialität beizukommen.

Erst mit solchen, in nicht-empirischer Sprache gehaltenen Charakterisierungen, wie sie AMELANG/BARTUSSEK der "Meßvorschrift" an die Seite stellen, werden die entsprechenden Persönlichkeitsmerkmale dem - zugegebenermaßen elaborierten - Alltagsverständnis zugänglich. Solche "Umschreibungen" findet man auch gewiß nicht aus purer Freundlichkeit gegenüber dem Leser beigegeben, der sich, mit der Materie nicht so vertraut, unter der (allein auf das Beobachtbare ausgerichteten) Operationalisierung wenig vorstellen kann. Auch dienen sie nicht dem bloßen Zweck, die Verwendung eines Begriffes geschmeidiger zu machen. Tatsächlich sind diese Umschreibungen "kreativ", d. h., sie enthalten Informationen, die die Operationalisierung allein nicht zu vermitteln vermag.

Noch eindrucksvoller läßt sich diese Sonderbehandlung menschlicher Eigenschaften am "Diagnoseschlüssel und Glossar psychiatrischer Krankheiten"[150] demonstrieren. Die Autoren dieser Klassifikation pathologischen Verhaltens beschränken sich nicht auf die anspruchslose Aufzählung beobachtbarer Symptome, sondern suchen deren Plastizität durch eine gewandte Umschreibung auszuformen. Das

---

149 Vgl. AMELANG/BARTUSSEK (1997), S. 529.
150 Vgl. Rudolf DEGKWITZ et al. (1980), S. 34 ff.

Bizarre schizophrener Symptome, um ein Beispiel herauszugreifen, würde auch überhaupt nicht zum Ausdruck kommen, wenn man es in operationalistischer Manier bei der Angabe direkt beobachtbarer Symptome bewenden ließe. Eine genauere Analyse des Vokabulars, das zu dieser Umschreibung herangezogen wird, könnte klären helfen, was es mit jenem, bei der Empirisierung hinterlassenem Rest an Bedeutung auf sich hat, und vermittels welcher Methode ihm beizukommen ist. Verständlicherweise kann diese Analyse hier nicht geleistet werden. Dennoch gibt es Anhaltspunkte, die, zumindest was die Methoden angeht, selbst *prima facie* mehr als nur Vermutungen erlauben. In diesen Umschreibungen wird mit deskriptiven Ausdrücken, also mit Begriffen, die sich auf unmittelbar Beobachtbares beziehen, eher sparsam umgegangen. Es dominiert eine sogenannte charakterisierende Ausdrucksweise. Es werden darin Informationen überbracht, die der platten Beobachtung nicht zugänglich sein dürften, sondern nur innerhalb eines **Verstehens**prozesses erfahrbar sind. Solcherart verfaßte Umschreibungen künden von nicht-empirischen Methoden der Erkenntnisgewinnung, die fast unmerklich an die Seite eines kruden empiristischen Programms treten.

Als Befund zur ersten spezifischen Lesart von "partiell" kann damit festgehalten werden: Es ist nicht möglich, die "semantischen Lücken", die die Reduzierung auf das Beobachtbare hinterläßt, dadurch zu kompensieren, daß man die Reduzierung einfach weitertreibt und immer mehr Beobachtbares zusammenträgt. Diese Lücken können nur geschlossen werden, indem man die nicht-beobachtbaren Anteile eines Phänomens vermittels anderer, eben nicht-empirischer Methoden aufklärt. Dies ist aber allein deshalb nicht verwerflich, weil hier weder Kriterienmischung noch Theorienverquickung vorliegt, sondern beide Bestimmungen stehen, obgleich sich ergänzend, doch einander gegenüber, und sind so angelegt, daß, wer sich ihrer bedient, eben auch methodisch unterschiedlich vorgehen muß. Es gibt, wie man verkürzt sagen kann, beobachtbare und daneben anderweitig erfahrbare Kriterien. Ob sich diese anderweitig erfahrbaren Kriterien zusammen mit der "anderen" Methode abermals als Definition mit zweigliedrigem Definiens abscheiden lassen, sei dahingestellt. Innerhalb des hier gesteckten Rahmens für operationale Definitionen fände diese Bestimmung auf jeden Fall keinen Platz.

Indes vermittelt dieser zweite Weg zur Kompensierung unerledigter Bedeutungsanteile eine Ahnung davon, wie sich aus dieser hier isoliert abgehandelten Schwierigkeit ganze Bündel von Problemen entfalten ließen: Die Kluft zwischen Realität und ihrer sprachlichen Erfassung, die Unterscheidung zwischen verschiedenen Möglichkeiten des deskriptiven Zugangs (z. B. empirische vs. phänomenologische Methode), die Abgrenzung der Naturwissenschaften von den Geisteswissenschaften einschließlich der Schwierigkeiten, die aus der Differenzierung zwischen Erklären und Verstehen erwachsen, Probleme des Übersetzens und dergleichen mehr.[151]

Die Frage, wie sich besondere Umstände des explorativen Kontextes in operationalen Definitionen niederschlagen, wurde im Zusammenhang mit der Operationalisierung von Begriffen, die sich auf physikalische Phänomene beziehen, ausführlich erörtert. Wenn ich jetzt noch einmal auf diese Umstände zu sprechen komme, so deshalb, weil sich die Situation im nicht-physikalischen Bereich grundsätzlich anders darstellt. Das hat etwas mit den unterschiedlichen Maßstäben zu tun. Man erinnere sich: Im physikalischen Bereich kommen - von Ausnahmen abgesehen - nur offene, inhaltlich nicht bestimmte Maßstäbe zum Einsatz. Anders im nicht-physikalischen Bereich. Hier verwendet man geschlossene, inhaltlich bestimmte Maßstäbe. Selbst wenn es nicht um die Erfassung von Ausprägungen geht, also gar kein Maßstab zum Einsatz kommt, ist mit der Angabe von Qualitäten (oder auch von nur einer Qualität) ein solcher Maßstab im Prinzip doch angelegt.

Worin besteht nun der Unterschied zwischen beiden Maßstabs-Arten, was die Berücksichtigung besonderer Umstände angeht? Bei nicht-inhaltlichen Maßstäben gibt es überhaupt keine Möglichkeit, daß sich diese Umstände im Maßstab niederschlagen. Besondere Umstände können hier nur berücksichtigt werden, insofern man die Instrumentierung oder Anwendung derartiger Maßstäbe variiert. Bei inhaltlichen Maßstäben dagegen können sich besondere Umstände des explorativen Kontextes auch im Maßstab selbst einnisten - eben durch inhaltliche Veränderung des Maßstabes, d. h. durch Hinzunahme, Eliminierung oder Austausch von Qualitäten. Verkürzt kann man diesen Unterschied so fassen: Im physikalischen Bereich gibt es nur auf besondere Umstände ausgerichtete **Verfahren**.[152] Im nicht-physikalischen Bereich gibt es auch auf besondere Umstände ausgerichtete **Maßstäbe**.

Bezieht man diesen Unterschied auf die von mir eingeführte Unterteilung des Definiens, dann ergibt sich folgende Situation: Geht es um die operationale Definition von Begriffen, die sich auf physikalische Phänomene beziehen, so nisten sich besondere Umstände des explorativen Kontextes ausschließlich im operativen Teil des Definiens ein - wobei nach wie vor dahingestellt sei, ob im Definiens dieser Definitionen überhaupt ein deskriptiver Teil isoliert werden kann. Bei der operationalen Definition von Begriffen, die sich auf nicht-physikalische Gegebenheiten

---

[151] Lediglich als Idee am Rande: Es erscheint durchaus lohnenswert, das Problem des Reduktionismus im Rahmen der hier entwickelten Definitionstheorie anzugehen. So wäre auszuloten, inwieweit die im deskriptiven Teil des Definiens vermittelte Reduzierung auf das Beobachtbare sich durch eine geschickte Vorgehensweise - zu der dann im operativen Teil angeleitet würde - kompensieren ließe.

[152] Hier könnte man allenfalls sagen: Es gibt auf besondere Umstände ausgerichtete Proportionierungen einer physikalischen Größe. Aber ob Feinskalierung oder Grobskalierung, eine inhaltliche Abstimmung auf die je besonderen Umstände ist das nicht.

beziehen, können sich diese besonderen Umstände dagegen auch im deskriptiven Teil des Definiens niederschlagen.

Man stelle sich nur vor, auf welch unterschiedliche Weise man das eine Instrument 'Meterstab' handhaben muß, um allen Besonderheiten gerecht zu werden. Einmal ist nach der Tiefe eines Regals, dann wieder nach der Länge eines Brettes gefragt. Der zu messende Gegenstand kann gekrümmt sein, eine Fläche so ausgedehnt, daß mehrmaliges Anlegen notwendig wird. Undsofort. Immer bleibt der Maßstab gleich, verändert wird nur seine Handhabung. Inhaltliche Maßstäbe können dagegen auf die jeweils besonderen Umstände ausgerichtet und abgestimmt sein. Wenigstens ein Beispiel mag dies belegen.

Für alle Autofahrer gilt die Regel: Bei Eintritt der Dunkelheit ist das Licht einzuschalten. Das ist gewiß eine dehnbare Empfehlung. Der Autofahrer, der abends unterwegs ist, muß ständig die Lichtverhältnisse prüfen (explorative Handlung in einer Alltagssituation!), um dann nach eigenem Gutdünken zu entscheiden: Jetzt dämmert es, jetzt muß ich das Licht einschalten. Diese weitgehend auf subjektives Empfinden gründende Entscheidung kann dadurch verbindlich gemacht werden, daß man ein mehr oder weniger objektives Kriterium einführt. Ein solches Kriterium liefert z. B. die Faustregel: Dunkelheit ist dann eingetreten, wenn die Armaturen nicht mehr zweifelsfrei ablesbar sind. Bringt man diese Regel in den hier relevanten Kontext, so lautet die operationalistische Grundfrage: Wie kann ein Autofahrer feststellen, ob es dunkel ist? Darauf die Antwort: er muß (durch Beobachtung) prüfen, ob er seine Armaturen noch ablesen kann. Die Ablesbarkeit der Armaturen fungiert nun als Indiz für die Dunkelheit - als operationale Definition notiert:

(143) Dunkelheit $=_{def}$ Armaturen sind nicht (mehr) ablesbar

Diese operationale Bestimmung von "Dunkelheit" ist ganz auf die spezifische Situation des Autofahrers zugeschnitten. In anderen Situationen gäbe es keinen Sinn, Dunkelheit an diesem Kriterium festzumachen.

Bei der Auswahl geeigneter Indikatoren gilt es, vielerlei zu berücksichtigen. Gefragt sind relativ leicht beobachtbare Indizien, die eventuell auch schon eine numerisch faßbare Abstufung zulassen. Und dann natürlich: Indizien, die, selbst wenn sie nur einen Aspekt des zu bestimmenden Phänomens erfassen, besonders valide sind. Die Indizien sollten nicht nur - man denke an die Operationalisierung psychoanalytischer Konzepte - zur jeweiligen Theorie "passen", sondern auch, wie das letzte Beispiel gezeigt hat, den besonderen Umständen einer explorativen Situation angemessen sein. Hier sind zweifelsohne Phantasie und Kreativität gefragt - beides Einlassungen jenseits platten Erfahrungswissens. Daß man dabei auf höchst originelle, ja mitunter gar abstruse Kriterien verfällt, die dann auch nicht mehr mit bloß einem Wort benannt, sondern nur noch als Text abgesetzt werden können, gehört zur Tagesordnung. Keine Frage, auch diese Originalität - in vielen Kommentaren zur operationalen Definition als deren markantestes Charakteristikum hervorgehoben - hat den zweifelhaften Ruf operationaler Definitionen mitbegründet.[153]

So kann man z. B. die Qualität der medizinischen Versorgung an dem Indiz 'Säuglingssterblichkeit' festmachen:

(144) Qualität der medizinischen Versorgung $=_{def}$ (Höhe der) Säuglingssterblichkeit

Eine Operationalisierung, die mit der zahlenmäßigen Angabe der Sterblichkeitsrate zudem die gewünschte numerische Abstufung ermöglicht.

Ob eine Gesellschaft kultiviert ist, läßt sich u. a. daran messen, wie differenziert der Umgang mit Tieren gesetzlich geregelt ist:

(145) Kultiviertheit einer Gesellschaft $=_{def}$ Umgang mit Tieren (Differenziertheit des Tierschutzgesetzes)

Ein vielleicht nicht so leicht zu erfassendes, dafür aber ein angeblich besonders valides Indiz.

Der österreichische Kulturbereich endet *per definitionem* da, wo Männer Frauen nicht mehr mit Handkuß begrüßen:

(146) österreichischer Kulturbereich $=_{def}$ überall da, wo ein Mann einer Frau dic Hand küßt

Originell, aber plausibel! Der kulturbeflissene und etikettenbewußte Japaner, der zum ersten Mal Europa bereist, wird dieses Kriterium zu schätzen wissen.

Oder, um ein aktuelles Beispiel zu geben: Empirische Untersuchungen haben ergeben, daß man Menschen sozialen Schichten zuordnen kann, je nachdem wie sie zu Hause ihren Fernsehapparat positioniert haben[154] - grob umgesetzt in eine operationale Definition:

---

[153] SELG/BAUER beispielsweise fällen das doch eher abwertende Urteil: "Operationale Definitionen muten oftmals etwas skurril an." (1973, S. 32)

[154] Vgl. "Mannheimer Morgen" vom 29./30. April/1. Mai 1995 (o. S.): "Der Standort verrät die Stellung".

(147) Schichtzugehörigkeit $=_{def}$ Positionierung des Fernsehapparates

Wie sehr ein (leicht) beobachtbares Indiz etwas um das Wesentliche verkürzen kann, wird schließlich an der folgenden Bestimmung deutlich:

(148) Liebe $=_{def}$ Berührung zweier Hautoberflächen

Aber auch hier gilt: Wer überhaupt etwas oder gar mehr über das Phänomen 'Liebe' erfahren will, möge sich auf einer Party nur umsehen, welche Personen sich ausdauernd und flächendeckend gegenseitig berühren: Berührung als sichtbares Zeichen tätiger Liebe.

Obgleich für operationale Definitionen gemäß der ersten spezifischen Bestimmung typisch ist, daß das, was gemacht werden muß, durch den Designator bzw. Indikator implizit mitgeliefert wird, gibt es doch auch Fälle, wo es angezeigt erscheint, die Operation explizit anzugeben. Bevor ich das an Beispielen verdeutlichen werde, möchte ich auf eine Besonderheit solcher expliziten operationalen Definitionen eingehen. Wird in geschlossenen operationalen Definitionen die Operation ausdrücklich angegeben, so besteht das Definiens sowohl aus einem deskriptiven als auch aus einem operativen Teil. Und wenn ich bisher vorsichtig formuliert habe, bei geschlossenen operationalen Definitionen könne den besonderen Umständen durch entsprechende Besetzung des deskriptiven Teils Rechnung getragen werden, so habe ich damit ja nicht ausgeschlossen, daß solche Umstände auch im operativen Teil berücksichtigt werden können. Welchen Unterschied macht es aber, ob der operative oder der deskriptive Teil "belastet" wird? Im allgemeinen ist der operative Teil sensibler gegenüber den Determinanten des empirischen Erkenntnisprozesses. Das hängt damit zusammen, daß "Unebenheiten" der explorativen Situation meist nivelliert werden können, indem das empirische Subjekt sein exploratives Verhalten auf die spezifische Situation einstellt. Zwei Treppenstufen höher postiert, eine geringfügige Neigung des Blickwinkels - schon kann das angegebene Kriterium ausgemacht werden. Oder, sofern die Kriterien zu einem Maßstab fraktioniert sind: Eine Veränderung in der Handhabung dieses Maßstabes - schon kann er angelegt werden. Eine derartige Abstimmung in der Vorgehensweise ist im operativen Teil fixiert. Herrschen dagegen gänzlich andere Umstände, so muß man auf für diese Umstände geeignete Indikatoren zurückgreifen, d. h. den "Maßstab" anpassen - ein vergleichsweise massiver Eingriff, der sich dann im deskriptiven Teil niederschlägt. Wenn ich etwa herausfinden will, ob eine bestimmte Person extravertiert ist, und ich mich dabei der eingeführten Definition (136) bediene, wonach sich Extraversion darin zeigt, daß jemand gern über sich spricht, so ist es ein leichtes, mich auf einer Party so zu postieren, d. h. mein exploratives Verhalten so auszurichten, daß ich dieses Indiz auch beobachten kann. Habe ich dagegen keine Gelegenheit, die betreffende Person auf einer Party zu erleben, so ist dieses Indiz wertlos. Ich muß mich nach einem für meine Möglichkeiten geeigneten Indiz umsehen.

Was die Determinanten des explorativen Kontextes angeht, steht die Empfänglichkeit der beiden Definiens-Teile in umgekehrtem Verhältnis zu ihre Bindefähigkeit. Einerseits ist der operative Teil für diese Determinanten besonders aufnahmebereit; jede Veränderung der Handlung wird hier registriert. Andererseits haften die Determinanten aber nicht sonderlich fest an diesem Teil. Nisten sich diese Determinanten dagegen im Maßstab ein, so sind sie nicht mehr von diesem Maßstab, d. h. aus dem deskriptiven Teil des Definiens zu lösen. Dieser Unterschied führt zu einem sprachtheoretisch bemerkenswerten Befund: Determinanten, die sich im operativen Teil niederschlagen, wirken bei weitem nicht so intensiv auf die Bedeutung des Definiendums ein wie Determinanten, die in den deskriptiven Teil eingehen. Ein Befund, der im übrigen auch mit meiner Annahme von den zwei verschiedenen Sprachebenen im Definiens zusammengeht. Was sich im metasprachlichen Teil (im operativen Teil) niederschlägt, ist der Bedeutungskonstituierung weitgehend entrückt und trägt daher nur wenig zur Bedeutung des Definiendums bei. Was aber mit dem Definiendum auf der gleichen sprachlichen Ebene liegt (deskriptiver Teil), vermittelt den gewichtigeren Teil der Bedeutung.

Alle Beispiele, die ich bisher in diesem Kapitel gegeben habe, werden dem Anspruch der ersten spezifischen Bestimmung gerecht: Ein nicht direkt beobachtbares Phänomen wird vermittels eines Kriteriums an die beobachtbare Realität gebunden. Trotzdem bleibt vielfach im unklaren, worauf bei diesem Kriterium genau zu achten ist bzw. was denn im einzelnen gemacht werden muß. Das hängt zunächst mit der Schwierigkeit zusammen, daß selbst Designatoren oft eine der umgangssprachlichen Kommunikation nicht weiter abträgliche Unschärfe enthalten, die es nicht erlaubt, ihren Gebrauch in eindeutiger Weise direkt an der Wirklichkeit zu überprüfen. Häufig muß man diese Begriffe, v. a. um sie als wissenschaftliche Termini verwenden zu können, durch noch "direktere" ersetzen, was meist bedeutet: sie hinsichtlich einer Ausprägungs-Messung präzisieren. Was z. B. heißt in Definition (136) "gerne über sich sprechen"? Ist damit gemeint, daß jemand zwei Stunden lang über seine Erlebnisse unter Löwen in Kenia plaudert, jedem, den er trifft, seine sommerlichen Heideimpressionen offenbart, oder daß er einfach in jedem zweiten Satz das Pronomen "ich" verwendet? Was heißt "die Gesellschaft anderer Menschen suchen"? Dreimal am Tag jeweils zehn Minuten mit drei verschiedenen Freunden zu telefonieren, zur Arbeit nicht auf dem Fahrrad, sondern in der vollbesetzten Straßenbahn zu fahren, oder einmal in der Woche auf eine Party zu gehen, auf der nicht weniger als 57 Gäste anwesend sein dürfen? Muß der Tremor, der Angst indiziert, grob- oder feinschlägig sein? Was aber heißt dann grobschlägig, was feinschlägig? Ja, um diese Problematik noch weiter zu pointieren: Wie lang müssen die vier Beine sein, damit man von einem Stuhl sprechen kann?

Analog zur Gliederung des Definiens zerfällt dieses Problem in zwei Teile. Zum einen geht es um die Spezifizierung des Designators bzw. Indikators: Was genau muß beobachtet werden? Zum anderen um die Spezifizierung der explorativen Handlung: Wie soll die Beobachtung im einzelnen vonstatten gehen, wo ist zu beobachten, wann und wie lange ist zu beobachten? Während die Spezifizierung des Indikators den deskriptiven Teil des Definiens betrifft, wird mit der Spezifizierung der explorativen Handlung der operative Teil "belastet". Was mit dem Designator bzw. Indikator implizit mitgeteilt wird, ist auf die pauschale Information beschränkt, daß beobachtet werden muß. Ist jedoch eine Spezifizierung dieser Operation angezeigt, kann man nicht umhin, das, was zu tun ist, ausdrücklich anzugeben. Damit ändert sich aber auch die Struktur der operationalen Definition. Schema IIIa tritt an die Stelle von Schema IIa:

Schema IIIa [Indicandum] $=_{def}$ [Operation, Indikator]

Was es mit dieser Erweiterung von einer impliziten zu einer expliziten operationalen Definition auf sich hat, sei am Beispiel der Operationalisierung von "Extraversion" (vgl. Ausdruck [136]) erläutert. Der Einfachheit halber beschränke ich mich auf einen einzigen Indikator:

(149) Extraversion $=_{def}$ gerne über sich sprechen

Eine Spezifizierung des Definiens kann, wie angedeutet, in zweifacher Hinsicht erfolgen. Zum einen will ich das Gerne-über-sich-Sprechen dahingehend präzisieren, daß ich es an dem Indikator "'ich'-Verwendung" festmache: Gebraucht eine Person häufig das Pronomen "ich", so sei dies Indiz dafür, daß diese Person gerne über sich spricht. Zum andern sind Rahmenbedingungen festzulegen, unter denen dieses Indiz empirisch erfaßt werden soll: Ich begebe mich auf jene bereits bekannte Party, an der auch die betreffende Person teilnimmt; auf dieser Party müssen mindestens 57 Personen anwesend sein; ich halte mich stets in der Nähe dieser Person auf (teilnehmende Beobachtung!); in der Zeit zwischen 22 und 24 Uhr registriere ich, indem ich hinhöre (direkte "Beobachtung") und zähle, wie oft diese Person das Pronomen "ich" verwendet. Beide Spezifizierungen, sowohl die des Indikators als auch die der Vorgehensweise bei der Exploration, können in einer operationalen Definition mit einem zweigliedrigen Definiens untergebracht werden:

(150) gerne über sich sprechen $=_{def}$ durch teilnehmende Beobachtung
- auf einer Party mit mindestens 57 Gästen
- zwischen 22 und 24 Uhr

registrieren und zählen (= **operativer Teil**):
"ich"-Verwendung(en) (= **deskriptiver Teil**)

Ersetzt man in Definition (149) das unspezifizierte Definiens durch das zweifach spezifizierte aus Definition (150), so gelangt man zu einer fein abgestimmten und vor allem praktikablen Operationalisierung von "Extraversion":

(151) Extraversion $=_{def}$ durch teilnehmende Beobachtung
- auf einer Party mit mindestens 57 Gästen
- zwischen 22 und 24 Uhr

registrieren und zählen (= **operativer Teil**):
"ich"-Verwendung(en) (= **deskriptiver Teil**)

Jetzt erst weiß man genau, wie man vorgehen muß und worauf man zu achten hat.

Mit dieser Verfeinerung des Definiens kommt eine zweite spezifische Lesart von "partiell" ins Spiel: Soweit dieser Terminus auf operationale Definitionen gemünzt ist, kann damit auch gemeint sein, daß die Angaben im Definiens nicht ausreichend differenziert sind, um die Definition in einem konkreten Fall anwenden zu können (strengste Fassung des operationalistischen Sinnkriteriums!). Wenn denn nicht präzise gesagt ist, was man genau tun muß und worauf dieses Tun im einzelnen zu richten ist, läßt sich über die Verwendung des Definiendums auch nicht entscheiden.

Diese zweite spezifische Form der Partialität betrifft sowohl den operativen als auch den deskriptiven Teil des Definiens. Und man kann sie kompensieren, indem man die Konzipierung gewissermaßen noch näher an die erfahrbare Wirklichkeit rückt - ein Vorgang, den ich als **Operationalisierung höherer Stufe** bezeichnen will.[155]

Für den operativen Teil heißt dies, daß man die Explorationsbedingungen (durchaus auch numerisch) genau festlegt. Und für den deskriptiven Teil bedeutet dies, daß man es bei den bereits als beobachtbar ausgemachten Merkmalen beläßt, sie lediglich für die Beobachtung präzisiert - und nicht, wie noch bei der Kompensierung der ersten spezifischen Form von Partialität, nach weiteren beobachtbaren Merkmalen sucht.

Interessant bei dieser Kompensierung ist ein erkenntnistheoretischer Aspekt. Um ihn zu erläutern, will ich mich auf eine (menschliche) Verhaltensweise besinnen, die dem alltäglichen Verständnis geläufiger ist als Extraversion. Daß sich Angst u. a. darin manifestiert, daß jemand erbleicht und zittert (vgl. Beispiel [134]), weiß

---

155 PRIM/TILMANN (1975, S. 61) sprechen in diesem Zusammenhang von einer "Operationalisierung von Indikatoren". Für meine Belange ist diese Redeweise zu eingeschränkt. Sie könnte denn dahingehend mißverstanden werden, daß mit zunehmender Operationalisierung nur der - die Indikatoren enthaltende - deskriptive, nicht aber der operative Teil des Definiens präzisiert werde.

ich, seit ich das Wort "Angst" richtig verwenden kann. Um zu diesen Indizien zu gelangen, genügt es, auf den Gebrauch der Sprache zu reflektieren. Diese Erkenntnis ist dann in dem Sinne gewiß, als man sie nur bezweifeln kann, wenn man die Gültigkeit des Sprachwissens bezweifelt. Gleiches gilt für die entsprechende Operation: Daß Erbleichen und Zittern etwas direkt Beobachtbares ist, weiß ich, seit ich die Bezeichnungen für diese Manifestationen ostensiv gelehrt bekommen habe. Völlig anders verhält es sich dagegen mit den jeweiligen Spezifizierungen. Ob feinschlägiges oder grobschlägiges Zittern das validere Indiz für Angst ist, ob ich diese Manifestation teilnehmend oder über einen Monitor beobachte, ob ich mir einfach ansehe, wie jemand zittert, während er sich eine Zigarette anzündet, oder diese Person am Tremormeter teste - das alles sind Fragen, die ich nicht mehr durch Reflexion auf den Sprachgebrauch beantworten kann. Damit geht es aber auch um eine andere Art von Gültigkeit. Welche Spezifikation des Indizes valider ist, welche Spezifikation der Beobachtung verläßlicher ist, unter welchen Bedingungen sich das explorative Vorgehen als besonders günstig erweist, ist dem Erfahrungswissen entnommen. Verallgemeinert folgt daraus: Die Kompensierung der zweiten spezifischen Partialität, kurzum: eine höherstufige Operationalisierung, betrifft sie nun den deskriptiven, den operativen Teil oder beide Teile des Definiens, ist immer aus empirisch verbürgtem Wissen abgesetzt. Und es ist denn auch allein eine praktische, d. h. an empirisch gewonnenen Daten auszurichtende Angelegenheit, wann diese Operationalisierung höherer Stufe abgebrochen werden kann.

Dieser erkenntnistheoretische Aspekt bedarf zweier Bemerkungen. Erstens habe ich mich zu seiner Erläuterung aus gutem Grund von der Extraversion weg- und einer Verhaltenseigenschaft zugewandt, die auch im Alltag thematisiert wird. Denn die Rückbesinnung auf den Gebrauch wissenschaftlicher Termini oder zumindest aus dem wissenschaftlichen Diskurs kommender Begriffe (wie "Extraversion") ist erkenntnistheoretisch anders zu werten als die Reflexion auf den alltäglichen Sprachgebrauch. Zwar ist die Rückbesinnung auf die wissenschaftliche Verwendung (z. B. indem man sich eine wissenschaftliche Theorie vergegenwärtigt) zuallererst ein sprachlicher Akt jenseits empirischer Arbeit, aber die dabei gewonnene Einsicht ist doch über weiten Strecken nichts anderes als die Reproduktion empirischen oder wenigstens empirisch getränkten Wissens. Zweitens schließt mein Befund ja nicht aus, daß auch bei der höherstufigen Operationalisierung Phantasie und Kreativität gefragt sind. Nur müssen Reihenfolge und metasprachliche Differenz beachtet werden. Was dieses menschliche Vermögen bereitstellt, sind zunächst Hypothesen, die empirisch abzuklären sind. Dann erst können in diesem Falle aus bestätigten Hypothesen operationale Definitionen abgeschieden werden.

Definition (151) bietet Gelegenheit, ein verbreitetes Mißverständnis aufzuklären. Wenn vielerorts bemerkt wird, Indikatoren - bei gewissenhafter Trennung von

Sprach- und Sachebene und ausformuliert müßte es korrekterweise heißen: die Zuordnungen von manifesten zu latenten Eigenschaften - seien die Ergebnisse von Operationen, dann ist das sicher insoweit richtig - und eben auch trivial -, als zur Auffindung geeigneter Indikatoren immer irgendwelche Operationen ausgeführt werden müssen. Findet sich diese Bemerkung im Zusammenhang mit operationalen Definitionen, so könnte einen das zu der irrigen Annahme verleiten, die Indikatoren, wie sie im Definiens aufgelistet sind, seien die Ergebnisse der ebenda - explizit oder implizit - mitgeteilten Operationen. Hans WESTMEYER erliegt denn dieser Irritation, wenn er ganz unbedarft schreibt, für operationale Definitionen sei es typisch, daß "neben dem einzuführenden Begriff (Definiendum) eine Test- oder Prüfbedingung und ein Test- oder Prüfresultat (Definiens) vorkommen".[156]

Sieht man einmal von dem eingeschränkten Verständnis, das er von operationalen Definitionen hat, ab, so ist hier die Rede von einem Resultat schon aus formalen Gründen deplaziert: In einer operationalen Definition wird etwas angegeben, das als Anleitung zu begreifen ist. Resultate zeitigt aber allein die nach dieser Anleitung zu vollziehende Ausführung. Doch selbst wenn man von der strengsten Fassung des operationalistischen Sinnkriteriums, also von der Ausführung der Operation her argumentiert, gilt: Die Operation fördert als Ergebnis nicht (die im deskriptiven Teil des Definiens benannten) Indikatoren zutage, sondern sie führt allein zu der Feststellung, ob diese mit den angegebenen Indikatoren bezeichneten Indizien einem Phänomen anhaften oder nicht. Das Resultat der Operation ist also nicht ein Indiz, geschweige denn ein Indikator, sondern - bei positivem Ausgang - die Identifizierung eines Indizes.

Daß man bei der Exploration von Indizien neben dem menschlichen Wahrnehmungsapparat zusätzlich Instrumente einsetzen muß, kann vielerlei Gründe haben. Widrige äußere Umstände beeinträchtigen die Beobachtung mit bloßem Auge, das empirische Subjekt stellt hohe Ansprüche an die Exaktheit der Erfassung, man verfällt bei der Suche nach validen Kriterien auf sehr feine und nur schwer zu diskriminierende Indizien usw. In solchen Fällen wird man eine entsprechende Operationalisierung gemäß

[156] Vgl. GROEBEN/WESTMEYER (1981, S. 56). WESTMEYER, der für das zweite Kapitel, in dem auch die operationale Definition abgehandelt wird, verantwortlich zeichnet, befindet sich mit diesem Mißverständnis allerdings in prominenter Gesellschaft. So heißt es bei Mario BUNGE: "Operational referitions (usually called operational definitions) establish correspondences between symbols, on the one hand, and controlled operations or their results on the other (...)." (1967, Bd. 1, S. 148). Verdächtig ist in diesem Zusammenhang auch eine Stelle bei Wilhelm K. ESSLER (1970a, S. 156), wo es um die vollständige Definierbarkeit von Dispositionsprädikaten geht. ESSLER spricht dort in bezug auf die Manifestationen einer Disposition von den "Ergebnissen", die sich einstellen, sobald ein Dispositionsträger einschlägigen Bedingungen ausgesetzt wird, und argumentiert damit sachbezogen *ex post facto*.

Schema VIa [Indicandum] $=_{def}$ [Instrument, Indikator]

formulieren müssen, wobei die Variable 'Instrument' in einer ersten Lesart belegt wird: Instrument und nebengeordneter Indikator sind voneinander unabhängig.

Nachdem sich etwa erwiesen hat, daß teilnehmende Beobachtung das Ergebnis der Exploration nur verzerrt, werde ich als nicht-teilnehmender Beobachter die Anzahl der "ich"-Verwendungen über eine Abhöranlage registrieren. Das Instrument fungiert bei der explorativen Handlung als Hilfsmittel, d. h., was seine Angabe innerhalb der operationalen Definition betrifft, gehört es zweifelsohne zum operativen Teil des Definiens. Die jeweilige Zugehörigkeit sei wie gehabt durch die Abkürzungen "O" und "D" kenntlich gemacht:

(152) Extraversion $=_{def}$ Abhöranlage: "ich"-Verwendung
------O-------/ ----------D-----------

Diese geschlossene, instrumentale operationale Definition führt in bezug auf das bipolare Unterscheidungsmerkmal "implizit/explizit" zu einer gewissen Irritation. Meiner Nomenklatur zufolge sind operationale Definitionen immer dann als implizit zu klassifizieren, wenn nicht ausdrücklich vermerkt ist, welche Operation man auszuführen hat. Was zu tun ist, wird allein durch die Angabe des Designators bzw. Indikators im deskriptiven Teil des Definiens vermittelt. Im vorliegenden Beispiel (152) geht aus der Angabe des Indikators aber keineswegs eindeutig hervor, was man machen muß. Immerhin könnte statt Hinhören ja auch verlangt sein, der "ich"-Verwendung in Briefen und/oder autobiographischen Aufzeichnungen nachzuspüren. Erst mit der Angabe im operativen Teil wird Klarheit geschaffen, auf welche Weise der Indikator in Erfahrung gebracht werden soll. Implizite Informationen zur Vorgehensweise können also auch vom operativen Teil des Definiens ausgehen. In diesen Befund eingeschlossen ist die Möglichkeit, daß mit der bloßen Angabe eines Instruments, zumindest beim Kundigen, stets zugleich ein Wissen um die Anwendung dieses Instruments aufgerufen wird. "Verdächtig explizit" ist Ausdruck (152) wohl nur deshalb, weil die Instrumentenbezeichnung das Wort für die verlangte Tätigkeit in sich birgt.

Eine explizite operationale Definition liegt tatsächlich erst dann vor, wenn auch *expressis verbis* angegeben ist, wie man mit diesem Instrument umzugehen hat. Dieser Erweiterung wird schließlich Schema Va gerecht:

Schema Va [Indicandum] $=_{def}$ [Operation, Instrument, Indikator]

Das Prinzip dieser Form der operationalen Definition wird bereits erkennbar, wenn man sich bei der Beschreibung der Operation auf das Wesentliche beschränkt. Dabei fasse ich die Teiloperationen 'hören' und 'zählen' in dem Begriff "registrieren" zusammen:

(153) Extraversion $=_{def}$ mit der Abhöranlage registrieren: "ich"-Verwendung

Wer sich im Umgang mit Abhöranlagen auskennt, kann den operativen Teil sprachlich ja so ausdifferenzieren, daß die vordergründige Tautologie verschwindet. Strukturgleich mit Ausdruck (152) ist das folgende Beispiel:

(154) Angst $=_{def}$ mit dem Fernglas beobachten: zittern

Sich eine noch differenziertere Umschreibung der Vorgehensweise auszudenken, macht keine Mühe. Auch wird man sich leicht Situationen vorstellen können, für die diese Operationalisierung passend ist. Was die Struktur des Definiens angeht, gilt sowohl für Definition (153) als auch für Definition (154), daß die Angabe von Operation und von Instrument zusammengehört und als komplexe Einheit den operativen Teil bildet. Der deskriptive Teil umfaßt dagegen nur den Indikator.

Verkürzt man in Schema Va das Definiens um den Indikator, so gelangt man zu Schema IVa

Schema IVa [Indicandum] $=_{def}$ [Operation, Instrument]

mit der entsprechenden Belegung

(155) Angst $=_{def}$ mit dem Fernglas beobachten

Diese Bestimmung ist als unvollständige operationale Definition aber ebenso abwegig wie die beiden weiterreichenden Verkürzungen

(156) Angst $=_{def}$ Fernglas

(gemäß **Schema VIIa** [Indicandum] $=_{def}$ [Instrument]) und

(157) Angst $=_{def}$ beobachten

(gemäß **Schema Ia** [Indicandum] $=_{def}$ [Operation])

Für 'Angst' als latente Eigenschaft ist es ja gerade charakteristisch, daß sie nicht (direkt) beobachtbar ist. Gleichwohl gestatten diese Verkürzungen aber die Einsicht, daß in (geschlossenen) operationalen Definitionen das Definiendum nicht etwa durch den operativen Teil, sondern stets durch den deskriptiven Teil des Definiens auf die Realität bezogen sind.

In einem bestimmten Falle macht die Belegung von Schema Ia aber durchaus Sinn. Für viele menschliche Eigenschaften gilt nämlich, daß sich die Menschen ihrer bewußt sind und somit auch mitteilen können, ob sie die eine oder andere Eigenschaft haben. Wer sich mit der Frage quält, ob ein bestimmter Mensch gerade Angst hat, dem kann ja geraten werden: Frag ihn doch! Diese Anweisung läßt sich ohne Umstand in eine operationale Definition kleiden:

(158) Angst $=_{def}$ fragen

Bewertet man diesen Ausdruck unter dem erkenntnistheoretischen Aspekt, so erscheint Angst jetzt als eine menschliche Eigenschaft, zu deren Wesen es gehört, daß sie erfragbar ist - ebenso wie es allem materiell Gegebenem eignet, daß es beobachtbar ist.

Einen Schönheitsfehler jedoch hat Ausdruck (158): Da das Kriterium für die Operation fehlt, ist er unvollständig. Aus dem Definiens allein geht nicht hervor, wonach gefragt werden muß. "Schließt" man das Definiens, indem man angibt, worauf die Frage zu richten ist, so führt das zu einer offenkundig zirkulären Bestimmung:

(159) Angst $=_{def}$ fragen: Angst

Dennoch ist dieser Ausdruck sinnvoll. Es wird ja nicht nur dazu angeleitet, was zu tun und wonach zu fragen ist, sondern es wird auch der Umweg über das bloß Beobachtbare vermieden. Damit entfällt das Problem der Reduzierung ebenso wie das der unerledigten Überschußbedeutung. Allerdings tritt eine Vagheit an anderer Stelle auf: Es ist ja nicht auszuschließen, daß der Frager mit dem Begriff "Angst" etwas anderes verbindet als der Befragte.

In bezug auf die Extraversion liegen die Verhältnisse anders. Da Extraversion kein allgemein geläufiges Merkmal ist, läßt sich auch nicht so ohne weiteres direkt danach fragen. Also verbietet sich die unvollständige Fassung:

(160) Extraversion $=_{def}$ fragen

Damit kann aber auch nicht zu der zirkulären Version:

(161) Extraversion $=_{def}$ fragen: Extraversion

übergegangen werden. Es bleibt nur der Umweg über (direkt beobachtbare bzw. erfragbare) Indizien:

(162) Extraversion $=_{def}$ fragen: die Gesellschaft anderer Menschen suchen

Hinter dieser expliziten operationalen Definition verbirgt sich, wie man unschwer erkennt, das Prinzip von Fragebogentests.

Meine zuletzt gemachten Ausführungen erwecken den Eindruck, als könnte bei geschlossenen operationalen Definitionen, anders als bei offenen operationalen Definitionen, auf seiten des Definiens jederzeit eine klare Grenze gezogen werden zwischen operativem und deskriptivem Teil. Doch auch im Bereich geschlossener operationaler Definitionen fällt eine Grenzziehung mitunter schwer. Vor allem dann, wenn man im Laufe einer höherstufigen Operationalisierung derart auf Feinheiten verfällt, daß die Indizien überhaupt nur mit Hilfe eines zusätzlichen Instrumentes erfaßt werden können.

Man denke an das Zittern als Indiz für Angst. Wie läßt sich diese Manifestation präziser denn durch bloßen Augenschein erfassen? Ich versuche eine mögliche Antwort zu rekonstruieren. Am Anfang steht - jenseits aller Empirie - eine rein sprachliche Analyse. Was ist mit "zittern" gemeint? Wie kann man das umschreiben, was da vor sich geht? Die Paraphrasierung, die der DUDEN anbietet,[157] sei gleich in die Form einer Nominaldefinition gebracht:

(163) zittern $=_{def}$ sich in ganz kurzen, schnellen und unwillkürlichen Schwingungen hin und her bewegen

Bettet man den im Definiens umschriebenen Vorgang mit ein wenig Phantasie in einen physikalischen Kontext, so wird aus dem schnellen Hin-und-her-Bewegen das schnelle Schließen und Öffnen eines Stromkreises. Man braucht jetzt nur noch eine Apparatur, die registriert, wie ein Mensch, gleich einem Relais, durch seine unkontrollierten Bewegungen einen Stromkreis in schneller Folge schließt und wieder öffnet. Solche Geräte sind unter der Bezeichnung "Tremormeter" hinlänglich bekannt: Ein Proband führt einen stromführenden Metallstift in die kreisförmige Vertiefung einer Metallplatte. Mit jeder "Wandberührung" wird der Stromkreis geschlossen. Wer stark zittert, berührt die Wand häufiger, wer nur wenig zittert, schließt den Stromkreis seltener. Je nach dem, ob fein- oder grobschlägiger Tremor gemessen werden soll, variiert der Durchmesser dieser Vertiefung. Weitere Raffinessen kann man sich ausdenken. Entscheidend bei dieser Art der empirischen Erfassung ist, daß das Indiz (schnelles, unwillkürliches Hin- und Herbewegen) gleichsam als zentrales Konstruktionsprinzip dieser Vorrichtung fungiert.

[157] Vgl. DUDEN, Bd. 10 (Bedeutungswörterbuch) (1970), S. 793.

Instrument und Indiz bilden gewissermaßen eine Einheit - oder, um die in Kap. 6.2 eingeführte Kategorie aufzugreifen: "zittern" wird hier zu einem **Instrumentengebundenen Indikator**. Faßt man diesen Sachverhalt in eine operationale Definition, so kann man frei nach

Schema Va [Indicandum] $=_{def}$ [Operation, Instrument, Indikator]

als explizite und instrumentale operationale Definition notieren:

(164) Angst $=_{def}$ mit dem Tremormeter messen: zittern

Wenn man jetzt das Definiens zu strukturieren versucht, gerät man in Schwierigkeiten. Die Unterteilung in einen operativen Teil ("mit dem Tremormeter messen") und einen deskriptiven Teil ("zittern") ist unbefriedigend. Da der Indikator (bzw. das Indiz) dem Instrument als Konstruktionsprinzip einverleibt ist, "reicht" das Instrument sozusagen in den deskriptiven Teil "hinüber". Instrument und Indikator (bzw. Indiz) hängen miteinander zusammen, die Belegung der Variablen 'Instrument' erfolgt in einer zweiten Lesart.

Da mit der Angabe des Instrumentes auch schon gesagt ist, auf welches Indiz man den Blick zu richten hat, ist eine Belegung nach Schema Va ebenso redundant wie nach

Schema VIa [Indicandum] $=_{def}$ [Instrument, Indikator]

(165) Angst $=_{def}$ Tremormeter: zittern

Löst man diese Redundanz auf, indem man das Definiens auch noch um den Indikator verkürzt, verbleibt nur

Schema VIIa [Indicandum] $=_{def}$ [Instrument]

In der Angabe des Instrumentes fallen nunmehr operativer und deskriptiver Teil zusammen:

(166) Angst $=_{def}$ Tremormeter

Wer diese instrumentale operationale Definition mitgeteilt bekommt, weiß trotz ihres Telegramm-Charakters sowohl, auf welches Indiz Bezug genommen wird, als auch, wie dieses Indiz zu erfassen ist. Die Tatsache, daß mit der, wenn auch versteckten Angabe eines Indizes die Operation ein Ziel hat, d. h. auf etwas Bestimmtes gerichtet werden kann, rechtfertigt es, hier zugleich von einer vollständigen operationalen Definition zu sprechen. Anders verhält es sich dagegen bei der ersten Lesart von Schema VIIa (vgl. Beispiel [156]). Das Instrument ist dort gänzlich "frei" von irgendwelchen Indizien. Mit seiner Angabe wird allein der operative Teil des Definiens bestückt; der deskriptive Teil bleibt unbesetzt. Da die Operation dort somit nur ins Leere zielen kann, liegt eine unvollständige operationale Definition vor. Für die augenblickliche Argumentation ist es im übrigen ohne Belang, daß ich mit Beispiel (164) bereits vom Beobachten einer Qualität zum Messen einer Quantität übergewechselt bin und so unter der Hand die erste spezifische Bestimmung der operationalen Definition OD_1 mit der zweiten spezifischen Bestimmung OD_2 kombiniert habe.

Das soll auch bei dem zweiten Beispiel, das ich für Schema VIIa geben will, keine Rolle spielen. Daß man bei Angst oft in Schweiß ausbricht, namentlich feuchte Handflächen hat, gehört zur alltäglichen Erfahrung. 'Feuchte Handfläche' ist als beobachtbare Manifestation von Angst zugleich ein mit dem Spracherwerb vermitteltes Anwendungskriterium für den Begriff "Angst". Wie kann man diese Manifestation aber genauer als durch bloßes Hinsehen oder Anfühlen in Erfahrung bringen? Nun, man macht sich einen chemo-physikalischen Umstand zunutze: Flüssigkeiten, zumal salzhaltig wie der Schweiß, haben eine besonders gute elektrische Leitfähigkeit. Das heißt: Hautoberflächen mit hoher Schweißbelastung leiten Strom besser als solche mit niedriger Schweißbelastung. Dieses Phänomen des Hautwiderstandes läßt sich ebenso einfach wie präzise über zwei Elektroden, die an ein Galvanometer angeschlossen sind, eruieren. Faßt man die Ableitung des Indizes noch einmal stichwortartig zusammen, so führt die Gedankenkette: feuchte Handfläche - stromleitendes Medium - geringer elektrischer Widerstand - Galvanometer zu einer angemessenen Operationalisierung:

(167) Angst $=_{def}$ Galvanometer

Da das Indiz (Leitfähigkeit bzw. Widerstand) wiederum gewissermaßen als Konstruktionsprinzip dem Galvanometer einverleibt ist, wird mit der Angabe dieses Instruments sowohl der operative als auch der deskriptive Teil des Definiens besetzt. Ausdruck (167) repräsentiert damit wie gehabt eine instrumentale und eben auch vollständige operationale Definition. Auch jetzt gibt es eine Eigenart, die nicht mehr thematisiert werden soll: Der Rückgriff auf eine physikalische Größe (elektrischer Widerstand) verweist einmal mehr in das Reich offener operationaler Definitionen. Ungeachtet diverser Besonderheiten geben beide Beispiele indes Zeugnis, wie sich nicht-empirisch gewonnenes Wissen einerseits (Schweißhände als Indiz für Angst) und auf Erfahrung beruhendes, experimentell gesichertes Wissen andererseits (salzhaltige Flüssigkeit als Strom leitendes Medium) in eine einzige Begriffsbestimmung absetzen.

Ein drittes Beispiel zu guter Letzt eröffnet noch einmal neue Perspektiven. Zu Beginn dieses Kapitels habe ich den Begriff "Intelligenz" als wissenschaftlichen

Terminus zweifach definiert: zum einen über Anwendungskriterien, die die Intelligenz-Theorie T_2 bereitstellt, zum andern über Kriterien, die die Theorie T_3 bereitstellt. Ich beschränke mich jetzt auf T_2, gehe also aus von Beispiel:

(141) Intelligenz$_2$ $=_{def}$ a, b, c, k

Durch Erweiterung des Definiens um einen operativen Teil kann man diese implizite operationale Definition in eine explizite operationale Definition gemäß Schema III verwandeln:

(168) Intelligenz$_2$ $=_{def}$ beobachten: a, b, c, k
------O------/ ---D----

Die Möglichkeit, diese vier Manifestationen gar nicht durch Beobachtung, sondern durch Befragung zu eruieren, gestattet eine Variation des operativen Teils:

(169) Intelligenz$_2$ $=_{def}$ fragen: a, b, c, k

Aber auch der deskriptive Teil kann neu gestaltet werden. Die vier Kriterien lassen sich nämlich zu einem geschlossenen Maßstab fraktionieren, der dann - wie in Kap. 4.3 ausführlich entwickelt - die Erfassung einer Ausprägung erlaubt:

(170) Intelligenz$_2$ $=_{def}$ fragen: A-B-C-K

Je mehr dieser vier Manifestationen eine bestimmte Person auf Nachfrage hin bei sich zu erkennen gibt, desto eher kann man sie als einen "intelligenten Menschen" bezeichnen. Da mit der Fraktionierung von Qualitäten aber ein (künstliches) Instrument geschaffen wurde, unterliegt Ausdruck (170)

Schema IVa [Indicandum] $=_{def}$ [Operation, Instrument]

In einem letzten Schritt kann man auch noch die Operation (das Fragen) in den Maßstab integrieren, indem man die fraktionierten Qualitäten einfach in Fragen kleidet. Was nunmehr, wenn auch in primitiver und rudimentärer Ausführung entstanden ist, wird gemeinhin als "Intelligenztest" bezeichnet. Eine entsprechende Operationalisierung

(171) Intelligenz $=_{def}$ Intelligenztest

unterliegt wiederum

Schema VIIa [Indicandum] $=_{def}$ [Instrument]

Der Ausdruck "Intelligenztest" steht für die vier in Frageform organisierten Manifestationen. Nicht nur **was** zu eruieren ist, sondern auch **wie** dies geschehen soll, wird unter diesem Begriff zusammengefaßt. In dieser instrumentalen und zugleich vollständigen operationalen Definition fallen auf seiten des Definiens wiederum operativer und deskriptiver Teil in einer einzigen Angabe zusammen. Gleichwohl macht es jetzt weniger Mühe als in den Beispielen (166) und (167), die beiden Teile gegebenenfalls zu separieren.

Um gleich die Gegenprobe zu liefern: Sicher wäre es verfehlt, hier gemäß der beiden Schemata

Schema Va [Indicandum] $=_{def}$ [Operation, Instrument, Indikator]

Schema VIa [Indicandum] $=_{def}$ [Instrument, Indikator]

zu strukturieren. Denn die Definientia der Ausdrücke

(172) Intelligenz$_2$ $=_{def}$ mit dem Intelligenztest messen: A-B-C-K

(173) Intelligenz$_2$ $=_{def}$ Intelligenztest: A-B-C-K

sind augenscheinlich redundant, die Bedeutungen der Definienda überdeterminiert. Die Indikatoren sind (eingedenk ihrer Fraktionierung) bereits in der Angabe des Instruments 'Intelligenztest' erfaßt und brauchen nicht noch einmal gesondert ausgewiesen zu werden.

Wird im Definiens ein Instrument angegeben, dem die zu eruierende Qualität einverleibt ist, so tut man sich, wie gezeigt, schwer, das Definiens in einen operativen und einen deskriptiven Teil zu gliedern. Dennoch kann man ein Kriterium bemühen, das die Gliederung zumindest plausibel macht. Läßt sich die zu eruierende Größe vom Instrument lösen, d. h. auch unabhängig davon in Erfahrung bringen, dann ist das Instrument, wiewohl es einen deutlichen operativen Anteil besitzt, dem deskriptiven Teil zuzurechnen. Mit den Angaben "Tremormeter" (Zittern), "Galvanometer" (feuchte Hände), insbesondere aber auch "Intelligenztest" (Indikatoren a, b, c, k) ist also der deskriptive Teil des Definiens besetzt. Kann eine Qualität dagegen nicht losgelöst vom Instrument eruiert werden oder führt die Loslösung gar in metaphysische Fragestellungen (Meterstab-Länge, Uhr-Zeit; vgl. Kap. 6.2), dann sind mit der Angabe des Instruments beide Teile des Definiens, der operative wie der deskriptive, besetzt (ausgewiesen als "O/D"-Zone).[158]

---

[158] Norbert GROEBEN hat in einer persönlichen Einlassung die Ansicht vertreten, nicht Schema V, sondern Schema VI sei typisch für operationale Definitionen innerhalb der Psychologie. Abgesehen vom redundanten Charakter beider Schemata hat GROEBEN damit aber verkannt, daß gerade den psychologischen Tests breit ausdifferenzierte "Durchführungsanleitungen" beige-

Auch wenn die nach Schema VIIa gebildeten Definitionen (166), (167) und (171) merkwürdig anmuten, sind sie doch alles andere als gewaltsam geschaffene Kunstgebilde. Tatsächlich finden sich derart verkürzte operationale Definitionen - in Kap. 5 sprach ich in bezug auf Schema VII von einer façon de parler - in der Literatur.[159] Ja, Definition (171) erinnert in Prosa gefaßt gar an Wohlbekanntes: Intelligenz ist das, was der Intelligenztest mißt. Eine Formulierung, die zwar vielerorts als Inbegriff der operationalen Definition gilt,[160] weil sie aber so glatt und eingängig ist, doch auch den Blick auf die wahren Verhältnisse verstellt. Mit dieser Formulierung wird denn vorgegeben, Intelligenz sei genau das - nicht mehr und nicht weniger -, was der Intelligenztest mißt. Es wird damit der Eindruck erweckt, die Bedeutung von "Intelligenz" sei durch die Angabe "Intelligenztest" nicht nur vollständig abgedeckt, sondern auch endgültig festgesetzt. Dieses Mißverständnis rührt in erster Linie aus der unzulässigen Verwendung des bestimmten Artikels. Den einen Intelligenztest schlechthin gibt es ja nicht. Es gibt verschiedene Intelligenztheorien, aus denen dann verschiedene Intelligenztests hervorgegangen sind. Korrekterweise müßte Definition (171) also auf T_2 beschränkt werden:

(174) $\text{Intelligenz}_2 =_{def}$ Intelligenztest (gemäß T_2)

womit der immense Anspruch auch schon zu Fall gebracht wäre. Eine gewiß umfassende, aber weder "flächendeckende" noch überdauernde Definition von "Intelligenz" vermittelt der folgende Ausdruck:

(175) $\text{Intelligenz}_{\text{HAWIE}} =_{def}$ **HA**mburg-**W**echsler-**I**ntelligenztest für **E**rwachsene

Hier ist klar, daß "Intelligenz" nur innerhalb der dem HAWIE zugrundeliegenden Intelligenz-Theorie von David WECHSLER vollständig definiert ist. Und mit der

---

geben sind - Anleitungen, die als operativer Teil im Definiens von operationalen Bestimmungen zu rekonstruieren sind.

159 Wenn AMELANG/BARTUSSEK beispielsweise verschiedene Prinzipien der kognitiven Steuerung vorstellen, machen sie folgende Angaben: "*Constricted vs. flexible control* (Koartierte vs. flexible Steuerung) / Störanfälligkeit gegenüber vs. Bewältigung von starken, aber irrelevanten Reizen; differenziertes Reagieren auf verschiedene Aspekte der Anforderungen unter Hintanstellung gewohnter, aber situativ unangemessener Verhaltenstendenzen. / Operationalisierung: Stroop-Farb-Wort-Test." (1997, S. 529) Hier wird zuerst, wenn auch holprig und selbst für Eingeweihte schwer verständlich, das Persönlichkeitsmerkmal **erläutert**. Dann erst folgt die operationale Definition: kurz und bündig, allein durch Angabe des Instruments.

160 Daß diese Einschätzung nach wie vor aktuell ist, belegt z. B. Jürgen BORTZ, der bis zur dritten Auflage seines Statistik-Lehrbuches (1989, S. 34) - unter Hinweis auf BRIDGMAN (1938), BORING (1942) und HOFSTÄTTER (1957) - eben jene Prosafassung als den Prototyp aller operationalen Definitionen präsentiert. (Geprägt wurde diese "ironisierende Formel" [HOFSTÄTTER 1957, S.174] im übrigen von BORING, und zwar bereits 1923.) Erst in der 4., vollständig erweiterten Auflage seines Lehrbuches von 1993 läßt BORTZ Beispiel und Hinweis diskret verschwinden.

Auswahl eines Tests (aus einer Reihe mehr oder weniger ähnlicher Tests) ist auch kundgetan, welche Kriterien im einzelnen relevant sind.

Wie verhält es sich demgegenüber mit den prosaischen Fassungen anderer "Telegrammstil"-Definitionen? Aus bereits genannten Gründen völlig abwegig ist die Umsetzung von Definition (156): Angst ist das, was man mit dem Fernglas beobachten kann. Kaum befriedigen wird auch die aus Definition (166) abgeleitete Formulierung: Angst ist das, was das Tremormeter mißt. Zum einen ist Zittern nur eines von vielen Elementen des reich gesplitteten Mosaiks 'Angst', zum anderen paßt dieser "Baustein" aber auch in andere Mosaiken. Zittern vermag ebenso Ausdruck von Erschöpfung, Freude oder gar einer hirnorganischen Störung sein, wie auch - umgekehrt - schlechte Ergebnisse am Tremormeter ihre Ursache gar nicht im Zittern, sondern in einer ungenügenden Handgeschicklichkeit haben können. Eher zustimmen wird man da schon der Ausformulierung: Interferenz ist das, was der STROOP-Test mißt.[161] Zumindest ursprünglich verwies allein das mit diesem Test eruierbare Indiz auf die latente Eigenschaft 'Interferenzneigung'. Unter zwei Bedingungen wird man schließlich auch keine Einwände gegen die wiederum klassische Bestimmung "Zeit ist das, was man mit der Uhr messen kann" anmelden: (1) Mit "Zeit" wird auf die physikalische Dimension Bezug genommen; (2) "Uhr" steht als Oberbegriff für alle Zeitmeßinstrumente. Diese Formulierung ist nicht zuletzt deshalb über alle Zweifel erhaben, weil das hier angegebene Instrument einen offenen Maßstab repräsentiert. Es geht nicht um Qualitäten, die möglicherweise variieren und dann die Bedeutung verschieben.

Zum Abschluß will ich ein paar kritische Anmerkungen machen zu diversen Vorschlägen, Indikatoren zu klassifizieren. Überaus verbreitet ist die Unterscheidung zwischen "analytischen Indikatoren" und "empirischen Indikatoren".[162] Eine Klassifizierung, die sich augenscheinlich an KANTs Unterteilung "analytisch/synthetisch" orientiert und deshalb auch von KANT ausgehend zu kritisieren ist.

KANT bezieht seine Unterscheidung bekanntlich auf die semantische Struktur von Urteilen, in denen ein Subjektsbegriff mit einem Prädikatsbegriff verbunden wird. Soweit das Begriffspaar "analytisch/empirisch" der Abgrenzung von Indikatorentypen dient, wird aber gerade nicht auf (Arten von) Begriffsverbindungen, sondern auf (Arten von) Begriffe(n) Bezug genommen. Von einer semantischen Struktur verbleibt da nichts. Karl-Dieter OPP ist sich offensichtlich dieser Ungereimtheit bewußt, wenn er im Anschluß an seine Unterscheidung zwischen analytischen und empirischen Indikatoren gleich von **analytischen** und **empirischen Operationa-**

---

161 Vgl. Anm. 159.

162 Stellvertretend für die vielen Autoren, die sich dieser bipolaren Klassifizierung bedienen, sei Karl-Dieter OPP genannt - insbesondere deshalb, weil er sich intensiver als andere mit dieser Unterscheidung systematisch auseinandersetzt (vgl. OPP 1976, S. 223 ff.).

lisierungen spricht.[163] Doch auch das führt zu Mißverständnissen. Denn OPP unterteilt damit ja nur die operationalen Definitionen, die nach meiner Klassifikation Schema II bzw. IIa folgen. Daß es daneben noch anders strukturierte operationale Definitionen gibt, gerät aus dem Blick. Gleichwohl gibt OPP mit seiner erweiterten Unterteilung zu erkennen, was es mit analytischen und empirischen Indikatoren auf sich hat: Von analytischen Operationalisierungen spricht OPP immer dann, wenn man allein aufgrund einer intensionalen Bedeutungsanalyse, d. h. aufgrund einer Reflexion auf den Sprachgebrauch, zu der Zuordnung 'Indicandum-Indikator' gelangt. Da diese Zuordnung eine analytisch strukturierte Begriffsfügung begründet, ist es nur konsequent, in diesem Falle von einem analytischen Indikator zu sprechen, der dem Indicandum an die Seite gestellt wird. Analytische Operationalisierungen entsprechen also, wie zu vermuten ist, den analytischen Definitionen, die den Ausgangspunkt für operationale Definitionen gemäß OD_2 markieren bzw. deren Sinn begründen (vgl. Kap. 7). Bei empirischen Operationalisierungen ist die Zuordnung 'Indicandum-Indikator' dagegen dem Erfahrungswissen abgewonnen. Diese Zuordnung bringt eine auf Erfahrung beruhende Tatsache zur Sprache oder doch zumindest einen Sachverhalt, der empirisch überprüft werden kann. In diesem Falle steht auf seiten des Definiens ein empirischer Indikator.[164]

Werden zur Begründung dieser dichotomen Einteilung von Indikatoren aber, wie bei OPP, unterschiedliche Erkenntnisquellen bemüht, ist man auch schon wieder bei KANT. KANT unterteilt die Urteile ja nicht nur nach der Art ihrer Prädikation, sondern auch nach der Art ihres Wahrseins: Analytische Urteile sind unabhängig von der Erfahrung **apriori** wahr; über die Wahrheit synthetischer Aussagen - vom Sonderfall der synthetischen Urteile apriori abgesehen - kann nur **aposteriori** entschieden werden, d. h., man muß prüfen, ob die in diesen Sätzen ausgedrückten Sachverhalte in der Wirklichkeit bestehen oder nicht bestehen. Vor diesem Hintergrund ist "analytisch" eine semantische Kategorie, "empirisch" (in synonymer Verwendung mit "aposteriori") aber eine erkenntnistheoretische Kategorie. Kurzum: mit der hier kritisierten Klassifikation "analytisch/empirisch" wird KANTs differenzierte Unterteilung vermischt und wieder beschnitten. Für die eine Art von Indikatoren wird ein semantischer Aspekt, für die andere Art ein erkenntnistheoretischer Aspekt zum Unterscheidungsmerkmal. Verantwortlich für diesen Kategorienfehler ist allerdings weniger das Ausgleiten auf die Sachebene als vielmehr eine notorische Nachlässigkeit auf der Sprachebene. Bei allen Bemühungen, diese

---

163 Ebd.

164 Unterschiedliche Gültigkeiten von Definitionen werden seit jeher diskutiert. Aufhorchen läßt im vorliegenden Zusammenhang der Hinweis von Klaus HOLZKAMP (1967, S. 289, Fußnote 89), Hans L. ZETTERBERG habe zwischen verschiedenen Validitätsgraden von operationalen Definitionen unterschieden. Eine genauere Überprüfung ergibt indes, daß ZETTERBERG lediglich von verschiedenen "truth-asserting"-Varianten bei Realdefinitionen ausgeht (vgl. ZETTERBERG 1954, S. 30 f. und 36 ff., seitengleich mit der 3., erw. Aufl. 1965). Von operationalen Definitionen spricht er in dem von HOLZKAMP anvisierten Abschnitt an keiner Stelle.

dichotome Klassifizierung der Indikatoren zu begründen, argumentiert man stets auf dem Niveau von Aussagen und mißachtet somit, daß Definitionen metasprachlich von diesen abgehoben sind.

KANTs Einteilung ist bekanntlich nicht unumstritten. So wurden etwa Zweifel laut, ob denn die beiden dichotomen Unterteilungen "analytisch/synthetisch" und "apriori/aposteriori" tatsächlich vollständig disjunktiv sind.[165] Genau diese Zweifel scheinen mir aber auch hinsichtlich der Unterscheidung zwischen analytischen und empirischen Indikatoren berechtigt. Die gegenseitige Abgrenzung ist viel zu vage, um auch schon weitere Klassen von Indikatoren ausschließen zu können. Ob eine Neuordnung von KANTs Unterteilung, wie sie namentlich seit KRIPKEs Einlassungen[166] notwendig geworden ist, auch für die Klassifizierung von Indikatoren dienlich gemacht werden kann, muß einstweilen offen bleiben.

Angesichts dieser Ungereimtheiten mutet die zeitweise auflebende Diskussion um die Frage, welchen Indikatoren, den analytischen oder den empirischen, der Vorzug zu gewähren sei, sonderbar an. Namentlich die Vertreter der Hypothesentheorie wollen in ihrem Bestreben, alles der empirischen Prüfbarkeit zu unterstellen, ausschließlich empirische Indikatoren zulassen. Analytische Indikatoren erscheinen ihnen gleich in zweifacher Hinsicht suspekt: Einmal bestehen Vorbehalte gegenüber den (nicht-empirischen) Methoden, vermittels derer man zu diesen Indikatoren gelangt. Zum andern hegt man den Argwohn, mit der Verwendung analytischer Indikatoren die Erkenntnisse auf eine absolut sichere, nicht weiter hintergehbare Grundlage stellen zu wollen. Drücken analytisch strukturierte Sätze doch von der Erfahrung unabhängige, notwendige Wahrheiten aus. Die Argumente sind hinlänglich bekannt und brauchen nicht ausgeführt zu werden.

OPP bringt einen neuen Aspekt ins Gespräch, wenn er - wie gehabt unter Mißachtung der metasprachlichen Differenz - zu begründen versucht, warum man keinesfalls auf analytische Indikatoren verzichten kann.[167] Da Indicanda *per definitionem* nichts Direkt-Beobachtbares bezeichnen, können Verbindungen der Art 'Indicandum-Indikator', so OPPs Argumentation, niemals unmittelbar empirisch überprüft werden. Das wäre nur möglich, wenn man das Indicandum sozusagen parallel ein zweites Mal empirisieren würde. Dann hätte man zwei beobachtbare Größen (ausgedrückt durch: Indikator A und Indikator B), über deren Zusammenhang man auf empirischem Wege befinden könnte. Ungeklärt bliebe indes die Gültigkeit der Verbindung 'Indicandum-Indikator B'. Um diese Zuordnung an der Realität zu testen, müßte das zu Indizierende abermals mit einer beobachtbaren Größe (bezeichnet durch Indikator C) verbunden werden. Damit stellt sich aber die Frage, ob die Verbindung 'Indicandum-Indikator C' gültig ist - was empirisch nur ent-

165 Vgl. DELIUS (1966).
166 Vgl. v. a. KRIPKE (1972).
167 Vgl. OPP (1976), S. 224 f.

schieden werden kann, indem man nach einem neuen Indiz (bezeichnet durch Indikator D) Ausschau hält. Undsoweiter. OPP sieht zwei Möglichkeiten, diesem infiniten Regreß zu entrinnen: Zum einen könnte man auf die empirische Überprüfung der Zuordnung 'Indicandum-Indikator' gänzlich verzichten. Damit stünde aber der Weg offen, beliebige Indikatoren einzuführen. Eine Konsequenz, die kein Wissenschaftler guten Gewissens akzeptieren kann. Zweitens böte sich an, auf analytische Indikatoren zurückzugreifen. Für OPP ist das die allein befriedigende Lösung, da die Zuordnung 'Indicandum-Indikator' nunmehr aufgrund der Bedeutung beider Definitionsglieder notwendig wahr ist, und man sich somit eine sichere Bastion geschaffen hätte, von der aus die empirische Überprüfung anders strukturierter Zuordnungen betrieben werden könnte. OPP drückt sich hier leider nicht sehr klar aus. So bleibt offen, was denn genau durch analytische Indikatoren zu ersetzen sei, empirische Indikatoren oder gar das Indicandum selbst. Letzteres machte freilich wenig Sinn. Auch tut man sich schwer mit der vagen Terminierung, dieser Rückgriff auf analytische Indikatoren habe "irgendwann einmal"[168] zu erfolgen. Und schließlich: Wenn das Herbeischaffen von empirischen Indikatoren so beliebig unterbrochen werden kann und dieser Rückgriff auf analytische Indikatoren so bei Gelegenheit möglich ist, dann müßte doch ein irgendwie gearteter Zusammenhang bestehen zwischen beiden Typen von Indikatoren. Ein solcher wird aber nicht expliziert. Ungeachtet dieser offenen Fragen erhärtet sich wiederholt die Vermutung, daß OPP mit seiner Alternative - dem Rückgriff auf analytische Indikatoren - eben jenen Weg beschreitet, der in Kap. 7 zur Sinnbegründung operationaler Definitionen gewählt wurde.

Volker GADENNEs Kritik zielt in eine andere Richtung, wenn er darauf hinweist, daß OPPs Rechtfertigung für analytische Indikatoren von der in der Wissenschaftstheorie inzwischen als überholt angesehenen Voraussetzung ausgeht, alle Hypothesen müßten isoliert, also losgelöst von den Theorien, innerhalb derer sie formuliert sind, prüfbar sein.[169] Rücke man von dieser Voraussetzung nur ab, gerate man erst gar nicht in jenen infiniten Regreß. Damit ist wohlgemerkt nur die Argumentation von OPP zurückgewiesen, nichts dagegen entschieden über Berechtigung und Wert analytischer Indikatoren. Gleichwohl läßt GADENNE seine Sympathie für die Hypothesentheoretiker durchblicken, wenn er die Verwendung analytischer Indikatoren als Immunisierungsstrategie im Sinne des kritischen Rationalismus ablehnt.

Eine ebenfalls dichotome, mit der vorgenannten verwandte Klassifizierung unterbreitet Tadeusz PAWLOWSKI, wenn er **definitorische Indikatoren** von **Sachindikatoren** abgrenzt.[170] Vermittels eines definitorischen Indikators wird die Bedeutung eines Indicandums festgelegt. Sätze, über die solche Indikatoren ein-

[168] OPP (1976), S. 225.
[169] Vgl. GADENNE (1984), S. 37 f.
[170] Vgl. PAWLOWSKI (1975), S. 90 ff.

geführt werden, begründen keine "natürlichen", sondern "festgesetzte" Beziehungen und sind somit Bedeutungspostulate. Solange PAWLOWSKI allerdings die Erkenntnisquelle für diese Indikatoren unterschlägt, muß man annehmen, daß aus dem Erfahrungswissen wie aus dem Sprachwissen definitorische Zuordnungen und damit auch definitorische Indikatoren abgeschieden werden können. Sätze dagegen, die Sachindikatoren (auch wenn diese Wortschöpfung begründet wird, bleibt sie doch dubios) einführen, sind empirische Behauptungen. Und die Beziehung zwischen Indicandum und Indikator repräsentiert jetzt keine "festgesetzte", sondern eine "natürliche" Beziehung.

Eine kaum beachtete, nicht in der von KANT begründeten Tradition stehende - trichotome - Klassifizierung von Indikatoren geht auf Stefan NOWAK zurück.[171] Auch sie ist mit einer Reihe von Ungereimtheiten behaftet. NOWAK unterscheidet zwischen definitorischen, schlußfolgernden und korrelativen Indikatoren. Zunächst zu den definitorischen und schlußfolgernden. **Definitorisch** ("definitional") nennt er - ebenso wie später PAWLOWSKI - Indikatoren, vermittels derer die zu untersuchende Einheit bzw. das diese Einheit bezeichnende Indicandum überhaupt erst definiert wird. Da sich NOWAK bezüglich der Erkenntnisquelle aber ebenfalls bedeckt hält, muß man auch bei ihm annehmen, daß solche definitorischen Festlegungen sowohl aus dem Sprachwissen als auch aus dem Erfahrungswissen abgesetzt sein können.

Wenn man beim Vorliegen manifesten Verhaltens das Vorhandensein einer latenten Verhaltensweise nurmehr erschließen kann, dann werden Begriffe, die solch manifestes Verhalten bezeichnen, als **schlußfolgernde** ("inferential") Indikatoren rubriziert. Dieser Kategorie sind folglich alle Indikatoren zuzurechnen, die bei der Operationalisierung bzw. Empirisierung von Dispositionsprädikaten verwendet werden.[172] Mit der Gültigkeit schlußfolgernder Indikatoren, oder genauer gesagt: mit der Gültigkeit der Verbindung 'Indicandum- schlußfolgernder Indikator' hat man indes seine Probleme. Da diese Verbindung nicht unmittelbar empirisch nachgeprüft werden kann, gibt es nur die Möglichkeit, sie theoretisch, also im Rahmen der Theorie, innerhalb derer sie expliziert wird, zu begründen.

Empirisch unmittelbar nachweisbar sind nur Zusammenhänge zwischen beobachtbaren Größen. Dieser Umstand führt NOWAK zu der Kategorie **korrelativer** ("correlational") Indikator. Für den vorliegenden Kontext ist diese Kategorisierung nur bedingt relevant, da sie weitgehend jenseits der Konstellation 'Indicandum-Indikator' thematisiert wird. Zwei Indikatoren (Indikator A und Indikator B) sind dann korrelativ, wenn sie - miteinander verbunden - einen empirisch nachweis-

---

[171] Vgl. NOWAK (1963/64).

[172] Die Bezeichnung "schlußfolgernder Indikator" ist meinem Verständnis nach pleonastisch, da Indikatoren *per definitionem* ein Etwas bezeichnen, aufgrund dessen Schlüsse auf das Gegebensein eines anderen Etwas gefolgert werden können.

baren Zusammenhang repräsentieren. NOWAK ist hier ganz konsequent und befaßt sich nur mit den Verhältnissen auf der Seite des Definiens. Dabei gelangt er zu einer weiteren Differenzierung: Gehören die Indikatoren A und B zu ein und demselben Definiens, spricht er von "intern korrelativen Indikatoren". Sind sie dagegen Elemente verschiedener Definientia (bzw. Definitionen), so handelt es sich um "extern korrelative Indikatoren".

Lediglich einmal geht es bei dieser dritten Kategorie um die Konstellation 'Indicandum-Indikator'. NOWAK konstruiert nämlich den Fall, daß der Besitz eines teuren Autos (Indikator A) auf ein hohes Einkommen (Indikator B) schließen läßt. Indikator B schlüpft hier sozusagen in die Rolle des Indicandums. Aber wohlgemerkt: Dieses Indicandum entzieht sich nicht deshalb der unmittelbaren Beobachtung, weil es eine abstrakte Größe, ein Konstrukt des menschlichen Verstandes ist. Die direkte Beobachtung der mit Indikator B bezeichneten Größe scheitert vielmehr aus praktischen Gründen. Immer noch ist es einfacher, das protzige Auto im Carport zu registrieren als an den Steuerbescheid im Briefkasten heranzukommen. Im Prinzip ist aber auch Indikator B direkt beobachtbar.

Andere Typologisierungen von Indikatoren sind namentlich von LAZARSFELD vorgelegt worden. Er unterschied zunächst zwischen **verhaltensbezogenen** und **verbalen**, **expressiven** und **prädiktiven** Indikatoren,[173] später dann zwischen **analytischen**, **strukturellen**, **globalen** und **kontextuellen** Indikatoren.[174] Da diese Einteilungen jedoch nicht primär unter erkenntnistheoretischen Gesichtspunkten bzw. im Hinblick auf semantische Strukturen erfolgten, sollen sie hier auch nicht erörtert werden.

---

[173] Vgl. LAZARSFELD (1959).

[174] Vgl. LAZARSFELD/MENZEL (1961).

9. Numerische Indikatoren

Soweit es um die operationale Definition von Begriffen für physikalische Eigenschaften ging, lag als theoretisches Konzept die zweite spezifische Bestimmung OD_2 zugrunde. Was die Operationalisierung von Begriffen betraf, die sich auf nicht direkt beobachtbare Phänomene beziehen, war auszugehen von der ersten spezifischen Bestimmung OD_1. Jetzt, da es um die Ausprägung nicht-physikalischer Eigenschaften geht, genauer gesagt: um die Definition von Begriffen, die solche Ausprägungsgrade bezeichnen, gilt als theoretischer Rahmen jene Kombination aus OD_1 und OD_2, die ich als repräsentativ für das vorherrschende Verständnis von operationalen Definitionen ausgegeben habe (vgl. Kap. 4.3). Nicht-unmittelbar-Beobachtbares auf Unmittelbar-Beobachtbares zu beziehen, die Ausprägung dieses direkt Beobachtbaren zu erfassen und davon dann auf die Ausprägung des Nicht-direkt-Beobachtbaren zu schließen, das ist kurz gesagt das methodische Paradigma der empirischen Sozialwissenschaften, vor allem der Psychologie. Warum man in diesen Disziplinen so erpicht darauf ist, gemeinhin Qualitatives quantitativ erfassen zu können, hat - wie erwähnt - einen eminent sachlichen Grund: Man ist damit in der Lage, die gewonnenen Daten mit Hilfe statistischer Methoden präzise verarbeiten zu können. Daß dieser Ansatz auch anderweitig Genugtuung verhieß, davon war ebenfalls die Rede: Endlich hatte der Sozialwissenschaftler Verfahren an der Hand, die neben den Methoden des Naturwissenschaftlers bestehen konnten.

Man erinnere sich an das, was ich unter der "Vorrangigkeit operationaler Definitionen" (Kap. 3) gemeint habe: Ehe man irgendein Phänomen empirisch erfassen kann, bedarf es eines Konzepts, wie diese Erfassung zu bewerkstelligen ist. Und soweit es um die Erfassung einer Ausprägung geht, muß - eben schon bevor man das zu erfassende Phänomen sichtet - geklärt sein, wie man dieser Ausprägung beikommt. Die Erfassung der Ausprägung setzt also voraus, daß man über einen geeigneten Maßstab verfügt. Erst mit der maßstabsmäßigen Erfassung werden die Daten so strukturiert und aufbereitet erhoben, daß sie statistisch verrechnet werden können. Wie gelangt man aber zu diesen Maßstäben? Hier kommt den numerischen Indikatoren eine besondere Bedeutung zu. Ein numerischer Indikator ist ein Indikator, der alleine oder im Verbund mit anderen numerischen Indikatoren dazu geeignet ist, im Sinne von OD_2 (verschärfte Fassung!) die Ausprägung einer indizierenden Eigenschaft unmittelbar (und damit die Ausprägung einer indizierten Größe mittelbar) so abzubilden, daß der Ausprägungsgrad in einem Zahlenwert ausgedrückt werden kann. Numerische Indikatoren sind sozusagen zu Maßstäben präparierte Indikatoren.

Der Terminus "numerischer Indikator" bedarf einer zweifachen Rechtfertigung. Erstens: Keineswegs können nur Begriffe für solche Eigenschaften zu Maßstäben präpariert werden, die auf latente Eigenschaften verweisen; auch andere Bezeichnungsbegriffe (hier: Designatoren) lassen sich solchermaßen herrichten. Trotzdem will ich hier nicht von "numerischen Designatoren" sprechen, sondern mich gleich auf Indikatoren einlassen - nicht zuletzt als Zugeständnis an die Gepflogenheit, eben nur Indikatoren zu klassifizieren. Und zweitens: Es hat auch seine Richtigkeit, hier von numerischen Indikatoren und nicht von numerischen Indizien zu sprechen. Die Präparation zu Maßstäben geschieht ja nicht auf der Sachebene, sondern auf der davon abgehobenen Sprachebene.

Mit dieser zweiten Rechtfertigung ist etwas Grundsätzliches angesprochen: Kein Phänomen bietet sich *per se* in einer Ausprägung dar. Ausprägung, genauer gesagt: Möglichkeit der Ausprägung ist eine Konstruktion des menschlichen Verstandes, die vom wahrnehmenden Subjekt an die wahrzunehmenden Objekte bzw. Phänomene herangetragen wird. Oder, um hinsichtlich des vorliegenden Kontextes zu formulieren: Die Möglichkeit der Ausprägung ist ein sprachgeleiteter Zugriff des empirischen Subjekts auf das empirische Objekt. Wie dieser Zugriff in seiner elementarsten Weise organisiert ist, wird mit den folgenden Unterscheidungen zu rekonstruieren versucht.

Die Präparierung von Indikatoren zu Maßstäben ist dem gängigen (wissenschaftlichen) Verständnis nach ein hochkomplexer, stets auf Erfahrung basierender, von statistischen Berechnungen begleiteter Vorgang. Entsprechend werden in der Literatur numerische Indikatoren als empirisch gesicherte, statistisch austarierte Repräsentanten gehandelt. Daß bei dieser Präparation aber auch vieles an nichtempirisch gewonnenen Erkenntnissen eingeht und zum Teil wohl nur bedingt empirisch abgesicherte und auch abzusichernde Manipulationen vorgenommen werden, resultiert aus besagtem verstandes- bzw. sprachgeleitetem Zugriff. Unabhängig davon, ob diese Präparation empirisch oder nicht-empirisch erfolgt, in jedem Falle sind die hervorgebrachten Maßstäbe als Meßvorschriften in die operationalen Definitionen abgesetzt.

Die den operationalen Definitionen damit zugewiesene Funktion erhellt sich auch, wenn man den theoretischen Zusammenhang in anderer Weise expliziert. Mit der maßstabsmäßigen Erfassung qualitativer Phänomene vollzieht sich denn der eigentliche Übergang vom Qualitativen zum Quantitativen. In der Meßtheorie wird diese Wandlung unter dem Vorgang begriffen: Abbildung eines empirischen Relativs auf ein numerisches Relativ. Dabei verkennt man meist die Funktion der operationalen Definition und tut so, als sei diese Abbildung eine rein mathematische Angelegenheit. Soweit aber ein Maßstab als Meßvorschrift in der operationalen Definition angegeben ist, wird diese Abbildung stets sprachlich vermittelt.[175]

[175] Das gilt jedoch nur im Zusammenhang mit numerischen Indikatoren (bzw. ebenso präparierten Designatoren). Eine derartige Vermittlungsfunktion der operationalen Definition entfällt, sobald kein Maßstab vorhanden ist und die Daten unstrukturiert erhoben werden. Das muß den Erkenntniswert indes nicht schmälern, denn in der Statistik stehen durchaus Verfahren bereit,

Im Zusammenhang mit numerischen Indikatoren gibt es ein Problem, das bereits Erwähnung fand, vor einer näheren Einlassung aber nochmals betont sei. So muß man sich fragen, ob mit den hervorgebrachten Maßstäben die wirklichen Verhältnisse stets adäquat abgebildet werden können. Auch wenn in den empirischen Sozialwissenschaften gerade diese realitätsgetreue Abbildung mit immensem Aufwand angestrebt wird, sind doch Zweifel angezeigt, ob diesen Anstrengungen auch Erfolg beschieden ist. Denn bei dieser Präparation wird notgedrungen vieles an Aspekten unterschlagen, geht vieles an Inhalten verloren, was den zu erfassenden Phänomenen wesentlich eignet. Der vielfach beklagte Reduktionismus - auf die Sprache bezogen: die Ausblendung mitunter wesentlicher Bedeutungsanteile - gebärdet sich denn an keiner Stelle so radikal wie da, wo Indikatoren zu numerischen Indikatoren präpariert werden.

Im Prinzip kann die Erfassung der Ausprägung nicht-physikalischer Eigenschaften auf dreifache Weise organisiert sein. Dementsprechend können drei Grundtypen von numerischen Indikatoren bestimmt werden. Verbindet man diese Grundtypen miteinander, so ergibt sich eine Anzahl mehr oder weniger relevanter Kombinationen.

a) abzählbare Indikatoren

Auszugehen ist von der hinlänglich vertrauten Situation: Als Indiz für ein Phänomen P wird ein direkt beobachtbares Merkmal a bestimmt. Die damit formulierte Beziehung kann bekanntlich zweifach expliziert werden. Zum einen sachbezogen: Irgendein Phänomen ist als Phänomen P identifiziert, wenn das (auf P verweisende) Merkmal a ausgemacht werden kann. Zum andern sprachbezogen: Irgendein Phänomen verdient die Bezeichnung "P", wenn das (auf P verweisende) Merkmal a ausgemacht werden kann. Läßt man sich auf diese sprachbezogene Perspektive ein, so resultiert daraus eine Definitionsform, die, wie die formale Notierung unschwer zu erkennen gibt, höchst einfach strukturiert ist:

(176) $P =_{def} a$

Als - wiederum verkürzte - Beispiele können gelten:

(177) Hochhaus $=_{def}$ [viele] Stockwerke

(178) Reichtum $=_{def}$ Schmuckstück

---

auch in unstrukturiertes Datenmaterial Ordnung zu bringen. Nur ist in diesem Fall die ordnungsstiftende Operation der Begriffsbestimmung (noch) nicht einverleibt.

(179) Müdigkeit $=_{def}$ gähnen

(180) Extraversion $=_{def}$ die Gesellschaft anderer Menschen suchen

Das alles sind geschlossene, implizite, nicht-instrumentale operationale Definitionen, die gemäß

Schema II [Definiendum] $=_{def}$ [Designator]

bzw.

Schema IIa [Indicandum] $=_{def}$ [Indikator]

gebildet sind.

Noch ist mit diesen Beispielen allerdings nur das Postulat der ersten spezifischen Bestimmung OD_1 erfüllt. Wenn man von "Hochhaus" einmal absieht, sind mit "Reichtum", "Müdigkeit" und "Extraversion" nicht direkt beobachtbare Phänomene bzw. Eigenschaften angesprochen, die bestimmt werden, indem man sie auf unmittelbar Beobachtbares bezieht. Und das Skalenniveau reicht über eine **Nominalskala** nicht hinaus: Es ist nicht viel mehr als eine Klassifizierung möglich. Ein Haus mit vielen Stockwerken ist ein Hochhaus; wer sich mit einem Schmuckstück zu zieren vermag, lebt in Reichtum; wer gähnt, kämpft mit der Müdigkeit; wer gerne die Gesellschaft anderer Menschen sucht, der ist extravertiert. Der Übergang von OD_1 zur zweiten spezifischen Bestimmung OD_2 kann nun aufgrund des Umstandes vollzogen werden, daß die im Definiens enthaltenen Merkmale allesamt in irgendeiner Weise **abzählbar** sind. In der formalen Notierung will ich diese Möglichkeit behelfsweise durch das Summenzeichen festschreiben. Da mit der Abzählbarkeit des beobachtbaren Merkmals zumindest im Ansatz ein Maßstab im eingeführten Sinne vorliegt, ist es zudem angebracht, den Designator bzw. Indikator jetzt mit einem Großbuchstaben zu symbolisieren:

(181) $P =_{def} \Sigma A_i$

Die Struktur des nunmehr erweiterten Definiens gibt sicher keine Rätsel auf. Der deskriptive Teil ist mit dem Indikator bestückt, dem zugleich die Information eingeschlossen ist, für etwas unmittelbar Beobachtbares zu stehen. Im Gegensatz dazu gehört das Summenzeichen eindeutig zum operativen Teil. Es vermittelt, was - über das Beobachten hinaus - zu tun ist, nämlich zu zählen, wie oft das Merkmal A auftritt. Da mit diesem Summenzeichen zwar rudimentär, aber doch ausdrücklich etwas zur Vorgehensweise gesagt ist, handelt es sich bei Ausdruck (181) um eine explizite operationale Definition. Diese Bestimmung zugleich als instrumental zu bezeichnen, widerstrebt mir dagegen. Obgleich im Definiens ein Maßstab angelegt ist, kann doch keine Rede davon sein, daß hier ein vorgefertigtes, künstliches Instrument zum Einsatz kommt. Daß der operative Teil im Zuge einer höherstufigen Operationalisierung (vgl. Kap. 8.2) mit weiteren Informationen anzureichern ist (Wie ist zu zählen? Wann bzw. innerhalb welchen Zeitraumes soll gezählt werden? Unter welchen Umständen soll dies vonstatten gehen? Undsoweiter.), sei hier lediglich angemerkt.

Will man feststellen, in welchem Maße das zu bestimmende Phänomen P ausgeprägt ist, wird man die Frequenz von Merkmal A eruieren, also zählen, wie oft das auf dieses Phänomen verweisende Merkmal A auftritt. Um die genannten Beispiele gleich sprachbezogen zu übersetzen: Ein Haus verdient um so eher die Bezeichnung "Hochhaus", desto häufiger das eine Merkmal 'Stockwerk' an ihm ausgemacht werden kann (Daß mit dem Partikel "hoch" auch eine physikalische Eigenschaft [räumliche Ausdehnung] angesprochen ist, hindert einen nicht, "Hochhaus" über die Ausprägung einer nicht-physikalischen Qualität [Stockwerk] zu definieren.); eine (weibliche) Person ist um so reicher, desto mehr Schmuckstücke sie trägt; ein Mensch kann um so eher als "müde" bezeichnet werden, desto häufiger er gähnt; jemand ist um so eher "extravertiert" zu nennen, desto häufiger er sich in die Gesellschaft anderer Menschen begibt.

Mit dieser Möglichkeit, das im Definiens fixierte Merkmal abzuzählen, sind zwangsläufig die gewonnenen Daten besser strukturiert. Um es meßtheoretisch auszudrücken: Mit dieser Verfeinerung der Explorationsmethode hat man sich auf das höhere Niveau der **Ordinalskala** begeben; vormals nominal skalierte Daten sind nun ordinal skaliert. Die Erfassung der Phänomene ist jetzt so organisiert, daß diese Phänomene bzw. die Träger dieser Phänomene nicht bloß identifiziert und damit einer Klasse zugewiesen, sondern in eine Rangordnung gebracht werden können. Eine Überführung des Qualitativen ins Quantitative ist auf mehr oder minder simple Weise erreicht.

Im wesentlichen ergeben sich zwei erkenntnistheoretische Schwierigkeiten. Zu deren Klärung muß man korrekterweise die metasprachliche Differenz aufheben und sich in die Niederungen der Erkenntnisquellen begeben, aus denen die definitorischen Zuordnungen abgeschieden wurden. Das erste Problem ist wohlvertraut; es betrifft die Gültigkeit von Merkmal A (Ist A ein valides Indiz für P?). Die Möglichkeiten, sich hier abzusichern, reichen, wie hinlänglich erörtert, von der bloßen Reflexion auf den Sprachgebrauch bis hin zur empirischen Überprüfung. Das zweite Problem ist völlig neuartig. Es dreht sich um die Frage nach der Berechtigung, gerade dieses (und kein anderes) Merkmal abzuzählen. Immerhin gibt es auch Merkmale, die nicht dazu geeignet sind, daß man sie abzählt, oder, um es im Hinblick auf die Begriffsbestimmung zu präzisieren: deren Auftretenshäufigkeit nichts hergibt für die semantische Differenzierung des Definiendums. Sich hier Gewißheit zu verschaffen, ist ungleich schwieriger. Das Wissen um die

Sprachregeln hilft kaum weiter. Die Berechtigung auf Erfahrungsdaten zu stützen, ist gleichermaßen fragwürdig. Was einen in der Regel leitet, sind nicht weiter gesicherte Plausibilitätserwägungen.

Definitionstheoretisch stellt sich, zumal vor dem Hintergrund meiner Nomenklatur, die Frage, ob denn Begriffsbestimmungen, die solche abzählbaren Indikatoren enthalten, nicht eher offene als geschlossene operationale Definitionen sind. Immerhin ist das Abzählen ja eine *ad infinitum* durchführbare Operation; und die gegebenen Beispiele sind, zumindest theoretisch, zur Erfassung von unendlich weit reichenden Ausprägungen konzipiert. Ich möchte so nicht argumentieren. Denn entscheidend ist der Indikator (als Kriterium); die Operation des Beobachtens ist (immer wieder von neuem) auf das durch ihn bezeichnete Indiz zu richten. Die Abzähl-Operation ist dem Indikator nur unterschoben und kann jederzeit von dem Indikator wieder abgelöst werden, ohne daß die Definition ihren Sinn verliert.

Die Verwendung abzählbarer Indikatoren ist weitverbreitet. Neben eher biederen Bestimmungen, wie es die eingangs gegebenen Beispiele nun einmal sind, trifft man immer wieder auf höchst originelle Definitionen. Ihren Reiz ziehen sie meist daraus, daß sie auf verblüffend einfache Weise eine Präzision gewähren, die dem zu definierenden Phänomen überhaupt nicht angemessen ist.

So verheißt die Bestimmung "Literatur ist das, was man mehr als ein Mal liest", daß der literarische bzw. künstlerische Wert eines Textes um so höher zu veranschlagen ist, je häufiger man diesen Text liest: Das "(Durch)lesen eines Textes" als abzählbarer Indikator für die Qualität dieses Textes! Und ebenso strukturiert ist die launige Bestimmung "Ein Mann ist [man müßte ergänzen: was seine Männlichkeit angeht] daran zu messen, wie viele Feinde er hat" - "Feind" als abzählbarer Indikator für Männlichkeit.

Geradezu verwegen mutet eine Variante an, die sich in verschiedenen Abwandlungen großer Beliebtheit erfreut. Es werden zwei (oder auch mehr) Merkmale festgelegt, deren jeweilige Auftretenshäufigkeit zu zählen ist, um dann die Ergebnisse miteinander zu verrechnen. Als Beispiel sei eine operationale Definition von "Glück" genannt; wie ausgeprägt das Glück ist, besagt der Quotient aus der Anzahl realisierter Wünsche (R) einerseits und der Anzahl nur vorgestellter Wünsche (V) andererseits, kurzum der Quotient aus Erreichtem und Erwünschtem:

$$(182) \quad \text{Glück} =_{\text{def}} \frac{\sum R_i}{\sum V_i}$$

Eine Bestimmung, die, so glatt und elegant sie erscheint, die Empiriker sicher entzückt. Selbst wenn ihr eine gewisse Plausibilität nicht abgesprochen werden kann, dürfte sie doch am Wesentlichen vorbeizielen. Dabei ist die Gültigkeit der beiden "Merkmale" gar nicht so sehr das Problem. Unbehagen weckt die funktionale Verbindung zwischen ihnen. Die wird dann meist auch ausschließlich mathematisch begründet. Die Frage, ob diese funktionale Beziehung den wirklichen Gegebenheiten angemessen ist oder gar von der Empirie getragen wird, tritt völlig in den Hintergrund.

b) skalierte Indikatoren

Auch in diesem Falle ist die Ausgangslage vertraut: Als Indizien für ein Phänomen P werden mehrere direkt beobachtbare Merkmale (A, B, C, D, E) bestimmt. Diese Merkmale sind zu einem (inhaltlichen) Maßstab verbunden, so daß sich ein, wiederum zweifach zu explizierender Zusammenhang ergibt. Zum einen sachbezogen: Irgendein Phänomen ist desto eher Phänomen P, je mehr von diesen (hier exemplarisch: fünf) Merkmalen ausgemacht werden können. Wobei im Idealfall gilt: Irgendein Phänomen ist als Phänomen P eindeutig, d. h. in seinem "Vollbild" identifiziert, wenn alle (fünf) Merkmale ausgemacht werden können. Zum andern sprachbezogen: Irgendein Phänomen verdient desto eher die Bezeichnung "P", je mehr von diesen (fünf) Merkmalen ausgemacht werden können. Im Idealfall: Irgendein Phänomen kann mit uneingeschränkter Berechtigung als "P" bezeichnet werden, wenn alle (fünf) Merkmale ausgemacht werden können.

Indikatoren, die in dieser Weise zu einem Maßstab fraktioniert sind, nenne ich **skalierte** Indikatoren - ohne mit diesem Attribut gleich meßtheoretische Implikationen zu verbinden. Da ich in Kap. 4.3 ausführlich die Charakteristik solchermaßen gebildeter Skalen besprochen habe, will ich mich hier auf das Wesentliche beschränken.

Die formale Notierung

(183) $P =_{def} A\text{-}B\text{-}C\text{-}D\text{-}E$

läßt unschwer erkennen, daß es sich um eine geschlossene, implizite und nunmehr instrumentale operationale Definition handelt, die

Schema VII [Definiendum] $=_{def}$ [Instrument]

bzw.

Schema VIIa [Indicandum] $=_{def}$ [Instrument]

folgt. Da das Instrument die Indikatoren in sich einschließt, überlagern sich im Definiens wiederum operativer und deskriptiver Teil.

In Kap. 4.3 bin ich der Einfachheit halber von einem direkt beobachtbaren Phänomen (Haus) ausgegangen, das sich über fünf in einem Maßstab angeordnete Merkmale (real) definieren läßt. Danach ist das zu bestimmende Phänomen desto eher ein Haus, je mehr dieser fünf Merkmale (man könnte sich vorstellen: vier Wände, Dach, Fenster, Tür, Raumaufteilung) an diesem Phänomen ausgemacht werden können. Wie dieser Maßstab zu handhaben ist, vermittelt graphisch ein "Unterbau":

(184) Haus $=_{def}$ A —— B —— C —— D —— E

A	A+B	A+B+C	A+B+C+D	A+B+C+D+E
|	|	|	|	|
20%	40%	60%	80%	100%

Mit diesem Unterbau wurde auf seiten des Definiens der operative Teil vom deskriptiven Teil abgelöst und der Übergang von einer impliziten operationalen Definition zu einer expliziten Form gemäß Schema IV bzw. IVa eingeleitet. Denn dieser Unterbau läßt sich ohne Verluste "hochziehen" und in Prosa fassen. Um die Gliederung des Definiens dabei nicht zu unterschlagen, sei der vom operativen Teil nun umschlossene deskriptive Teil fett hervorgehoben:

(185) Haus $=_{def}$ stelle sukzessive (durch Beobachtung) fest, ob die
Merkmale **A, B, C, D, E** vorliegen;
registriere die positiven Fälle;
zähle die positiven Fälle;
ermittle den Prozentrang; usw.

Wie ebenfalls schon dargelegt, können auch nicht direkt beobachtbare Phänomene vermittels inhaltlicher Maßstäbe abgestuft bestimmt werden (vgl. Kap. 8.2). Was z. B. menschliche Verhaltensweisen angeht, lassen sich einmal die Manifestationen selbst zu einem Maßstab fraktionieren (jetzt und im folgenden natürlich jeweils unter auf das Definiendum abgestimmter Belegung der Variablensymbole)

(186) Angst $=_{def}$ A-B-C-D-E

Danach ist die Angst um so deutlicher ausgeprägt, je mehr Manifestationen sich augenblicklich zeigen. Will man dagegen mehr auf die eine Persönlichkeit prägende Disposition 'Ängstlichkeit' abheben, so kann man auch die verschiedenen

Situationen, in denen sich Angst manifestiert, in die Reihung miteinbeziehen - strukturell gibt es, zumal in diesem einfachen Modell, keine Unterschiede:

(187) Ängstlichkeit $=_{def}$ A-B-C-D-E

Die einzelnen Merkmale können, verbunden mit einer spezifischen Situation und bereits in Frage gekleidet, jetzt lauten: Zittern Sie beim Fliegen? Haben Sie Schweißausbrüche, wenn Sie im Fahrstuhl fahren? Und dergleichen. Oder aber man verzichtet auf den Umweg über die Manifestationen, eben weil die latente Eigenschaft 'Angst' eingedenk ihrer Bezeichnung "Angst" allseits vertraut ist: Haben Sie Angst vorm Fliegen? Haben Sie Angst, wenn Sie im Fahrstuhl fahren? Undsoweiter. Die Persönlichkeit eines Menschen ist danach um so mehr von Ängstlichkeit bestimmt, je mehr Angst induzierende Situationen es für ihn gibt. Diese Definition entspricht in ihrer Struktur im übrigen den psychometrischen Persönlichkeitstests: Die (möglicherweise) Angst induzierenden Situationen werden - in Fragen gekleidet - dem Probanden vorgestellt. Je mehr dieser Situationen für den Probanden Angst-auslösend sind, desto ängstlicher ist der Proband. Lösen gleich alle Situationen Angst bei ihm aus, so handelt es sich um einen besonders ängstlichen Typ.

Ebenso wie auf materielle Gegebenheiten oder menschliche Verhaltensweisen bzw. Verhaltensdispositionen kann diese Art von Maßstab schließlich auch für "abstrakte Gegenstände" formiert werden:

(188) Demokratie $=_{def}$ A-B-C-D-E

(189) Oberschicht $=_{def}$ A-B-C-D-E

Mit ein wenig Phantasie lassen sich die Merkmalsvariablen belegen.

Was das Skalenniveau angeht, ist mit dieser Reihung von Qualitäten - zugegebenermaßen anspruchsvoller als zuvor - eine Ordinalskala errichtet worden. Mit der Möglichkeit, abermals Rangfolgen bestimmen zu können, ist also wiederum ein Übergang vom Qualitativen zum Quantitativen geschaffen.

Erkenntnistheoretisch ergibt sich auf den ersten Blick nichts Neues. Hebt man einmal mehr die metasprachliche Differenz auf, so stellen sich die bekannten Fragen nach der Gültigkeit der Indikatoren und der Berechtigung, sie zu einem Maßstab zu fraktionieren. Soweit man in der alltäglichen Kommunikation Abstufungen gemäß der hier beschriebenen Art vornimmt, vermag die Reflexion auf den Sprachgebrauch die meist internalisierten und ohne bewußte Kenntnisnahme angelegten Maßstäbe zutage zu fördern. Zumal in den Wissenschaften finden sich allerorten auch der Empirie abgewonnene Indikatoren maßstabsmäßig gereiht.

Man denke nur an die Medizin, wo in langwieriger Forschungsarbeit Symptome eines Krankheitsbildes zusammengetragen wurden. Je nachdem, ob diese Symptome dann vollständig oder nur teilweise zum Vorschein kommen, wird man auf den Ausprägungsgrad dieser Krankheit schließen können.

Was sich erst auf den zweiten Blick als neuartig und äußerst problembeladen erweist, sind die im eigentlichen Sinne meßtheoretischen Angelegenheiten. Wie steht es um die Dimensionalität? (Um von meiner Notierungsweise auszugehen: Liegen alle relevanten Merkmale auf **einer** Linie?) Eine Frage, die sich namentlich bei komplexen Phänomenen, wie z. B. Persönlichkeitseigenschaften, stellt. Sind die Indikatoren innerhalb der Skala unterschiedlich zu gewichten? Können diese Gewichtungen als Distanzen abgebildet werden? (Eine Möglichkeit, die gar Intervallskalen-Niveau verheißt!) Wie hoch ist der (möglicherweise in Prozentwerten auszudrückende) Anteil der Merkmale am "Vollbild" von P? Undsofort. Alle diese Fragen betreffen Probleme, die ebenso empirisch zu klären sind wie auch - an dieser Stelle nicht weiter verfolgte - Feinabstimmungen, die sich dann im operativen Teil des Definiens absetzen. Die Art und Weise, wie man zu diesen in Skalen organisierten Indikatoren letztlich gelangt und wie man sich ihrer Gültigkeit versichert, tangiert indes nicht ihre hier nur im Prinzip beschriebene Funktion als Grade eines Maßstabes.

Lediglich angedeutet sei die Möglichkeit, abzählbare und skalierte Indikatoren in einem Maßstab zu kombinieren. Ein Phänomen ist um so eher Phänomen P, (a) desto mehr der angegebenen Manifestationen auszumachen sind und (b) desto häufiger die einzelnen Manifestationen auftreten, d. h. beobachtet werden können. Eine Kombination, die sich einmal linear darstellen läßt:

(190) $P =_{def} \Sigma A_i - \Sigma B_i - \Sigma C_i - \Sigma D_i - \Sigma E_i$

Man kann diesen Verbund auch zweidimensional abbilden, indem man den inhaltlichen (skalierten) Maßstab in die Vertikale kippt und den numerischen Maßstab (repräsentiert durch das Summenzeichen) für die einzelnen Merkmale in der Horizontalen beläßt:

(191) $$P =_{def} \begin{array}{c} \Sigma A_i \\ | \\ \Sigma B_i \\ | \\ \Sigma C_i \\ | \\ \Sigma D_i \\ | \\ \Sigma E_i \end{array}$$

c) metrisierte Indikatoren

Die dritte Möglichkeit, die Ausprägung eines Phänomens zu erfassen, ist dem Prinzip nach ebenfalls abgehandelt. Nachzutragen bleibt, diese Möglichkeit auf den hier thematisierten Verweisungszusammenhang zu beziehen: Als Indiz für ein Phänomen P wird ein unmittelbar beobachtbares Merkmal a bestimmt und diesem Merkmal eine physikalische Eigenschaft (z. B. räumliche Ausdehnung, zeitliche Erstreckung, Volumen) unterlegt. Aus dieser Verbindung resultiert dann folgender, abermals zweifach zu explizierender Zusammenhang. Zum einen sachbezogen: Irgendein Phänomen ist desto eher Phänomen P, je höher diese - dem Indiz a unterlegte - physikalische Eigenschaft ausgeprägt ist. Zum andern sprachbezogen: Irgendein Phänomen verdient desto eher die Bezeichnung "P", je ausgeprägter diese - dem Indiz a unterlegte - physikalische Eigenschaft ist.

Während dieser zweifach formulierte Zusammenhang ohne Mühe nachvollzogen werden kann, bedarf es einer Erläuterung, was es heißt, einem Merkmal eine physikalische Eigenschaft zu unterlegen. Nun, dazu werden als Indizien solche Eigenschaften herausgegriffen, die physikalisch dimensioniert sind oder sich zumindest physikalisch dimensionieren lassen. Entscheidend dabei ist, daß diese Indizien hinsichtlich der ihnen eignenden physikalischen Dimension keine festen Größen darstellen, sondern meßbaren Schwankungen unterliegen, so daß man von diesen Schwankungen auf den Ausprägungsgrad des zu Indizierenden schließen kann. Da die Messung physikalischer Eigenschaften in aller Regel vermittels metrischer Skalen erfolgt, nenne ich die sprachlichen Repräsentanten für solchermaßen unterlegte Merkmale **metrisierte** Indikatoren. Was die Formalisierung der Sprachregel angeht, will ich mich mit folgender Notierung behelfen:

(192) $P =_{def} A$: 1 — 2 — 3 — 4 — 5 — 6 — 7 — 8 — 9 — 10 —

Der Indikator erscheint als Großbuchstabe; er hat jetzt den Charakter eines Maßstabes angenommen. Die unterlegte metrische Skala gibt sich lediglich im Ansatz zu erkennen; als "offene" Skala reicht sie freilich über die zehn notierten Einheiten hinaus.

Nun zu den Beispielen. Aus der Wahrnehmungspsychologie bzw. Verhaltensphysiologie kennt man das sogenannte Kindchenschema, das sich mit "niedlichem Aussehen" oder kurz "Niedlichkeit" umschreiben läßt und bei Artgenossen fürsorgende Verhaltensweisen auslöst. Verantwortlich für dieses Aussehen sind, wie man weiß, typische Schädelproportionen. (Sicher ist das kein ausschließlich empirisch gewonnenes Wissen, sondern eine, im alltäglichen Gebrauch von "Niedlichkeit" mitschwingende Information.) Damit ist aber auch schon der Weg gewiesen, dieses Kindchenschema auf exakte Weise zu erfassen. Man mißt einfach die entsprechenden Umfänge und Abstände und setzt sie zueinander in Beziehung. Für das Menschenkind ergibt sich die geradezu banale Relation: Je geringer der Abstand 'Augenpartie-Kinn' im Verhältnis zum Abstand 'Augenpartie-Scheitel', desto niedlicher das Aussehen. Als operationale Definition von "Niedlichkeit" bietet sich demnach an:

(193) Niedlichkeit $=_{def}$ relativer Abstand der Augenpartie zu Scheitel und Kinn

Dieser relative Abstand ist, verkürzt gesagt, Indiz für Niedlichkeit. Niedlichkeit ist auf eine physikalisch dimensionierte, mit dem Zentimetermaß meßbare Größe reduziert. Alle anderen Bedeutungsanteile sind jetzt irrelevant; sie tragen zur präzisen Erfassung von Niedlichkeit, das heißt auch: zur präzisen Verwendung von "Niedlichkeit", nicht das Geringste bei.

Natürlich könnte man diesem Zweck auch dann gerecht werden, wenn man die Operationalisierung von der Reaktion auf dieses Schema her gestaltet und die Ausprägung der Niedlichkeit über das Ausmaß des (direkt beobachtbaren) Bemutterungs- und Fürsorgeverhaltens bestimmt. Damit würde zwar eher der Kern der Bedeutung getroffen, die Erfassung der Sache - und damit einhergehend: die Verwendung des Wortes - aber an Präzision einbüßen. Das ist meist das Dilemma bei metrisierten Indikatoren: Metrisierbar sind oft nur periphere Bedeutungsanteile. Die Bedeutung wird sozusagen nur am Rande und da in einem kleinen Ausschnitt gestochen scharf. Und man verläßt sich ganz darauf, daß man - um im Bilde zu bleiben - vom Rand auf das Zentrum schließen kann.

Wer Hunger verspürt, hat das Bedürfnis zu essen; wer dieses Bedürfnis nicht befriedigen kann, der leidet zunehmend Qualen. Man kennt diesen Zustand aus eigener Erfahrung und kann das Wort "Hunger" verwenden, weil man gelernt hat, dieses Wort auf diesen Zustand anzuwenden. In diese Verwendungsregel eingeschlossen ist aber auch die Information, daß der Hunger mit dem zeitlichen Abstand zur letzten Nahrungsaufnahme zunimmt. Wiederum ist in einer eher peripheren, aber doch geläufigen Information die Möglichkeit einer präzisen Erfassung angelegt. Der Nahrungskarenz kann die physikalische Dimension 'Zeit' unterlegt werden - sprachlich umschrieben als "Dauer der Nahrungskarenz". Diese Dauer der Nahrungskarenz ist dann das problemlos zu messende Indiz für das Ausmaß des Hungers:

(194) Hunger $=_{def}$ zeitlicher Abstand zur letzten Nahrungsaufnahme

Eine Operationalisierung, die in der Motivationspsychologie gang und gäbe ist. Daß Hunger aber auch Mangel an etwas, Bedürfnis nach etwas, Entbehrung von etwas, also ein Befinden ist, das Gefühlscharakter im Sinne einer mißlichen Empfindung hat - das alles bleibt ausgeblendet.

"Das Publikum dankte mit langanhaltendem Beifall." Eine Konzertkritik, die so endet, vermittelt, daß die künstlerische Darbietung von ansprechender, überdurchschnittlicher Qualität war. Beifall als Indiz für künstlerische Qualität. Das ist nur naheliegend und wird auch dann nicht abwegig, wenn man von der (hör- und meßbaren) Dauer des Beifalls auf die Güte der Darbietung schließt. Gerade dieses Beispiel führt die Ungleichartigkeit von Indiziertem und Dimension deutlich vor Augen: Künstlerische Qualität und zeitliche Erstreckung sind zwei disparate Phänomene, und dennoch können beide - mittelbar über das Indiz 'Beifall' - sinnvoll aufeinander bezogen werden. "Sinnvoll" heißt dabei gewiß nicht, daß man mit dem metrisierten Indikator die Bedeutung von "künstlerischer Qualität" im Kern getroffen und abgeklärt hat. Gemeint ist damit nur, daß man etwas normalerweise nicht numerisch Bestimmbares, nicht Meßbares, doch, und sogar auf höchstem Niveau, messen kann.

Warum werden in allen Zoos Elefanten und nur selten Kudus gehalten? Nun, Elefanten sind einfach beliebter als Kudus. Aber woher weiß man das? Ganz einfach, es stehen mehr Besucher vor Elefantengehegen als vor Gehegen mit Kudus. Mißt man die Beliebtheit von Elefanten und Kudus an dieser Anzahl der Besucher, kann man die Beliebtheit beider Tierarten zwar abwägen, aber das Maß ist doch grobschlächtig. Nachgerade subtiler ist es dagegen, sich an den abgetretenen Lauf- und Stehflächen vor den Gehegen zu orientieren. Beliebtheitsabstufungen von einer nie geahnten, geradezu übernatürlichen Präzision können ohne Mühe erstellt werden. Das Grundmuster ist abermals erkennbar. Die Abnutzung des Besucherstandortes als metrisierbares Indiz für die Beliebtheit von (Zoo-)Tieren.

Um die Reihe der Beispiele zu schließen: Der Wohlgeschmack der Süße (einer Flüssigkeit) schrumpft auf das spezifische Gewicht ("Öchslegrad"), das Bedrohliche der Angst verliert sich im elektrischen Widerstand. Oder, um ein angesichts der rasanten politischen Entwicklung in Europa schon nicht mehr aktuelles, dafür aber besonders anschauliches Beispiel zu nennen. Ein Fernsehreporter kommentierte die Rückkehr der in Bulgarien lebenden Türken in ihr Stammland: Der Mißerfolg der bulgarischen Assimilierungspolitik läßt sich an den Kubikmetern von Gepäck ablesen, das sich von rückkehrenden Türken an der Grenze stapelt. Die physikalisch dimensionierbare Größe 'Gepäck' als Indiz für eine mehr oder minder gescheiterte Politik - das scheint weithergeholt, dürfte in diesem Falle an Validität aber kaum zu übertreffen gewesen ein.

Mit der Unterlegung metrischer Skalen ist der eigentliche Übergang vom Qualitativen zum Quantitativen geleistet. Rein theoretisch gesehen ist nicht nur das Niveau einer **Intervallskala**, sondern gar das einer **Rationalskala** erreicht. Es lassen sich nicht nur Ränge bestimmen, sondern ebenso Abstände und Verhältnisse. Ob diese errechneten Werte allerdings auch den Strukturen der Wirklichkeit entsprechen, muß doch bezweifelt werden. Ist bei einem Klaviervortrag und bei einer

Jodeleinlage der Beifall gleich lang, so sind beide Ereignisse in ihrer künstlerischen Qualität ebenbürtig; wer vier Stunden nichts gegessen hat, hat doppelt so großen Hunger wie jemand der nur zwei Stunden ohne Nahrung war. Und im Falle der Zootiere habe ich es angedeutet: Die Präzision korrumpiert die Realität.

Zur Klärung der erkenntnistheoretischen Problematik muß abermals die Metaebene der Definition verlassen werden. Wie gehabt setzt die Problematik ein mit der Frage nach der Gültigkeit der Indizes, wobei diese Frage jetzt differenziert zu stellen ist: Ist das fragliche Indiz valide? Ist dieses Indiz überhaupt dimensionierbar? Und: Ist diese Dimensionierung der Validität zuträglich? Immerhin haben die wenigen, hier analysierten Beispiele gezeigt, daß metrisierte bzw. metrisierbare Indikatoren im alltäglichen Sprachgebrauch vorkommen und man sich durch Reflexion auf diesen Gebrauch solcher Indikatoren auch vergewissern kann. So gehört es zur Semantik von "Beifall", daß man mit dem damit Bezeichneten auf das Verhalten eines anderen Menschen reagiert, wenn man dieses Verhalten gutheißt, von diesem Verhalten angetan, erbaut ist, dieses Verhalten einen ergötzt hat, man dieses Verhalten noch einmal wiederholt sehen will usw. Dem Sprachwissen ebenso inhärent ist die Bedeutungskette: Hunger hat etwas mit Fasten zu tun; Fasten etwas mit Zeit usf. Also, Metrisierbarkeit ist im Sprachwissen angelegt, mitunter drängt sie sich geradezu auf. Dennoch zieht man in der alltäglichen Praxis nicht die letzte Konsequenz und mißt tatsächlich seinen Hunger mit der Stoppuhr oder das niedliche Aussehen der Geliebten mit dem Zentimetermaß. Solches Tun bleibt für Bereiche reserviert, wo Exaktheit und Präzision gefordert sind. Dort wird dann aber auch experimentiert und die Gültigkeit von Indiz und Dimensionierung einer empirischen Kontrolle unterzogen. Schwache Indizien werden ausgesondert, Indizien mit empirisch verbürgter Validität treten an ihre Stelle. So entspringt es zunächst zwar der Phantasie des empirischen Subjekts, die künstlerische Qualität einer Darbietung nicht an der Dauer des anschließenden Beifalls, sondern an der Zeitspanne zwischen dem Ende dieser Darbietung und dem Einsetzen des Beifalls zu messen (wobei "Minuswerte" - der Beifall setzt ein, bevor die Darbietung endet - besonders hohe Kunst ausweisen). Ob diese Zeitspanne gegenüber der Dauer des Beifalls aber wirklich das tauglichere Indiz für künstlerische Qualität ist, wie zuweilen behauptet wird, kann nur aufgrund empirischer Untersuchungen (und unter Einbeziehung anderer Kriterien) entschieden werden. Gleichwohl rankt sich diese Verfeinerung immer noch um die geläufige Bedeutung von "Beifall".

Ebenso ist es eine empirisch zu klärende Frage, ob man einem Indiz die eine oder besser die andere physikalische Dimension unterlegt. Was ist valider für die künstlerische Qualität, die Dauer des Beifalls oder die Intensität des Beifalls - oder verrechnet man am besten beides? Selbst wenn das letztlich nur empirisch zu entscheiden ist, möchte ich doch auch in diesem Falle annehmen, daß beide Dimensionierungen im Sprachwissen angelegt sind. Das ist sicher nicht immer so. Auf die Möglichkeit, die Beliebtheit von Zootieren an der Abnutzung des Platzes vor den Gehegen festzumachen, kommt man wohl kaum durch Bedeutungsanalyse. Das hat eher etwas mit Kreativität und Experimentieren zu tun. Welche Dimensionierung der Validität des Indikators "Abnutzung des Besucherstandortes" zuträglicher ist, das Flächenmaß (abgetretene Fläche) oder das Raummaß (ausgetretene Mulde), läßt sich gewiß nur empirisch entscheiden.

Zurückgestellt habe ich die Frage nach dem Definitionsschema, dem die hier präsentierten Beispiele unterliegen. Sind denn Definitionen, in denen metrisierte Indikatoren verwendet werden, meiner Nomenklatur zufolge offene oder geschlossene operationale Definitionen? Richtet man sich nach den Maßstäben, die zum Einsatz kommen, so handelt es sich um offene operationale Definitionen. Doch dieser Befund ist - ebenso wie der besprochene Einwand, Bestimmungen mit abzählbaren Indikatoren seien offene operationale Definitionen - voreilig und wird den wahren Verhältnissen nicht gerecht. Es geht hier ja nicht um die physikalische Dimension; sie ist nur Mittel zum Zweck. Die Ausprägung dieser Dimension steht nicht für sich, sondern für etwas anderes. Das Kriterium für die auszuführende Operation ist das Indiz - und mit diesem Kriterium ist die Operation auch schon "geschlossen".

Analog zu meiner Erklärung, warum abzählbare Indikatoren nicht offene operationale Definitionen konstituieren, kann auch jetzt begründet werden, daß es auf das Kriterium und nicht auf die ihm unterlegte Dimension ankommt: Indiz und Dimension gehen keine solch enge Verbindung ein, als daß man sie nicht voneinander lösen könnte. Die Operationalisierung gerät denn nicht zu einer schiefen, unverständlichen, abwegigen Mitteilung, wenn im Definiens der Indikator dimensionslos dargeboten wird (verkürzt und prosaisch: der Beifall verweist auf die Qualität, die abgetretenen Laufflächen auf die Beliebtheit, die Stapel von Gepäck auf den Mißerfolg der Politik). Anders bei der operationalen Definition von Begriffen, die sich auf die physikalischen Dimensionen Raum und Zeit beziehen: Versucht man diese Begriffe unabhängig von der (Angabe der) Meßoperation zu operationalisieren, verfängt man sich, wie dargelegt, in metaphysischen und damit höchst diffusen Fragestellungen, die allenfalls jene Vorgängigkeit eines Sinnzusammenhanges erhellen (vgl. Kap. 4.1).

Diese Gedanken leiten über zur Beantwortung der Frage, wie sich bei der Angabe von metrisierten Indikatoren das Definiens gliedert bzw. welchem Definiensteil die unterlegte Dimension zuzuordnen ist. Die Verwendung nicht-numerischer Indikatoren folgt wie ausgeführt

Schema IIa [Indicandum] $=_{def}$ [Indikator]

mit der Belegung

(195) (künstlerische) Qualität $=_{def}$ Beifall
---D---

Mit dem Indikator "Beifall" ist auf seiten des Definiens allein der deskriptive Teil ausgewiesen. Es wird ausdrücklich gesagt, auf welches Phänomen es ankommt, und einschlußweise, wie dieses Phänomen in Erfahrung zu bringen ist, nämlich vermittels direkter Wahrnehmung (über den Gehörsinn). Unterlegt man den Indikator mit einer physikalischen Größe, so wird neben der Angabe, was wahrzunehmen ist, auch mitgeteilt, was an dem Wahrgenommenen zu messen ist, hier: die zeitliche Erstreckung. Da eine physikalische Größe im Hinblick auf ihre Exploration aber stets eine Instrumenten-gebundene Größe darstellt, kann sie gar nicht unabhängig von einem Instrument eingebracht werden. Damit unterliegt die Verwendung metrisierter Indikatoren im einfachsten Falle

Schema VIa [Indicandum] $=_{def}$ [Instrument, Indikator]

Wird nur die zu messende Größe mitgeteilt, so ist doch indirekt das einzusetzende Instrument angesprochen, und also ein Definiensteil mit operativer Komponente etabliert

(196) (künstlerische) Qualität $=_{def}$ Dauer: Beifall
-O/D-/ ---D---

Würde man die Dimensionierung dem Indikator einverleiben ("Beifallsdauer") und gemäß Schema IIa operationalisieren - mit nur einem deskriptiven Teil auf seiten des Definiens -, hätte man die diffizilen Verhältnisse nur verschleiert.

Gibt man andererseits gleich das einzusetzende Instrument an, so ist damit wie gehabt auch indirekt die zu messende physikalische Größe vermerkt. Die Angabe der zu messenden Dimension geht in der Angabe des Meßinstrumentes auf:

(197) (künstlerische) Qualität $=_{def}$ Stoppuhr: Beifall
---O/D---/ ---D---

Erweitert man die beiden Operationalisierungen (196) und (197) um eine ausdrückliche Mitteilung dessen, was zu tun ist, dann liegt das Vollbild einer expliziten instrumentalen geschlossenen operationalen Definition gemäß

Schema Va [Indicandum] $=_{def}$ [Operation, Instrument, Indikator]

vor, mit den Belegungen

(198) (künstlerische) Qualität $=_{def}$ Dauer messen: Beifall
------O/D------/ ---D---

(199) (künstlerische) Qualität $=_{def}$ mit der Stoppuhr messen: Beifall
------------O/D-------------/ ---D---

Unabhängig von der Klassifizierung dieser Beispiele als geschlossene operationale Definitionen ist das bereits angeschnittene Problem, daß Indizien, wenn ihnen eine physikalische Dimension unterlegt wird, zu Maßstäben geraten, die gewissermaßen "künstlich offen" sind. Die hier präsentierten Definitionen sind nämlich eingerichtet für den nicht enden wollenden Beifall, das unendlich sich dahinziehende Gehege, den himmelhohen Gepäckstapel.

Wie berechtigt diese Klassifizierung ist, tritt nochmals zutage, wenn man skalierte und metrisierte Indikatoren miteinander kombiniert. Dabei ergibt sich folgende Konstellation: Als Indizien für ein Phänomen P werden mehrere beobachtbare, zu einem Maßstab fraktionierte Merkmale A, B, C, D, E bestimmt und mindestens einem dieser Merkmale eine physikalische Eigenschaft unterlegt. Aus dieser Verbindung resultiert dann ein mehrfach komplexer Zusammenhang, der abermals zweifach expliziert werden kann. Zum einen sachbezogen: Irgendein Phänomen ist desto eher Phänomen P, (a) je mehr von diesen fünf Merkmalen ausgemacht werden können und (b) je höher die (einem einzigen Merkmal, mehreren oder auch allen Merkmalen) unterlegte physikalische Eigenschaft ausgeprägt ist. Zum andern sprachbezogen: Irgendein Phänomen verdient um so eher die Bezeichnung "P", (a) je mehr von diesen fünf Merkmalen ausgemacht werden können und (b) je höher die (einem einzigen Merkmal, mehreren oder auch allen Merkmalen) unterlegte physikalische Eigenschaft ausgeprägt ist.

Ich möchte hier nicht alle Möglichkeiten durchspielen, sondern mich auf zwei Varianten beschränken. Zur Veranschaulichung eignet sich - nicht zuletzt wegen seines weiten Bedeutungsfeldes - einmal mehr der Begriff "Haus". Daß damit ein auf materiell Gegebenes, auf Direkt-Beobachtbares bezogener Sachbegriff in die Position des Definiendums rückt, schränkt die Argumentation nicht ein. Das Definitionsprinzip kann aufgrund der gleichen Struktur des Definiens jederzeit auf Begriffe übertragen werden, die sich auf Nicht-direkt-Beobachtbares, also auf nur Erschließbares beziehen.

Angenommen, das Wort "Haus" ist aufgrund folgender Merkmale definiert: vier Wände (A), aufgesetztes Dach (B), Fenster (C) und Eingangstür (D). Dazu tritt als - neue - fünfte Größe das metrisierbare Merkmal 'umbauter Raum' (E). Zieht man diese fünf Merkmale zu einem Maßstab zusammen und unterlegt Merkmal E mit dem Raummaß, ergibt sich als (operationale) Definition:

```
                      A
                      |
                      B
                      |
(200)   *Haus =def    C
                      |
                      D
                      |
                      E: 1—2—3—4—5—6—7—8—9—10—
```

übersetzt als Prosafassung:

(201) *Haus $=_{def}$ stelle beobachtend fest, ob **A, B, C, D, E** vorliegt (bzw. vorliegen); registriere die positiven Fälle; zähle die positiven Fälle; wenn E vorliegt, so ermittle mit dem Meterstab die Ausprägungen der drei Raum-Dimensionen (Länge, Breite, Höhe) und verrechne diese drei Meßwerte zu einem Volumenmaß; vergleiche das Ergebnis mit entsprechenden Grenzwerten usw.

Druckgraphisch verblaßt abermals der operative Teil gegenüber dem deskriptiven Teil. Daß auf seiten des Definiendums nur der Oberbegriff erscheint, das Definiens aber ausreicht, die gesamte Bedeutungspalette dieses Oberbegriffes, also auch die Bedeutungen der Unterbegriffe abzudecken, bringt diese Definition in eine leichte Schräglage. Zum Ausgleich versehe ich das Definiendum einfach mit einem Stern (*). Er soll signalisieren, daß mit "Haus" hier alle möglichen Abstufungen einer Haus-Artigkeit gemeint sind.

Unter Zuhilfenahme dieser Kombination kann man sich jetzt auf Erkundungsreise begeben und sachbezogen zwischen verschiedenen Arten von Häusern unterscheiden, ja selbst Grenzfälle vermag man auszumachen. Fehlt etwa das aufgesetzte Dach, so wird es sich möglicherweise um eine Ruine handeln; ist überhaupt kein Raum umbaut, sondern alles massiv, befindet man sich gerade in der Welt von "Monopoly". Ist aber Raum umbaut, wird die Sachlage gleich komplizierter. Denn jetzt muß man nicht nur messen und rechnen, sondern hat sich auch an (anderweitig, oft nur vage festgesetzten) Kriterien für das umbaute Volumen zu orientieren. Ganz unverbindlich: Was weniger als 20 Kubikzentimeter umfaßt, ist das Spielzeughaus (auf der Modelleisenbahnanlage), unter 4 Kubikmeter Rauminhalt mag das Spielhaus (aus Pappmaché) im Kinderzimmer umschließen, ab 5 Kubikmeter wird es sich um ein Gartenhaus handeln, ab 80 Kubikmeter umbauten Raumes um ein Wohnhaus usw. Die Übergänge sind mehr oder weniger fließend.

Trifft man schließlich auf ein Gebilde, das das Merkmal C nicht aufweist und eher das Volumen eines Gartenhauses umfaßt, so blickt man wohl auf eine Garage.

Sprachbezogen ist man aufgrund dieser beiden ineinandergefügten Maßstäbe in der Lage, Begriffe mit verwandten Bedeutungen semantisch zu differenzieren. Dabei zeigt sich ganz überraschend eine Besonderheit: der offene, nicht-inhaltliche Maßstab leistet - wenn auch nur mittelbar über das unterlegte Merkmal - einen Beitrag zu dieser Differenzierung des Definiendums. Immerhin war diese Möglichkeit für offene Maßstäbe ja ausgeschlossen worden (vgl. "Transpositions-These", Kap. 4.3).

Die Bedeutung des semantischen Komplexes "Haus" kann weiter verfeinert werden, indem man sich Merkmal C vornimmt und darüber einen Maßstab präpariert. Zunächst bietet sich die Möglichkeit, C als abzählbare Größe einzuführen. Damit wäre man in der Lage, Gebäude nach der Anzahl der vorhandenen Fenster zu taxieren: Ist nur ein einziges Fenster vorhanden, wird es sich - immer unter abgewogener Berücksichtigung der anderen Kriterien - eher um ein Gartenhaus als um ein Wohnhaus handeln. Bei zunehmender Anzahl der Fenster wird man schon an ein Mehrfamilienhaus denken müssen.

Wenn man sich nicht nach der Anzahl der Fenster, sondern nach deren Fläche ausrichtet, ist Merkmal C auch schon metrisiert. Nimmt man diese Metrisierung in die Operationalisierung mit auf, ergibt sich als Begriffsbestimmung:

A
|
B
|
(202) *Haus $=_{def}$ C: 1—2—3—4—5—6—7—8—9—10—
|
D
|
E: 1—2—3—4—5—6—7—8—9—10—

Eine Besonderheit wird bei dieser Notierung indes nicht sichtbar: Zwar sind beide Merkmale, C und E, jetzt auf die Raum-Dimension bezogen, dennoch geht es nicht um das gleiche Maß. Dem Merkmal C wurde das Flächenmaß, dem Merkmal E dagegen das Raummaß unterlegt. Tatsächlich ist man bei der Metrisierung nicht einmal an eine einzige Dimension gebunden. Den verschiedenen Merkmalen ein und desselben (inhaltlichen) Maßstabes können durchaus unterschiedliche physikalische Dimensionen unterlegt werden.

Setzt man diese erweiterte Operationalisierung auf seiner Erkundungsreise um, so wären folgende Differenzierungen denkbar: Bei großflächigen Fenstern und viel umbautem Raum ist wohl eher von einem Bürohaus oder einer Schule auszugehen als von einem Wohnhaus. Sind die Fenster lukenhaft klein, wird es sich um einen Hochbunker handeln, wie er bis heute in manchen Städten aus trister Vergangenheit erhalten blieb. Ist der umbaute Raum dagegen sehr klein, die Fensterfläche aber riesengroß - nun, dann steht man wohl vor einem Gewächshaus. In Wirklichkeit verhält sich alles natürlich weitaus komplizierter, andere Merkmale und Kriterien sind einzubeziehen. Die Bedeutung ist noch feiner gewoben, der Wortgebrauch noch subtiler geregelt.

Auf den Wert derart konstruierter Maßstäbe will ich nicht mehr eingehen. Auch die erkenntnistheoretischen Fragen scheinen mir hinreichend angesprochen. Wie es um das Skalenniveau bestellt ist, dürfte ebenfalls klar sein: Theoretisch gesehen verheißt die Verwendung metrisierter Indikatoren immer höchstes Niveau; bei realistischer Einschätzung wird das Niveau der Ordinalskala aber kaum überboten.

Wenn man zur ursprünglichen Form der Notierung zurückkehrt und den inhaltlichen Maßstab in der Horizontalen hält, tritt das Besondere dieser Art von operationaler Definition auch graphisch hervor:

```
                          |
                          4
                          |
                          3
                          |
                          2
                          |
                          1
                          |
(203)  *Haus =def  A—B—C—D—E
                              |
                              1
                              |
                              2
                              |
                              3
                              |
                              4
                              |
```

Daß es sich um eine geschlossene operationale Definition handelt, entnimmt man der horizontalen Anordnung; daß der verwendete inhaltliche Maßstab an zwei Stellen künstlich offen gehalten wird, vermittelt die vertikale Anordnung.

Zum Abschluß zwei Varianten, die in diversen Realisierungen gleichermaßen unseren Alltag beleben. So gründen die meisten schulischen Prüfungen auf dem Prinzip: Bei einer vorgegebenen Anzahl von Aufgaben hat der Kandidat zu beweisen, wie viele dieser Aufgaben er innerhalb einer festgesetzten Zeit richtig löst. Da diesem Prinzip auch fast alle von Psychologen entwickelten Leistungstests folgen, liegt es nur nahe, sich noch einmal auf das Beispiel mit der Intelligenz einzulassen.

Angenommen die menschliche Intelligenz setzt sich gemäß der vormals (in Kap. 8.2) eingeführten (empirisch gut bestätigten) Intelligenztheorie T_2 aus den vier Dimensionen A, B, C, K zusammen ("Dimension" jetzt nicht im physikalischen, sondern im faktorenanalytischen Sinn). Daraus resultiert die vergleichsweise anspruchslose Operationalisierung

(204) $\text{Intelligenz}_2 =_{def} \text{A-B-C-K}$

Der geschlossene Maßstab auf seiten des Definiens beinhaltet kurz gesagt: Wer in allen vier Dimensionen Leistungen zu erbringen vermag, ist intelligenter als jemand, der dies nur in drei oder noch weniger Bereichen schafft. Wie man sieht, muß leistungsbezogenes Verhalten ja nicht grundsätzlich zeitabhängig sein.

Die Erhebungsmethode und damit die operationale Definition wird allerdings wesentlich präziser, wenn man die Zeitabhängigkeit miteinbezieht und all diesen (faktorenanalytischen) Dimensionen jeweils die (physikalische) Dimension der Zeit unterlegt. Wie dehnbar der Begriff "Intelligenz" ist, wird nun in einem reichlich komplexen Definiens festgeschrieben:

$$\text{(205)}\quad \text{Intelligenz} =_{def} \begin{array}{l} \Sigma A\text{: } 1—2—3—4—5—6 \\ \;| \\ \Sigma B\text{: } 1—2—3—4—5 \\ \;| \\ \Sigma C\text{: } 1—2—3—4—5—6 \\ \;| \\ \Sigma K\text{: } 1—2—3—4—5—6—7—8 \end{array}$$

Im einzelnen liest sich das so: Die Großbuchstaben, die im Verbund nach wie vor den inhaltlichen Maßstab symbolisieren, stehen jetzt für die richtige Lösung von Aufgaben, die sich auf die jeweilige Dimension beziehen. (Handelt es sich bei Dimension A etwa um das rechnerische Vermögen - als Teil der menschlichen Intelligenz -, so steht A für die richtige Lösung von Rechenaufgaben.) Gefragt ist dabei nach der Anzahl der richtigen Lösungen - symbolisiert durch das Summenzeichen - innerhalb des unterlegten Zeitraumes - symbolisiert durch die seitlich angelegten Intervallfolgen. Das Besondere dabei ist, daß diese Intervallfolgen abgeschlossen sind: Die vorgegebene Anzahl von Aufgaben ist innerhalb einer (von Dimension zu Dimension durchaus unterschiedlich) festgesetzten Zeitspanne zu lösen. Der dem geschlossenen Maßstab unterlegte offene Maßstab reicht sozusagen gar nicht ins Unendliche, sondern ist mit der Angabe einer bestimmten Anzahl von Intervallen selbst begrenzt. Um eine früher getroffene Unterscheidung aufzugreifen (vgl. Kap. 6.2): In dieser Operationalisierung von "Intelligenz" fügt sich eine geschlossene operationale Definition mit einer quasi-geschlossenen operationalen Definition. Daß dem offenen Maßstab hier ein Ende gesetzt ist, wirkt sich auf das Skalenniveau aus: Es lassen sich nur Daten auf Ordinal-Niveau erheben. Dennoch ist es möglich, einen derart kombinierten Maßstab künstlich offen zu halten. Bei gleicher Zeitspanne kann man die Anzahl der zu lösenden Aufgaben soweit erhöhen, daß kein bislang in der Welt angetroffener bzw. auf seine Intelligenz getesteter Mensch intelligent genug ist, sie alle in der vorgegebenen Zeit richtig zu lösen. Gleichwohl reicht dieser Maßstab aber, jedem noch intelligenteren Menschen auf die Spur zu kommen.

Zumindest theoretisch sind Daten auf Intervallskalen- oder gar Rationalskalen-Niveau möglich, wenn man keine Zeitspanne festsetzt, sondern den unterlegten Zeit-Maßstab tatsächlich offen hält, in formaler Notierung

$$\text{(206)}\quad \text{Intelligenz} =_{\text{def}} \begin{array}{l} \Sigma A\text{: } 1—2—3—4—5—6—7—8—9—10— \\ \;| \\ \Sigma B\text{: } 1—2—3—4—5—6—7—8—9—10— \\ \;| \\ \Sigma C\text{: } 1—2—3—4—5—6—7—8—9—10— \\ \;| \\ \Sigma K\text{: } 1—2—3—4—5—6—7—8—9—10— \end{array}$$

Wer im Vergleich zu anderen in der kürzesten Zeit die wenigsten Fehler macht, ist der Intelligenteste von allen. Um aber einen noch intelligenteren Menschen zu finden, brauche ich jetzt dem Definiens nichts hinzuzufügen. Die künstliche Offenheit ist durch den nunmehr unbegrenzt offenen Maßstab, der unterlegt wurde, gewährleistet. Rein theoretisch und damit zugleich überspitzt argumentiert: Wer zur Lösung einer Aufgabe ewig lange brauchte, wäre weniger intelligent als jemand, der dazu nur sechsundvierzig Jahre benötigte - dafür aber unsterblich.

10. Dispositionsprädikate

Eine Disposition ist eine sozusagen im Verborgenen schlummernde Eigenschaft, die sich nur unter bestimmten Umständen nach außen hin zeigt.[176] Oder, um eine bereits eingeführte Unterscheidung heranzuziehen: Eine Disposition ist eine latente Eigenschaft, die sich nur unter bestimmten Bedingungen manifestiert.[177] Wendet man diese Beziehung, so wird das Besondere von Dispositionen noch augenfälliger: Da die Manifestation nur unter besonderen Bedingungen auftritt, kann man, sofern diese Bedingungen nicht gegeben sind, die Disposition im konkreten Falle auch nicht erkennen, geschweige denn Aussagen über sie machen.

Aus diesem erkenntnistheoretischen Zusammenhang resultiert das enorme Problem, Begriffe, die Dispositionen bezeichnen, zu definieren. Denn bedeutungskonstituierend für Dispositionsprädikate sind, wenn man einmal bei der sachbezogenen Argumentation bleibt, sowohl die manifesten Eigenschaften als auch jene spezifischen Bedingungen, unter denen die Manifestationen überhaupt erst auftreten. Beide Größen, Manifestation und Bedingung, müssen also, will man solche Begriffe definieren, im Definiens untergebracht werden.

Sofern in der wissenschaftstheoretischen Literatur auf Dispositionsprädikate eingegangen wird, geschieht dies fast immer unter einem einzigen Aspekt. Es geht um die formallogischen Ungereimtheiten, die sich einstellen, sobald man versucht, eben jene beiden Größen, Manifestation und Bedingung, in das Definiens adäquat einzubauen. Trotz des immensen Aufwandes und der akribisch betriebenen Bemühungen, was die Formalisierung angeht, haftet dieser Diskussion etwas Fragwürdiges an. Das rührt vor allem daher, daß man zum einen die Voraussetzungen, auf deren Grundlage die formallogischen Schwierigkeiten überhaupt erst entstehen, weitgehend ungeprüft beläßt, und man zum andern aus diesen Ungereimtheiten Folgerungen zieht, die viel zu pauschal sind, als daß sie der Problemlage gerecht würden.

Im ersten Teil dieses Kapitels werden einige grundsätzliche Probleme, die sich im Zusammenhang mit der Definition von Dispositionsprädikaten stellen, ausführlich diskutiert: Sofern man sich denn auf die Kategorie der Dispositionen einläßt, ist es sicher nützlich, Kriterien herauszuarbeiten, die geeignet sind, innerhalb dieser Art

---

176 Die hier gemachten Ausführungen beschränken sich, der wissenschaftstheoretischen Diskussion entsprechend, auf Dispositionsprädikate als Eigenschaftsbegriffe (Adjektive). In einem weitergefaßten Sinne sind aber alle Verhaltensweisen, namentlich die der Lebewesen, Dispositionen und also die sie bezeichnenden Tunwörter (Verben) dispositionelle Begriffe: Nur unter bestimmten Bedingungen, Anlässen, Motiven usw. manifestiert sich ein Verhaltenspotential als sichtbares Verhalten.

177 Die begriffliche Repräsentation von Disposition und Manifestation ist auch unter dem Gegensatz "Charakterisierung" und "Beschreibung" in die Literatur eingegangen. Auf die damit verbundene Akzentverschiebung werde ich ebenfalls nicht eingehen.

von Eigenschaften feiner zu differenzieren. Eine Antwort auf die Frage, warum in der wissenschaftstheoretischen Literatur gerade und fast ausnahmslos die Definition von Dispositionsprädikaten als operationale Definition bezeichnet wird, führt zu der Einsicht, daß mit dem Verständnis von der operationalen Definition als sogenannter **Bedingungsdefinition** der Begriff der Operation unvertretbar eng gefaßt wird. Dieses eingeschränkte Verständnis lenkt das Interesse auf den dabei unterstellten Bedingungsbegriff. Eine konsequente Verallgemeinerung dieses Begriffes gibt zu bedenken, ob Dispositionen überhaupt als eigenständige Eigenschaftskategorie zu betrachten sind. Es schließen sich Überlegungen an, woher die Informationen stammen, die in solchen Bedingungsdefinitionen verwertet werden.

Im zweiten Teil dieses Kapitels gehe ich zunächst auf jene problematischen Voraussetzungen ein, die in der Debatte um die Definierbarkeit von Dispositionsprädikaten meist nicht hinterfragt werden. Die einzelnen Vorschläge, die man im Laufe der Zeit zur Definition dieser Prädikate unterbreitet hat, werden dann, eingedenk der formallogischen Ungereimtheiten, abrißartig wiedergeben. Auch wenn es sich dabei um das bloße Referat einer hinlänglich bekannten Auseinandersetzung handelt, halte ich diese Zusammenfassung im Rahmen meiner Untersuchung für unabdingbar. Denn es ist hauptsächlich diese Diskussion, die die operationale Definition ins Gerede brachte.

10.1 Zur Klassifikation von Dispositionsprädikaten

In der jahrzehntelangen Diskussion über die Definition von Dispositionsprädikaten bezog man sich exemplarisch nahezu ausschließlich auf die (Zucker zukommende) Disposition 'wasserlöslich', gelegentlich auch auf die (Holz zukommende) Disposition 'brennbar'.[178] Erst in der jüngeren Vergangenheit rückte eine andere Art von Disposition in den Mittelpunkt des Interesses: menschliche Verhaltensweisen. Namentlich Theo HERRMANN hat sich dieser Spezies angenommen und die Definitionsvorschläge, die bisher an den Prädikaten "wasserlöslich" bzw. "brennbar" exemplifiziert worden waren, auf Persönlichkeitsmerkmale angewendet.[179] Auch dieses verdienstvolle Unternehmen ist über weite Strecken von der Tendenz bestimmt, das Gemeinsame beider Arten von Dispositionsprädikaten, insbesondere die sich hier wie dort einstellenden formallogischen Ungereimtheiten, aufzuklären. Hier dagegen soll wenigstens im Ansatz der Versuch unternommen werden, die Unterschiede zwischen Dispositionen, die den physischen Bereich betreffen, und Dispositionen, die sich auf den psychischen Bereich beziehen, herauszupräparie-

[178] Angesichts der Fülle von Literatur will ich hier auf nähere Angaben verzichten. Maßgeblich beeinflußt haben die Diskussion vor allem die Autoren, die ich weiter unten im Zusammenhang mit den verschiedenen Definitionsversuchen erwähne. (Vgl. Kap. 10.2)

[179] Vgl. HERRMANN (1973).

ren. Das führt zu einer Reihe dichotomer Unterscheidungsmerkmale, die es erlauben, innerhalb der Eigenschaftskategorie 'Disposition' feiner zu gliedern.

Die, was die Chronologie der wissenschaftstheoretischen Auseinandersetzung anbelangt, erste Kategorie von Dispositionsprädikaten zeichnet sich durch folgende Charakteristika aus:
(1) "Wasserlöslich" bzw. "brennbar" ist in dem Sinne ein klassifikatorischer Begriff, als er eine diskrete (latente) Eigenschaft bezeichnet, die entweder vorhanden oder nicht vorhanden ist. Daß hier Abstufungen möglich sind - und tatsächlich auch vorkommen ("leicht brennbar", "schwer brennbar") - blieb bei der genannten Kontroverse gänzlich unberücksichtigt.
(2) Es gibt nur **eine** Bedingung, unter der diese latente Eigenschaft manifest, also beobachtbar wird (in Wasser geben bzw. anzünden).
(3) Unter dieser einen Bedingung ist auch nur **ein** manifestes Verhalten Indiz für das Vorhandensein der latenten Eigenschaft (sich in Wasser auflösen bzw. verbrennen).
(4) Dieses eine manifeste Verhalten tritt unter dieser einen Bedingung mit Sicherheit auf. Ein Stoff etwa, der wasserlöslich ist, löst sich, wenn er in Wasser gegeben wird (und keine widernatürlichen Kräfte zur Wirkung kommen), auch tatsächlich auf. Das aber bedeutet: Zwischen Bedingung und manifestem Verhalten besteht eine deterministische Gesetzmäßigkeit.
(5) Wenn hier alles so festgefügt und präzise abläuft, dann hängt dies damit zusammen, daß das gesamte Geschehen Naturgesetzen unterliegt. Die latente Eigenschaft ist genau besehen nichts anderes als eine chemo-physikalische Beschaffenheit. Zwischen dieser Beschaffenheit und der Manifestation besteht unter der Einwirkung der Bedingung eine kausale Verbindung in der Art einer naturgesetzlichen Notwendigkeit.
(6) Die latente Eigenschaft ist als chemo-physikalische Beschaffenheit realiter gegeben und kann - zumindest von Spezialisten - auch unabhängig von der hier diskutierten Manifestation nachgewiesen werden. Oder, um ein anderes Existenzkriterium anzustrengen: Die latente Eigenschaft existiert unabhängig davon, daß man sich sprachlich über sie verständigt.[180]
(7) Unter der einen Bedingung manifestiert sich die bislang im Verborgenen ruhende Disposition gleichsam selbst. Mit anderen Worten: Was sich jetzt manifestiert, hat keine indizierende Funktion, verweist also auf nichts anderes mehr, son-

[180] Was die Verwendung der Dispositionsprädikate "wasserlöslich", "brennbar" und dergleichen in der Alltagssprache angeht, so werden diese Ausdrücke selbstverständlich nicht als Bezeichnungen für chemo-physikalische Eigenschaften gelernt, sondern ausschließlich über die Manifestationen. Im Spracherwerbsprozeß werden diese Begriffe, wie man auch sagen könnte, nicht über die Ursache, sondern über die Wirkung vermittelt. - Andererseits sind diese Prädikate im chemo-physikalischen Diskurs möglicherweise gar keine dispositionellen Begriffe mehr und brauchen deshalb auch nicht mehr vermittels einer Bedingungsdefinition bestimmt zu werden.

dern steht für sich selbst. Was bisher latent war, wird jetzt - ohne Rückstand - manifest; das jetzt Manifeste ist nichts anderes als das bislang Latente. Dieses Latente hält sich sozusagen in Bereitschaft, um sich bei entsprechender Bedingung offen zeigen zu können. Daß es zwischen latenter Eigenschaft und Manifestation einen Unterschied lediglich in der Erscheinungsweise gibt, davon zeugt im übrigen auch die Sprache. So haben die Bezeichnungen für das Verborgene und das Offen-Sichtbare in aller Regel eine gemeinsame Wurzel. Während die offen sichtbare Manifestation als aktiver Vorgang mit dem Verb bedacht wird ("auflösen", "verbrennen", "schwimmen"), signalisieren diverse Suffixe, daß lediglich die Bereitschaft gemeint ist ("lös**lich**", "brenn**bar**", schwimm**fähig**").[181]

(8) Mit der Manifestierung einer latenten Eigenschaft von etwas werden andere (dispositionelle wie auch nicht-dispositionelle) Eigenschaften dieses Etwas oftmals vollkommen verwandelt oder sogar ausgemerzt. Zucker beispielsweise wechselt, wenn man ihn in Wasser gibt, vom festen in einen flüssigen Zustand; die Eigenschaften 'Härte' und 'weiße Farbe' gehen ganz verloren. Ja, es können gleich mehrere Eigenschaften soweit vernichtet werden, daß damit sogar - um das wiederholt verwendete Bild zu bemühen - der Träger der fraglichen Disposition zerstört wird. Wenn man etwa Holz ins Feuer legt, dann manifestiert sich zwar dessen Brennbarkeit, aber vom Holz selbst (bzw. von den Eigenschaften, die das Holz-Sein ausmachen) bleibt nichts übrig.

Die Manifestierung einer latenten Eigenschaft hat indessen nicht immer derart dramatische Auswirkungen auf andere Eigenschaften. So gibt es in diesem, nicht das menschliche Verhalten betreffenden Bereich durchaus Dispositionen, die ohne Nebenwirkungen zutage treten können, z. B. die Schwimmfähigkeit von Styropor. Wenn man ein Stück Styropor ins Wasser wirft, manifestiert sich diese Fähigkeit (das Styroporstück schwimmt), ohne daß andere Eigenschaften beeinträchtigt würden.

In engem Zusammenhang mit dieser Besonderheit steht schließlich das letzte, hier zu erwähnende Charakteristikum:

(9) Wenn die Bedingung wieder "abgezogen" wird, führt das nicht automatisch zur Rückverwandlung der veränderten bzw. zur Wiederherstellung der ausgemerzten Eigenschaften. Die einmal wirksam gewordene Bedingung hat irreversible oder doch nur schwer reversible Veränderungen hinterlassen (Holz kann, wenn es einmal [zu Asche] verbrannt ist, nicht wieder zu Holz werden; Zucker kann man nur unter Aufwand vom flüssigen in den festen Aggregatzustand zurückversetzen - von der Wiederherstellung der Ausgangsform [pulverisiert, Würfel] ganz zu schweigen). Mit dem destruktiven Geschehen, das unter einer Bedingung einsetzt und abläuft, ist auch verbunden, daß diese Bedingung einerseits einen Vorgang bewirkt, der nur kurze Zeit andauert (Zeit des Auflösens; Zeit des Verbrennens), um dann in einen Zustand überzugehen (sprachlich ausgedrückt im sogenannten

---

[181] Die Tatsache, daß mit solchen Suffixen versehene Ausdrücke auch für nicht-dispositionelle Eigenschaften stehen ("häßlich"), hat bekanntlich zu Begriffskonflikten mit mißlichen Folgen geführt. (vgl. RYLE 1949, 1954)

Zustandspassiv: aufgelöst sein, verbrannt sein), und daß diese Bedingung andererseits, wenn dieser Zustand einmal erreicht ist, nicht erneut wirksam werden kann (was einmal [in Wasser] aufgelöst ist, kann nicht noch einmal [in Wasser] aufgelöst werden; was einmal [zu Asche] verbrannt ist, kann nicht noch einmal verbrannt werden). Um es anders zu sagen: Die Bedingung wirkt so lange, bis die tangierten Eigenschaften verwandelt oder zerstört sind. In kausaler Verknüpfung: Diese Bedingung kann dann nicht mehr erneut wirksam werden, **weil** die Eigenschaften, an denen die Bedingung ihre Wirkung ansetzt, verwandelt oder zerstört sind.

Im Gegensatz zu den für die "klassischen" Dispositionsprädikate geltenden Charakteristika hat man bei Begriffen, die sich auf Persönlichkeitsmerkmale beziehen (wie "ängstlich", "extravertiert", "intelligent"), von folgenden Besonderheiten auszugehen:
(1) Es handelt sich um im weitesten Sinne quantitative Begriffe, die gewöhnlich allen Menschen - jedoch in unterschiedlicher Ausprägung - zukommende (latente) Eigenschaften bezeichnen (z. B. unterschiedliche Ausprägungen von Ängstlichkeit, Intelligenz).
(2) Es gibt **mehrere** Bedingungen, unter denen eine solche latente Eigenschaft manifest, also beobachtbar wird (z. B. alle angstauslösenden Situationen).
(3) Unter diesen verschiedenen Bedingungen können **mehrere** manifeste Verhaltensweisen Indizien für das Vorhandensein einer bestimmten latenten Eigenschaft sein (z. B. kann man vor Angst zittern, erbleichen, in Schweiß ausbrechen).
(4) Die manifesten Verhaltensweisen treten unter den verschiedenen Bedingungen nur mit einer gewissen - nicht zuletzt von den jeweiligen Bedingungen abhängigen - Wahrscheinlichkeit auf. So können irgendwelche, nicht näher bekannten Umstände gegeben sein, unter denen man auf sonst angstauslösende Situationen nicht mit Zeichen der Angst reagiert. Das aber bedeutet: Zwischen Bedingung und manifestem Verhalten besteht eine probabilistische Gesetzmäßigkeit.
(5) Hier wirken keine Naturgesetze. Das Latente ist eine - nicht zuletzt aus Gründen der Denkökonomie geschaffene - Konstruktion unseres Verstandes. Folglich besteht zwischen dieser gedanklichen Konstruktion und den Manifestationen unter der Einwirkung der Bedingungen eine kausale Verknüpfung in der Art einer Denknotwendigkeit.[182]
(6) Die latente Eigenschaft existiert nur insofern, als man sich einen Begriff davon macht. Da sich dieses strenge Existenzkriterium bekanntlich nicht ungeteilter Zustimmung erfreut, mag man sich mit einer Abschwächung begnügen: Die latente

[182] Damit sei allerdings nicht gesagt, daß die Kenntnis von den in solchen Bedingungsdefinitionen ausgedrückten Beziehungen immer nur und allein dem Sprachwissen entstammt. So können empirische Untersuchungen ja ergeben, daß ein Verhalten, das bislang nicht als Indiz für eine bestimmte psychische Disposition galt, tatsächlich mit bekannten Indizien für diese Disposition korreliert. Sobald man dieses "neue" Indiz aber dem Indizierten zuordnet, verbindet man wiederum etwas offen Nachweisbares mit etwas nur verstandesmäßig Konstruiertem.

Eigenschaft ist doch insofern nicht materiell gegeben, als sie stets nur über ihre Manifestationen erschlossen werden kann.[183]

(7) Unter den verschiedenen Bedingungen manifestiert sich die bislang im Verborgenen ruhende Eigenschaft keineswegs selbst. Was sich manifestiert, sind lediglich Indizien, die auf das Latente mehr oder weniger verweisen. Was bisher latent war, bleibt auch weiterhin latent. Das Latente hält sich sozusagen abwartend in Bereitschaft, um bei entsprechender Bedingung seine Sendboten an die sichtbare Oberfläche auszuschicken. Das Latente ist als Produkt unseres Verstandes etwas grundsätzlich anderes als die offen sich darbietende Manifestation. Diese Differenz spiegelt sich auch in der Sprache wider. Zur Bezeichnung von latenter und manifester Eigenschaft stehen verschiedene, sprachlich nicht verwandte Ausdrücke bereit. Mehr noch: auch entsprechende "Dispositions-Partikel" fehlen meist; man sieht es diesen Ausdrücken also nicht an, ob sie Dispositionen oder Manifestationen bezeichnen.

(8) Mit der Manifestierung der latenten Eigenschaft werden andere (dispositionelle wie nicht-dispositionelle) Eigenschaften nur kurzzeitig - eben so lange wie die spezifische Bedingung besteht - unterdrückt. Wer z. B. in eine angstauslösende Situation kommt, reagiert mit Angstsymptomen, obgleich sonst ein ausgeglichenes, ja ein selbstbewußtes, mutiges Verhalten vorherrscht. Mitunter bleiben alle anderen Eigenschaften unbeschadet weiterbestehen und werden nur ausgeblendet. Wer gerade durch eine besondere Bedingung (z. B. Rechenaufgabe, die gelöst werden muß) angestachelt wird, sich augenblicklich intelligent zu geben, büßt nichts an Eigenschaften ein. Zwar zeitigen die hier wirksam werdenden Bedingungen keine momentanen Nebenwirkungen, dennoch können sie unter gewissen Umständen andere Eigenschaften mittelfristig beeinflussen oder gar verändern. So ist es durchaus möglich, daß sich, wenn man häufig in angstauslösende Situationen gerät, typische Reaktionsmuster heranbilden, die, indem sie sich irreversibel festsetzen, andere Eigenschaften (z. B. Selbstsicherheit) verdrängen. Normalerweise kann man aber nicht davon ausgehen, daß der Träger der Disposition unter den Bedingungen, unter denen diese Disposition manifest wird, in seiner Existenz dauerhaft beeinträchtigt oder gar zerstört wird. Der - jetzt nicht in übertragener Rede beschriebene - Extremfall, daß man vor Angst umkommt, zeigt nur einmal mehr, welcher Spielraum diesem Charakteristikum zur Verfügung steht und wie sich die Verhältnisse denen von "brennbar" annähern können.

---

[183] Die Möglichkeit einer physiologischen Substruktion von psychischen Dispositionen (d. h. von Verhaltensweisen) wurde bereits in Kap. 8.2 erörtert. Richtet man das Augenmerk auf die Kausalproblematik, so sind zwei Argumente nachzutragen: Biochemische Vorgänge, die z. B. Ängstlichkeit begleiten, können keinesfalls mit dieser Disposition gleichgesetzt bzw. identifiziert werden. Denn solche Vorgänge signalisieren zwar Erregung, aber die "Richtung" der Erregung (Freude oder Ängstlichkeit) kann nicht eindeutig ausgemacht werden. Außerdem sind diese biochemischen Vorgänge - von exogenen Auslösern einmal abgesehen - ja nicht Ursachen des manifesten Verhaltens. Vielmehr kommen diese Vorgänge erst durch angstauslösende Situationen in Gang und sind damit gleichwohl Manifestationen der Ängstlichkeit - aber eben im physiologischen Bereich.

Wiederum steht in enger Verbindung mit der eben erläuterten Besonderheit das nächste Charakteristikum:
(9) Fällt diese spezifische Bedingung wieder weg, so "versiegt" meist die Manifestation und das kurzzeitig Unterdrückte, Ausgeblendete kommt wieder unversehrt zum Vorschein. Die einmal wirksam gewordene Bedingung hat - von Reaktionseffekten, Sonder- und Extremfällen abgesehen - keineswegs irreversible Schäden hinterlassen. (Wer einmal mit Erfolg eine [schwierige] Aufgabe gelöst hat, wird dies auch ein weiteres Mal können; wer angstvoll eine schwierige Situation überstanden hat, ist damit nicht unfähig geworden, eine weitere solche Situation zu überstehen.) Man kann jetzt auch nicht davon sprechen, daß die durch die Bedingung ausgelöste Manifestierung einen zeitlich begrenzten Vorgang darstellt, der, nachdem er abgeschlossen ist, in einen anhaltenden Zustand übergeht. Zwar ist mit der Lösung der Rechenaufgabe die Manifestierung der Intelligenz abgeschlossen, ein andersartiger Zustand damit aber nicht erreicht (Lerneffekte seien hier als Sonderfälle nicht berücksichtigt!). Vor allem aber ist kein solcher Zustand eingetreten, der es unmöglich macht, die Intelligenz abermals manifest werden zu lassen. Etwas komplizierter liegen die Verhältnisse bei der Angst. Nach Beseitigung der angstauslösenden Situation verschwinden die Zeichen der Angst meist nicht abrupt. Im günstigsten Falle "versiegen" sie mehr oder weniger rasch; sie können aber auch in verschiedene Formen von Zuständen übergehen (das kann reichen von der Manifestation, die über die angstauslösende Situation hinaus anhält, bis zu einer besonderen Sensibilität für solche Situationen). Gleichwohl wurde mit dem Erreichen dieses Zustandes aber nicht verwirkt, weitere (oder auch erneut) angstauslösende Situationen ertragen zu können. Meist überlagern sich Bedingungen und Manifestationen mehrfach.

Für dispositionelle Eigenschaften des Menschen, namentlich für Persönlichkeitsmerkmale gilt überdies folgende Besonderheit: Man braucht den Eigenschaftsträger nicht unbedingt diesen Bedingungen direkt auszusetzen, sondern kann ihn diese Bedingungen imaginieren lassen. Der Umstand, daß der Mensch über sein Verhalten zu reflektieren vermag, sich zuweilen daran erinnert, wie er unter den und den Bedingungen reagiert hat, und darüber auch sprachlich kommunizieren kann, erlaubt es, ihn mit einer entsprechenden Frage aufzufordern, sich in Gedanken noch einmal diesen Bedingungen auszusetzen und sich dabei seine früheren Reaktionen zu vergegenwärtigen. Auf dieser Möglichkeit basieren, wie im vorangegangenen Kapitel bereits angedeutet, die meisten Persönlichkeitstests. Um z. B. über die Flugangst einer Person zu befinden, braucht man diese nicht erst in ein Flugzeug zu verfrachten, um dann zu beobachten, ob sie während des Fluges in Schweiß ausbricht (wenn man 'Schweißausbruch' einmal als Indiz für Angst verwendet), sondern es genügt, diese Person einfach zu fragen, ob sie während eines Fluges in Schweiß ausbricht. Die Überprüfung einer Eigenschaft wird von dem Fragenden (empirisches Subjekt) an den Befragten (empirisches Objekt) gleichsam delegiert. Die Bedingung, die es zu schaffen gilt, erschöpft sich im bloßen

Fragen, und die Beobachtung der Reaktion (unter dieser Bedingung) reduziert sich darauf, die Antwort des Befragten zu registrieren. Beide Operationen (das Herstellen der Bedingung und das Beobachten der darauffolgenden Reaktion) verkümmern also zu einem Kommunikationsakt. Eine Frage ist so gesehen ein objektspezifisches (Explorations-)Instrument (diese Sichtweise wirkt gleich weniger absonderlich, sobald man an psychologische Tests denkt, die ja als ausgeklügelte Kombinationen von einzelnen Fragen eine Spezies von Meßinstrumenten darstellen), Fragenstellen eine objektspezifische Operation zum Zwecke der Exploration. Je nachdem, wie geläufig der Dispositionsausdruck in der Umgangssprache ist, kann man auf eine Empirisierung dieses Begriffes sogar verzichten. So brauche ich bei meiner Erkundung der Flugangst nicht den Umweg über den Indikator zu nehmen, sondern kann - eben weil der Begriff "Angst" in der Alltagssprache verwendet wird - nach dieser Disposition direkt fragen ("Haben Sie Angst vorm Fliegen?").

Die Möglichkeit, vom empirischen Objekt Bedingungen imaginieren und Reaktionen erinnern zu lassen, hat sowohl Vor- als auch Nachteile. Ein unbestreitbarer Vorteil ist sicher, daß man schnell und ohne Aufwand zu den gewünschten Informationen gelangt. Zudem kommt man an Reaktionen heran, die, wie etwa Gefühlsregungen, im Verborgenen bleiben, also nur dem Befragten bekannt sind und nicht - im behavioristische Sinne - "offen" zutage treten. Damit beginnen aber auch schon die Nachteile. Kann man sich auf die Auskünfte der befragten Person überhaupt verlassen? Gewiß gibt es bei Gefühlsregungen, die sich nach außen hin nicht manifestieren, überhaupt keine andere Möglichkeit, ihrer kundig zu werden, als daß man danach fragt. Das ist ein erkenntnistheoretisches Problem, das den Komplex der sogenannten Fremdwahrnehmung tangiert. Zu diesem erkenntnistheoretischen Problem gehören im weiteren Sinne auch noch Fehler, die entstehen, weil die verbale Kommunikation zwischen dem empirischen Subjekt und dem empirischen Objekt gestört ist: der Befragte kann mit der Frage nichts anfangen, versteht unter dem Dispositionsbegriff etwas anderes als der Frager usw.

Wenn sich die befragte Person täuscht, sei es, daß sie sich über ihr Verhalten in der ihr unterstellten Situation nicht bewußt ist oder ihre Reaktion gar verdrängt hat, wandelt sich das erkenntnistheoretische Problem zu einem psychologischen Problem. Allein psychologisch zu erklären ist es, wenn "offene Fragen" im Gegensatz zu "verdeckten Fragen" verzerrende Antworttendenzen begünstigen oder wenn gar jemand auf eine Frage bewußt falsch antwortet.

Unabhängig von der Frage nach brauchbaren Unterscheidungskriterien ist zu klären, was denn die Wissenschaftstheoretiker dazu bewog, den Titel "operationale Definition" fast ausnahmslos für die Definitionen von Dispositionsprädikaten zu reservieren.[184] Bei dieser fragwürdigen Entscheidung war man offensichtlich ganz auf die im Definiens enthaltene Bedingung fixiert, die ein empirisches Subjekt (das sich dieser operationalen Definition bedient) zu schaffen hat: Es muß etwas ins Wasser kippen, etwas in eine Flamme halten, bis es brennt. Nur indem der Adressat derartiger Definitionen vorbereitend aktiv wird, also "sichtbarmachende Bedingungen" herstellt, verschafft er sich empirischen Zugang zu dem mit dem Definiendum Bezeichneten. Oder sprachbezogen: Nur indem dieser Adressat der Exploration zuträgliche Bedingungen schafft, versetzt er sich überhaupt erst in die Lage, entscheiden zu können, ob das Definiendum auf ein Phänomen anzuwenden ist oder nicht. So gesehen ist das Attribut "operationale Definition" für die Bestimmung von Dispositionsprädikaten also durchaus motiviert.

Allerdings sind bei dieser Gleichsetzung von operationaler Definition und Bedingungsdefinition mehrere Vorbehalte anzumelden. Es beginnt schon damit, daß das Verständnis von Operation jetzt doch stark beschnitten ist. Denn die auszuführenden Aktivitäten schließen den Erkundungsvorgang selbst gerade nicht ein, sondern eben nur Maßnahmen, die die Voraussetzung dafür schaffen, daß eine Erkundung überhaupt erst möglich wird. Das aber heißt: Messen, Beobachten, der Einsatz von Meß- und Beobachtungsinstrumenten - das alles zählt in diesem Zusammenhang nicht zur Operation. Um aber den Definitionen von Dispositionsprädikaten, so wie man sie in der Literatur diskutiert findet, gerecht zu werden, muß man auf seiten des Definiens von einem zweigliedrigen operativen Teil ausgehen:

(207) wasserlöslich $=_{def}$ - empirisches Objekt A in Wasser geben [= **1. operativer Teil**];
- beobachten [= **2. operativer Teil**], ob empirisches Objekt A folgendes Verhalten zeigt:
- auflösen [= **deskriptiver Teil**]

---

[184] Die strittige Allianz zwischen operationaler Definition und Dispositionsprädikaten geht auf Rudolf CARNAP (1936/37) zurück und hat sich bis heute hartnäckig gehalten. Für die deutschsprachigen Wissenschaftstheoretiker, die diese Verbindung tradieren, seien stellvertretend Wolfgang STEGMÜLLER (1970, S. 217) und Wilhelm K. ESSLER (1970a, S. 127) genannt. - Tatsächlich wird diese Allianz auf zweifache Weise gepflegt: Zum einen trifft man - wie bei den genannten Autoren - immer dann, wenn es um die Definierbarkeit von Dispositionsprädikaten geht, auf den nicht weiter hinterfragten Hinweis, daß die angemessene Definitionsform eben die operationale Definition sei. Im andern Falle wird von der operationalen Definition ausgegangen und deren Bestimmung so expliziert, daß diese Definitionsform für gar keine anderen Begriffsarten außer für Dispositionsprädikate in Frage kommen kann - selbst wenn diese Beschränkung nicht ausdrücklich vermerkt wird. So heißt es beispielsweise bei LEWANDOWSKI unter dem Stichwort "operationale Definition": "Definition, die die Bedingungen angibt, unter denen ein bestimmtes Phänomen auftritt;" und gleich anschließend - einmal mehr unter Verschleierung der Seinsweise des Definiens: "die Methode zur Herstellung der Bedingungen für das Auftreten des Phänomens." (1976, S. 487 [Bd. 2])

Und ebenso gegliedert:

(208) ängstlich $=_{def}$ - empirisches Objekt B in angstauslösende Situation bringen; [= **1. operativer Teil**]
- beobachten, ob empirisches Objekt B folgendes Verhalten zeigt [= **2. operativer Teil**]: Zittern, Schweißausbruch, Erbleichen [= **deskriptiver Teil**]

Obgleich der Definition von Dispositionsprädikaten solch angestrengte Aufmerksamkeit zuteil wurde, verlor man doch kein Wort darüber, daß derartige Bedingungsdefinitionen strenggenommen zirkulär sind, und zwar meist, wie die beiden vorausgegangenen Beispiele, offen erkennbar zirkulär. Denn mit der Angabe der Bedingung wird auf seiten des Definiens explizit das thematisiert, was im Definiendum zur Klärung ansteht. Einen Gegenstand ins Wasser geben, in die Flamme halten und dergleichen, das alles sind explorative Handlungen, die nur vor dem Hintergrund einen Sinn ergeben, daß ich über die mögliche Veränderung eines Gegenstandes in diesen Situationen bereits etwas weiß. Augenfällig wird die Zirkularität schließlich bei Dispositionen aus dem psychischen Bereich. Denn um eine angstauslösende Situation (der sich dann ein Proband auszusetzen hat) schaffen zu können, muß ich ja schon einen Begriff von der Disposition Angst bzw. Ängstlichkeit haben. So wird auch hier jene These von der Vorgängigkeit eines Sinnzusammenhanges aktiviert (vgl. Kap. 4.1).

Das eingeschränkte Verständnis von der operationalen Definition als Bedingungsdefinition ist insbesondere auch deshalb zweifelhaft, weil bei der Diskussion um die Definierbarkeit von Dispositionsprädikaten niemals befriedigend geklärt werden konnte, was man denn unter einer "sichtbarmachenden Bedingung" zu verstehen hat. Wer hier Licht ins Dunkel zu bringen versucht, kehrt zwangsläufig zurück zur Frage nach der Klassifikation von Dispositionen bzw. Dispositionsprädikaten.

Die Definition von Dispositionsprädikaten, wie sie hier zur Debatte steht, erfolgt unter einem ganz speziellen Aspekt. Es geht bei dieser Bestimmung nämlich darum, das Dispositionsprädikat sozusagen in der erfahrbaren, beobachtbaren Wirklichkeit zu verankern, oder, um es rein sprachbezogen zu formulieren: Was in dieser Art von Definition vermittelt wird, ist die Bedeutung im Sinne von empirischer Signifikanz. Diese Tatsache aber, daß die Bedeutungsbestimmung von einer erkenntnistheoretischen Absicht geleitet wird, ist entscheidend für die Beantwortung der Frage, was man denn unter der ins Definiens aufzunehmenden Bedingung zu verstehen habe. Diese Bedingung dient schlicht und einfach dazu, daß etwas bislang nicht Beobachtbares nunmehr beobachtbar wird. Die Wasserlöslichkeit von Zucker wird beobachtbar, wenn man Zucker in Wasser gibt; die Angst eines

Menschen wird sichtbar, wenn er in eine angstauslösende Situation gebracht wird. Das ist soweit abgehandelt und für plausibel befunden.

Was aber hindert einen, den Bereich dieser "echten" Dispositionen zu verlassen und jenen Bedingungsbegriff radikal zu verallgemeinern? Man könnte ja jede Maßnahme, die dazu dient, etwas (bislang) nicht Beobachtbares beobachtbar werden zu lassen, als eine solche Bedingung verstehen. Dieses Ansinnen ist gewiß nicht frei von einem provozierenden Impetus. Dennoch scheint es lohnenswert, verschiedene Möglichkeiten eines derart weit gefaßten Verständnisses von "Bedingung" durchzuspielen. Nur so läßt sich ermessen, wie relativ sich doch alles verhält und wie zweifelhaft es deshalb ist, Dispositionen als eigenständige Eigenschaftskategorie zu etablieren.

Bekanntlich können Farben (auf Flächen) nur dann wahrgenommen werden, wenn natürliches Licht auf sie fällt. Überträgt man diesen Umstand auf den hier relevanten Kontext, so ist jenes natürliche Licht als eine Bedingung zu verstehen, die gegeben sein muß, damit man die Farbe einer Fläche, z. B. Rot, überhaupt wahrnehmen kann. Ist diese Bedingung nicht gegeben, so ist auch keine Rotempfindung möglich; man kann das Rot dieser Fläche nicht wahrnehmen und damit diese Fläche auch nicht als rot bezeichnen. Wie sich die Verhältnisse gleichen, wird offensichtlich, wenn man die Bestimmungen von "wasserlöslich" und "rot" in ein einfaches Kalkül bringt und gegenüberstellt. Da ich die Begriffsbestimmung frei von formallogischen Ambitionen lediglich andeuten will, ersetze ich im folgenden das Definitionszeichen durch ein "schwächer" bindendes Gleichheitszeichen. Das Symbol für die Addition besage einfach, daß die beiden Definiens-Teile zusammen zu begreifen sind:

(i)	wasserlöslich (Disposition)	=	Wasser (Bedingung)	+	auflösen (sichtbare Manifestation)
(ii)	rot (Disposition)	=	natürliches Licht (Bedingung)	+	rot (sichtbare Manifestation)

Bettet man die Bestandteile dieser Bestimmungen in einen entsprechenden Kontext, wird die Strukturgleichheit noch deutlicher. Dabei sollte nicht stören, daß die "metaphorische Einbettung" des zum Dispositionsprädikat erhobenen Farbbegriffs in Ausdruck (iv) etwas seltsam wirkt:

(iii)	ein Stoff M hat die Fähigkeit, sich in Wasser aufzulösen	=	M gelangt in Wasser	+	M löst sich in in Wasser auf

(iv)	eine Fläche F hat die Fähigkeit, rot zu erscheinen	=	F gelangt in natürliches Licht	+	F erscheint rot

Es gibt jetzt keinen (formalen) Unterschied mehr zwischen 'rot' und 'wasserlöslich'; die Eigenschaft 'rot' ist in der Dunkelheit ebenso verborgen, wie die Eigenschaft 'wasserlöslich' in der Trockenheit. Beide Eigenschaften haben so betrachtet den Charakter von Dispositionen.

Wasser, angstauslösende Situationen, natürliches Licht - das alles sind Bedingungen, die gegeben sein müssen, damit etwas (sonst) nicht Beobachtbares beobachtbar wird. Gleichwohl sind es Bedingungen, die nur das Objekt und dessen Situation zu betreffen scheinen. Diese Bedingungen dienen zwar der Sichtbarmachung des betreffenden Objekts, die Formulierungen aber, in der sie in den Definitionsausdruck eingehen, lassen nicht erkennen, daß sie zum Zwecke einer Absicht geschaffen wurden. Erst wenn man sich im Hintergrund ein empirisches Subjekt denkt, das hier wirkt, kann man die Bedingungen, die etwas Verborgenes sichtbar werden lassen, als absichtsgeleitete Maßnahmen begreifen. Mit dieser Akzentverschiebung von der unmotiviert bestehenden, absichtslos eintretenden zur absichtsvoll geschaffenen Bedingung hat sich die Struktur der Verhältnisse indessen nicht geändert. 'Rauh' ist insofern die Disposition einer Fläche, als man diese Fläche nur dann "rauh" nennen kann, wenn man mit dem Finger darüber gestrichen und dabei eine Rauh-Wahrnehmung hatte - im Kalkül:

(v)	eine Fläche F hat die Fähigkeit, rauh zu erscheinen	=	ein empirisches Subjekt S fährt mit dem Finger über F	+	S hat eine Rauh-Wahrnehmung

Die Tatsache, daß jetzt ein Finger gewissermaßen als Prüfinstrument eingesetzt wird, vermittelt - selbst wenn man die Erwähnung des empirischen Subjekts aus dem Definiens wieder tilgt -, daß ein Subjekt am Werk ist, das etwas in Erfahrung bringen will.

Und so gerät schließlich jede Messung, jede Beobachtung, jede von einem explorativen Zweck erfüllte Handlung zur Bedingung dafür, daß etwas festgestellt, erkannt, wahrgenommen und eben auch benannt werden kann. Bei dieser Verallgemeinerung verschiebt sich der Akzent von der natürlich eintretenden Bedingung zur bewußt herbeigeführten Bedingung. Da die bewußt herbeigeführte Bedingung aber einschlägig, d. h. explorativ motiviert ist, wird jener explorative Zweck unter der Hand zu einem wesentlichen Bedingungsfaktor aufgewertet. In letzter Konsequenz ist damit auch die Unterscheidung zwischen Disposition und Manifestation gefallen - alles, was einem explorativen Zweck unterstellt, oder vom empirischen Subjekt aus argumentiert: einer explorativen Absicht ausgesetzt werden kann, hat nunmehr dispositionellen Charakter angenommen.

Während diese Verallgemeinerung unter vorwiegend erkenntnistheoretischen Gesichtspunkten geschah, kann man aber auch jenes operationalistische Existenzkriterium (vgl. Kap. 4.1) bemühen und die Generalisierung des Bedingungsbegriffes unter ontologischem Aspekt betreiben. Das belebt dann noch einmal jene von HEIDEGGER gepflegte Metapher des Stellens:

(vi)	ein Phänomen P hat das Vermögen, sich als Stuhl darzubieten	=	eine Person S richtet ihre Aufmerksamkeit auf P ("S stellt P")	+	P erscheint S als Stuhl

Die Eigenschaft 'Stuhl sein' ist insofern eine Disposition, als man ihrer Existenz nur unter der Bedingung gewahr wird, daß man seine Aufmerksamkeit auf diese Eigenschaft richtet.[185]

Gegenüber solchen, namentlich erkenntnistheoretisch motivierten Verallgemeinerungen des Bedingungsbegriffes können mehrere Vorbehalte geltend gemacht werden. Einige davon will ich nennen und auch gleich begründen, warum sie mich nicht überzeugen.

Zunächst kann man einwenden, daß die von mir zu Dispositionen erklärten Eigenschaften 'rot', 'rauh', 'Stuhl sein' unter dem Einwirken der sichtbarmachenden Bedingungen als nichts anderes erscheinen, als was sie ehedem schon waren, nämlich die Eigenschaften 'rot', 'rauh', 'Stuhl sein', und mit ihrem Erscheinen an der sichtbaren Oberfläche nichts irgendwie Geartetes im Verborgenen zurücklassen, worauf sie nur verweisen. Ich halte diesen Einwand für nicht stichhaltig, da er für die "klassische" Disposition 'wasserlöslich' gleichermaßen gilt. Unter dem Wirksamwerden der Bedingung 'Wasser' zeigt sich diese Disposition selbst - und zwar ohne daß im Verborgenen irgend etwas zurückbliebe. Daß mit dem Wirksamwerden der

---

[185] Daß ich hier nicht nur provoziere, sondern Überlegungen weiterführe, die in der wissenschaftstheoretischen Kontroverse um Dispositionsprädikate bereits vorgetragen wurden, bezeugt eine Stelle bei Thomas STORER: "When I say, 'The table in my office is *brown*', although I know, that no one is now in my office looking at my table, the word '*brown*' is a dispositional term." (1950/51, S. 134)

Bedingung 'natürliches Licht' kein Vorgang ausgelöst wird, der, wenn er abgeschlossen ist, in einen unabhängig vom Weiterbestehen dieser Bedingung anhaltenden Zustand übergeht, sondern das natürliche Licht gleich einen Zustand schafft, der exakt nur so lange anhält, so lange diese Bedingung besteht, paßt ebenfalls in den zuvor mit der Aufzählung der Charakteristika abgesteckten Rahmen.

Der Einwand, in bezug auf die Eigenschaft 'rot' sei es abwegig, zwischen Disposition und Manifestation zu unterscheiden, könnte daher rühren, daß für das Farbadjektiv "rot" kein Dispositionssuffix (z. B. "rot**fähig**") gebräuchlich ist. Diese Tatsache, daß auf der Sprachebene kein Unterschied markiert ist, setzt die Bestimmungen (i)-(vi) sicher in besonderer Weise dem Verdacht aus, sie seien zirkulär. Doch dieser Verdacht lastet auch auf der Bestimmung von "wasserlöslich". So setzt das Verstehen der Bedeutung von "wasserlöslich" u. a. ja voraus, daß ich weiß, was es heißt, etwas löse sich in Wasser auf.

Was tragen nun die Bestimmungsstücke "natürliches Licht" und "Rot-Erscheinung" zur Bedeutung des Begriffes "rot" bei? Mit Verlaub, diese Frage ist falsch gestellt. Maßgebend ist allein die operationalistische Grundfrage: Was muß passieren, oder subjektbezogen: was hat man zu tun, um entscheiden zu können, ob der Farbbegriff "rot" auf eine bestimmte Fläche angewandt werden kann oder nicht. Und darauf gibt die Bestimmung (iv) sehr wohl eine Antwort.

Selbst die gesetzesmäßige Beziehung zwischen Bedingung und Manifestation ist aufweisbar: Daß die Farbe 'Rot' (neben anderen Farben) erst unter natürlichem Licht erscheint, verbürgt ein - innerhalb der Optik formuliertes - physikalisches Gesetz; daß die Eigenschaft 'rauh' über Tastsensoren in der Fingerspitze wahrgenommen werden kann, vermitteln Gesetzmäßigkeiten, die die Sinnesphysiologie bereitstellt.

Auch der Einwand, natürliche Verhältnisse (natürliches Licht) bzw. normale Voraussetzungen (z. B. ein funktionstüchtiger Wahrnehmungsapparat beim empirischen Subjekt) könnten nicht zu Bedingungen erhoben werden, da sie stets die Basis bildeten, von der aus die spezifischen Bedingungen überhaupt erst abgesetzt werden können, greift nicht. Denn das Problem wird damit nur verlagert. Was heißt jetzt "natürlich" bzw. "normal"? Ist Zucker in festem Zustand natürlicher als in gelöstem, flüssigem Zustand? Ist es normaler, daß ein Gegenstand im Dunkeln verharrt als daß er im Licht erscheint? Dessenungeachtet wird selbstverständlich nicht bestritten, daß die "Normalfall-Perspektive" für das praktische Leben immer das verbindliche Kriterium ist.

Schließlich könnte man nur an der letzten - unter erkenntnistheoretischem Aspekt betriebenen - Verallgemeinerung Anstoß nehmen und die Aufwertung der explorativen Absicht zu einem Bedingungsfaktor für unzulässig halten. Doch auch das will ich nicht gelten lassen. Denn indem man, wie Theo HERRMANN in seiner genannten Monographie, den Einsatz eines psychologischen Tests zur Bedingung erklärt, hat man diese Aufwertung auch schon vollzogen. Es geht jetzt gar nicht mehr um "echte" Bedingungen, sondern allein um zum Zwecke der Exploration "gestellte" Bedingungen. Nicht mehr die angstauslösende Situation selbst tritt ein, sondern - und das ist der Anspruch eines jeden Angst-Fragebogens an einen Probanden - um die Imagination einer angstauslösenden Situation wird gebeten. Und eben mit dieser Bitte hat sich die explorative Absicht auch als wesentlicher Teil der Bedingung etabliert.

Greift man stellvertretend ein Item aus irgendeinem Angst-Struktur-Test heraus, so läßt sich moderat formalisiert folgende Beziehung herstellen:

(vii)	Person P ist ängstlich	=	ein empirisches Subjekt S fragt das empirische Objekt P, ob dieses in der angstauslösenden Situation AS zittert	+	Person P antwortet auf diese Frage mit "ja"

Genau betrachtet geht die explorative Absicht jetzt gleich dreifach als Bedingungsfaktor ein. Zuerst in Form der an das empirische Objekt gerichteten Frage; dann aber auch insofern, als das empirische Objekt nicht passiv unter die Manifestationen auslösenden Bedingungen gerät, sondern sich, nicht zuletzt aus Kooperation, aktiv ihnen aussetzt und schließlich, wie bereits dargelegt: Das empirische Objekt setzt sich nicht den tatsächlichen, sondern eben nur den - für die Exploration ausreichenden, nicht-belastenden - imaginierten Bedingungen aus.

Übersetzt man diese Notierung einmal und stellt - ungeachtet der formallogischen Verknüpfungen - nur den erkenntnistheoretischen Aspekt heraus, so gelangt man zunächst zu folgender Prosafassung: Unter der Bedingung, daß man (ein empirisches Subjekt) eine Person A (empirisches Objekt) fragt, ob sie in der angstauslösenden Situation AS zittert, und Person A auf diese Frage mit "ja" antwortet, kann man Person A als ängstlich bezeichnen.

Zieht man darüber hinaus in Betracht, daß "Angst" und auch "ängstlich" geläufige Ausdrücke in der Umgangssprache sind, und die Sprachbenutzer sehr wohl von den Manifestationen der Angst bzw. Ängstlichkeit zu abstrahieren wissen, bietet sich folgende Übersetzung an: Unter der Bedingung, daß man eine Person A fragt, ob sie in der angstauslösenden Situation AS Angst empfindet oder (jetzt synonym) sich ängstlich fühlt, und Person A auf diese Frage mit "ja" antwortet, kann Person A als ängstlich bezeichnet werden.

Da der gemeine Sprachbenutzer die Begriffe "ängstlich" (und ebenso "Angst") wie gesagt nicht unbedingt immer an angstauslösende Situationen gekoppelt verwenden muß, sondern damit bei bestimmten Menschen (oder gar bei sich selbst) vorherrschende Verhaltensmuster auch direkt ansprechen kann ("er ist ein ängstlicher Typ", "sie hat oft Angst"), läßt sich eine operationale Bestimmung von "ängstlich" sogar ohne die Angabe der angstauslösenden Situation formulieren: Unter der Bedingung, daß man Person A fragt, ob sie ängstlich ist und Person A darauf mit "ja" antwortet, kann man Person A als ängstlich bezeichnen. Selbst eine angestrengt formalisierte Variante dürfte bei aller Absonderlichkeit noch eine adäquate Übersetzung der ursprünglichen Bestimmung sein:

(viii) ängstlich = Frage, ob ängstlich + Antwort, daß ängstlich

Nachdem die radikale Verallgemeinerung des Bedingungsbegriffes für nicht-physikalische Begriffe durchgespielt ist, bleibt die Frage, ob auch die Bestimmung von physikalischen Eigenschaftsbegriffen, also die Bestimmung von Begriffen, auf die sich BRIDGMAN bei seinen Überlegungen ausnahmslos bezog, in Form von Bedingungsdefinitionen, derart wie man sie zur Definition von Dispositionsprädikaten heranzieht, erfolgen kann. Versucht man die Bestimmung solcher Begriffe analog den Definitionen von Dispositionsprädikaten zu fassen, so kommen verschiedene Möglichkeiten in Betracht.

Zunächst kann man als Voraussetzung für die Meßoperation die Schaffung "natürlicher Bedingungen" im Definiens zur Sprache bringen:

(209) $lang_R$ $=_{def}$
- empirisches Objekt C belichten [= **1. operativer Teil**];
- beobachten [= **2. operativer Teil**], ob empirisches Objekt C folgende Eigenschaft zeigt:
- räumliche Ausdehnung [= **deskriptiver Teil**]

Als Prosaübersetzungen bieten sich an, einmal sachbezogen:
(a1) Ein empirisches Objekt C besitzt die Eigenschaft 'lang' unter der Bedingung, daß dieses empirische Objekt C ins Licht gehalten wird und sich (dann) beobachten läßt, daß dieses empirische Objekt C räumlich ausgedehnt ist.
Sodann sprachbezogen:
(b1) Ein empirisches Objekt C ist als lang zu bezeichnen, unter der Bedingung, daß dieses empirische Objekt C ins Licht gehalten wird und sich (dann) beobachten läßt, daß dieses empirische Objekt C räumlich ausgedehnt ist.

Diese erste Variante (209) kommt den Bestimmungen der Dispositionsprädikate insofern recht nahe, als mit der eingeführten Bedingung ja ebenfalls eine Voraussetzung angegeben wird, unter der die Beobachtung, die Messung, kurzum die

Exploration, überhaupt erst möglich ist. Auch dürfte diese Variante im Hinblick auf jene radikale Verallgemeinerung des Bedingungsbegriffes vertretbar sein. Dennoch wird kein Physiker dieser Analyse des Längenbegriffs folgen. Und zwar nicht zuletzt deshalb, weil mit dem dabei unterstellten Verständnis von Länge wiederum jene metaphysische Fragestellung anklingt (vgl. Kap. 4.1).

Sehr viel einleuchtender ist es dagegen, wenn man alle Bedingungen, die als Voraussetzungen der Exploration anzusehen sind, beiseite läßt und die Exploration selbst zur Bedingung erhebt:

(210) $lang_R$ $=_{def}$
- Meterstab an empirisches Objekt C anlegen [= **1. operativer Teil**];
- ablesen [= **2. operativer Teil**]:
- (bestimmte) Längenausprägung bzw. Längeneinheit [= **deskriptiver Teil**]

Mit dieser zweiten Variante ist die metaphysische Fragestellung zumindest teilweise ausgesetzt: auf seiten des Definiens wird dem Umstand Rechnung getragen, daß die Operation mit der Fixierung eines festen Meßwertes endet. Wiederum bieten sich zwei Übersetzungen an, zunächst sachbezogen:
(a2) Ein empirisches Objekt C besitzt die Eigenschaft '[x cm] lang' unter der Bedingung, daß erstens an dieses empirische Objekt C ein Meterstab angelegt und zweitens auf dem Meterstab eine (bestimmte) Längenausprägung abgelesen wird.
Und wieder sprachbezogen:
(b2) Ein empirisches Objekt C ist als [x cm] lang zu bezeichnen unter der Bedingung, daß erstens an dieses empirische Objekt C ein Meterstab angelegt wird und zweitens auf dem Meterstab eine (bestimmte) Längenausprägung abgelesen wird.

Vereinfacht man diese zweite Variante, indem man die aufgegliederte Operation unter dem Begriff "messen" zu einer Handlungseinheit zusammenfaßt, so ist man auch schon zu jenem Beispiel zurückgekehrt, von dem die vorliegende Untersuchung ihren Ausgang nahm:

(1) lang $=_{def}$ mit dem Meterstab messen

Um diese operationale Bestimmung als Bedingungsdefinition zu verstehen, bieten sich als dritte Variante verschiedene Übersetzungsmöglichkeiten an. Sachbezogen sicher am banalsten ist die um einen Eigenschaftsträger bereicherte Prosafassung:
(a3) Ein empirisches Objekt C besitzt die Eigenschaft 'lang' unter der Bedingung, daß dieses Objekt mit einem Meterstab gemessen wird.
Was dann sprachbezogen bedeutet:
(b3) Ein empirisches Objekt C ist als lang zu bezeichnen unter der Bedingung, daß dieses Objekt mit einem Meterstab gemessen wird.

Diese Übersetzungen sind, wie leicht zu erkennen, nicht sonderlich sinnvoll. Die auszuführende Operation läuft nämlich ins Leere. Sinnhaftigkeit ist nur zu erreichen, wenn man entweder die Möglichkeit des Handlungserfolgs anspricht oder aber sich auf ein tatsächlich zu erzielendes Ergebnis einläßt.

Im ersten Fall wäre die Bedingung in eine Modalform zu bringen. Zunächst sachbezogen:
(a4) Ein empirisches Objekt C besitzt die Eigenschaft 'lang' unter der Bedingung, daß dieses Objekt mit einem Meterstab gemessen werden kann.
Was sprachbezogen zu der Übersetzung führt:
(b4) Ein empirisches Objekt C ist als lang zu bezeichnen unter der Bedingung, daß dieses Objekt mit einem Meterstab gemessen werden kann.
Für diese Übersetzungen bieten sich dann auch verschärfte Fassungen an. Sachbezogen:
(a5) Nur unter der Bedingung, daß ein empirisches Objekt C mit einem Meterstab gemessen werden kann, ist dieses Objekt auch (tatsächlich) lang.
Und sprachbezogen:
(b5) Nur unter der Bedingung, daß ein empirisches Objekt C mit einem Meterstab gemessen werden kann, ist dieses Objekt als lang zu bezeichnen.
Keine Frage, diese Übersetzungen führen, obzwar sie sinnvoll sind, direkt in jene metaphysische Problematik um die Vorgängigkeit eines Sinnzusammenhanges.

Läßt man sich, wie im zweiten Fall avisiert, auf ein tatsächlich zu erzielendes Ergebnis ein, braucht man in Ausdruck (1) die Sequenz "mit dem Meterstab messen" nur durch die Paraphrase "mit dem Meterstab eine Längenausprägung feststellen" zu ersetzen. Das führt zunächst zu folgender sachbezogener Prosafassung:
(a6) Ein empirisches Objekt C ist lang unter der Bedingung, daß an diesem Objekt mit einem Meterstab eine Längenausprägung festgestellt wird.
Was in verschärfter Fassung wie folgt zu formulieren ist:
(a7) Nur unter der Bedingung, daß an einem empirischen Objekt C mit einem Meterstab eine Längenausprägung festgestellt wird, ist dieses Objekt auch (tatsächlich) lang.
Und sprachbezogen gewendet - einmal gemäßigt:
(b6) Ein empirisches Objekt C ist als lang zu bezeichnen unter der Bedingung, daß an diesem Objekt mit einem Meterstab eine Längenausprägung festgestellt wird.
Sodann wieder verschärft:
(b7) Nur unter der Bedingung, daß an einem empirischen Objekt C mit einem Meterstab eine Längenausprägung festgestellt wird, ist dieses Objekt auch als lang zu bezeichnen.
Diese Übersetzungen, die auf der Paraphrase des Definiens gründen, führen indes wieder zurück zur zweiten Variante und sind wie diese der metaphysischen Fragestellung weitgehend entzogen.

Der Verdacht, mit solchen Übersetzungen nur die Längenausprägung an sich und damit jene metaphysische Fragestellung anzusprechen, ist endgültig ausgeräumt, wenn man im Definitionsausdruck auf eine bestimmte Ausprägung abzielt:

(211) [3 cm] lang $=_{def}$ mit dem Meterstab [3 cm] messen

Das aber führt zur vierten Variante. Dabei können die möglichen Prosaübersetzungen dieser operationalen Bestimmung unter drei Aspekten klassifiziert werden. Stellt man den Sachbezug heraus, so läßt sich diese vierte Variante einmal als **operationalistisches Existenzkriterium** (vgl. Kap. 4.1) für die Eigenschaft 'lang' fassen:
(a8) Ein empirisches Objekt C besitzt die Eigenschaft, 3 cm lang zu sein, unter der Bedingung, daß an diesem Objekt mit einem Meterstab eine räumliche Ausdehnung von 3 cm gemessen wird.
Oder verkürzt:
(a9) Ein Etwas ist 3 cm lang unter der Bedingung, daß an diesem Etwas mit einem Meterstab 3 cm gemessen werden.
Verschärft man beide Fassungen, so gelangt man zu folgenden Übersetzungen:
(a10) Nur unter der Bedingung, daß an einem empirischen Objekt C mit einem Meterstab eine räumliche Ausdehnung von 3 cm gemessen wird, besitzt dieses Objekt die Eigenschaft, 3 cm lang zu sein.
Beziehungsweise:
(a11) Nur unter der Bedingung, daß an einem Etwas mit einem Meterstab 3 cm gemessen werden, ist dieses Etwas auch 3 cm lang.
Obgleich - zumindest implizit - ein derartiges Existenzkriterium bekanntlich vertreten wurde, ist diese Interpretation doch reichlich überzogen und führt zu einer Reihe hier nicht zu diskutierender ontologischer Probleme.

Einleuchtender ist es, wenn man die sachbezogene Interpretation in ein **operationalistisches Erkenntniskriterium** münden läßt (vgl. Kap. 4.1). Um diese Interpretation sinnvoll fassen zu können, muß allerdings ein (empirisches) Subjekt eingeführt werden, das die Operationen tätigt und dabei Erfahrungen sammelt:
(a12) Ein empirisches Subjekt S macht die Erfahrung (i. S. von: kommt zu der Erkenntnis), daß ein empirisches Objekt C 3 cm lang ist, unter der Bedingung, daß dieses Subjekt an diesem Objekt mit einem Meterstab eine räumliche Ausdehnung von 3 cm feststellt.
Oder in verschärfter Fassung:
(a13) Nur unter der Bedingung, daß ein empirisches Subjekt S an einem empirischen Objekt C mit einem Meterstab eine räumliche Ausdehnung von 3 cm feststellt, macht dieses Subjekt die Erfahrung (synonym: erhält dieses Subjekt das Erfahrungsdatum): dieses Objekt ist 3 cm lang.

Als **operationalistisches Sinnkriterium** (vgl. Kap. 4.1) kann schließlich die sprachbezogene Interpretation dieser erkenntnisorientierten vierten Variante angesehen werden:
(b12) Ein empirisches Objekt C ist als 3 cm lang zu bezeichnen unter der Bedingung, daß an diesem Objekt mit einem Meterstab eine räumliche Ausdehnung von 3 cm gemessen wird.
Oder in verschärfter Fassung:
(b13) Nur unter der Bedingung, daß an einem empirischen Objekt C mit einem Meterstab eine räumliche Ausdehnung von 3 cm gemessen wird, ist dieses Objekt als 3 cm lang zu bezeichnen.
Was letztlich so viel besagt wie: Die Bezeichnung "3 cm lang" kann man auf ein empirisches Objekt C (ein bestimmtes Etwas) überhaupt nur dann berechtigterweise anwenden, wenn (zuvor) mit einem Längenmeßinstrument festgestellt wurde, daß dieses Objekt (dieses Etwas) tatsächlich 3 cm lang ist.

Nicht nur diese letzten, entsprechend dem Sinnkriterium gefaßten Übersetzungen, sondern auch was sich in der Folge des Erkenntniskriteriums formulieren ließ, sind zweifelsohne akzeptable Übertragungen, die es sinnvoll erscheinen lassen, auch die operationale Bestimmung von Begriffen, die sich auf physikalische Eigenschaften beziehen, als Bedingungsdefinitionen zu begreifen.

Keine Frage, die radikale Verallgemeinerung des Bedingungsbegriffs hat eine extreme Position konturiert, die einiges für sich hat. Trotzdem will ich sie hier nicht propagieren. Auch werde ich hier wohlweislich keine Entscheidung herbeiführen, geschweige denn ein Kriterium aufstellen, was im Zusammenhang mit der Definition von Dispositionsprädikaten als spezifische Bedingung anzusehen ist. Es ging mir allein darum, einsichtig zu machen, daß bei entsprechender Toleranz letztlich alle möglichen Eigenschaften einer Gegebenheit als Dispositionen gedeutet und alle Ausdrücke, die man zur Bezeichnung dieser Eigenschaften heranzieht, als Dispositionsprädikate verstanden werden können - mit der Konsequenz: Alle Begriffe sind über operationale Definitionen - im eingeschränkten Sinne von Bedingungsdefinitionen - einzuführen.

Ich will diese extreme Position vor allem deshalb nicht vertreten, weil sie zum einen nicht zwingend erscheint und zum andern der Wissenschaftspraxis entgegensteht. Denn dort ist das andere Extrem an der Tagesordnung: Man verhandelt über Phänomene, die selbst nach traditioneller Überzeugung eindeutig Dispositionen sind, ohne sich um irgendwelche Bedingungen zu kümmern, sei es, weil man diese als selbstverständlich mitbegreift (spezifische Bedingungen, unter denen sich z. B. Intelligenz oder Ängstlichkeit manifestieren), sei es, weil man gar nicht so recht weiß, was man als Bedingungen formulieren sollte (spezifische Bedingungen, die etwa schizophrenes Verhalten induzieren). Und siehe da, trotz dieser konsequenten Vernachlässigung funktioniert die Kommunikation.

Was die Begriffe für physikalische Eigenschaften angeht, müssen neben den systematischen Erwägungen zwei historische Tatsachen festgehalten werden: Erstens hat BRIDGMAN zu keiner Zeit daran gedacht, die Bestimmungen der physikalischen Begriffe als Bedingungsdefinitionen zu verstehen, geschweige denn zu notieren. Und zweitens wurde später in der wissenschaftstheoretischen Auseinandersetzung um die operationale Definition auch niemals der Versuch unternommen, die Beispiele, die BRIDGMAN vor Augen hatte, auf diese Weise zu analysieren. Vor dem Hintergrund dieser beiden Tatsachen ist man dann doch einigermaßen erstaunt, daß fast jede Diskussion über die Definierbarkeit von Dispositionsprädikaten in der Absicht endet, die Begriffskonzeption von BRIDGMAN als undurchführbar zu disqualifizieren.

Nachdem nun viel gesagt wurde zur Struktur von Bedingungsdefinitionen und sich auch das durch einseitige Klassifizierungen verschleierte Verhältnis von Bedingungsdefinitionen und operationalen Definitionen aufgeklärt hat, seien zum Abschluß einige Überlegungen angestellt, aus welchen Erkenntnisquellen denn diese Bedingungsdefinitionen abgeschieden sind. Wie so oft, lohnt auch hier ein Blick auf den Spracherwerb. Wie werden Dispositionsbegriffe, egal ob sie nun für physische oder psychische Dispositionen stehen, gelernt?

Abstrahiert man von den spezifischen Informationen, die man erhält, sobald man einen bestimmten Dispositionsbegriff lernt, so gibt es eine Reihe genereller Einsichten, derer man bei jeder Lerneinheit stets aufs neue gewahr wird, die sich bei zunehmender Sprachfertigkeit immer mehr verfestigen und somit das allgemeine Verständnis von Dispositionen und ihren Bezeichnungen begründen. So erfährt man erstens, daß eine Disposition etwas ist, das sich nicht unmittelbar beobachten läßt. Zweitens erfährt man, daß eine Disposition nur über Manifestationen erschlossen werden kann. Drittens dann, daß diese Manifestationen im Gegensatz zu den Dispositionen unmittelbar beobachtbar sind. Schließlich viertens - und auf diese Art der Information will ich hier besonders abheben -, daß diese Manifestationen überhaupt nur unter bestimmten Bedingungen zutage treten. Daraus ist zu folgern: Die in einer Bedingungsdefinition ausgedrückte komplexe Beziehung kann sehr wohl aus dem Sprachwissen abgeschieden sein.

Daß daneben auch empirisch gewonnenes Wissen in diesen Definitionen abgesetzt sein kann, habe ich wiederholt angedeutet. So ist es durchaus möglich, aufgrund empirischer Untersuchungen zu einem Verhalten zu finden, das mit für eine Disposition bekannten Manifestationen hoch korreliert und also auch als ein verläßliches Indiz gelten kann. Ebenso vermag man durch empirische Forschung auf Bedingungen zu stoßen, von denen man bislang nicht wußte, daß sie dispositionsaktivierend sind. Zieht man nun bei der Definition von Dispositionsprädikaten solche empirisch gewonnenen Einsichten heran, findet eben auch Erfahrungswissen Eingang in Bedingungsdefinitionen.

10.2 Formale Schwierigkeiten bei der Definition von Dispositionsprädikaten

Um es gleich vorwegzunehmen: Die Konsequenzen, die man aus den formallogischen Schwierigkeiten bei der Definition von Dispositionsprädikaten zog, sind allesamt zweifelhaft. Völlig überzogen ist die Einschätzung von Wolfgang STEGMÜLLER, wenn er seine Darstellung der im Laufe der Zeit vorgeschlagenen Definitionsversuche für Dispositionsprädikate mit "Rettungsversuche des Operationalismus" überschreibt.[186] Denn der Operationalismus als philosophische, namentlich als erkenntnistheoretische Position erschöpft sich ja nicht in einer bestimmten Form der Definition, so daß man Anlaß hätte, deren Unzulänglichkeiten gleich als das Scheitern des Operationalismus zu feiern.

Ebenso schießen diejenigen über das Ziel hinaus, die aus diesen formallogischen Schwierigkeiten den Schluß ziehen, operationale Definitionen seien generell wertlos und würden zu keiner Bedeutungsbestimmung taugen. Bei dieser Pauschalisierung wird übersehen, daß unter operationaler Definition weit mehr zu verstehen ist als nur die Definition von Dispositionsprädikaten.

Meist erscheint diese pauschale Verurteilung in zweifacher Gestalt. Zum einen mündet sie oft in eine Kritik am methodischen Ansatz in den empirischen Sozialwissenschaften. So wird immer wieder ernsthaft in Frage gestellt, ob denn diese Wissenschaften, wo operationales Definieren gang und gäbe ist, überhaupt auf einem soliden begrifflichen Fundament ruhen, nachdem diese Methode des Definierens doch voller Widersprüche ist. Solche Zweifel klingen beispielsweise bei SCHEUCH/ZEHNPFENNIG unmißverständlich an: "Obwohl die **logische** Analyse - wie hinlänglich bekannt - die Inadäquanz dieser Vorgehensweise [gemeint ist: Begriffe operational zu definieren] längst erwiesen hat (...), ist sie doch in den Sozialwissenschaften die übliche Praxis."[187] Man ahnt, welche Sorge diese Autoren umtreibt: Es könnten sich die logischen Widersprüche ja von der Sprachregelung zu den sprachlich fixierten (empirischen) Erkenntnissen durchschlagen und diese damit wertlos machen. Doch Tatsache ist: Die Sozialwissenschaftler bedienen sich fleißig der operationalen Definition. Und bei allen Vorbehalten, ihre Wissenschaft floriert, die Einsichten und Erkenntnisse nehmen zu. Wenn dort bei der Operationalisierung Schwächen zu Buche schlagen, dann sicher nicht jene formallogischen Ungereimtheiten. Zum andern geht diese Verurteilung nicht selten mit einem Seitenhieb auf BRIDGMAN einher. Daß dies nicht gerechtfertigt ist, das wurde gegen Ende des vorausgegangenen Kapitels deutlich.

---

[186] STEGMÜLLER (1970), S. 221 ff. Was STEGMÜLLER hier wohl meint, sind "Versuche zur Rettung des Operationalismus" (*Genitivus obiectivus!*). Tatsächlich kamen die einzelnen Vorschläge von seiten kritisch eingestellter Wissenschaftstheoretiker und nicht aus den Reihen überzeugter Operationalisten.

[187] SCHEUCH/ZEHNPFENNIG (1974), S. 167 (Hervorhebung ebd.).

Auf den ersten Blick redlich erscheinen diejenigen, die streng beim Gegenstand dieser Diskussionen bleiben und sich mit der Einsicht bescheiden, daß nach allem, was sich zeigt, Dispositionsprädikate eben undefinierbare Ausdrücke seien. Allerdings nimmt man diese erfrischend klare Konsequenz doch eher mit Verwunderung als mit Besorgnis zur Kenntnis. Denn wie die Sprachpraxis sowohl im Alltag als auch in den Wissenschaften erweist: Die Verwendung solcher Prädikate kann gelernt, praktiziert und durchaus auch schriftlich vereinbart werden.

Bei aller Ehrfurcht vor der Logik, in der Auseinandersetzung um die Definierbarkeit von Dispositionsprädikaten scheint diese formale Analyse der verschiedenen Definitionsmöglichkeiten nicht der Weisheit letzter Schluß. Denn der sonderbare Beigeschmack dieser Kontroverse ergibt sich nicht allein aus der Kluft zwischen der theoretisch gewonnenen Einsicht, nämlich daß Dispositionsprädikate nicht widerspruchsfrei zu definieren sind, und der davon unbeeindruckt funktionierenden Sprachpraxis, sondern auch daraus, daß in dieser Auseinandersetzung bei aller formalen Stringenz eine unheilstiftende Konfusion herrscht. Sprachbezogene und sachbezogene Argumentation sind verquickt, Bedeutungsbestimmung und Verifikation vermengen sich. Während man die Bestandteile der "operational" genannten Definition zu Aussagen erweitert und dann die logischen Verknüpfungen dieser Aussagen analysiert, bringt man über das Wahrheitskriterium das Verifikationsprinzip ins Spiel, das einen an real bestehende Verhältnisse bindet, wo es doch nur um die Bedeutung gehen soll. Und so kommt man rasch an den Punkt, an dem Wörter nur dann Bedeutung haben, wenn das, was sie bezeichnen, auch wirklich gegeben, oder noch verhängnisvoller: realiter nachgewiesen sein muß. Damit schließt sich der Kreis: Die Unterscheidung zwischen Angabe und Ausführung einer Operation, die mir so grundsätzlich wichtig erscheint, um Mißverständnisse zu vermeiden, kann in der formallogischen Debatte nicht durchgehalten werden.

Genau besehen beginnen die Schwierigkeiten bereits damit, daß man bei all den Definitionsvorschlägen, die unterbreitet wurden, ungeniert und munter verschiedene Arten von Seinsweisen mischt; man zwingt kunterbunt Begriffe, Gegenstände, Handlungen, Situationen, Testergebnisse, Reaktionen usw. in ein und dasselbe Kalkül. Eine derartige Sortenmischung ist strenggenommen nicht zulässig. Immer noch erhebt sich eine formale Sprache über eine natürliche Sprache. Logisch miteinander verknüpft werden bedeutungstragende Zeichen, aber nicht Gegenstände, nicht Handlungen, auch nicht Verhaltensweisen.

Man kann diesem grundsätzlichen Einwand zwar begegnen, indem man beteuert, daß hier selbstverständlich nur über Sprachliches, also über beschriebene Handlungen, Situationen, Reaktionen usw. formalisiert werde - überflüssig und unnötig, dies überhaupt zu erwähnen, da man schließlich selbst von all diesen Formalisierungsbemühungen in keiner anderen Weise als in der sprachlichen erfahre! Wer so argumentiert, muß aber zweierlei einräumen. Erstens ist es keineswegs sicher, ob all das, was Aufnahme in ein und dasselbe Kalkül findet, auch tatsächlich auf der gleichen Sprachebene liegt. Zweitens hat man sich mit dieser Rechtfertigung stillschweigend dafür entschieden, das Definiens von operationalen Definitionen als etwas sprachlich Gegebenes zu betrachten. Eine Entscheidung, die einer streng operationalistischen Auffassung letztlich entgegensteht und zu der ich deshalb auch nur zögernd fand. Die Argumentation beginnt gar zu kreisen, sobald man diese implizit getroffene Entscheidung wieder unterläuft, indem man im Fortgang der formallogischen Analyse das sprachlich Gegebene doch wieder von seiner Umsetzung in die Tat her beurteilt.

Bei meinem Referat der einzelnen Definitionsvorschläge orientiere ich mich bewußt nicht an den klassischen Beispielen, sondern versuche mich ebenso wie Theo HERRMANN an Begriffen, die Persönlichkeitsmerkmale bezeichnen. Im Gegensatz zu HERRMANN will ich jedoch der Besonderheit dieser Merkmale insoweit Rechnung tragen, als ich von einer **bestimmten** Ausprägung eines solchen Merkmals und einem entsprechend fixen Testergebnis ausgehe: So wird die dispositionelle Eigenschaft 'überdurchschnittlich intelligent' (Disposition; als Indicandum abgekürzt: ÜI) einer Person dann zugeschrieben, wenn diese in einem ihr vorgelegten Intelligenztest (spezifische Bedingung; abgekürzt: IT) einen Intelligenzquotienten von 120 (Manifestation bzw. Indiz; als Indikator abgekürzt: IQ) erreicht. Um dieses, in geringen Abwandlungen durchgängig verwendete Beispiel einigermaßen plausibel zu machen, muß allerdings auch ich so tun, als führe nur **eine** Bedingung (eben die Vorlage dieses Intelligenztests) zu jenem Ergebnis. Wer das bemängelt, möge einen wenn auch schwachen Trost darin finden, daß er sich nur den Einsatz verschiedenartiger Intelligenztests vorzustellen braucht. Damit meine Darstellung möglichst übersichtlich bleibt, werde ich, sofern keine zwingenden Gründe dagegen sprechen, die Zeitvariable außer acht lassen und weitgehend auf Quantifizierungen verzichten.

a) Erster Versuch einer Explizitdefinition (CARNAP)

Selbst wenn man damit nur einen Idealzustand beschwört, ist man sich doch einig, daß zur Heranbildung eines soliden Vokabulars die Begriffe möglichst vollständig zu definieren sind.[188] Wie derart "ideale Verhältnisse" auch für Dispositionsprädikate zu schaffen sind, hat namentlich Rudolf CARNAP 1928 angedeutet.[189]

---

[188] Die Begriffe "vollständig" und "explizit" werden in diesem Kapitel synonym in ihrer - innerhalb der traditionellen Definitionslehre - gängigen Bedeutung verwendet: Eine Definition ist vollständig bzw. explizit (im Gegensatz zu: partiell), wenn die Bedeutung des Definiens die Bedeutung des Definiendums vollständig abdeckt (vgl. auch Anm. 75 und 140).

[189] CARNAPs Einlassungen in § 150 seines philosophischen Frühwerks "Der logische Aufbau der Welt" (1928) sind indes keinesfalls so klar und dezidiert, wie Wilhelm K. ESSLER in einem Kommentar zu dieser Stelle vorgibt (vgl. ESSLER 1970a, S. 156).

Ausgeführt hat CARNAP seine Andeutungen aber erst 1936/37 - um sie dann gleich wieder zu verwerfen.[190]

Diesem ersten Definitionsversuch lag die Annahme zugrunde, daß zwischen dem Dispositionsbegriff als Definiendum und der Angabe der speziellen oder auch situativen Bedingung sowie dem Indikator als komplexem Definiens eine **Äquivalenz**-Beziehung besteht.[191] Eine solche explizite Definition kann in zweifacher Weise interpretiert werden. Zunächst kann man annehmen, daß zwischen der situativen Bedingung und dem Indikator eine **implikative** Beziehung besteht:

(a) $\text{ÜI}x \equiv (\text{IT}x \supset \text{IQ}x)$

Dieser Ausdruck besagt: Eine Person x ist genau dann überdurchschnittlich intelligent, wenn sie - unter der Bedingung, daß sie einen Intelligenztest macht - einen IQ von 120 erreicht. Diese Form der Definition erfährt keine Einwände, wenn für den Nachweis, ob eine Person überdurchschnittlich intelligent ist, der durch die Definition vorgesehene Test vorgenommen werden kann. (Nur einmal weise ich ausdrücklich darauf hin: Genau an dieser Stelle bricht die Realität in die Bedeutungsbestimmung ein!) Erreicht die getestete Person einen IQ von 120, wird man sie entsprechend der Definition als überdurchschnittlich intelligent einstufen (Wahrheitswerteverlauf: $W \equiv [W \supset W] :=: W \equiv W$); erreicht sie diesen Wert nicht, so wird diese dispositionelle Eigenschaft nicht vorliegen (Wahrheitswerteverlauf: $F \equiv [W \supset F] :=: F \equiv F$). Diese beiden Ergebnisse stimmen sowohl mit dem alltäglichen als auch mit dem wissenschaftlichen Verständnis der Disposition 'überdurchschnittlich intelligent' überein. Schwierigkeiten treten allerdings auf, wenn keine Möglichkeit besteht, den in der Definition vorgesehenen Test durchzuführen. Dann müßte man nämlich selbst nicht-überdurchschnittlich intelligenten Personen überdurchschnittliche Intelligenz bescheinigen. Dieser Widerspruch liegt in der implikativen Beziehung zwischen situativer Bedingung und Indikator begründet: Würde der Test nicht durchgeführt werden, wäre also das Vorderglied der Implikation stets falsch, dann würde die Implikation insgesamt immer wahr und aufgrund der Äquivalenz damit auch die Disposition immer zutreffen (Wahrheitswerteverlauf: $W \equiv [F \supset W] :=: W \equiv W$ und $W \equiv [F \supset F] :=: W \equiv W$). Diese paradoxe Konsequenz macht offensichtlich, daß die als erste Interpretation eingeführte Formalisierung zur expliziten Definition von Dispositionsprädikaten nicht taugt.

---

[190] Diese Ausführung (CARNAP 1936/37, §§ 7-10, 13, 14) erfolgt nämlich bereits im Hinblick auf den ebd. unterbreiteten Vorschlag, Dispositionsprädikate vermittels bilateraler Reduktionssätze einzuführen (vgl. Kap. 10.2c).

[191] Korrekterweise müßte ich durchgehend sprachbezogen von der "Angabe einer situativen Bedingung" sprechen. Um monströse Formulierungen aber zu vermeiden, verzichte ich meist darauf.

Eine zweite Interpretation - sie wird von GORSKI und PAWLOWSKI angedeutet bzw. diskutiert[192] - geht von der Überlegung aus, daß diese paradoxen Folgen nur deshalb aufgetreten sind, weil das Zutreffen der Disposition 'überdurchschnittliche Intelligenz' von der Durchführung eines Intelligenztestes konditional abhängig gemacht wurde. Besser wäre es deren Ansicht zufolge, die Durchführung des Testes bedingungslos zu garantieren, indem man die Beziehung zwischen situativer Bedingung und Indikator als **Konjunktion** notiert:

(b) $\ddot{U}Ix \equiv (ITx \wedge IQx)$

Danach wäre ein Person x genau dann überdurchschnittlich intelligent, wenn sie einen Intelligenztest mitmachte **und** dabei einen IQ von 120 erreichte. Diese zweite Interpretation führt tatsächlich nicht zu den paradoxen Konsequenzen der ersten Interpretation: Würde eine nicht-überdurchschnittlich intelligente Person (dies könnte man gegebenenfalls durch eine andere Operationalisierung ermitteln) dem Test nicht unterzogen, so wäre aufgrund der aussagenlogischen Gesetze die gesamte Konjunktion falsch und damit auch die Äquivalenz. Die Disposition könnte nicht zugesprochen werden (Wahrheitswerteverlauf: $F \equiv [F \wedge F] :=: F \equiv F$).

Trotzdem ergeben sich auch bei der zweiten Interpretation Konsequenzen, die dem allgemeinen Verständnis von Intelligenz widersprechen. Denn könnte man eine tatsächlich überdurchschnittlich intelligente Person dem in der Definition vorgesehenen Test niemals unterziehen, so wäre es ausgeschlossen, diese Person jemals als überdurchschnittlich intelligent zu bezeichnen. Wird nämlich der Test nicht durchgeführt, so wird ein Glied der Konjunktion falsch, was aussagenlogisch die Falschheit der gesamten Konjunktion nach sich zieht. Und wenn eine Seite einer Äquivalenz falsch ist, so ist die gesamte Äquivalenz falsch (Wahrheitswerteverlauf: $F \equiv [F \wedge W] :=: F \equiv F$).

Man kann zusammenfassen: Beide Interpretationen einer expliziten Definition von Dispositionsprädikaten führen zu paradoxen Konsequenzen. Ein erster Versuch, diese Prädikate adäquat zu definieren, ist damit gescheitert.

b) Zweiter Versuch einer Explizitdefinition (KAILA, STORER)

Zunächst unternahm der finnische Logiker Eino KAILA einen Versuch, die explizite Definition von Dispositionsbegriffen doch noch zu retten.[193] Um seine formal anspruchsvolle Argumentation nachvollziehbar zu machen, muß das eingeführte Beispiel geringfügig verändert werden. Man denke sich als Disposition eine dis-

[192] Vgl. GORSKI (1967), S. 381, sowie PAWLOWSKI (1980), S. 131 f.

[193] Vgl. KAILA (1939). Die Präsentation von KAILAs Vorschlag folgt hier im wesentlichen der Darstellung, wie A. PAP sie gibt (1955, S. 140 ff.).

krete Eigenschaft 'verbale Intelligenz' (abgekürzt: VI), die auch als Sprachfähigkeit bezeichnet werden könnte. Sie werde einem Menschen zugesprochen aufgrund eines Verbal-Intelligenz-Quotienten (VIQ), der anhand eines Tests für diese Art von Intelligenz (VIT) ermittelt wird. Ausgangspunkt ist die soeben besprochene erste Möglichkeit einer Explizitdefinition - jetzt unter Einbeziehung der Zeitvariablen:

(a) $VIx \equiv \forall t(VITxt \supset VIQxt)$

was übersetzt besagt: "x besitzt verbale Intelligenz genau dann, wenn für alle Zeitpunkte t gilt: sobald x einem Verbal-Intelligenz-Test unterzogen wird, erbringt x einen Verbal-Intelligenz-Quotienten." KAILA deutet diese Formel (als Definiendum nun in der Metasprache notiert) folgendermaßen:

(b) $VIx \leftrightarrow (VITx \rightarrow VIQx) =_{def}$
$\exists F[Fx \wedge \exists y(Fy \wedge VITy) \wedge \forall z(Fz \wedge VITz \supset VIQz)]$

Im Klartext heißt das: "x besitzt verbale Intelligenz" (verkürzte Wiedergabe des Definiendums) ist gleichbedeutend mit folgender Umschreibung (hier Definiens): "Es gibt eine Eigenschaft F, die x zukommt, derart, daß die zur Feststellung der verbalen Intelligenz vorzunehmende Testung an mindestens einem Individuum (y), das die Eigenschaft F besitzt, (zu irgendeiner Zeit) vorgenommen wird und außerdem für jedes Individuum (z) mit der Eigenschaft F die Testung einen Verbal-Intelligenz-Quotienten erbringt".[194] (Wie man sieht, bedient sich KAILA einer Logik höherer Stufe: Er quantifiziert nicht nur über Individuen, sondern auch über Eigenschaften.)

Prüft man KAILAs Deutung im Hinblick auf die kritischen Fälle, so scheinen die Paradoxien verschwunden zu sein. Denn wenn ein bestimmter Mensch a niemals getestet wurde ($\neg\exists t[VITat]$), dann gibt es doch eine Eigenschaft ('Mensch sein'), die a und Individuen, die dem Test unterzogen wurden, zukommen könnte, derart, daß alle Individuen mit dieser Eigenschaft (alle Menschen) einen Verbal-Intelligenz-Quotienten erbringen, wenn sie getestet werden. Kurzum: Ein Individuum, das zu keiner Zeit getestet wurde, verfügt allein aufgrund der Tatsache, daß es sich um einen Menschen handelt, über verbale Intelligenz (vgl. vorhergehendes Kap.: Paradoxie der zweiten Interpretation). Sei a aber ein Schimpanse und gelte wieder: a wurde niemals dem Test für verbale Intelligenz ausgesetzt ($\neg\exists t[VITat]$), dann gibt es da doch eine Eigenschaft ('Tier sein'), die a zukommt, es gibt Individuen mit dieser Eigenschaft, die getestet wurden, und kein Individuum mit dieser Eigenschaft erbringt einen Verbal-Intelligenz-Quotienten, wenn es dem Verbal-Intelligenz-Test unterzogen wird. Mit anderen Worten: Ein Individuum, das dem

---

[194] Diese deutsche Version von PAPs Prosaübersetzung findet sich - auf "löslich" bezogen - ebd.

Verbal-Intelligenz-Test niemals ausgesetzt wurde, kann, eben weil es kein Mensch ist, auch nicht über verbale Intelligenz verfügen (vgl. Paradoxie der ersten Interpretation).

KAILAs Trick besteht, vereinfacht gesagt, also darin, für ein Objekt wenigstens zwei Eigenschaften auszumachen, um dann anzunehmen, daß, wenn die eine Eigenschaft vorliegt, auch die andere gegeben sein muß. Dahinter verbirgt sich kein eigentlich induktiver Schluß, wie man zunächst vermuten könnte; KAILA macht sich vielmehr eine bestimmte Merkmalstheorie zunutze. Der Schwachpunkt seiner Argumentation ist allerdings offensichtlich: Er hat es versäumt, den Wertebereich der Eigenschaftsvariablen einzuschränken. Hier setzt denn auch CARNAP mit seiner Kritik an. In einer brieflichen Mitteilung an KAILA weist er nach, wie man bei freier Wahl von F stets eine Eigenschaft finden kann, so daß sich auch bei dieser verbesserten Form der Explizitdefinition jene genannten Paradoxien einstellen. KAILA suchte diesem Einwand entgegenzutreten, indem er für die Variable F nur noch allgemeine Prädikate, d. h. Prädikate, die keine individuellen Konstanten enthalten, zuließ.[195] Nachdem Anders WEDBERG[196] gezeigt hatte, daß auch mit dieser Eingrenzung die Paradoxien nicht zu vermeiden sind, gab KAILA auf und distanzierte sich von seinem Versuch einer vollständigen Definition von Dispositionsprädikaten. Auch die von PAP angestrengte Überlegung, den Wertebereich von F auf "wesentliche Eigenschaften" bzw. "nomologische Prädikate" einzuschränken (es gehört zum Wesen des Menschen, über verbale Intelligenz zu verfügen; es besteht ein naturgegebener - gesetzesmäßiger - Zusammenhang zwischen den Eigenschaften 'Mensch sein' und 'verbal-intelligent sein'), weist dieser selbst mit dem Argument zurück, man verfalle damit dem Fehler *ignotum per ignotum* (oder wie er sagt *obscuri per obscurius*). Denn der Begriff der wesentlichen Eigenschaft ist zumindest ebenso verschwommen wie der Begriff der Disposition.

Gut zehn Jahre nach KAILAs Definitionsversuch griff STORER dessen Grundgedanken noch einmal auf und trat mit einer eigenen Formel an die Öffentlichkeit.[197] Sie lautet, übertragen auf mein Beispiel:

$$\text{(c)}\quad VIx \leftrightarrow (VITx \rightarrow VIQx) =_{def} \exists t(VITxt \wedge VIQxt)\ .\vee.\ \exists F\{Fx \wedge \exists y[Fy \wedge \exists t(VITyt \wedge VIQyt)] \wedge \neg\exists y[Fy \wedge \exists t(VITyt \wedge \neg VIQyt)]\}$$

---

[195] Vgl. KAILA (1942) - Diese Publikation KAILAs steht in engem thematischem Zusammenhang mit einer Veröffentlichung aus dem Jahre 1936.

[196] Vgl. WEDBERG (1944).

[197] STORER publiziert diesen "Wiederbelebungsversuch von KAILAs Methode" (so PAP, a.a.O., S. 141) 1950/51 - ohne allerdings KAILA namentlich zu erwähnen.

Nach dem **ersten** Disjunktionsglied des Definiens ist die Disposition 'verbale Intelligenz' den Individuen zuzusprechen, die (zu irgendeiner Zeit) dem Verbal-Intelligenz-Test ausgesetzt wurden und auch einen Verbal-Intelligenz-Quotienten erbrachten. Aufgrund des **zweiten** Disjunktionsgliedes wird diese Disposition aber auch allen Individuen mit einer Eigenschaft F zugesprochen, welche die folgenden zwei Bedingungen erfüllt: (a) es gibt Individuen, die diese Eigenschaft besitzen und die einen Verbal-Intelligenz-Quotienten erbringen, nachdem sie getestet worden waren, und (b) es gibt kein Individuum mit dieser Eigenschaft, das keinen solchen Quotienten erreicht hätte, nachdem es dem Test für verbale Intelligenz ausgesetzt worden war. Wählt man für F wie gehabt die Eigenschaft 'Mensch sein', dann wäre einerseits wiederum ausgeschlossen, daß Schimpansen - unabhängig davon, ob man sie dem Test unterzieht oder nicht - über einen Verbal-Intelligenz-Quotienten verfügten, und man könnte andererseits diese Disposition auch Menschen zusprechen, die weder in der Vergangenheit getestet wurden noch in der Zukunft jemals getestet werden. Nun kann allerdings auch STORERs Formel nicht als adäquate Definition von Dispositionsbegriffen angesehen werden. BERGMANN wies in seiner Kritik an diesem Vorschlag nämlich nach, daß, solange der Wertebereich von F nicht näher spezifiziert sei, sich jene Paradoxien ebensowenig vermeiden lassen wie vormals bei KAILAs Definitionsversuch.[198]

Auch STORER antwortete mit einem Verbesserungsvorschlag.[199] Er versuchte zu klären, wie man den Wertebereich von F am besten einschränken kann, was er unter einer notwendigen Eigenschaft versteht und wie man sich seiner Meinung nach die Verbindung zweier solcher Eigenschaften, die einem einzigen Eigenschaftsträger anhaften, vorzustellen hat. Jedoch auch diese Klärung verhalf seiner Formel nicht zum Erfolg. Da hier der Kritik im einzelnen nicht nachgegangen werden kann, sei auf STEGMÜLLER verwiesen, der alle möglichen Einwände gewissenhaft prüft.[200] Trotz der gerafften Darstellung dürfte deutlich geworden sein, daß es selbst unter großem formalen Aufwand auch im zweiten Versuch nicht gelungen ist, Dispositionsprädikate vollständig zu definieren.

c) Bilaterale Reduktionssätze (CARNAP)

Ohne sich auf die Möglichkeit einer komplizierteren vollständigen Definition, wie sie die Formeln von KAILA und STORER repräsentieren, einzulassen, formulierte CARNAP aus der unmittelbaren Kritik an den beiden einfachen Explizitdefinitio-

198 Vgl. BERGMANN (1951).

199 Vgl. STORER (1953/54).

200 Vgl. STEGMÜLLER (1970), S. 222 ff. Wegen der Ähnlichkeit beider Definitionsvorschläge und der daher für KAILA wie STORER im großen und ganzen gleichlautenden Kritik kann man STEGMÜLLER nachsehen, daß er die Formel von STORER fälschlicherweise als die (von PAP überlieferte) "KAILA-Formel" ausgibt.

nen heraus einen weiteren Vorschlag, Dispositionsprädikate zu definieren.[201] Zur Veranschaulichung dieses - meiner Zählung nach dritten - Versuches diene wiederum das ursprünglich eingeführte Beispiel mit den bekannten Abkürzungen. In einer ersten Überlegung ging CARNAP davon aus, daß zwischen dem Indicandum und dem Indikator eine implikative Beziehung besteht. Übertragen auf das Beispiel ergibt sich danach folgendes Satzpaar:

(a) $\text{ÜI}x \supset \text{IQ}x$
(b) $\neg\text{ÜI}x \supset \neg\text{IQ}x$

wobei der Ausdruck (a) ein positives, der Ausdruck (b) ein negatives Kriterium für das Indicandum ÜI darstellt. In einem zweiten Schritt verband er die situative Bedingung ihrerseits implikativ (und zwar als Vorderglied) mit den beiden Ausdrücken

(a') $\text{IT}x \supset (\text{ÜI}x \supset \text{IQ}x)$
(b') $\text{IT}x \supset (\neg\text{ÜI}x \supset \neg\text{IQ}x)$

Wird im Falle (a') eine Person dem Test IT ausgesetzt, so kommt ihr die Disposition 'überdurchschnittlich intelligent' dann zu, wenn sie in dem Test einen IQ von 120 erreicht. Erlangt eine Person diesen Wert nicht (Fall [b']), so kann ihr die Disposition nicht zugesprochen werden. Speziell für Ausdrücke der Art (a') und (b') setzte sich die Bezeichnung "unilateraler Reduktionssatz" durch.

Da man die Sätze (a') und (b') aufgrund aussagenlogischer Regeln zusammenfassen kann, erhält man einen einzigen Ausdruck, der sowohl ein positives als auch ein negatives Anwendungskriterium für das Indicandum beinhaltet:

(c) $\text{IT}x \supset (\text{ÜI}x \equiv \text{IQ}x)$

Dieser Ausdruck (c) stellt als sogenannter **bilateraler Reduktionssatz** CARNAPs neuen Vorschlag dar, Dispositionsprädikate so zu definieren, daß die erwähnten Konsequenzen nicht mehr auftreten. Ob diese Definition tatsächlich eine zufriedenstellende Lösung ist, soll im folgenden erörtert werden.

Zunächst fällt auf, daß mit dieser Formel das Definitionsschema gleichsam "aufgebrochen" wurde. CARNAP hat die situative Bedingung aus dem Definiens herausgelöst und der nunmehr äquivalenten Beziehung 'Indicandum-Indikator' vorangestellt. Der konditionale Charakter bleibt trotzdem erhalten: Die situative Bedingung wird nur nicht mehr auf den Indikator beschränkt und als Voraussetzung für dessen Auftreten notiert, sondern (was ebenso mit der Vorstellung von Dispo-

[201] Vgl. CARNAP (1936/37).

sitionen vereinbar ist) als Bedingung für die Gültigkeit der Zuordnung von Indicandum und Indikator verstanden. Mit diesem neuen Vorschlag hat CARNAP allerdings die Forderung nach einer vollständigen Definition von Dispositionsbegriffen fallengelassen. Trotz der eineindeutigen Beziehung zwischen Indicandum und Indikator können bilaterale Reduktionssätze nicht mehr als Explizitdefinitionen gelten. Das Definiendum ist derart in den komplexen Ausdruck eingebunden, daß sich kein Weg bietet, es durch die beiden anderen Definitionsglieder zu substituieren. Das wichtigste aller Definitionskriterien, das Prinzip der gegenseitigen Substituierbarkeit von Definiendum und Definiens, ist damit nicht mehr erfüllbar. HERRMANN hat denn auch vorgeschlagen, in bezug auf Reduktionssätze überhaupt nicht mehr von Definitionen, sondern lediglich von "Anwendungsregeln" für Dispositionsprädikate zu sprechen.[202]

Zweifelsohne repräsentiert der bilaterale Reduktionssatz den populärsten Vorschlag, Dispositionsprädikate zu definieren. Zahllose Einlassungen zum Definitionsproblem bei diesen Prädikaten betreffen denn ausschließlich diesen einen Vorschlag. Und nachdem die Definition der Dispositionsprädikate vielerorts identifiziert wird mit der operationalen Definition, ist auch das meiste, was sich in der Fachliteratur zur operationalen Definition findet, nichts anderes als ein Kommentar zu den bilateralen Reduktionssätzen.[203] Dazu zählt insbesondere die Einschätzung, operationale Definitionen seien grundsätzlich partielle Definitionen. In der Tat kann man die Verhältnisse innerhalb von bilateralen Reduktionssätzen so sehen - sachbezogen formuliert: Die definitorische, äquivalente Zuordnung von latenter und manifester Eigenschaft ist in dem Sinne partiell, als sie nur unter einer bestimmten Bedingung gilt. Diese prinzipielle Partialität wird zur Regel, wenn man den Bedingungsbegriff extrem weit faßt (vgl. Kap. 10.1). Von ihr abzugrenzen sind zwei spezifische Formen der Partialität: Zum einen ist ein bilateraler Reduktionssatz dann spezifisch partiell, wenn es außer der im Reduktionssatz genannten Bedingung noch andere Bedingungen gibt, unter denen die definitorische Zuordnung gilt. Zum andern, wenn es neben der einen im Reduktionssatz angegebenen Manifestation noch weitere Manifestationen der zu definierenden Disposition gibt. Demnach ist ein bilateraler Reduktionssatz, der den Begriff "wasserlöslich" einführt, lediglich prinzipiell partiell, ein Reduktionssatz dagegen, der den Begriff "extravertiert" (unter einer einzigen Bedingung über eine einzige Manifestation) einführt, auch noch zweifach spezifisch partiell. Und das Indicandum ist dabei insofern ein "offener Begriff", als seine Bedeutung durch die Einführung weiterer Reduktionssätze verändert, d. h. präzisiert oder auch neu bestimmt werden kann.

---

[202] Vgl. HERRMANN (1973), S. 47 ff.

[203] Vgl. dazu exemplarisch GROEBEN (1986), S. 107 f.

Faktische Implikationen, wie sie sonst nur zu beklagen sind, wenn ein Begriff über mehrere partielle Definitionen eingeführt wird, müssen im übrigen schon mit der Angabe eines einzigen Reduktionssatzes in Kauf genommen werden. So hat ESSLER darauf hingewiesen, daß Sätze dieser Art allein aufgrund ihrer logischen Struktur auch dem Prinzip der Non-Kreativität zuwiderlaufen.[204]

Ob Reduktionssätze gegenüber den ersten beiden Definitionsversuchen Vorteile haben, erweist sich, wenn man sie bzgl. der kritischen Fälle prüft. Wird eine Person a dem Intelligenztest IT unterzogen, so wird ihr die Disposition ÜI im Falle, daß sie einen IQ von 120 erreicht, zugesprochen, im Falle, daß sie diesen Wert nicht erlangt, nicht zugesprochen. Diese beiden Ergebnisse stehen im Einklang sowohl mit dem wissenschaftlichen als auch mit dem nicht-wissenschaftlichen Gebrauch des Dispositionsprädikats. Anders verhält es sich, wenn eine Person dem Test nicht unterzogen werden kann. In diesem Falle wird das Vorderglied der Implikation falsch. Das Hinterglied dagegen erhält, da ja kein Testergebnis vorliegt, überhaupt keinen Wahrheitswert. Über die Implikation kann damit gar nicht entschieden werden. Auf das Beispiel bezogen heißt dies: Wenn eine Person a dem Intelligenztest IT nicht unterzogen wird, kann niemals entschieden werden, ob die Disposition 'überdurchschnittlich intelligent' auf diese Person zutrifft oder nicht. Auf den ersten Blick mag diese Konsequenz wünschenswert erscheinen, entspricht doch auch sie der alltäglichen wie wissenschaftlichen Auffassung, daß man über Personen und deren dispositionellen Eigenschaften so lange keine Aussagen treffen kann, solange man sie bzgl. dieser Eigenschaften nicht getestet hat. In der Praxis erweist sich diese "Unbestimmtheit" jedoch als großer Nachteil. Denn es kann nicht angehen, daß sich über das Vorliegen einer Disposition prinzipiell nur dann entscheiden läßt, wenn man den Träger der Disposition der in dem Reduktionssatz vorgesehenen Bedingung ausgesetzt hat. Es wurden deshalb diverse Vorschläge gemacht, diese "Region der Unbestimmtheit" zu verringern.

Ein erster Vorschlag besteht darin, daß man zusätzlich zum Reduktionssatz verschiedene Gesetze einführt. So könnte z. B. das (möglicherweise falsche) Gesetz "Alle Personen, die Abitur haben, sind überdurchschnittlich intelligent", formalisiert $\forall x(Ax \supset ÜIx)$ (wobei Ax bedeutet: x hat Abitur), die Unbestimmtheit des Ausdrucks (c) insofern vermindern, als damit einer Menge von Personen (nämlich denen, die Abitur haben) die Disposition "überdurchschnittlich intelligent" auch dann zugesprochen werden könnte, wenn sie an dem Intelligenztest IT nicht teilnimmt.

STEGMÜLLER macht in der gleichen Absicht eine Anleihe bei KAILA und STORER.[205] Zur Veranschaulichung diene das modifizierte Beispiel aus dem vor-

[204] Vgl. ESSLER (1975).
[205] Vgl. STEGMÜLLER (1970), S. 231.

hergehenden Kapitel. Die Disposition 'verbale Intelligenz' werde durch einen bilateralen Reduktionssatz eingeführt:

(d) $VITx \supset (VIx \equiv VIQx)$

d. h., wenn ein Individuum a an einem Test für verbale Intelligenz VIT teilnimmt, besitzt es genau dann verbale Intelligenz, wenn es einen Verbal-Intelligenz-Quotienten erzielt. Man kann die Unbestimmtheit dieses Satzes nun dadurch reduzieren, daß man zusätzlich das Gesetz "Alle Individuen, die Menschen sind, besitzen verbale Intelligenz", formal $\forall x(Mx \supset VIx)$, einführt. Jetzt genügt es, wenn nur einige Menschen getestet wurden, denn aufgrund des Gesetzes kann die Disposition induktiv allen Menschen zugesprochen werden.

Die am häufigsten angewandte Methode, die Unbestimmtheit von Reduktionssätzen zu verringern, besteht darin, daß man weitere Reduktionssätze einführt. Individuen, die man der einen Bedingung nicht aussetzen kann, können vielleicht einer anderen Bedingung unterzogen werden. Wie gesagt ist es ja möglich, die überdurchschnittliche Intelligenz durch mehrere Intelligenztests - ich nehme der Einfachheit halber nur zwei - zu eruieren:

(i) $IT_1x \supset (\ddot{U}Ix \equiv IQ_1x)$
(ii) $IT_2x \supset (\ddot{U}Ix \equiv IQ_2x)$

Da sich aber niemals alle Bedingungen angeben lassen, wird die störende Unbestimmtheit auch durch noch so viele Reduktionssätze nicht restlos aufgeklärt werden können. Man nähert sich mit der Einführung weiterer Reduktionssätze zwar einer vollständigen Definition, muß damit aber zugleich die Aufstellung faktischer Behauptungen in Kauf nehmen. Diese höchst unerwünschte Konsequenz tritt bekanntlich immer dann auf, wenn man die Bedeutung eines Begriffes über mehrere partielle Definitionen zu bestimmen versucht.[206]

Welche faktischen Behauptungen ergeben sich (u. a.) aus den beiden Sätzen (i) und (ii)? Geht man davon aus, daß eine Person a an beiden Tests teilnimmt, aber nur im ersten Test IT_1 einen Testwert von 120 erreicht, so ist dieser Person gemäß Satz (i) die Disposition ÜI zuzusprechen, d. h. es gilt ÜIa; gemäß Satz (ii) ist ihr diese Disposition jedoch nicht zuzusprechen, es gilt also $\neg$ÜIa. Da dies offenkundig einen Widerspruch darstellt, folgen logisch aus Satz (i) und (ii) die Sätze

(iii) $\neg\exists x(IT_1x \wedge IT_2x \wedge IQ_1x \wedge \neg IQ_2x)$
(iv) $\neg\exists x(IT_1x \wedge IT_2x \wedge \neg IQ_1x \wedge IQ_2x)$

[206] Vgl. Anm. 142.

deren Konjunktion schließlich äquivalent ist mit dem Ausdruck

(v) $\forall x[IT_1x \wedge IT_2x \supset (IQ_1x \equiv IQ_2x)]$

Diese drei abgeleiteten Sätze enthalten nun das zu definierende Dispositionsprädikat ÜI nicht mehr, sondern stellen Beziehungen dar zwischen den Bedingungen und den Indikatoren. Es handelt sich also gar nicht mehr um Definitionen - der zu definierende Begriff ist "herausgefallen" -, sondern um empirische Sätze, die wahr oder falsch sein können. In Satz (v) z. B. wird behauptet: Wann immer die Bedingung IT_1 und IT_2 gegeben sind, so liegt IQ_1 dann und nur dann vor, wenn IQ_2 vorliegt. Diese Behauptung kann sich bei empirischer Überprüfung als falsch erweisen.

Bisher wurde davon ausgegangen, daß durch die Einführung weiterer Reduktionssätze ein und dasselbe Dispositionsprädikat sukzessiv präziser bestimmt wird. Man kann sich jedoch auch hier BRIDGMANs Auffassung von der vielfachen Bedeutung operational definierter Begriffe zu eigen machen und annehmen, daß so viele Indicanda mit unterschiedlicher Bedeutung bestimmt werden, wie man verschiedene Testbedingungen (und verschiedene Indikatoren) einführt. Danach würden durch die beiden Reduktionssätze (i) und (ii) tatsächlich zwei unterschiedliche Dispositionsbegriffe bestimmt:

(i') $IT_1x \supset (ÜI_1x \equiv IQ_1x)$
(ii') $IT_2x \supset (ÜI_2x \equiv IQ_2x)$

Dieser Umstand hätte seinerseits zur Folge, daß aus den beiden Sätzen (i') und (ii') keine faktischen Behauptungen mehr ableitbar wären. Denn jeder Reduktionssatz "definiert" einen anderen Dispositionsbegriff. Gerade dies führt aber zu der sicher schwerer wiegenden Konsequenz, daß nämlich eine Vielzahl von neuen Dispositionsbegriffen in die Wissenschaftssprache eingeführt würde. Um dies zu vermeiden, müßte irgendwann doch einmal ein Zusammenhang zwischen den (vermeintlich) verschiedenen Dispositionen geschaffen werden. Dies könnte z. B. die Allaussage $\forall x(ÜI_1x \equiv ÜI_2x)$ leisten. Doch auch bei ihr handelt es sich nicht mehr um einen logisch wahren Ausdruck, sondern um eine empirische Behauptung, die wahr oder falsch sein kann. Kurzum, auch die Annahme BRIDGMANs führt nicht aus dem Dilemma, daß die Einführung von weiteren Reduktionssätzen stets empirische Behauptungen nach sich zieht. Nur tritt der empirische Ausdruck in diesem Falle an anderer Stelle auf.

Was letztlich dazu führte, den dritten Definitionsversuch endgültig aufzugeben, hängt mit einer weiteren nachteiligen Konsequenz zusammen, von der bislang nicht die Rede war. Reduktionssätze haben deterministischen Charakter, d. h., wenn eine Person a einer Bedingung ausgesetzt wird und dabei nicht den erforderlichen Indikatorwert erzielt, so verlangt schon die Form des Reduktionssatzes, daß dieser Person a die Disposition allein aus logischen Gründen nicht zugesprochen werden kann. Auf das Beispiel übertragen, läßt sich diese Konsequenz in einem Ableitungsschema darstellen:

Reduktionssatz	$\forall x(ITx \supset (ÜIx \equiv IQx)$
Testbedingung u. -ergebnis bei Person a	$ITa \wedge \neg IQa$
[Konklusion]	$\neg ÜIa$

Die Zuerkennung der Disposition ÜI wäre ein Verstoß gegen logische Schlußregeln! Nun ist eine Begriffsbestimmung, die eine solch rigorose Konsequenz impliziert, ziemlich praxisfern. Denn es können verschiedene Gründe dazu geführt haben, daß der Indikatorwert nicht erreicht wurde (z. B. fehlende Motivation der Person a, Meßfehler). Da aber, wie gesagt, allein schon die Form des Reduktionssatzes keine "Ausweichklauseln"[207] gestattet, können diese Gründe bei der Zu- oder Aberkennung der Disposition nicht berücksichtigt werden. Eine Lösung dieses Problems schien sich abzuzeichnen, als man den Reduktionssätzen ihren deterministischen Charakter nahm und sie als Wahrscheinlichkeitsaussagen formulierte:

> Wenn die Disposition D vorliegt, so ist zu **erwarten** (wird sich mit der Wahrscheinlichkeit p zeigen), daß eine Person x einen Indikatorwert I erreicht, sofern sie sich der Bedingung B aussetzt.

Diese Neuformulierung ist in zweifacher Weise interpretierbar: Erstens kann man darin, wie gehabt, eine partielle Definition, oder um mit HERRMANN zu sprechen, eine Anwendungsregel für den Dispositionsbegriff sehen. In diesem Falle ändert jedoch auch der probabilistische Charakter nichts daran, daß es sich um einen Reduktionssatz handelt, d. h., die formale Struktur des Satzes wird beibehalten, die nachteiligen Konsequenzen ergeben sich weiterhin. Zweitens kann man diese Neuformulierung als faktische Behauptung betrachten, die experimentell überprüfbar ist. Wenn jetzt eine Person einen bestimmten Indikatorwert nicht erreicht, so ist der Wissenschaftler nicht mehr aus rein logischen Gründen gezwungen, die Disposition abzusprechen. Es verringert sich lediglich der Bestätigungsgrad der Behauptung. Diese zweite Interpretation ebnet zwar einen Weg, Dispositionsprädikate als wissenschaftliche Termini zu **verwenden**, das eigentliche Ziel aber, diese Begriffe zu **definieren**, wird damit nicht erreicht.[208]

---

207 STEGMÜLLER (1970), S. 233.

208 Trotz der Nachteile, die dem Reduktionssatzverfahren erwiesenermaßen anhaften, wurde in der jüngeren Vergangenheit noch einmal ein Versuch unternommen, dieses Verfahren zu "ver-

d) Zweisprachentheorie (CARNAP)

Für CARNAP bedeutete die Tatsache, daß Reduktionssätze allein aufgrund ihrer formalen Struktur keine Ausweichklauseln zulassen, die stärkste Erschütterung. Da er den praktischen Belangen des Wissenschaftlers Vorrang gewähren wollte, ließ er sich auch nicht auf die probabilistische Variante der Reduktionssätze ein, sondern machte sich an einen weiteren - nach meiner Zählung: vierten - Versuch, Dispositionsprädikate, ja überhaupt theoretische Begriffe, so zu präzisieren, daß ihre eindeutige Verwendung innerhalb empirisch ausgerichteter Wissenschaften gewährleistet werden konnte.[209]

Der Grundgedanke dieses Neuansatzes besteht darin, zwischen zwei Sprachbereichen (daher: "Zweisprachentheorie") zu unterscheiden: dem Bereich der **theoretischen Sprache** L_T mit dem Vokabular V_T und dem Bereich der **Beobachtungssprache** L_B mit dem Vokabular V_B. Während theoretische Aussagen, Gesetze, Hypothesen usw. vorwiegend in L_T formuliert werden, dient das Vokabular der Beobachtungssprache L_B im allgemeinen zur Bildung von Aussagen über unmittelbar beobachtbare Sachverhalte ("Protokollsätze"). Das Vokabular beider Sprachen ist jeweils stark strukturiert. In L_T etwa unterscheidet CARNAP zwischen theoretischen Begriffen, die niemals direkt mit Beobachtungsbegriffen korrespondieren, sondern die in Beziehung mit anderen, wenn man so will "weniger theoretischen" Termini stehen, die diese Korrespondenz dann erst gestatten. Auf der Seite der Beobachtungssprache wird in ähnlicher Weise zwischen Begriffen differenziert, die ausschließlich zur Bezeichnung bzw. Beschreibung von unmittelbar Gegebenem dienen und solchen, die aus diesen Grundbegriffen abgeleitet sind und die Zuordnung zu theoretischen Termini erst erlauben. Die Verbindung zwischen beiden Sprachen stellen sogenannte Korrespondenz- oder auch Zuordnungsregeln ("Z-Regeln") her.[210] Häufig wird aber nur ein Teil des theoretischen Vokabulars mit Beobachtungsbegriffen korrespondieren. CARNAP spricht in diesem Falle von einer "partiellen empirischen Interpretation" der theoretischen Sprache L_T. Auch werden Korrespondenzregeln in den seltensten Fällen Begriffe beider Sprachbereiche einander eineindeutig zuordnen. Für gewöhnlich überwiegen partielle Definitionen. Korrespondenzregeln - und das ist für das Verständnis von CARNAPs Zweisprachentheorie nun besonders wichtig - sind im Gegensatz zu den meisten anderen Definitionen Begriffsbestimmungen innerhalb eng umschriebener Kontexte. Sie dienen nicht der Definition einzelner, isoliert stehender Be-

---

feinern". Zwar gelang es durch einen abermals nicht unbeträchtlichen formalen Aufwand, die schwerstwiegenden Mängel zu beseitigen, dafür mußte man aber eine Fülle kleinerer Ungereimtheiten in Kauf nehmen. Vgl. TRAPP (1975), ESSLER/TRAPP (1977).

209 Vgl. CARNAP (1956).

210 Eine Z-Regel dient damit dem gleichen Zweck wie eine operationale Definition gemäß ihrer ersten spezifischen Bestimmung OD_1 (vgl. Kap. 4.2). Daß CARNAP selbst solche Z-Regeln als operationale Definitionen ausgewiesen hat, wurde bereits erwähnt (vgl. ebd.).

griffe, sondern verbinden mehr oder weniger verzweigte Begriffsgefüge. Dies läßt sich in einer schematischen Darstellung[211] veranschaulichen:

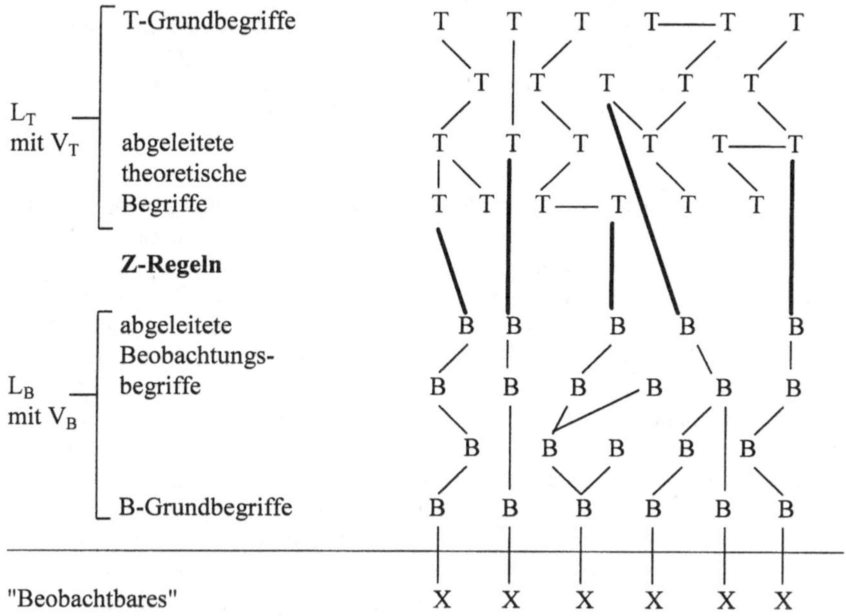

Obgleich nach CARNAPs Überzeugung beide Sprachbereiche als "feste Blöcke" recht genau voneinander abgegrenzt werden können, läßt seine Zweisprachentheorie doch ein ausgesprochen dynamisches Begriffssystem zu. Neu gewonnene Erkenntnisse können jederzeit eingebracht werden, etwa indem die Beziehungen zwischen den Begriffen innerhalb einer Sprache umgestaltet oder überhaupt neue Zuordnungen zwischen L_T und L_B eingefügt werden - stets mit der Konsequenz, daß sich nicht nur die Bedeutungen der betroffenen Termini wandeln, sondern die partielle Deutung von L_T insgesamt eine Veränderung erfährt. Nach CARNAP ist es sogar denkbar, daß mit dem Fortschritt in einer Wissenschaft auch schon einmal ein theoretischer Begriff in das Vokabular der Beobachtungssprache wechselt.

Was aber leistet die Zweisprachentheorie für die Bestimmung von theoretischen Begriffen bzw. Dispositionsprädikaten? Wenn ich davon gesprochen habe, daß die Z-Regeln nicht einzelne, isolierte Termini, sondern ganze Begriffsgefüge miteinander verbinden, so ist dies wie folgt zu verstehen: Jeder Begriff innerhalb eines solchen Gefüges unterliegt speziellen Verwendungsregeln. Einige Begriffe dienen zur Formulierung von Gesetzen, andere finden Verwendung in Protokollsätzen.

---

211 Nach KRAUTH (1970), S. 119

Verschiedene Termini sind explizit, also vollständig definiert, wieder andere wurden durch Reduktionssätze eingeführt usw. Man kann verallgemeinernd - auch CARNAP blieb hier einige Präzisierungen schuldig - davon ausgehen, daß Zuordnungsregeln tatsächlich nicht Beziehungen zwischen Begriffsgefügen, sondern zwischen Aussagengefügen herstellen. Dabei sind einzelne Aussagen nicht einmal unmittelbar relevant für die Bedeutung des zu bestimmenden theoretischen Begriffs. Sie können sich auf Probleme beziehen, die nur ganz peripher für die Begriffsbestimmung eine Rolle spielen.

Zur Veranschaulichung dieser komplexen Annahmen CARNAPs mag das ursprünglich eingeführte Beispiel dienen. Nach der Zweisprachentheorie würde der Indikator "IQ 120" zum Vokabular von L_B, das Indicandum "überdurchschnittlich intelligent" zum Vokabular von L_T gehören. Was die begriffliche Bestimmung des Indicandums angeht, ist es nun nicht mehr damit getan, daß diesem Indicandum vermittels einer Z-Regel (die innerhalb der Intelligenztheorie T gilt) ein Indikator zugeordnet wird. Vielmehr hängt diese Zuordnung, die jetzt (da ja nicht mehr Begriffe, sondern Annahmen miteinander in Verbindung stehen) als Ableitung verstanden werden kann, von einer Reihe zusätzlicher Annahmen ab. So ergibt sich das Vorliegen des Indizes 'IQ 120' (als Aussagengefüge fortan abgekürzt: S_{IQ}) zunächst aus theoretisch begründeten Annahmen über das Vorliegen der indizierten Eigenschaft ÜI (abgekürzt: $S_{ÜI}$). Des weiteren sind zu berücksichtigen die Prinzipien der jeweils aktuellen Meßtheorie bzw. des verwendeten Meßinstrumentes (S_M). Dazu treten empirisch begründete Annahmen, die die Testbedingungen (S_T), die zu untersuchende Person (S_{VP}) sowie den untersuchenden Testleiter (S_{TL}) betreffen. Schließlich lassen sich auch noch diverse Kontextbedingungen (S_K) mit einbeziehen. Sicher wäre es illusionär zu glauben, jemals alle relevanten Annahmen berücksichtigen zu können. Dennoch: Was an Wissen bereitsteht und aufgelistet werden kann, trägt auch zur Konstituierung der Bedeutung bei. Formalisiert erhält man folgende Ableitung (mit dem Ableitungszeichen "$\vdash$"):

(a) $S_{ÜI}, S_M, S_T, S_{VP}, S_{VL}, S_K, T, Z \vdash S_{IQ}$

Da es sich, wie ausgeführt, nicht mehr um die Beziehung zwischen Begriffen handelt, sondern Annahmen miteinander in Verbindung gesetzt werden, gehen Indicandum und Indikator als Termini innerhalb von Aussagen unter.

Welche Vorteile hat diese Begriffsklärung gegenüber früheren Versuchen? Angenommen, eine Person macht jetzt den Intelligenztest IT und erreicht keinen IQ von 120, es gelte also $\neg S_{IQ}$. Zwar kann man aus (a) die Umkehrung ableiten:

(b) $\neg S_{ÜI}, S_M, S_T, S_{VP}, S_{VL}, S_K, T, Z \vdash \neg S_{IQ}$

Trotzdem ist der Wissenschaftler - anders als bei der Verwendung von Reduktionssätzen - jetzt nicht gezwungen, der getesteten Person die Eigenschaft 'überdurchschnittlich intelligent' abzusprechen, also $\neg S_{ÜI}$ zu akzeptieren. Die Tatsache, daß die getestete Person keinen IQ von 120 erreicht hat, muß nicht gleich die Gültigkeit der Zuordnung 'Indicandum-Indikator' in Frage stellen. Für das Testergebnis kann ja eine der zahlreichen zusätzlichen Annahmen verantwortlich sein. Meßfehler sind nicht auszuschließen, das Befinden der getesteten Person spielt eine Rolle usw. CARNAP argumentiert hier offenkundig von der tatsächlichen Ausführung her.

Da das relevante Wissen jetzt explizit gemacht ist, fällt es dem Wissenschaftler zudem nicht schwer, die in die Ableitung eingehenden Annahmen und Bedingungen einer kritischen Prüfung zu unterziehen. Damit zeichnet sich ein weiterer Vorteil der Zweisprachentheorie gegenüber der probabilistischen Variante der Reduktionssätze ab: Der Wissenschaftler kann jetzt auch erklären, **warum** der Indikatorwert nicht erreicht worden ist.

Trotz dieser hoffnungsvoll stimmenden Vorzüge hat sich CARNAP mit seiner Zweisprachentheorie doch sehr weit von einer begrifflichen Bestimmung im herkömmlichen Sinne entfernt. STEGMÜLLER resümiert denn auch ernüchternd: "Der Zusammenhang mit dem, was operationale Definition genannt werden könnte, wurde allerdings jetzt vollkommen zerstört."[212] Und seine Kritik an der Zweisprachentheorie mündet in den Vorwurf, CARNAP habe ganz offensichtlich die Begriffe "beobachtungsmäßig entscheidbar" und "in der Beobachtungssprache definierbar" miteinander vermischt.[213]

Eben weil es jetzt nicht mehr um das Definieren isolierter Begriffe geht, vor allem aber, weil das gesamte Definitionsunternehmen nun dem Verifikationsprinzip unterstellt wird, ist CARNAP mit dieser Auffassung von Definition gar nicht mehr den Definitionstheoretikern, sondern den Hypothesentheoretikern zuzuordnen. Und daß die Konfundierung von Verifikation und Definition jetzt erst moniert wird, wo sie doch auch die bereits abgehandelten Definitionsvorschläge belastet, hat einen einfachen Grund: Während bei den ersten drei Definitionsvorschlägen die Verifikation nur am Rande als Garant der Gültigkeit gehandelt wurde, wird bei der Zweisprachentheorie erstmals ausdrücklich die Verbindung von Begriffsbestimmung und Verifizierung in den Vordergrund gerückt.

---

212 STEGMÜLLER (1970), S. 236.
213 Ebd., S. 237.

e) Andere Definitionsversuche

Noch vor Wolfgang STEGMÜLLER setzte sich insbesondere Karl POPPER kritisch mit CARNAPs Zweisprachentheorie auseinander.[214] Er warf CARNAP in bezug auf die Konzeption der Beobachtungssprache L_B eine nachgerade naive Einstellung vor. Nach POPPER sind nämlich alle Begriffe, also auch die Grundbegriffe der Beobachtungssprache, "theoriegeladen". Seiner Ansicht nach ist es eine Fiktion, wie CARNAP anzunehmen, Begriffe, die sich auf unmittelbar Beobachtbares beziehen, seien stets unabhängig von Theorien anwendbar. Wenn aber ausnahmslos alle Begriffe nur Theorie-geleitet Verwendung finden, dann ergibt es auch keinen Sinn mehr - gleichgültig in welcher Wissenschaft und in welchem Diskurs -, zwischen theoretischer Sprache und Beobachtungssprache zu unterscheiden. Theo HERRMANN hat im Anschluß an seine bereits erwähnte Würdigung definitorischer Lösungsversuche POPPERs Einwand aufgegriffen und am Beispiel psychologisch relevanter Dispositionsprädikate eigene Überlegungen angestellt, wie man sich die Verwendung solcher Begriffe im wissenschaftlichen Diskurs vorzustellen habe. Er verzichtet folgerichtig auf die Separierung zweier Sprachbereiche, räumt jedoch ein, daß es sowohl theoretische Begriffe als auch Beobachtungsbegriffe gibt, zwischen denen man von Fall zu Fall unterscheiden kann. Alle theoretischen Begriffe (einschließlich der Dispositionsprädikate) sind nach HERRMANN Kurzbezeichnungen, oder, wie er es nennt, "Namen für Annahmengefüge".[215] Obgleich CARNAPs Grundgedanke aufgegeben wurde, bleibt eine Ähnlichkeit zu seinem Ansatz unverkennbar: Theoretische Begriffe werden nicht mehr durch Definitionen im eigentlichen Sinne bestimmt, sondern als Ausdrücke innerhalb ganzer Systeme.

Nach dem Scheitern letztlich aller definitorischer Bestimmungen zeichnete sich in jüngster Zeit eine Tendenz zu solch "ganzheitlichen" Lösungen, wie sie CARNAPs Zweisprachentheorie ansatzweise, HERRMANNs "Namentheorie" in ausgeprägter Form repräsentieren, immer deutlicher ab. Zwangsläufig gewann damit auch jenes hypothesentheoretische Verständnis von der operationalen Definition an Bedeutung.

Trotz dieser Entwicklung möchte ich noch auf einige, der herkömmlichen Auffassung nach "echte" Definitionsvorschläge eingehen.[216] Beachtung verdienen diese Vorschläge schon allein deshalb, weil sie die Auseinandersetzung um die Definierbarkeit von Dispositionsprädikaten wesentlich mitbestimmt haben. Einige dieser Vorschläge wurden umgehend zurückgewiesen, andere wiederum sind einfach

214 Vgl. POPPER (1963). Von den zahlreichen Kritikern sei neben POPPER und STEGMÜLLER namentlich nur noch Carl G. HEMPEL (1974) erwähnt.

215 HERRMANN (1973), S. 92.

216 Die meisten Vorschläge finden sich ausführlicher wiederum bei STEGMÜLLER (1970) diskutiert.

noch nicht lange genug in der Diskussion, als daß über ihre Brauchbarkeit schon jetzt endgültig entschieden werden könnte.

Was die einfache Explizitdefinition in ihrer ersten Interpretation angeht (ÜIx ≡ ITx ⊃ IQx), wurde vorgeschlagen, die materiale Implikation im Definiens durch eine stärker bindende **kausale Implikation** zu ersetzen. Danach würde sich für einen überdurchschnittlich intelligenten Menschen der Testwert 'IQ 120' mit kausaler Notwendigkeit ergeben, vorausgesetzt, daß er sich einem Intelligenztest unterzieht. Mit dieser Verschärfung der "Wenn-dann"-Beziehung (die nunmehr einem anderen Wahrheitswerteverlauf unterliegt als die materiale Implikation) könnte nämlich ausgeschlossen werden, daß niemals getestete Personen als überdurchschnittlich intelligent zu gelten haben, obgleich sie es tatsächlich nicht sind (vgl. Paradoxie der ersten Interpretation, Kap. 10.2a). Man rückte von dieser Möglichkeit der Definition jedoch bald wieder ab, weil es nicht gelang, den Begriff der kausalen Implikation befriedigend zu klären.

Ebenfalls auf eine Veränderung jener implikativen Beziehung im Definiens zielte ein weiterer Vorschlag. Die paradoxen Konsequenzen bei der Explizitdefinition, bei den Formeln von KAILA und STORER sowie bei den Reduktionssätzen sind ja weitgehend dadurch bedingt, daß die Gültigkeit der Zuordnung von Dispositionsbegriff und Indikator an einen empirischen Nachweis gebunden ist. Diese Abhängigkeit wird v. a. in der KAILA-Formel deutlich: Die Beziehung 'Indicandum-Indikator' gilt nur, wenn wenigstens **eine** Bewährung "∃y(Fy ∧ VITy)" (vorletztes Glied des Definiens) für das Gesetz "∀y(Fy ∧ VITy ⊃ VIQy)" (letztes Glied des Definiens) existiert. Nun ist zwar nichts dagegen einzuwenden, sprachliche Vereinbarungen aufgrund realer Gegebenheiten zu treffen, es ist aber - und damit streife ich abermals meinen grundsätzlichen Einwand - methodisch fragwürdig, einen tatsächlich erbrachten Nachweis zur *conditio sine qua non* für die Gültigkeit einer solchen Vereinbarung zu machen. Denn angenommen, es gibt überhaupt keine Möglichkeit, diesen empirischen Nachweis zu führen (z. B. findet sich für das Gesetz in KAILAs Formel keine bewährende Instanz), dann wäre damit noch keinesfalls die Verbindung 'Indicandum-Indikator' gelöst und auch die Verwendung des Dispositionsprädikates nicht ausgesetzt. Methodische Bedenken gegenüber jener Abhängigkeit zwischen Nachweis und Gültigkeit bei der Definition solcher Begriffe beruhen ja darauf, daß zwei gemeinhin als disparat geltende Aspekte nicht auseinandergehalten werden: einerseits die Gründe, die man für die Annahme der Wahrheit einer Aussage besitzt, und der Sinn dieser Aussage andererseits.

Schließlich wurde erwogen, die Implikation im Definiens besagter Explizitdefinition als subjunktiven Konditionalis zu interpretieren. Dies scheint mir plausibel, denn mit einer sprachlichen Vereinbarung wird in der Tat nur behauptet, daß eine überdurchschnittlich intelligente Person einen IQ von 120 erreichen würde, sofern man sie dem Intelligenztest unter**zöge**. Ein über die Sprachebene hinausgehender Nachweis an der Realität erübrigt sich. Dieser Definitionsversuch scheiterte daran, daß keines der Wahrheitskriterien, die für Konditionalsätze formuliert worden waren, inhaltlich zufriedenstellen konnte.

Trotz allem waren die Anstrengungen, die Implikation im Definiens so umzudeuten, daß die unliebsamen Paradoxien vermieden werden konnten, nicht völlig nutzlos. Aus ihnen erwuchs nämlich die Überlegung, Dispositionsprädikate innerhalb eines **Modalkalküls** zu definieren. Man stand nun jedoch vor der gleichfalls schwierigen Aufgabe, die Modaloperatoren "notwendig" und "möglich" zu bestimmen. Ein diskutabler Vorschlag, der gerade auch zur Definition von Dispositionsbegriffen herangezogen worden ist, stammt, und dieser bloße Hinweis möge hier genügen, von Saul A. KRIPKE.[217] Nichtsdestoweniger hat Wilhelm K. ESSLER auch diesen Vorschlag bereits wieder als undurchführbar verworfen.[218]

ESSLER indes, der alle definitorischen Bestimmungen als gescheitert betrachtet und auch künftigen Bemühungen in diese Richtung keine Chance gibt (ganzheitliche Ansätze finden in seiner kritischen Bestandsaufnahme keine Beachtung), setzt allein auf eine Lösung im Rahmen der **induktiven Logik**.[219] Aufgrund der Tatsache, daß einige Menschen dem Test für verbale Intelligenz ausgesetzt worden sind und dabei einen entsprechenden Verbal-Intelligenz-Quotienten erzielt haben, ihnen also nachgewiesenermaßen die Disposition 'verbale Intelligenz' zugesprochen werden kann, ist zu schließen, daß alle Menschen über diese dispositionelle Eigenschaft verfügen. Ob ESSLERs Hoffnung, nur auf diesem Wege sei eine adäquate und konsensfähige Definition von Dispositionsprädikaten zu erreichen, berechtigt ist, muß sich in der wissenschaftlichen Auseinandersetzung erst noch erweisen.

---

[217] Vgl. KRIPKE (1963).
[218] Vgl. ESSLER (1970a).
[219] Vgl. ESSLER (1970b), S. 316 ff.

11. Zirkularität, infiniter Regreß, Immunität

Mit den Begriffen "Zirkularität", "infiniter Regreß" und "Immunität" sind innerhalb der Philosophie drei erkenntnistheoretische Schwierigkeiten angesprochen, die in der aktuellen philosophischen Diskussion, vor allem wenn es um die Letztbegründung menschlichen Wissens geht, breiten Raum einnehmen.[220] Die Tatsache, daß die mit diesen Begriffen angesprochenen Schwierigkeiten mehr oder weniger gewandelt gerade auch im Zusammenhang mit der operationalen Definition virulent sind, ja mitunter so sehr in den Vordergrund treten, daß der Wert dieser Art von Definition in Zweifel gerät, gibt Anlaß, darauf noch einmal gesondert einzugehen. Nachdem das Problem der Zirkularität vielfach angesprochen wurde, kann ich mich hier, um einige Nachträge ergänzt, auf das Wesentliche beschränken. Da auch der infinite Regreß wiederholt Thema war, mag eine knappe Zusammenfassung reichen. Neu auszuführen bleibt also nur, was mit Immunisierung in bezug auf operationale Definitionen gemeint ist. Wie sich diese Schwierigkeiten indes lösen lassen, sei lediglich angedeutet und nicht en detail entwickelt.

Zunächst zur Zirkularität. Eine Definition gilt dann als zirkulär, wenn links und rechts des Definitionszeichens dergestalt gleiches steht, daß zur Formulierung des Definiens das Definiendum verwendet wird. Neben dieser "offenen" Zirkularität gibt es aber auch eine "versteckte" Zirkularität, die auf den ersten Blick nicht zu erkennen ist, eben weil im Definiens das Definiendum selbst nicht vorkommt. Die Zirkularität ergibt sich in diesem Falle daraus, daß bei der Formulierung des Definiens lediglich Bedeutungsanteile des Definiendums Verwendung finden. Oder, um es anders zu wenden: Das Definiens kann jetzt nur unter der Voraussetzung formuliert werden, daß man über das Definiendum bereits etwas weiß. Man muß also einen Vorbegriff dessen haben, was man überhaupt erst definieren will. Diese Situation ist typisch vor allem für solche operationalen Definitionen, bei denen im Definiens ein Meßinstrument angegeben wird. Ein banales Beispiel mag die Problematik noch einmal vor Augen führen.

Angenommen man beabsichtigt, die zeitliche Erstreckung mit der Sanduhr zu messen, so ergibt sich für alle Begriffe, die sich auf diese physikalische Dimension beziehen, die gleiche (offene und explizite) operationale Definition:

[220] Insbesondere Hans ALBERT hat dargelegt, daß alle Versuche, unser Wissen auf ein sicheres Fundament zu stellen, auf dreifache Weise scheitern müssen: Entweder verfängt man sich bei diesem Versuch in einem Zirkel, oder man gerät in einen infiniten Regreß, oder aber man sieht sich gezwungen, das Begründungsverfahren, aus welchem Anlaß auch immer, an irgendeiner Stelle abzubrechen. Diese drei, allesamt unbefriedigenden Möglichkeiten gingen bekanntlich unter dem von ALBERT gewählten Titel "Münchhausen-Trilemma" (vgl. ALBERT 1991, S. 13) in die wissenschaftliche Diskussion ein. Die Verbindung zwischen der dritten Möglichkeit des Scheiterns und dem hier in der Kapitelüberschrift avisierten Problem der Immunität besteht darin, daß man mit dem Abbruch der Begründung "letzte Sätze" erhält, die, sofern sie zu Dogmen erhoben werden, gegen jegliche Kritik **immun** sind.

(212) $lang_Z =_{def}$ mit der Sanduhr messen

(213) $kurz_Z =_{def}$ mit der Sanduhr messen

Diese Definitionen sind in der Weise zirkulär, als man ein Verständnis davon haben muß, was mit "Länge der Zeit", "Kürze der Zeit", "Dauer", kurzum mit "zeitlicher Erstreckung" gemeint ist, um überhaupt verstehen zu können, was eine Sanduhr ist, wozu man sie braucht, wie sie anzuwenden ist usw. Das aber bedeutet: Dieses Vorverständnis von "Zeit", oder auch der Vorbegriff davon, manifestiert sich im Konstruktionsprinzip des Instrumentes 'Sanduhr'. Ohne einen solchen Vorbegriff von Zeit zu haben, kann man eine Sanduhr gar nicht bauen.

Daß sich die Zirkularität aber auch dann nicht umgehen läßt, wenn man anstelle des Instruments gleich dessen Konstruktionsprinzip nennt, ist, selbst bei geraffter Umschreibung, offensichtlich:

(214) kurz $=_{def}$ Nacheinander des Sandkorn-Falls

Das Problem ist jetzt nur verschoben. Um das Wort "Nacheinander" verstehen zu können, bedarf es ja ebenfalls eines vorgängigen Zeitbegriffs.

In Kap. 4.1 habe ich die gesamte Problematik um dieses Vorverständnis in den Bereich der Metaphysik verwiesen. Allerdings nicht ohne herauszustellen, daß dieses Vorwissen die Voraussetzung ist, um operationale Definitionen zu formulieren. Diese Bedeutung des Vorwissens fand dann ihre angemessene Würdigung in der These von der Vorgängigkeit eines Sinnzusammenhanges. Was es mit diesem vorgängigen Sinnzusammenhang auf sich hat, wie er sich erhellen läßt und wie mit dieser Erhellung die durch ihn induzierte Zirkularität unterbrochen werden kann, will ich anhand einer Argumentationskette noch einmal systematisch skizzieren:

(1) (Versteckte) Zirkularität stellt sich ein, weil man über das mit dem Definiendum Benannte bereits etwas wissen muß, um das Definiens überhaupt formulieren zu können.

(2) Dieser Kreislauf läßt sich nur durchbrechen, indem man dieses Vorwissen aufklärt, d. h. nachforscht, woher dieses Wissen stammt.

(3) Dem Vorwissen, das man von einem Phänomen hat, kommt man nicht bei, indem man sich allein auf die Exploration dieses Phänomens kapriziert. Anders gesagt: Man kann in operationalen Definitionen die Explorationsmethoden noch so detailliert angeben, dieses Vorverständnis wird damit nicht behelligt.

(4) Löst man die einst propagierte Forderung, alle zur Definition anstehenden Begriffe seien ausschließlich operational zu definieren, ein, so verstellt einem das zwangsläufig den Blick für dieses Vorverständnis.

(5) Selbst wenn man diese Forderung ausschlägt und auch andere Formen der Bestimmung in Betracht zieht, ist man diesem Vorverständnis allenfalls auf der Spur.
(6) Aufklären läßt sich dieses Vorwissen erst dann, wenn man die metasprachliche Differenz beseitigt und sich zu den Erkenntnisquellen begibt, aus denen die Definitionen abgeschieden wurden.
(7) Bei dieser Aufklärung wird deutlich, daß dieses Vorwissen sich aus ganz unterschiedlichen Wissensbeständen, nicht aber aus den der Exploration verpflichteten empirischen Theorien rekrutiert. In Kap. 7 habe ich gezeigt, wie sich dieses Vorwissen als *apriori* gewonnene Einsicht in analytischen Sätzen präsentiert.
(8) Tatsächlich bestehen Wechselbeziehungen zwischen dem Wissen aus diesen gleichwohl theoretisch unterfütterten Beständen einerseits und den empirischen Theorien andererseits. Vieles spricht allerdings dafür, daß diese Wechselbeziehung ziemlich einseitig ist. So dürfte das Vorwissen auf die empirischen Theorien größeren Einfluß nehmen, als umgekehrt empirische Erkenntnisse dieses Vorwissen bereichern.
(9) Um solche "zirkulären Blockierungen" zu vermeiden, muß diese Wechselbeziehung ständig kontrolliert werden. Dabei ist fortwährend zu hinterfragen, wo und in welchem Ausmaß das Vorverständnis Einfluß nimmt auf die empirischen Theorien.
(10) Ebenso wie man das Vorverständnis nur auf der Ebene der Theorien aufzuklären vermag, so erfolgt auch dessen Kontrolle nicht auf der Definitionsebene, sondern auf der Theorieebene.
(11) Solange man aber auf der Theorieebene die Einflußnahme des Vorverständnisses unter Kontrolle hat, gereicht es weder der wissenschaftlichen Praxis noch dem wissenschaftlichen Diskurs zu größerem Schaden, wenn auf der Definitionsebene eben dieses Vorverständnis eine Zirkularität in Gang hält.

Um noch bei der operationalen Bestimmung von physikalischen Eigenschaftsbegriffen zu bleiben: Eine ganz andere Art von Zirkularität tritt auf, wenn die Messung einer bestimmten physikalischen Dimension nicht unabhängig von der Messung einer anderen physikalischen Dimension möglich ist. Aufgrund des schon erwähnten Umstandes, daß fast alle Meßinstrumente so konstruiert sind, daß die Ausprägung einer jeden physikalischen Eigenschaft räumlich abgebildet wird, sollte gerade der Messung der räumlichen Ausdehnung eine besonders kritische Aufmerksamkeit zuteil werden.

Bekanntlich ist die Längenmessung abhängig von der Temperatur, und zwar in zweifacher Hinsicht: einerseits schwankt die räumliche Ausdehnung des zu messenden Objekts je nachdem, welche Temperatur es hat; andererseits beeinflussen Temperaturschwankungen das Meßinstrument, so daß der angezeigte Längenwert mitunter variiert. Ein Meterstab aus Metall wird, wenn er warm ist, einen anderen Meßwert anzeigen, als wenn er kalt ist. Diese "klimatischen Bedingungen" setzen aber auch dem Thermometer zu. So wird die Glaskapillare dem Quecksilber -

nicht abhängig von der Temperatur, auf das es im Moment anspricht, sondern abhängig von den aktuellen "Außenverhältnissen" (etwa die Temperatur der Hand, die gerade das Thermometer hält) - mehr oder weniger Raum lassen. Selbst wenn diese Abhängigkeit innerhalb gemäßigter Zonen und bei nur geringem Exaktheitsanspruch ohne Bedeutung ist, kann man von der Sache her gesehen doch eine kreisläufige Wechselbeziehung behaupten: die Längenmessung setzt die Temperaturmessung voraus, die Temperaturmessung die Längenmessung usf.

Während die zuvor besprochene Zirkularität sich dimensionsintern einstellt, geht es jetzt um einen Zirkel, der dimensionsextern begründet ist, d. h. der sich ergibt aufgrund der gegenseitigen Abhängigkeit verschiedener Dimensionen (hier: räumliche Ausdehnung und Temperatur). Entscheidend für die Beurteilung dieser Art von Zirkularität ist aber, daß diese Abhängigkeit erst bei der Ausführung der Operation störend in Erscheinung tritt. Verbleibt man auf der sprachlichen Ebene, so gibt es da zunächst keine Probleme. Man kann die Begriffe "lang" und "warm" verstehen (und sicher in vielen Bereichen auch verwenden), ohne den naturgesetzlichen Zusammenhang kennen zu müssen, der zwischen den mit diesen Begriffen angesprochenen physikalischen Dimensionen besteht. Dies gilt auch dann noch, wenn die Bedeutung dieser Begriffe durch Angabe eines Meßverfahrens, also operational vermittelt wird. Problematisch wird es erst, sobald man - entsprechend der strengsten Fassung des operationalistischen Sinnkriteriums - die Messung ausführt, sich also auf etwas konkret Gegebenes einläßt, um dann aufgrund dieser Einlassung dieses Gegebene mit einem Begriff zu bezeichnen. Dann nämlich kann die Einlassung zu falschen Ergebnissen führen und damit auch die Bezeichnung mißlingen. Um eine für das operationalistische Sinnkriterium wichtige Unterscheidung aufzugreifen: Für das Verstehen der Bedeutung von "lang" ist diese Zirkularität irrelevant, für die Anwendung von "lang" in einem konkreten Fall aber nicht. Denn soweit es um die Exploration einer Sache geht, stellt sich diese Zirkularität als Wechselwirkung zwischen verschiedenen Größen dar. Gleichwohl ist diese Wechselwirkung aber auf der Theorie- und nicht auf der Definitionsebene zu thematisieren.

Wie steht es nun um geschlossene operationale Definitionen? Auch hier gibt es "zirkuläre Verhältnisse", wie schon die formelhafte Notierung jener anrüchigen Prosafassung "Intelligenz ist das, was der Intelligenztest mißt" offenbart:

(215) Intelligenz $=_{def}$ mit dem Intelligenztest messen

Hier ist die Zirkularität nicht versteckt, sondern offen ersichtlich: der Kernbegriff "Intelligenz" kommt auf beiden Seiten des Definitionszeichens vor. Dennoch ist dieses Problem schnell gelöst. Genaugenommen sind nämlich unter dem Begriff "Intelligenztest" alle (innerhalb der Intelligenztheorie, die dem Test zugrundeliegt) relevanten Manifestationen der Intelligenz repräsentativ vereinigt. Löst man diese

Sammelbezeichnung auf und benennt jede Manifestation einzeln, so ist die Zirkularität auch schon verschwunden.

Neben dieser offenen Zirkularität trifft man aber auch hier auf so etwas wie versteckte Zirkularität. Um bei der operationalen Definition von Intelligenz zu bleiben: Will man das nunmehr auf seiten des Definiens vorhandene Bündel an Manifestationen als Einheit begreifen, muß man über das, worauf diese Manifestationen verweisen, nämlich Intelligenz, bereits etwas wissen. Noch augenfälliger wird der Bedarf dieses Vorwissens, wenn man sich jenen "operational point of view" zu eigen macht. Um nämlich aus diesem Bündel von Manifestationen ein Explorationsverfahren respektive ein Meßinstrument für das mit dem Definiendum Benannte zu entwickeln, muß einem dieses Benannte schon irgendwie geläufig sein. Konkret gesprochen: Das rasche Auswendiglernen, das flotte Kopfrechnen, die gute Raumvorstellung können nur dann als Einheit begriffen werden - und das ist ja Voraussetzung, um aufgrund dieser Manifestationen einen geschlossenen Maßstab zu konstruieren -, wenn man bereits einen Vorbegriff von Intelligenz hat.

Aber nicht nur die Konstruktion des Instrumentes wird von diesem Vorverständnis geleitet, auch, wie früher schon dargelegt, die Anwendung des Instruments. Wenn "Intelligenz" vermittels eines Intelligenztests operational definiert wird, dann zeichnet das Vorverständnis dafür verantwortlich, daß man die Testung überhaupt nur an solchen Eigenschaftsträgern vornimmt, die potentiell intelligent sind. Ausklinken kann man sich aus dieser versteckten Zirkularität indes nur, wenn man sich dieses Vorwissens bemächtigt, also, wie zuvor beschrieben, auf Theorieebene abklärt, aus welcher Quelle es stammt und welchen Einfluß es auf das explorative Handeln nimmt.

Die zirkulären Verhältnisse, wie sie eben für geschlossene operationale Definitionen abgehandelt wurden, sind durchweg dimensionsintern begründet. Nun ist es keine Frage, daß auch bei geschlossenen operationalen Definitionen, namentlich wenn es um die operationale Bestimmung von Begriffen geht, die sich auf psychologisch relevante Phänomene beziehen, vielfältig dimensionsextern induzierte Zirkularitäten unterhalten werden. Denn es liegt in der Natur dieser Phänomene, in gegenseitiger Wechselwirkung zu stehen. Diese Wechselwirkung, wiewohl sie aufzuspüren allein Aufgabe der Psychologen und nicht der Definitionstheoretiker ist, zeigt sich allein schon darin, daß fast keine psychologisch relevante Größe als echte, d. h. unabhängige Dimension isoliert werden kann.

Während die Zirkularität als ewig kreisende Wechselbeziehung: A verlangt B, B verlangt A, A verlangt B usf. zu verstehen ist, entwickelt sich ein infiniter Regreß gemäß dem Schema: A verlangt B, B verlangt C, C verlangt D usw., eben *ad infinitum*. Konnten bei der operationalen Definition gleich verschiedene "zirkuläre

Verhältnisse" ausgemacht werden, so läßt sich auch das Problem des infiniten Regresses in mehrfacher Hinsicht entfalten.

Noch im Vorfeld meiner Untersuchung, als es zu klären galt, ob bei operationalen Definitionen die Bedeutung des zu definierenden Begriffs unmittelbar aus Handlungen erwachse oder sich mittelbar über die Benennung bzw. Beschreibung von Operationen konstituiere, zeichnete sich die Gefahr eines infiniten Regresses ab. Nachdem ich mich aus guten Gründen für die zweite, sprachtheoretische Deutung der operationalen Definition entschieden hatte, wollte ich die handlungstheoretische Interpretation doch nicht ganz aussetzen. Dabei stellte ich die Möglichkeit anheim, daß, wenn man nur lange genug nach dem Ursprung der Bedeutungen sucht - und das ist nicht in einem etymologischen Sinne gemeint -, man vielleicht doch an den Punkt käme, wo die Bedeutungen der Wörter ausschließlich auf Handlungen gründeten. Dieses Zurückschreiten von der sprachtheoretisch geleiteten zur handlungstheoretisch motivierten Bedeutungsbestimmung ist im Prinzip nicht endlos. Es muß allerdings als infinit angesehen werden, solange nicht genau fixiert werden kann, wann man denn auf der Handlungsebene angekommen ist. Diese Art des infiniten Regresses stand wie gesagt kurz zur Debatte, als es darum ging, den Gegenstand meiner Untersuchung zu fassen. Hinsichtlich des dann von mir favorisierten sprachtheoretischen Verständnisses von der operationalen Definition zeigt sich der infinite Regreß indes in anderer Weise.

Zunächst stellt sich ein infiniter Regreß ein, sobald man sich an jene beiden Postulate von der Universalität und Einzigartigkeit operationaler Definitionen hält (vgl. Kap. 1). Die zweifache Forderung, daß nämlich alle Begriffe ausnahmslos operational zu definieren seien, zwingt dazu, jeden Begriff, der innerhalb einer operationalen Definition zur Formulierung des Definiens herangezogen wird, seinerseits operational zu definieren. Damit erhält man eine Reihe weiterer operationaler Definitionen mit jeweils verschiedenen Definientia. Die Begriffe aber, die in diese Definientia Eingang finden, sind ihrerseits operational zu bestimmen usw. Lösen läßt sich auch jetzt das Problem dadurch, daß man die beiden Postulate aufgibt. Dann nämlich kann die Bedeutung der Begriffe, die zur Formulierung eines Definiens verwendet werden, aus anderen, eben nicht-operationalen Definitionen herbeigeholt werden.

Dieser Lösungsvorschlag ist allerdings nicht besonders solide. Denn damit unterbricht man zwar das sich ins Unendliche fortsetzende operationale Definieren. Das Definieren, in welcher nicht-operationalen Form auch immer, geht aber weiter: die im Definiens nicht-operationaler Definitionen verwendeten Begriffe müssen ja auch schon irgendwie bestimmt sein. Aus dieser Einschränkung wird aber deutlich, daß die zuletzt beschriebene Form des infiniten Regresses sich nicht ausschließlich bei operationalen Definitionen einstellt, sondern bei jeder Art des Definierens - hält man nur an dem Postulat fest, schlechterdings jeder Begriff sei exakt zu bestimmen. Und so beendet der hier offerierte Lösungsvorschlag denn auch nur den Regreß, in **einer** Weise zu definieren. Es kann damit nicht unterbunden werden, daß man dann auf andere Weise erneut in einen Regreß gerät.

Anders verhält es sich dagegen mit einer weiteren Form des infiniten Regresses. Namentlich im Zusammenhang mit offenen operationalen Definitionen hat sich gezeigt, daß es zumindest theoretisch - sieht man einmal von jenem logischen Argument ab[221] - keine Beschränkung dafür gibt, wie differenziert die Beschreibung der auszuführenden Operation zu gestalten bzw. wie exakt die Gebrauchsanweisung des einzusetzenden Instrumentes abzufassen ist. Immerhin könnte man sich ja in einer ständig zunehmenden Präzisierung vertun. Dieses Problem stellt sich in der Praxis des Empirikers nicht. Man bricht seine Bemühungen um Präzision ja nicht willkürlich ab, sondern orientiert sich pragmatisch am Verständnis derjenigen, für die die operationale Definition gedacht ist.

Zu einer ewig fortschreitenden Differenzierung tendiert aber nicht nur der operative, sondern auch der deskriptive Teil des Definiens. In meine Ausführungen zu geschlossenen operationalen Definitionen (vgl. Kap. 7) hat sich dies wiederholt gezeigt. So kann man von dem Eifer beseelt sein, den Bedeutungsüberschuß ("surplus meaning") des Definiendums restlos aufklären zu wollen, indem man dieses Definiendum an immer mehr beobachtbare Phänomene bindet. Auf seiten des Definiens reiht sich dann in horizontaler Richtung Designator an Designator, Indikator an Indikator. Man erinnere sich an das von mir aufgegriffene Beispiel: Wie geradezu endlos muß ein Definiens doch bepackt werden, um auch nur annähernd auf den Begriff zu bringen, was man unter dem Definiendum "Wohnkultur" versteht! Wer hier um totale Empirisierung bemüht ist, erliegt einer Illusion und wird scheitern. Ja, schon der Versuch, sich dieser totalen Empirisierung auch nur anzunähern, wird wie gezeigt mit einer Bedeutungsverzerrung bestraft. Wenn man dieses Bemühen allerdings rechtzeitig abbricht, so hält sich der Schaden in Grenzen. Man muß dann eben auf eine vollständige Bestimmung verzichten und sich mit einer partiellen Definition begnügen.

Die Differenzierung kann sich aber auch in vertikaler Richtung endlos fortsetzen. Damit ist der Fall angesprochen, den ich "Operationalisierung höherer Stufe" genannt habe (vgl. Kap. 8.2). Man greift jetzt aus dem deskriptiven Teil des Definiens einen Indikator (bzw. einen Designator) heraus und versucht ihn zu präzisieren. (Was genau versteht man unter dem beobachtbaren Verhalten 'zittern'? Wie läßt sich grobschlägiges von feinschlägigem Zittern unterscheiden? Undsoweiter.) Da sich bei diesem Unterfangen die Präzisierung partiell wieder auf den operativen Teil des Definiens verlagert (Wie ist das einzusetzende Meßinstrument genau zu handhaben, um dieses eine Indiz möglichst exakt zu erfassen?), kann dem infi-

---

221 Vgl. Anm. 80.

niten Regreß wie gehabt durch vornehmlich pragmatische Erwägungen Einhalt geboten werden. Soweit zum infiniten Regreß.

Mit dem, namentlich von Hans ALBERT in die Diskussion gebrachten Begriff "Immunisierung" wird in der Wissenschaftstheorie der Vorgang bedacht, daß eine Theorie oder im besonderen auch eine Methode so präpariert wird, daß jegliche Kritik an ihr abprallt. Die Theorie bzw. Methode wird damit in ihrer Gültigkeit für immer festgeschrieben; eine Revision, eine Nachbesserung ist nicht mehr möglich. Meist wird die Immunität dadurch erreicht, daß man die Theorie auf Sätze gründet, die, Dogmen gleich, einfach nicht mehr hinterfragt werden dürfen.

Bei der Vermutung, operationale Definitionen tragen zur Immunisierung von Theorien bzw. Verfahrensweisen bei, hat man allerdings nicht die Etablierung irgendwelcher sakrosankter Prinzipien im Visier, man reibt sich vielmehr an der Art und Weise, wie die sprachlichen Ausdrücke ihre Bedeutung erhalten. Die Argumentation gliedert sich dabei in zwei Schritte: Einerseits wird jene, die Revision ermöglichende Kritik ausschließlich vermittels der Sprache an die Theorien bzw. Methoden "herangetragen". Andererseits aber erlangt die Sprache ihre Trägerfunktion erst und allein aufgrund dieser Theorien bzw. Methoden. Oder, um es prägnant zu fassen: Was kritisiert werden soll, ist Voraussetzung dafür, daß die Kritik überhaupt formuliert werden kann. Stimmt diese Voraussetzung nicht, d. h. ist die Methode (einschließlich einer "dahinterstehenden" Meßtheorie etwa), die auf seiten des Definiens angegeben wird, unzulänglich, so schwankt auch die Bedeutung der definierten Begriffe. Man kann aber die Unzulänglichkeit einer Methode niemals aufdecken, solange dem Instrumentarium, das man zur Aufdeckung braucht, nämlich die Sprache, die gleiche Unzulänglichkeit anhaftet. Läßt sich die Güte des Instrumentariums nicht anderweitig sichern, ist die Gültigkeit der Methode ein für allemal festgeschrieben.

Konkretisiert man diesen Umstand etwa am Beispiel der Physik, so ergibt sich aus der Makro-Perspektive folgendes Bild: Die Sprache der Physik wird - so will es BRIDGMAN - allein über die Methoden und Explorationsverfahren der Physik definiert. Um aber diese Methoden und Verfahren auf ihre Tauglichkeit hin prüfen zu können, muß man sich eben dieser Fachsprache bedienen. Das ist ein Zirkel - mit der Besonderheit, daß diese Zirkularität eine Immunisierung all derjenigen Verfahren bedingt, die für das Fachvokabular bedeutungskonstitutiv sind.

Sicher ist dieses Problem vorwiegend theoretischer Natur; in der Praxis dürften diverse Kontrollmechanismen der Immunisierung zuvorkommen. Denn zum einen können die in einer operationalen Definition versammelten Informationen mit Auflösung der metasprachlichen Differenz ja stets wieder in die Theorien, aus denen sie abgeschieden wurden, entlassen werden, um dort dann der wissenschaftlichen Kontrolle ausgesetzt zu sein. Zum andern wird die Kritik bei den zu kritisierenden Theorien und Methoden auch in dem Fall unbefangen ankommen, wo das Medium der Kritik, also die Sprache, seine Fähigkeit, Inhalte zu transportieren, nicht allein über diese Theorien und Methoden erlangt. Kurzum: Es erwächst abermals die Notwendigkeit, daß sich die Bedeutung sprachlicher Zeichen auch über andere, nicht-operationale Definitionen einstellt. Würden solche und andere Kontrollmechanismen nicht verläßlich funktionieren, hätte sich das Gummiband längst als brauchbares Längenmeßinstrument behaupten können.

Es ist in diesem Zusammenhang höchst bemerkenswert, daß BRIDGMAN bereits 1927 kurz der Überlegung nachging, ob denn seine Art, Begriffe zu definieren, nicht zu einer Erkenntnisblindheit führt. Er entwirft dabei das Szenario, daß sich die Entfernungen im Universum aufgrund heimlicher Kräfte beliebig verändern könnten. Von dieser Veränderung wären dann natürlich auch die Längenmeßinstrumente betroffen. Und sofern man unter Länge eben nichts anderes verstünde als das mit diesen Maßstäben Meßbare, wäre es niemals möglich, eine solch geheimnisvolle Veränderung zu erkennen.[222] BRIDGMAN argumentiert hier, ohne die Folgelasten für die Begriffsbestimmung zu bedenken, rein sachbezogen. Und darin dürfte auch der Grund liegen, warum er den Zirkel, der für die beschriebene Immunisierung verantwortlich ist, übersieht.

Zur Verhinderung dieser Erkenntnisblindheit hat BRIDGMAN im übrigen wenig anzubieten. So verweilt er denn nicht lange bei diesem Szenario, sondern macht kurzen Prozeß: Alle Fragen, die sich aus solchen Überlegungen ergäben, seien sinnlos und könnten deshalb nicht Thema ernsthafter operationalistischer Erwägungen sein. Damit kommt aber erneut jener radikale sinnkritische Anspruch zum Vorschein, den der Operationalismus BRIDGMANscher Prägung mit dem logischen Empirismus teilt.

---

222 Vgl. BRIDGMAN (1927), S. 28.

12. Die operationale Definition als Definition

Die vorliegende Untersuchung wird von zwei Leitfragen bestimmt. Erstens: Wie sind operationale Definitionen strukturiert bzw. welche Arten von operationalen Definitionen kann man unterscheiden? Und zweitens: Woher stammen die Informationen bzw. welche Gültigkeit können die Informationen beanspruchen, die in diesen Definitionen mitgeteilt werden?

In diesem Kapitel möchte ich noch einmal alle von mir herauspräparierten Arten der operationalen Definition eingedenk ihrer jeweiligen Charakteristika Revue passieren lassen. Bevor ich die Untersuchung dann mit ein paar Ergänzungen zur zweiten Leitfrage beschließe, soll die operationale Definition mit ihren wichtigsten Varianten vor dem Hintergrund der traditionellen Definitionskriterien beurteilt werden.

Rein formal ergeben die sechs in Kapitel 5 eingeführten, paarweise aufeinander bezogenen Unterscheidungkriterien acht Varianten von operationalen Definitionen; dabei richtet sich die Abfolge der Variation nach der Wichtigkeit der drei Unterscheidungskriterien:

1) offen - explizit - instrumental (Schema IV)
2) offen - explizit - nicht-instrumental (Schema I)
3) offen - implizit - instrumental (Schema VII)
4) offen - implizit - nicht-instrumental

5) geschlossen - explizit - instrumental (Schemata V, IV)
6) geschlossen - explizit - nicht-instrumental (Schemata III, I)
7) geschlossen - implizit - instrumental (Schemata VI, VII)
8) geschlossen - implizit - nicht-instrumental (Schema II)

Nicht zuletzt der Verständlichkeit wegen wird bei der folgenden Auflistung stets von der Exploration der Sache und nicht von ihrer Benennung ausgegangen:

1) offen - explizit - instrumental (Schema IV)

Zu explorieren ist die Ausprägung einer ("klassischen"[223]) physikalischen Eigenschaft (z. B. Länge, Zeit), d. h., man hat auszugehen von einem offenen, also formalen Maßstab. Dieser formale Maßstab ist in der festen Verbindung mit einer physikalischen Eigenschaft als Meßinstrument realisiert - oder in alternativer Dik-

[223] Diese grobe Einschränkung soll lediglich in Erinnerung rufen, daß die Unterscheidung zwischen physikalischen und nicht-physikalischen Eigenschaften nicht vollständig disjunktiv ist (vgl. dazu die Ausführungen in Kap. 4.3).

tion: Physikalische Eigenschaften sind im Hinblick auf ihre empirische Erfassung Instrumenten-gebundene Eigenschaften. Angegeben ist neben diesem Instrument auch, wie dieses Instrument zu handhaben ist. Es liegt demnach

Schema IV [Definiendum] $=_{def}$ [Operation, Instrument]
------O-----/ ----O/D----

zugrunde, mit der möglichen - jetzt im Definiens umgestellten - Belegung

lang $=_{def}$ messen: mit dem Meterstab
----O---/ -------O/D----------

Was das in anderer Hinsicht eingeführte Gliederungsprinzip für das Definiens angeht - durch die unterlegten Zonen repräsentiert -, tut man sich bei allen offenen operationalen Definitionen schwer. Keine Frage, mit der expliziten Angabe dessen, was man machen muß, ist der operative Teil bestückt. Der deskriptive Teil dagegen wird von dem angegebenen Instrument lediglich mitvertreten. Ein eigenständiger, von operativen Elementen unbehelligter deskriptiver Teil ist nicht aufweisbar, da formaler Maßstab und physikalische Dimension eben eine untrennbare Einheit bilden. Nur wenn diese Dimension vom Maßstab respektive Instrument ablösbar wäre, könnte sich ein solch eigenständiger deskriptiver Teil etablieren.

2) offen - explizit - nicht-instrumental (Schema I)

Zu explorieren ist die Ausprägung einer ("klassischen") physikalischen Eigenschaft (z. B. Länge, Zeit), d. h., man hat im Prinzip auszugehen von einem offenen, also formalen Maßstab, der wie gehabt in der Verbindung mit einer physikalischen Dimension als Meßinstrument realisiert ist. Gleichwohl ist kein Instrument angegeben, sondern lediglich eine für formale Maßstäbe typische Handhabung.

Schema I [Definiendum] $=_{def}$ [Operation]
------O------

lang $=_{def}$ messen
---O----

Da ein formaler Maßstab immer nur in fester Verbindung mit einer physikalischen Dimension als Meßinstrument realisiert ist, wird mit der Nennung des Instruments überhaupt erst festgesetzt, auf welche Eigenschaft sich die Operation bezieht. Nachdem hier aber gar kein Instrument angegeben ist, handelt es sich um eine **unvollständige operationale Definition** - nach außen hin daran sichtbar, daß das Definiens lediglich einen **operativen** Teil enthält. Es wird zwar gesagt, was zu tun ist (messen, vergleichen), aber es gibt keinerlei Hinweis, auf welche (physikalische) Eigenschaft dieses Tun zu richten ist. Dennoch ist diese operationale Definition informativ: Immerhin erfährt man, daß das, worauf sich das Definiendum bezieht, eine meßbare bzw. vergleichbare Größe ist.

3) offen - implizit - instrumental (Schema VII)

Zu explorieren ist die Ausprägung einer ("klassischen") physikalischen Eigenschaft (z. B. Länge, Zeit), d. h., man hat auszugehen von einem offenen, also formalen Maßstab. Dieser formale Maßstab ist in der festen Verbindung mit einer physikalischen Dimension als Meßinstrument realisiert. Und allein dieses Instrument wird angegeben. Was man zu tun hat, insbesondere wie dieses Instrument zu handhaben ist, dazu gibt es keine ausdrücklichen Angaben:

Schema VII [Definiendum] $=_{def}$ [Instrument]
----O/D-----

lang $=_{def}$ Meterstab
---O/D----

In das Instrument ist die zu erfassende (physikalische) Eigenschaft "eingebunden"; mit der Angabe des Instruments wird indirekt mitgeteilt, um welche physikalische Eigenschaft es geht. Damit ist der **deskriptive** Teil besetzt; also handelt es sich um eine **vollständige** operationale Definition. Gleichwohl ist es eine verkürzte, sogenannte **Telegrammstil-Definition** und steht als solche vor allem für eine façon de parler.

4) offen - implizit - nicht-instrumental

Zu explorieren ist die Ausprägung einer ("klassischen") physikalischen Eigenschaft (z. B. Länge, Zeit), d. h., man hat im Prinzip auszugehen von einem offenen, also formalen Maßstab. Dieser formale Maßstab ist in der festen Verbindung mit einer physikalischen Dimension als Meßinstrument realisiert. Es ist aber weder ein Instrument angegeben, noch wird etwas gesagt über die auszuführende Operation bzw. über die Handhabung des Instruments.

Diese Variante ist nicht belegt, da sich zum einen "offen" und "nicht-instrumental" gegenseitig ausschließen (ein offener Maßstab ist immer als Instrument realisiert), zum andern die Kategorie "implizit" nicht einmal eine unvollständige operationale Definition zuläßt. Sinnvoll wäre diese Variante nur unter der Möglichkeit, daß die physikalische Qualität als solche - und nicht in ihrer Ausprägung - zu erfassen ist.

Man müßte dazu die Qualität von der (die Ausprägung erfassenden) formalen Skala, d. h. vom Meßinstrument ablösen. Das ist schon wegen der hier relevanten Anforderung an die Exploration, nämlich die Ausprägung der physikalischen Größe exakt zu bestimmen, kein Thema. Wäre diese Ablösung denn überhaupt möglich, so müßte man die physikalische Eigenschaft als (diskrete) Qualität betrachten und folglich von einer geschlossenen operationalen Definition ausgehen.

5) geschlossen - explizit - instrumental (Schemata V, IV)

Zu explorieren ist eine nicht-physikalische Eigenschaft, d. h., man hat auszugehen von einem inhaltlichen Maßstab. Es ist ein Instrument genannt und auch ausdrücklich angegeben, welche Operation auszuführen, also wie zu verfahren ist. Repräsentiert wird diese Variante einmal durch die Schemata

Schema V [Definiendum] $=_{def}$ [Operation, Instrument, Designator]
------------O-------------/ ------D-----

Schema Va [Indicandum] $=_{def}$ [Operation, Instrument, Indikator]
-------------O------------/ -----D----

Das Definiens ist hier strenggenommen **überdeterminiert**, denn "geschlossen" bedeutet immer: auf seiten des Definiens geht es um eine beobachtbare Qualität, die auszuführende Operation ('beobachten') ist in der Angabe dieser Qualität impliziert und braucht nicht noch einmal explizit mitgeteilt werden. Diese Überdeterminierung ist allerdings stets dann gerechtfertigt, wenn die Praxis eine spezifische Art des Beobachtens verlangt (z. B. wenn die Qualität per Telefon zu erfragen ist) oder der Einsatz des Instrumentes besonderer Anleitung bedarf.

Charakteristisch für diese fünfte Variante ist, daß es zwei Möglichkeiten gibt, die Variable 'Instrument' zu belegen:
(1) Der inhaltliche Maßstab ist nur als Strukturprinzip zu verstehen; es geht gar nicht um die Erfassung einer Ausprägung im Sinne von OD_2. Zwar sind mehrere Qualitäten angegeben (a, b, c; wobei der Extremfall mit nur einer einzigen Qualität mitbedacht ist), aber diese Qualitäten sind nicht zu einer Skala gefügt. Daraus folgt: Was jetzt unter der Variablen 'Instrument' verstanden wird, hat nichts mit diesen Qualitäten zu tun. Oder, um es auf das andere Gliederungsprinzip zu übertragen: Das Instrument gehört nicht zum deskriptiven, sondern ausschließlich zum operativen Teil des Definiens. Es dient nur der besseren Erfassung (d. h. der genaueren Beobachtung) der mit den Designatoren bzw. Indikatoren bezeichneten Qualitäten. Äußere Bedingungen (z. B. die zu explorierende Gegebenheit ist weit entfernt oder im lichtschwachen Bereich) verlangen, daß der menschliche Wahrnehmungsapparat durch vorgefertigte Instrumente unterstützt wird. Bei dieser Be-

legung der Variablen 'Instrument' ist es durchaus angezeigt, die auszuführende Operation (z. B. als Gebrauchsanweisung für das vorgefertigte Instrument) explizit im Definiens anzugeben. Der deskriptive Teil des Definiens ist unzweifelhaft durch die angegebenen Designatoren bzw. Indikatoren vertreten:

Haus $=_{def}$ mit dem Fernglas beobachten: a (b, c)
----------------O-----------------/ ---D---

Angst $=_{def}$ mit dem Fernglas beobachten: a (b, c)
---------------O------------------/ ---D---

Zwei Belegungen von Schema V bzw. Va sind in dieser Lesart abwegig. Zum einen:

Haus $=_{def}$ mit den Augen beobachten: a (b, c)
--------------O----------------/ ---D---

Das Auge ist nämlich kein vom Menschen gefertigtes Instrument; zudem ist die Fügung "mit den Augen beobachten" eine Tautologie! Zum andern:

Intelligenz $=_{def}$ mit dem Intelligenztest "beobachten": a (b, c)
------------------O/D--------------------/ ---D---

Die mit den Indikatoren a, b, c bezeichneten Intelligenz-Kriterien sind bereits in der Angabe des Intelligenztests impliziert und brauchen deshalb nicht noch einmal ausdrücklich angegeben werden. Diese Redundanz tritt zutage, sobald man das andere Gliederungsprinzip bemüht: das Definiens enthält gleich zwei deskriptive Teile.

Man kann diese erste Möglichkeit, die Variable 'Instrument' zu belegen, auch für Schema IV - sofern es eben für geschlossene operationale Definitionen steht - geltend machen:

Schema IV [Definiendum] $=_{def}$ [Operation, Instrument]
-------------O-------------

Schema IVa [Indicandum] $=_{def}$ [Operation, Instrument]
------------O-------------

An Beispielen demonstriert:

Haus $=_{def}$ mit dem Fernglas beobachten
--------------O--------------------

Angst $=_{def}$ mit dem Fernglas beobachten
---------------O-------------------

Das Instrument gehört wie gehabt zum operativen Teil des Definiens. Allerdings ist mit diesem Fall jene Ausnahme gegeben, in der das Definiens gerade nicht überdeterminiert ist: Besondere Umstände verlangen zwar eine besondere Form der Beobachtung, aber es gibt keinen Designator, der die auszuführende Handlung schon "in sich trüge". Der Umstand, daß kein Designator vermeldet wird, macht diese Definition wiederum zu einer **unvollständigen** operationalen Definition: ohne deskriptiven Teil gibt es kein Kriterium für die auszuführende Operation.
(2) Bei der zweiten Möglichkeit, die Variable 'Instrument' zu besetzen, geht es um die Erfassung einer Ausprägung gemäß OD_2. Es gibt mehrere Qualitäten, und die sind zu einem Maßstab fraktioniert, der seinerseits als Instrument realisiert ist. Für diese Möglichkeit stehen ebenfalls die beiden Schemata

Schema IV [Definiendum] $=_{def}$ [Operation, Instrument]
------O----/ ------D------

Schema IVa [Indicandum] $=_{def}$ [Operation, Instrument]
------O----/ ------D------

jetzt aber mit den Belegungen:

Haus $=_{def}$ beobachten: A-B-C
------O------/ ---D---

Extraversion $=_{def}$ fragen: A-B-C
---O---/ ---D---

Was zu tun ist, wird im operativen Teil gesagt. Die Angabe des Meßinstruments - als Fraktion von Eigenschaften - erfolgt dagegen im deskriptiven Teil.

Namentlich im ersten Beispiel ist aber auch Schema IV überdeterminiert. Mit der Angabe der - zu einem Instrument geordneten - Qualitäten wird implizit mitgeteilt, daß diese Qualitäten durch Beobachtung exploriert werden können. Beim zweiten Beispiel ist die ausdrückliche Angabe der Operation insofern gerechtfertigt, als eben eine zur Beobachtung alternative Form der Exploration verlangt wird.

Schema V bietet sich, wie gezeigt, für diese zweite Lesart nicht an. Denn wollte man jetzt dieses Schema belegen, müßte man die im Instrument fraktionierten Qualitäten aus diesem Instrument herauslösen und noch einmal gesondert angeben.

Sicher ist auch der Fall denkbar, daß beide Möglichkeiten, die Variable 'Instrument' zu belegen, verlangt sind: Die zu einem Maßstab fraktionierten Qualitäten (zweite Belegung der Variablen) können nur über ein spezifischen Instrument (erste Belegung der Variablen), dessen Einsatz beispielsweise zur Kompensierung widriger Verhältnisse vonnöten ist, exploriert werden.

6) geschlossen - explizit - nicht-instrumental (Schemata III, I)

Zu explorieren ist eine nicht-physikalische Qualität, d. h., man hat auszugehen von einem inhaltlichen Maßstab. Dabei ist dieser Maßstab lediglich als Strukturprinzip zu verstehen; es geht gar nicht um die Erfassung einer Ausprägung. Als Extremfall kann dieser vermeintliche Maßstab nur eine einzige Qualität (bezeichnet mit a) enthalten. Enthält er mehrere Qualitäten (bezeichnet mit a, b, c), so sind diese Qualitäten jetzt nicht zu einer Skala gereiht, sondern als ungeordnetes Merkmal-Bündel zu betrachten. Es konstituieren also weder die Qualitäten ein Instrument, noch ist ein Instrument zur besseren Erfassung dieser Qualitäten vorgesehen. Es wird lediglich angegeben, welche Operation man auszuführen hat.

Diese Variante einer operationalen Definition ist abermals **überdeterminiert**. "Geschlossen" bedeutet ja immer: es geht um eine beobachtbare Qualität, und in der Angabe dieser Qualität ist die auszuführende Operation (beobachten) inbegriffen. Diese Operation müßte also nicht noch einmal explizit aufgenommen werden. Sofern allerdings, wie gehabt, eine spezifische Form der Exploration ansteht, ist diese Ausführlichkeit gerechtfertigt. Repräsentiert wird diese Variante in erster Linie durch die Schemata

Schema III [Definiendum] $=_{def}$ [Operation, Designator]
-----O-----/ ------D------

Schema IIIa [Indicandum] $=_{def}$ [Operation, Indikator]
------O-----/ -----D----

mit den Belegungen:

Haus $=_{def}$ beobachten: a (b, c)
------O-----/ ---D---

Angst $=_{def}$ fragen: a (b, c)
---O---/ ---D---

Für diese sechste Variante kann im übrigen auch noch

Schema I [Definiendum] $=_{def}$ [Operation]
------O-----

in Anspruch genommen werden, entsprechend belegt:

Haus $=_{def}$ beobachten
------O------

Angst $=_{def}$ fragen
---O---

Vergleichbar der zweiten Variante handelt es sich in diesen beiden letzten Fällen aber wieder um **unvollständige** operationale Definitionen: Es wird nur angeben, was zu tun, nicht aber, auf welche Qualität dieses Tun zu richten ist.

7) geschlossen - implizit - instrumental (Schemata VI, VII)

Zu explorieren ist eine nicht-physikalische Eigenschaft, d. h., man hat auszugehen von einem inhaltlichen Maßstab. Es ist ein Instrument genannt, aber nicht gesagt, welche Operation man ausführen muß.

Die Besonderheit dieser Variante besteht abermals darin, daß die Variable 'Instrument' namentlich bei Schema VII zweifach belegt werden kann. Was Schema VI betrifft, ist der inhaltliche Maßstab nur als Strukturprinzip zu verstehen; es geht gar nicht um die Erfassung einer Ausprägung im Sinne von OD_2. Zwar sind mehrere Qualitäten angegeben (a, b, c; wobei der Extremfall, daß nur eine einzige Qualität genannt ist, wiederum mitberücksichtigt sei), aber diese Qualitäten sind nicht zu einem Maßstab fraktioniert. Daraus folgt - analog zu Variante (5) -, daß die Angabe des Instruments nicht im deskriptiven, sondern im operativen Teil des Definiens erfolgt. Auch jetzt verlangen äußere Bedingungen, daß der menschliche Wahrnehmungsapparat durch gefertigte Instrumente unterstützt wird; das Instrument dient also der deutlicheren Erfassung der durch die Designatoren (bzw. Indikatoren) bezeichneten Qualitäten. Obgleich es in dem Sinne eine vollständige operationale Definition ist, als im deskriptiven Teil des Definiens Kriterien für den Erfolg der auszuführenden Operation angegeben sind, muß es doch als Mangel gelten, wenn der operative Teil derart verkürzt ist, daß man bei komplizierten Instrumenten nichts über deren Handhabung erfährt:

Schema VI [Definiendum] $=_{def}$ [Instrument, Designator]
-----O------/ ------D------

Schema VIa [Indicandum] $=_{def}$ [Instrument, Indikator]
-------O----/ -----D-----

Haus $=_{def}$ Fernglas: a (b, c)
----O----/ ---D---

Angst $=_{def}$ Fernglas: a (b, c)
----O----/ ---D---

Zwei Belegungen von Schema VI(a) sind wiederum abwegig. Erstens:

Haus $=_{def}$ Augen: a (b, c)
---O---/ ---D---

Das Auge ist kein vorgefertigtes Instrument! Zweitens:

Ängstlichkeit $=_{def}$ Angst-Fragebogen: a (b, c)
--------O/D---------/ ---D---

Die mit den Indikatoren a, b, c bezeichneten Ängstlichkeits-Kriterien sind bereits im Angsttest erfaßt und müssen deshalb nicht noch einmal ausdrücklich angegeben werden. Andererseits wird mit der Angabe "Angst-Fragebogen" mitgeteilt, welche Operation man auszuführen hat, um diese Kriterien zu erfassen: danach fragen. Insoweit ist das operative Element ausdrücklich vertreten. Die Redundanz ist wiederum aufgrund der unterlegten Gliederung erkennbar: Es gibt auf seiten des Definiens zwei deskriptive Teile.

Nachdem bei Schema VI nur eine Belegung der Variablen 'Instrument' sinnvoll ist, gibt es für Schema VII dagegen zwei Möglichkeiten:
(1) Das Instrument dient der deutlicheren Erfassung (i. e. der genaueren Beobachtung) der durch die Designatoren bezeichneten Qualitäten (Fernglas, Mikroskop etc.) und gehört somit zum operativen Teil des Definiens:

Schema VII [Definiendum] $=_{def}$ [Instrument]
-------O-----

mit der möglichen Belegung:

Haus $=_{def}$ Fernglas
----O-----

Dieser Ausdruck ist allerdings keine akzeptable operationale Definition. Denn er ist gleich in zweifacher Hinsicht **unvollständig**: Einmal fehlt mit dem deskriptiven

Teil ein Kriterium, das besagt, auf welche Qualität die Explorationshandlung gerichtet werden muß; zum andern ist aber auch der operative Teil nur bruchstückhaft erhalten. Denn es wird nicht ausdrücklich gesagt, was zu tun ist.

Da das Auge nicht als vorgefertigtes Instrument zählt, ist wiederum folgende Belegung abzulehnen:

Haus $=_{def}$ Augen
---O---

(2) Mehrere Qualitäten sind berücksichtigt, und es geht um die Erfassung einer Ausprägung gemäß OD_2, d. h. die Qualitäten sind zu einem inhaltlichen Maßstab fraktioniert. Als Instrument gehört dieser Maßstab jetzt zum deskriptiven Teil des Definiens.

Schema VII [Definiendum] $=_{def}$ [Instrument]
------D------

Schema VIIa [Indicandum] $=_{def}$ [Instrument]
------D------

Haus $=_{def}$ A-B-C-D-E
------D------

Ängstlichkeit $=_{def}$ A-B-C-D-E
------D------

Auch wenn es sich hier um sogenannte Telegrammstil-Definitionen handelt, die vorzugsweise eine façon de parler repräsentieren, sind das allesamt sinnvolle Bestimmungen: Im Instrument ist zusammengefaßt und eingeschlossen, welche (beobachtbaren) Qualitäten die Phänomene 'Haus' bzw. 'Ängstlichkeit' ausmachen und wie man deren Ausprägung feststellen kann - nämlich durch Beobachten. Mehr oder weniger ausgewiesen ist das operative Element, sobald man ein diese fünf Kriterien beinhaltendes Instrument benennt:

Ängstlichkeit $=_{def}$ Angst-Fragebogen
--------O/D----------

Jetzt ist auch gesagt, wie die Qualitäten zu eruieren sind - nämlich durch Erfragen.

8) geschlossen - implizit - nicht-instrumental (Schema II)

Zu explorieren ist eine nicht-physikalische Eigenschaft, d. h., man hat auszugehen von einem inhaltlichen Maßstab. Dabei ist dieser Maßstab nur als Strukturprinzip gedacht; es geht gar nicht um die Erfassung einer Ausprägung gemäß OD_2, sondern es wird hier lediglich verlangt, daß im Sinne von OD_1 etwas nicht direkt Beobachtbares auf direkt beobachtbare Phänomene (im Extremfall auf eine einziges solches Phänomen) bezogen wird. In der Angabe dieser beobachtbaren Phänomene ist implizit die auszuführende Operation enthalten ('beobachten'):

Schema II [Definiendum] $=_{def}$ [Designator]
------D------

Schema IIa [Indicandum] $=_{def}$ [Indikator]
-----D-----

Haus $=_{def}$ a (b, c)
---D---

Extraversion $=_{def}$ a (b, c)
---D---

Ein gewisser Vorbehalt gegenüber allen nach Schema II gebildeten Begriffsbestimmungen bleibt indes bestehen: Man kann sie eigentlich nur unter jenem "operational point of view" als operationale Definitionen begreifen. *Prima facie* wird man sie dagegen als Nominaldefinitionen rubrizieren.

Um einem Sonderfall gerecht zu werden, wurde in Kap. 6.2 außerhalb der strengen Kombinatorik eine neunte Variante eingeführt:

9) quasi-geschlossen (implizit - nicht-instrumental) (Schema II)

Zwar geht es wieder um die Exploration einer ("klassischen") physikalischen Eigenschaft, allerdings soll diese Eigenschaft nicht in ihrer Ausprägung ermittelt werden. Vielmehr gilt es, eine fixe Intervalleinheit dieser Eigenschaft zu erfassen. Dazu bedarf es eines offenen (formalen) Maßstabes - insofern handelt es sich um eine offene operationale Definition. Zugleich ist im Definiens aber mit der Angabe einer festen (numerisch bestimmten) Intervalleinheit ein Kriterium gesetzt, das markiert, an welchem Punkt auf der (unendlichen) Skala die auszuführende Operation zu enden hat - insofern handelt es sich um eine geschlossene operationale Definition. Mit anderen Worten: Maßstabs-Art und Operations-Art fallen hier auseinander. Der offene Maßstab ist quasi geschlossen. Die im Definiens angegebene Intervalleinheit fungiert dabei nicht nur als Kriterium, sondern mit dieser Angabe wird implizit auch mitgeteilt, daß ein offener Maßstab einzusetzen ist. Ob man den Begriff für diese Intervalleinheit als Designator ansehen mag, ist nebensächlich. Zuständig ist hier, wie schon bei der achten Variante

Schema II [Definiendum] $=_{def}$ [Designator]
-------D-----

wie die Belegung unschwer erkennen läßt:

[1] Tag $=_{def}$ 24 Stunden
------D------

Theoretisch könnten auch für quasi-geschlossene operationale Definitionen noch weitere, namentlich explizite Varianten ausgewiesen werden.

* * *

Die Frage, ob sich die operationale Definition im erlauchten Kreis längst etablierter Definitionsarten wird behaupten können oder aber wegen einer grundsätzlichen Andersartigkeit dort erst gar keine Aufnahme findet, muß differenziert beantwortet werden. Sicher kann die operationale Definition, begreift man sie handlungstheoretisch, ebensowenig den gängigen Definitionsarten zugerechnet werden wie jene Bestimmung durch den Gebrauch, die WITTGENSTEIN in seiner Spätphilosophie propagiert hat. Favorisiert man dagegen wie hier das sprachtheoretische Verständnis der operationalen Definition, dann ist eine Vorentscheidung gefallen, diese Form der Definition doch in eine Reihe zu stellen mit den gängigen Definitionsarten: Als Wort-Wort-Definition hat auch die operationale Definition einen nominalen Charakter. Aber es gibt noch einen weiteren Grund, der diese Zuordnung rechtfertigt. Mit BRIDGMANs Rede von der Synonymität beider Definitionsglieder erweist sich die operationale Definition, wie die meisten der etablierten Definitionsarten auch, als sogenannte Identifizierungsdefinition: Was links des Definitionszeichens steht, wird identifiziert mit dem, was rechts davon steht.

Eine ganz andere Frage ist, ob operationale Definitionen den traditionellen Definitionskriterien genügen. Wollte man hier streng urteilen, könnte sich die operationale Definition sicher nicht halten in jenem erlauchten Kreise. Doch sollte man auch da differenzieren. Diese Kriterien beziehen sich fast ausnahmslos auf die Nominaldefinition, namentlich auf alle Definitionen, die dem klassischen Definitionsprinzip *definitio fit per genus proximum et differentiam specificam* folgen. Und es gibt nicht nur eine Anzahl von Definitionsarten, die diesen Kriterien nicht standhalten, sondern auch Definitionsarten - es sei nur an die ostensive Definition erinnert -, bezüglich derer diese Kriterien überhaupt nicht greifen. Das konnte diesen Definitionsarten jedoch nichts anhaben, ihr Wert als mögliche Form der Begriffsbestimmung wurde dadurch nicht geschmälert.

Für die operationale Definition sieht es indes gar nicht so schlecht aus. Da gibt es doch einige Definitionskriterien, die, wie sich zeigen wird, sehr wohl anwendbar sind. Andere wiederum können nur schwerlich erfüllt werden oder sind gar vollkommen deplaziert. Immerhin, auch in diesen Fällen lohnt eine nähere Betrachtung. Schließlich ist ja auch etwas gewonnen, wenn man weiß, warum diese Kriterien gerade nicht passen.

Sicher nicht erfüllt werden kann die Forderung, daß die Bedeutung eines Begriffes stets **vollständig** zu bestimmen sei. Um das zu erläutern, tut man sich leichter, wenn man diese Forderung negativ erhebt: Eine Definition darf nicht unvollständig sein. Das heißt: Im Definiens darf keine Information unterschlagen werden, die zur vollständigen Bestimmung des Definiendums notwendig ist. In dieses Postulat geht allerdings eine wichtige Voraussetzung ein. Um nämlich die Unvollständigkeit einer Definition erkennen zu können, muß man wissen, unter welchen Umständen diese Definition denn vollständig wäre. Man braucht zu dieser Beurteilung also ein Wissen, das die zu beurteilende Definition selbst nicht vermitteln kann, sondern das aus anderen Informationsquellen bezogen werden muß. Verallgemeinert man diesen Befund, dann kommt man zu der, hier nun nicht mehr zu vertiefenden Einsicht, daß der Umgang gerade auch mit nicht-operationalen Definitionen nur dann erfolgreich ist, wenn er im Rückgriff auf ein Vorverständnis, das man von der Bedeutung des zu definierenden Begriffes hat, gepflegt wird.

Die verschiedenen Formen von Unvollständigkeit bei operationalen Definitionen wurden insbesondere im Zusammenhang mit der Kategorie "partielle Definition" ausführlich besprochen. Hier mag also eine verkürzte Auflistung genügen, sinnvollerweise nochmals getrennt für offene und geschlossene operationale Definitionen. Offene operationale Definitionen können wie folgt unvollständig sein:
(1) Wenn kein Meßinstrument angegeben ist, fehlt das Kriterium; d. h., man weiß dann nicht, auf welche physikalische Dimension sich die Messung beziehen soll.
(2) Es ist nicht ausreichend genau gesagt, wie man bei der Messung vorgehen soll.
(3) Nicht alle situativen Determinanten sind berücksichtigt, so daß die zu messende Eigenschaft gar nicht unter allen möglichen Umständen auch tatsächlich gemessen werden kann.
(4) Es sind nicht alle möglichen Arten von Meßinstrumenten, oder noch allgemeiner: nicht alle möglichen Meßverfahren angegeben, die dazu geeignet sind, das mit dem Definiendum Benannte zu messen.

Analog können für geschlossene operationale Definitionen folgende Formen der Unvollständigkeit diskriminiert werden:
(1) Ohne Angabe eines Designators (bzw. Indikators) oder, was dem prinzipiell gleichkommt: ohne die Angabe eines inhaltlichen Maßstabes fehlt das Kriterium; d. h., man weiß dann nicht, welches Phänomen (in seiner Ausprägung) exploriert werden soll.
(2) Es ist nicht ausreichend genau gesagt, wie bei der Exploration vorgegangen werden muß.
(3) Situative Determinanten werden unterschlagen, so daß die zu explorierende Eigenschaft gar nicht unter allen möglichen Umständen auch tatsächlich exploriert werden kann.
(4) Es sind nicht alle Merkmale genannt (in Form von Designatoren bzw. Indikatoren), die die Bedeutung des Definiendums konstituieren.
(5) Die Merkmale, die genannt sind, beschränken sich auf das bloß Beobachtbare an dem durch das Definiendum benannten Phänomen.

Konstellation (1) stellt, sowohl was offene als auch was geschlossene operationale Definitionen angeht, einen Sonderfall dar. Liegt denn diese Form der Unvollständigkeit vor, so fehlt auf seiten des Definiens der deskriptive Teil, selbst in rudimentärer Form. Die operationale Definition ist damit nur bedingt sinnvoll. Warum es sich hier um einen Sonderfall handelt, ergibt sich auch aus einem anderen Vergleich. "Unvollständig" im traditionellen Sinne bedeutet ja, daß eine Ausgestaltung dessen, was im Definiens bereits angelegt ist, zur Vollständigkeit führt. Im Definiens dieser Definitionen ist aber nur der operative Teil angelegt. Bei einer Ausgestaltung, sprich Spezifizierung dieses Teiles, blieben solche Definitionen aber immer noch unvollständige Definitionen - eben so lange, bis diesem operativen Teil ein deskriptiver Teil an die Seite gestellt würde.

Bei den Konstellationen (2) und (3) liegt - wiederum sowohl in bezug auf offene als auch auf geschlossene operationale Definitionen - keine echte Unvollständigkeit vor. Diese Form der Partialität betrifft nur den operativen Teil des Definiens und kommt überhaupt erst zum Tragen, wenn es um die strengste Fassung des operationalistischen Sinnkriteriums geht.

Mit Konstellation (5) - nur geschlossene operationale Definitionen sind betroffen - ist eine sozusagen systembedingte Form der Unvollständigkeit thematisiert. Um sie zu überwinden, muß man sich auf eine andere Art der Begriffsbestimmung einlassen.

Als einzig echte Unvollständigkeit verbleibt somit die an vierter Stelle entworfene Konstellation; sie betrifft wiederum den deskriptiven Teil des Definiens. Offene operationale Definitionen sind echt unvollständig, sofern auf seiten des Definiens nicht alle möglichen Verfahrensweisen angegeben sind. Geschlossene operationale

Definitionen sind echt unvollständig, sofern in der Reihe der möglichen Designatoren (bzw. Indikatoren) eine Lücke klafft.

Auch bei dieser echten Unvollständigkeit sollte man, wie ausgeführt, nicht übersehen, daß es sich doch meist um eine relative Vollständigkeit handelt. Die Bedeutung des Definiendums ist durch die Angaben im Definiens vollständig abgedeckt in bezug auf eine bestimmte Theorie. Unvollständig ist das Definiens nur insofern, als es keine Informationen enthält, die alternative Theorien bereitstellen.

In engem Zusammenhang mit der Forderung nach Vollständigkeit steht das **Verbot der Mehrfachdefinition**. Mit diesem Verbot soll vermieden werden, daß ein und derselbe Begriff in mehr oder weniger voneinander abweichenden Bedeutungen vorkommt. Während in der Umgangssprache gewisse Unschärfen durchaus toleriert werden können, ist diese Bedeutungsvielfalt innerhalb der Wissenschaftssprache absolut mißlich. Der Zusammenhang zwischen dem Verbot der Mehrfachdefinition und der Forderung nach vollständiger Definition ist insofern gegeben, als man immer dann, wenn ein Begriff unvollständig definiert ist, früher oder später dazu genötigt wird, weitere Definitionen dieses Begriffes anzusetzen, die bislang nicht erreichte Bedeutungsanteile erfassen, vollständiger als frühere Definitionen sind und dergleichen. Unvollständige Definitionen führen demnach zwangsläufig zu Mehrfachdefinitionen.

Da nun operationale Definitionen meist gleich in mehrfacher Hinsicht unvollständige Definitionen sind, ist es denn kaum zu vermeiden, für ein und denselben Begriff mehrere Operationalisierungen aufzubieten. Dabei dürfte allerdings nur Konstellation (4), also der Fall, in dem es um echte Unvollständigkeit geht, einer näheren Betrachtung wert sein. Konstellation (1) kann als Sonderfall vernachlässigt werden, Konstellation (2) und, mit gebotener Einschränkung, Konstellation (3) führen, da es sich hierbei um keine echten Unvollständigkeiten handelt, auch nicht zu Mehrfachdefinitionen. Wenn operationale Definitionen lediglich im operativen Teil des Definiens auf bestimmte Anwendungsfälle oder auch Anwender zugeschnitten wurden, dann sind das marginale Veränderungen, die nicht auch schon die Bedeutung des Definiendums verändern.

Verändert wird die Bedeutung des Definiendums aber - und vorerst sei nur von offenen operationalen Definitionen die Rede -, sobald auf seiten des Definiens ein anderes Meßverfahren angegeben oder, was dem gleichkommt, eine andere (Meß-) Theorie bemüht wird. Genau diese Veränderung hatte auch BRIDGMAN im Blick, als er - nur konsequent - einräumte, der Begriff für eine physikalische Dimension könne so viele Bedeutungen haben, wie unterschiedliche Meßverfahren zur Exploration dieser Dimension angegeben werden können. Was von der theoretischen Warte aus als ziemlich verheerend erscheint, hatte in der Praxis indes keine weiterreichenden Folgen. Weder führten solche Mehrfachdefinitionen sprachbezogen zu unüberwindbaren Kommunikationsstörungen, noch verhedderte man sich sachbezogen beim explorativen Handeln. Theoretisch könnte man sich ja immer noch aus der Affäre ziehen, indem man, anders als BRIDGMAN, operationale Definitionen, die unterschiedliche Meßverfahren bzw. Theorien beanspruchen, gar nicht als echte Mehrfachdefinitionen begreift, sondern für all diese Verfahren und Theorien einen gemeinsamen theoretischen Kern annimmt, und alles, was sich um diesen Kern schart, zwar für die Unterschiede verantwortlich ist, aber doch nur als Marginalie zählt.

Bei geschlossenen operationalen Definitionen stellt sich das Problem der Mehrfachdefinition nicht zuletzt deshalb klarer dar, weil man hier auf seiten des Definiens eindeutig zwischen einem operativen und einem deskriptiven Teil unterscheiden kann. Mit jeder Veränderung nämlich, die im deskriptiven Teil erfolgt, genauer gesagt, die innerhalb der Menge der anzugebenden Designatoren bzw. Indikatoren vorgenommen wird, ändert sich auch die Bedeutung des Definiendums. Für die alltägliche Kommunikation ist das nicht weiter tragisch, orientiert man sich da doch meist an einer "Kernmenge" definierender Eigenschaften. In der wissenschaftlichen Verständigung gibt es aber nicht selten Mißverständnisse, und das hat seinen Grund: Einerseits kann man bei geschlossenen operationalen Definitionen die Bedeutungsveränderung eindeutig festmachen, andererseits ist aber der Eingriff, der zu dieser Veränderung führt, oft derart winzig, daß die Veränderung, wenn sie denn überhaupt registriert wird, nicht auch gleich als Veränderung in der theoretischen Ausrichtung erkannt wird. Bei offenen operationalen Definitionen übersieht man Veränderungen im Definiens dagegen nicht so leicht: Wenn ein anderes Meßverfahren angegeben wird, so ist das ein vergleichsweise großer Eingriff, der auch auffällt. Daß Mehrfachbestimmungen, namentlich wenn sie über geschlossene operationale Definitionen erfolgen, erkenntnistheoretische Probleme implizieren, sobald man gegenseitige Substitution zuläßt, wurde im Zusammenhang mit partiellen Definitionen ausführlich erörtert.

Um die Forderung, wonach eine Definition weder zu **eng** noch zu **weit** sein darf, recht ermessen zu können, empfiehlt es sich, vom Begriffsumfang her zu argumentieren. Eine Definition ist demnach zu weit, wenn unter das Definiens mehr Exemplare fallen als unter das Definiendum (Sekretärin $=_{def}$ Frau). Umgekehrt ist eine Definition zu eng, wenn das Definiens weniger Exemplare umfaßt als das Definiendum (Sekretärin $=_{def}$ Frau, die Stenographie beherrscht). Allein aus dieser vagen Klärung geht schon hervor, daß auch dieses Definitionskriterium nur unter der Voraussetzung angewandt werden kann, daß man ein Vorverständnis vom zu definierenden Begriff hat. Ob denn ein Begriff zu weit oder zu eng definiert ist, geht aus der jeweiligen Definition selbst ja nicht hervor, sondern läßt sich nur über ein Wissen erschließen, das man vom Definiendum bereits hat und sozusagen von außen an die zu beurteilende Definition heranträgt.

Deutet man dieses Kriterium extensional, so bieten sich für seine Anwendung auf operationale Definitionen die zu explorierenden Fälle als Exemplare an. Dies sei kurz ausgeführt. Was die offene operationale Definition betrifft, ist einmal zu erwägen, ob denn unter der Voraussetzung, daß eine physikalische Größe sich auf verschiedene Weise eruieren läßt, die Definition dann zu eng ist, wenn man auf seiten des Definiens nur eine dieser Vorgehensweisen angibt (vgl. Konstellation [4]). Um am Beispiel zu bleiben: Ist der Ausdruck

(1) lang $=_{def}$ mit dem Meterstab messen

eine zu enge Definition von "lang"? Rein pragmatisch ließe sich vorbringen, daß mit der Aufforderung, den Meterstab einzusetzen, das gängigste Längenmeßverfahren angesprochen ist und insofern Ausdruck (1) - etwa im Gegensatz zu der sehr spezifischen und deshalb sehr engen Definition

(217) $lang_R$ $=_{def}$ mit dem Echolot messen

- eine angemessen breite Bestimmung darstellt. Überdies könnte man im gängigsten Verfahren auch das Prinzip der Längenmessung in musterhafter Weise realisiert finden. Gewiß ist davon auszugehen, daß jede spezifische Verfahrensweise einen Begriff sehr eng bestimmt - im Extrem gar so eng, daß die Definition nur für einen einzigen Anwendungsfall gilt. Eine solchermaßen individuelle und damit zu enge (extensionale) Bedeutung ergibt sich allerdings auch dann, wenn man unabhängig vom Verfahren den operativen Teil zu sehr spezifiziert. Also etwa derart, daß die Angaben für ein bestimmtes empirisches Subjekt zugerichtet sind, das die Länge eines bestimmten Gegenstandes vermittels eines bestimmten Meßinstrumentes unter einzigartigen Bedingungen messen soll. Diese Gefahr der Individualisierung besteht natürlich auch für den operativen Teil im Definiens geschlossener operationaler Definitionen. Je weniger spezifiziert wird, was wann wo von wem zu tun ist, desto mehr Anwendungsfälle sind abgedeckt. Analog verhält es sich mit der Differenziertheit des deskriptiven Teils. Je mehr Merkmale bzw. Anwendungskriterien in diesen Teil aufgenommen sind, desto weniger Phänomene gibt es, die unter den zu definierenden Begriff fallen. Damit ist noch einmal jenes umgekehrt proportionale Verhältnis zwischen Extension und Intension angesprochen: Je dezidierter der Begriffsinhalt, desto eingeschränkter der Begriffsumfang.

Wie man sieht, besteht ein Zusammenhang zwischen der Vollständigkeit bzw. Unvollständigkeit einerseits und der Möglichkeit, Definitionen zu weit bzw. zu eng zu fassen, andererseits. Dabei stellt sich dieser Zusammenhang bei operationalen Definitionen noch in anderer Hinsicht als umgekehrt proportionales Verhältnis dar. Wird man in offenen operationalen Definitionen nur ein einziges Meßverfahren angeben, so ist die Definition gemäß Konstellation (4) unvollständig und damit zu eng: Die Eigenschaft 'lang' kann nur vermittels eines Verfahrens eruiert werden.

Ist der operative Teil, also die Anleitung, wie mit dem Längenmeßinstrument umzugehen ist, über alle Determinanten hinweg zu allgemein gehalten, dann erscheint die Definition gemäß den Konstellationen (2) und (3) unvollständig - und ist somit gegebenenfalls zu weit: die Bedingungen, unter denen das Instrument einzusetzen ist, sind nicht detailliert genug ausgeführt. Anders gewendet: Vervollständigt man den operativen Teil, indem man die Handhabung des Instruments, alle Determinanten einbeziehend, spezifiziert, wird der Anwendungsbereich auch schon enger. Gleiches gilt wiederum für den operativen Teil im Definiens geschlossener operationaler Definitionen.

Trotz allen Bemühens bleibt dieses Kriterium in seiner Anwendung auf operationale Definitionen doch recht stumpf. Dies hängt insbesondere damit zusammen, daß die beiden Kategorien "zu weit" und "zu eng" gerade in bezug auf operationale Definitionen relative Kategorien sind, wobei die Relativität sich zum einen aus der Kontextgebundenheit dieser Definitionsart ergibt, zum anderen aber auch aus der Tatsache erwächst, daß sich das operationalistische Sinnkriterium unterschiedlich streng formulieren läßt. Auf keinen Fall greift dieses Kriterium bezüglich der beiden Kategorien eignenden Konnotation "mißgebildet".

Als "zu weit" im Sinne von "mißgebildet" können aber sehr wohl die unter Konstellation (1) begriffenen Bestimmungen gelten, wie z. B.

(41) $\text{lang}_R =_{def}$ messen

(109) Stuhl $=_{def}$ beobachten

(157) Angst $=_{def}$ beobachten

Gemäß der für die beiden spezifischen Bestimmungen der operationalen Definition OD_1 und OD_2 (und damit auch für die Kombination dieser Bestimmungen) beanspruchten Maximen ist letztlich ja alles beobachtbar und auch meßbar.[224]

Das Verbot, Begriffe **ex negativo** zu definieren, gilt nicht uneingeschränkt. Sieht man einmal davon ab, daß die definitorische Aussage "Der Mensch ist kein Krokodil" durchaus verwertbare Informationen liefert, ist die Bestimmung *ex negativo* bei Antonymen geradezu geboten:

(218) Glück $=_{def}$ kein Pech

[224] Insofern kommen diese Definitionen der Bestimmung "Stuhl $=_{def}$ Gegenstand" gleich - eine Bestimmung, die bekanntlich nicht vorbehaltlos als Definition akzeptiert wird.

Begreift man diese nominale Definition als (geschlossene) operationale Definition (wobei "Pech"-Indizien noch zu spezifizieren wären), läßt sie sich in einer expliziten Fassung (also mit operativem und deskriptivem Teil im Definiens) wie folgt notieren:

(219) Glück $=_{def}$ beobachten, ob kein Pech

Kurzum: Das Verbot, *ex negativo* zu definieren, kann für den Fall ausgesetzt sein, daß es um den deskriptiven Teil im Definiens geschlossener operationaler Definitionen geht. Eine negative Bestimmung des operativen Teils - was auch immer das heißen mag (man könnte sich ja vorstellen: "Stuhl $=_{def}$ nicht riechen, ob eine Lehne") - erscheint (für geschlossene und offene operationale Definitionen) genauso abwegig, wie wenn man bei offenen operationalen Definitionen ein Verfahren angibt, das zur Messung einer bestimmten physikalischen Größe gerade nicht geeignet ist:

(220) schwer $=_{def}$ nicht mit dem Meterstab messen

Dieser Ausdruck vermittelt zwar auch gewisse Informationen, aber die mit einer operationalen Definition verfolgte Absicht, nämlich zu einer (erfolgversprechenden) Handlung anzuleiten, ist hier sicher verfehlt.

Daß in operationalen Definitionen gleich mehrfach gegen das **Verbot der Zirkularität** verstoßen wird, davon war in Kapitel 11 ausführlich die Rede. Nach diesem Verbot geht es nicht an, daß man zur Definition eines unbekannten Begriffes eben diesen Begriff (oder seine grammatisch-semantischen Derivate) im Definiens verwendet. Komplementär zu diesem, die Zirkularität auslösenden Fehler verhält sich das weitaus allgemeiner gehaltene Verbot, einen unbekannten Begriff durch **andere** unbekannte Begriffe zu definieren. Ein Verbot, dessen Nichtbeachtung unter dem Titel *ignotum per ignotum* geläufig ist.

Aus diesem Verbot leitet sich die Forderung ab, daß die Begriffe, die im Definiens verwendet werden, hinreichend klar und verständlich sein müssen. Was operationale Definitionen betrifft, ist diese Forderung, geht man von der schwächsten Fassung des operationalistischen Sinnkriteriums aus, sicher eingelöst, sobald die im Definiens angegebene Operation (einschließlich der Kriterien bei geschlossenen operationalen Definitionen) vom Adressaten dieser Definition verstanden wird. Daß hierbei Verständlichkeit nicht allein von der Verwendung präziser Begriffe abhängt, sondern auch noch von der Ausführlichkeit der Mitteilung, wurde eingehend diskutiert.

Wilhelm K. ESSLER gewinnt dem Verbot des *ignotum per ignotum* indes einen besonderen Aspekt ab, wenn er fordert, daß das Definiens nicht in einer "dunklen

Sprache"[225] formuliert sein darf. Nun kann man das Verbot einer "dunklen Sprache" durchaus dahingehend interpretieren, daß das Definiens nicht in einer metaphorischen Sprache abgefaßt sein darf - was ja der Forderung gleichkommt: Bei der Formulierung des Definiens muß darauf geachtet werden, daß alle Teile der Definition auf ein und derselben (semantischen) Ebene plaziert sind. Diese Interpretation könnte nun den Gedanken nahelegen, das Verbot einer "dunklen Sprache" soweit zu verallgemeinern, daß innerhalb von Definitionen die sprachliche Ebene grundsätzlich nicht gewechselt werden darf. Damit wäre dieses Definitionskriterium aber höchst relevant für operationale Definitionen. Denn sofern es sich um explizite Versionen handelt, wird ja nicht nur im Übergang vom Definiendum zum Definiens, sondern auch innerhalb des Definiens die Sprachebene gewechselt.

Die Tatsache, daß in operationalen Definitionen Informationen auf unterschiedlichen Sprachebenen mitgeteilt werden, beeinträchtigt zweifelsohne auch die Anwendbarkeit der beiden - namentlich in moderner Zeit - wichtigsten Kriterien für die Korrektheit von Definitionen: das Kriterium der Non-Kreativität und das Kriterium der Substituierbarkeit.

Mit dem **Kriterium der Non-Kreativität** soll verhindert werden, daß das Definiens mehr an Informationen enthält als für die Bedeutungsgebung geboten ist. Was damit gemeint ist, kann man sich leicht klarmachen: Eine Definition ist wie gehabt eine aus einer Theorie, die gewisse Erkenntnisse bereitstellt, auf eine Metaebene abgesetzte Sprachregel. Und kreativ ist eine Definition immer dann, wenn, namentlich zum Zwecke der Bedeutungspräzisierung, das Definiens mit Informationen angereichert wird, die nicht aus dieser Ursprungstheorie stammen. Dann nämlich kann man aus dieser angereicherten Definition, die Metaebene verlassend, Aussagen ableiten, die aus dieser Ursprungstheorie allein nicht deduzierbar wären. Gewiß sind die zur Anreicherung verwendeten Informationen ihrerseits theoretisch fundiert. Das Problem ist aber, daß diese Informationen auf der Metaebene der Sprachreglementierung, und damit heimlich und unkontrolliert, der Ursprungstheorie angehängt werden. Korrekterweise müßte man die Theorien auf Theorieebene miteinander koppeln. Ob diese Koppelung dann vertretbar ist und Sinn macht, steht auf einem anderen Blatt und hat mit dem Kriterium der Non-Kreativität vorderhand nichts zu tun. Man erinnere sich an meine Ausführungen zu den Anstrengungen, psychoanalytische Annahmen lerntheoretisch zu verifizieren. So fragwürdig die Verbindung von Psychoanalyse und Lerntheorie auch sein mag und so zweifelhaft die aus diesem Theorienkonglomerat abgeschiedenen Definitionen auch erscheinen, das Kriterium der Non-Kreativität bleibt unbehelligt, da die Lerntheorie auf Theorieebene mit der Psychoanalyse gekoppelt und nicht auf jener Metaebene der Psychoanalyse allein sprachbezogen aufgelegt wird.

---

[225] ESSLER (1970a), S. 50.

Wie andere Definitionskriterien ist auch das Kriterium der Non-Kreativität nur unter der Voraussetzung sinnvoll zu postulieren, daß man bezüglich des zu definierenden Begriffes bereits über ein Vorwissen verfügt. Um eine Definition nämlich der Kreativität überführen zu können, muß man in der Lage sein, die Ursprungstheorie zu identifizieren. Erst wenn das gelingt, vermag man kreative Anreicherungen als solche zu erkennen.

Kreative Definitionen sind nebenbei bemerkt weder das Gegenteil zu partiellen Definitionen, noch kommen sie den von mir als überdeterminiert ausgewiesenen (operationalen) Definitionen gleich. Zum einen können auch partielle Definitionen kreativ sein. Und zwar dann, wenn im Bestreben, diese Definitionen vollständig zu machen, jene Anreicherung allein auf der Ebene der Sprachreglementierung erfolgt. Zum andern hat das, was hier in bezug auf operationale Definitionen als überdeterminiert bezeichnet wurde, nichts zu tun mit Kreativität, sondern mit Redundanz: auf seiten des Definiens wird ein und dieselbe Information zweimal gegeben, einmal implizit und einmal explizit.

Wie steht es nun um das Kriterium der Non-Kreativität bei operationalen Definitionen? Fraglos führt jede nicht auf Theorieebene abgesicherte Anreicherung im deskriptiven Teil des Definiens zu einer kreativen, also nicht korrekt gebildeten Definition. Was hingegen den operativen Teil betrifft, ist Nachsicht geboten. Da dieser Teil zur Konstituierung der Bedeutung nur wenig beiträgt und Defizite in diesem Teil keine echte Unvollständigkeit begründen, könnte man sich dort durchaus kreativ austoben, ohne mißliche Konsequenzen befürchten zu müssen. Wer z. B. unerwünschte Meßeffekte ausschalten will, kann sich im operativen Teil dagegen wappnen, indem er seine Kreativität darauf verwendet, eine so raffinierte Handhabung des Meßinstrumentes zu ersinnen, daß das zu explorierende Objekt sich nicht allein aufgrund der Messung anders darstellt. Das Definiens wäre jetzt im operativen Teil kreativ angereichert. Diese Anreicherung würde etwa aus einer "Täuschungstheorie" stammen, die wiederum - auf Theorieebene - in keiner Verbindung stünde zu der Theorie, aus der das Meßinstrument bzw. der Maßstab stammt. Die Definition wäre zwar verbessert im Hinblick auf ihre Anwendung (Exploration einer Sache bzw. Benennung dieser Sache), was dagegen die Bedeutung (und nicht die Anwendung!) des Definiendums angeht, hätte diese Anreicherung aber nichts verändert. In diesem Sinne ist auch die vermeintliche Inkompatibilität zwischen dem Kriterium der Non-Kreativität und jener, als Charakteristikum der operationalen Definition häufig hervorgehobenen Originalität zu bewerten: Originalität im deskriptiven Teil des Definiens bedarf einer gewissenhafteren Absicherung auf der Theorieebene als Originalität im operativen Teil.

Der Umstand, daß Definiendum und Definiens oder gegebenenfalls nur Teile des Definiens einer unterschiedlichen Sprachebene angehören, beeinträchtigt schließlich auch die Anwendbarkeit des alles in allem wichtigsten Definitionskriteriums.

Nach diesem **Kriterium der Substituierbarkeit** ist eine Definition nur dann korrekt gebildet, wenn Definiendum und Definiens in der Weise bedeutungsgleich sind, daß sie gegenseitig ausgetauscht werden können. Sinnigerweise wird dieses Kriterium nicht auf den Bedeutungsinhalt, sondern auf den Bedeutungsumfang bezogen. So wird denn gefordert, daß Definiendum und Definiens in beliebigen - extensionalen - Kontexten *salva veritate* gegenseitig substituierbar sein müssen.

Auf den ersten Blick erscheint es unmöglich, daß operationale Definitionen dem Kriterium der Substituierbarkeit genügen könnten. Und zwar aus zwei Gründen: Zum einen ist es abwegig, daß sich Informationen auf unterschiedlichen Sprachebenen im Sinne dieses Kriteriums austauschen lassen. Zum andern verlangt dieses Kriterium, daß die (extensionalen) Bedeutungen der beiden Definitionsglieder deckungsgleich sind. Da operationale Definitionen aber einmal als partielle Definitionen, dann wieder als kreative Definitionen imponieren, ist diese Voraussetzung nicht erfüllt. Man könnte die Diskussion also ruhigen Gewissens beschließen. Bei genauerem Besehen wird jedoch deutlich, daß sich operationale Definitionen dem Kriterium der Substituierbarkeit keineswegs entziehen. Um das zu demonstrieren, will ich offene und geschlossene operationale Definitionen noch einmal gesondert betrachten.

Trotz berechtigter Vorbehalte macht es sichtlich keine Mühe, die Behauptung

(a) Dieses Paket ist 5 kg schwer

unter Verwendung der offenen (expliziten) operationalen Definition (bewußt wird die allgemeine Angabe "messen" der spezifischen Angabe "wiegen" vorgezogen)

(70) schwer $=_{def}$ mit der Waage messen

wie folgt umzuwandeln:

(b) Das an diesem Paket mit der Waage zu Messende beträgt 5 kg

oder noch präziser herausgestellt:

(c) Diejenige Eigenschaft dieses Pakets, die man mit der Waage messen kann, macht 5 kg aus.

Verdächtig bleibt allenfalls die Dimensionsangabe ("kg"). Man könnte denn einwenden, mit dieser Angabe sei der Begriff "schwer" versteckterweise in dem Satz erhalten geblieben. Dieser Makel verschwindet, sobald man die Dimensionsangabe in das Substitut integriert:

(d) Diejenige Eigenschaft dieses Pakets, die man mit der Paket-Waage messen kann, hat eine Ausdehnung von 5000 Einheiten.

Auch so bleibt klar, in welcher Größenordnung sich die Maßangabe bewegt. Dazu bedarf es natürlich einer auf einen bestimmten Gegenstandsbereich (nämlich auf Postpakete) abgestimmten operationalen Definition:

(221) schwer $=_{def}$ mit der (Gramm-skalierten) Paket-Waage messen

Sieht man von der sprachlichen Holprigkeit ab, so ist gegen die Transformation von Satz (a) zu Satz (d) kaum etwas einzuwenden. Anders verhielte es sich, wenn die Operationalisierung der hier aktuellen physikalischen Eigenschaft auf eine andere Größenordnung ausgerichtet wäre:

(222) schwer $=_{def}$ mit der (Milligramm-skalierten) Apotheker-Waage messen

Würde man aufgrund dieser operationalen Bestimmung den Gewichtsbegriff in Beispiel (a) substituieren, so führte das unter Umständen zu merkwürdigen Mißverständnissen:

(e) Diejenige Eigenschaft dieses Pakets, die man mit der Apotheker-Waage messen kann, hat eine Ausdehnung von 5000 Einheiten.

Diese Überlegung macht im übrigen erneut deutlich, daß die Anwendung operationaler Definitionen an ein Vorwissen gebunden ist. Erst dieses Wissen erlaubt es mir zu entscheiden, welche der beiden Operationalisierungen, (221) oder (222), für Satz (a) das angemessene Substitut liefert.

Was hier am Beispiel des Gewichtsbegriffes "schwer" und seiner Substitution recht einfach anmutet, gelingt nicht immer so glatt und reibungslos. Versucht man es nämlich mit dem Längenbegriff "lang"

(1) lang $=_{def}$ mit dem Meterstab messen

so muß stets im voraus geklärt sein, welche der drei Raumdimensionen gemeint ist. Der Begriff "lang" wird nämlich in zweifacher Bedeutung verwendet: einmal dient er zur Bezeichnung jeglicher Ausdehnung im Raume; neben dieser allgemeinen Verwendung kennt man noch die spezifische Verwendung zur Bezeichnung einer dieser Raumdimensionen. Prinzipiell ist aber auch hier eine Substitution möglich. Nur wird man sie sprachlich nicht so leicht in den Griff bekommen wie die Ersetzung des Eigenschaftswortes "schwer".

Wie steht es nun um das Kriterium der Substituierbarkeit, wenn man das Definiens in einen operativen und einen deskriptiven Teil zerlegt und dann jeweils zu substituieren versucht? Diese Frage ist in bezug auf offene operationale Definitionen mißlich, da man hier die Definiens-Teile ja nur "mit Gewalt" separieren kann. Bekanntlich habe ich mich auf den zweifelsohne anfechtbaren Kompromiß eingelassen, die Gebrauchsanweisung für das einzusetzende Instrument dem operativen Teil, das Instrument aber (als Repräsentant für die zu messende Größe) einem "Zwitter-Teil" mit sowohl operativem als auch deskriptivem Charakter zuzuordnen. Danach würde die hier exemplarisch verwendete operationale Definition - jetzt leicht abgewandelt und zur Hervorhebung der Definiens-Teile mit den eingeführten Symbolen markiert

(223) schwer $=_{def}$ messen: Paket-Waage
----O---/ -----O/D------

in zwei Bestimmungen zerfallen: zum einen in die im Definiens lediglich einen operativen Teil aufweisende und daher unvollständige operationale Definition

(43) schwer $=_{def}$ messen

und zum andern in eine sogenannte Telegrammstil-Definition mit einem operativ-deskriptiven Zwitterteil im Definiens

(224) schwer $=_{def}$ Paket-Waage

Wendet man nun das Kriterium der Substituierbarkeit auf die unvollständige operationale Definition (43) an, so führt das unter Rückgriff auf den Beispielsatz (a) zu den beiden Varianten

(f) Das an diesem Paket zu Messende beträgt 5 kg

beziehungsweise

(g) Diejenige Eigenschaft an diesem Paket, die man messen kann, hat eine Ausdehnung von 5000 Einheiten.

Beide Sätze erscheinen, wenn auch nicht gänzlich sinnlos, so doch offensichtlich bruchstückhaft.[226]

---

[226] Selbst wenn unvollständige operationale Definitionen dem Kriterium der Substituierbarkeit nicht genügen, so lassen sich aus der Verbindung zwischen Definiendum und operativem Teil des Definiens doch analytische Sätze deduzieren: "Die (physikalische) Eigenschaft 'schwer' läßt sich messen", "Die (physikalische) Eigenschaft 'schwer' ist meßbar". Das ist insofern be-

Versucht man demgegenüber das Kriterium der Substituierbarkeit auf Telegrammstil-Definitionen anzuwenden, so ist das sprachlich nicht mehr zu bewältigen:

(h) Diejenige Eigenschaft dieses Pakets - Paket-Waage - hat eine Ausdehnung von 5000 Einheiten.

Diese kryptische Fügung könnte allenfalls noch als Handlungsstenogramm akzeptiert werden.

Die Anwendung des Kriteriums der Substituierbarkeit auf solchermaßen separierte offene operationale Definitionen ist durchweg zweifelhaft. Meine Betrachtung sollte denn auch lediglich einstimmen auf die nun folgenden Verhältnisse bei geschlossenen operationalen Definitionen.

Um Riccos aktuelle Befindlichkeit, wie sie beispielsweise in der Behauptung

(i) Ricco ist ängstlich

zum Ausdruck kommt, über "offenes" Verhalten in Erfahrung zu bringen, könnte man sich der (expliziten) geschlossenen operationalen Definition

(225) ängstlich $=_{def}$ beobachten: Zittern, Schweißausbruch, Erbleichen

bedienen. Sprachbezogen wäre damit eine Substitution ansetzbar, die zu der folgenden stilistisch frisierten Variante führt:

(j) An Ricco sind Zittern, Schweißausbruch und Erbleichen zu beobachten.

Es dürfte keine ernsthaften Einwände geben: Formal ist die Substitution gelungen. Was allerdings bei dieser Transformation verlorenging, sind wesentliche Bedeutungsanteile von "ängstlich". Das aber hat man bei einer derartigen Reduzierung auf das Beobachtbare in Kauf zu nehmen; mehr an Informationen gibt diese operationale Definition einfach nicht her.

Separiert man das Definiens in einen operativen und einen deskriptiven Teil, so ergeben sich zwei Bestimmungen. Einmal wie gehabt eine unvollständige operationale Definition:

(226) ängstlich $=_{def}$ beobachten

---

merkenswert, als die Ableitung analytischer Sätze bedingt als "Gegenprobe" für die Erfüllung dieses Definitionskriteriums angesehen werden kann.

und zum andern eine implizite geschlossene operationale Definition mit einem nun "reinen" deskriptiven Teil:

(227) ängstlich $=_{def}$ Zittern, Schweißausbruch, Erbleichen

Substituiert man den Prädikatsbegriff unter Zuhilfenahme der unvollständigen Bestimmung (226), dann führt das dem Sinne nach[227] zu einer ebenso unvollständigen Aussage:

(k) An Ricco ist etwas zu beobachten.

Ganz anders verhält es sich dagegen, wenn man zur Substitution des Prädikatsbegriffs jene implizite operationale Definition (227) heranzieht. Jetzt ist auch ein "mechanischer" Austausch möglich: der deskriptive Teil kann an die Stelle des Prädikats treten, ohne daß die Aussage durch stilistische Nachbesserungen zwecks ihrer Sinnhaftigkeit gestützt werden müßte:

(l) Ricco zittert und bricht in Schweiß aus und erbleicht.

Zu beklagen bleibt einmal mehr der Verlust wesentlicher Bedeutungsanteile, die das jetzt konjunktiv strukturierte Substitut einfach nicht abzudecken vermag.

Die Frage, warum die Substitution hier so reibungslos gelingt, läßt sich einfach beantworten: Definiendum, also das zu Substituierende, und deskriptiver Teil des Definiens, also das Substitut, liegen auf der gleichen sprachlichen Ebene.

Schwieriger wiederum gestaltet es sich, wenn mit "ängstlich" keine aktuelle Befindlichkeit, sondern eine dispositionelle Eigenschaft gemeint ist. In diesem Falle müßte man auf eine operationale Definition zurückgreifen, in der die situative Bedingung für das offen sichtbare Angstverhalten mitberücksichtigt ist:

(228) ängstlich $=_{def}$ - angstauslösende Situationen schaffen
- beobachten: Zittern, Schweißausbruch, Erbleichen

Natürlich wird sich ein solch komplexes Definiens nicht mehr ohne weiteres in die Prädikatsposition einklinken lassen. Bei entsprechender Paraphrasierung bleibt die Bedeutung des Ausgangssatzes aber nahezu unbeschadet erhalten:

(m) In angstauslösenden Situationen sind bei Ricco Zittern, Schweißausbruch und Erbleichen zu beobachten.

---

[227] Diese Einschränkung habe ich mit Bedacht gewählt, da eine rein "mechanische" Substitution einen völlig anderen Sinn ergeben würde: "Ricco ist (zu) beobachten".

Verkürzt man diese Umschreibung noch um die ehedem nicht sonderlich informative Mitteilung, daß die Manifestationen zu beobachten sind, so gelangt man zu der gleichwohl passablen Variante:

(n) In angstauslösenden Situationen zittert Ricco, bricht in Schweiß aus und erbleicht.

Zu bemängeln ist abermals der Bedeutungsverlust, der mit der Reduzierung auf das Beobachtbare einhergeht. Daß man sich hier überdies nicht so ganz sicher sein kann, ob der Prädikatsausdruck auch wirklich vollständig substituiert wurde, ist der Zirkularität der operationalen Definition (228) zuzuschreiben.

Zerlegt man diese Definition wie gehabt in zwei Bestimmungen, so erhält man eine unvollständige operationale Definition mit einem zweigliedrigen operativen Teil:

(229) ängstlich $=_{def}$ - angstauslösende Situationen schaffen
- beobachten

sowie die bereits bekannte implizite geschlossene operationale Definition:

(227) ängstlich $=_{def}$ Zittern, Schweißausbruch, Erbleichen

Das Austauschprogramm verläuft nach gleicher Manier. Im Falle der unvollständigen Bestimmung gelangt man zu der Variante:

(o) In angstauslösenden Situationen ist an Ricco etwas zu beobachten.

Obgleich diese Aussage inhaltsträchtiger ist als die entsprechende Variante (k), kann sie doch nicht als Paraphrase des Ausgangssatzes akzeptiert werden. Im übrigen offenbart gerade dieser Substitutionsversuch einen weiteren Grund, warum man das Kriterium der Substituierbarkeit nur bedingt auf operationale Definitionen anwenden kann. Das Definiens dieser Definitionsart besitzt, zumal wenn der operative Teil ausgebildet ist, stets einen imperativen Charakter, der sich aus der Zweckgebundenheit solcher Definitionen erklärt. Paßt man dieses Definiens aber in eine Aussageform ein, stört dieser Aspekt und muß unterdrückt werden.

Nicht befriedigen kann jetzt aber auch die Substitution unter Verwendung der impliziten operationalen Definition. Denn aus der Aussage

(p) Ricco zittert und bricht in Schweiß aus und erbleicht

geht nicht mehr hervor, daß nun die Disposition und nicht die aktuelle Befindlichkeit angesprochen ist. Um den dispositionellen Charakter dieser Aussage herauszustellen, könnte man gegebenenfalls auf die überdurchschnittliche Auftretens-Häufigkeit der Manifestationen verweisen:

(q) Es passiert oft, daß Ricco zittert und in Schweiß ausbricht und erbleicht.

Damit würde zwar die Bedeutung des Ausgangssatzes einigermaßen getroffen, doch hätte man mit dem Zeitadverb eine Information beigesteuert, die die implizite operationale Definition allein nicht bereithält.

Eine letzte Betrachtung gilt dem Fall, daß die Definiens-Teile in einem Instrument zusammengefaßt sind[228] - wobei die auszuführende Operation gleich als Meßoperation spezifiziert sei:

(230) ängstlich $=_{def}$ mit dem Angst-Fragebogen messen

Versucht man jetzt das Kriterium der Substituierbarkeit anzuwenden, drängt sich ein Problem auf, das bislang unterschwellig zwar vorhanden war, sich aber relativ leicht kaschieren ließ: das Problem der Ausprägungsstärke bzw. -richtung der Disposition. Dieses Problem wird jetzt deshalb aktuell, weil es mit dem Instrument ja um die Erfassung der Ausprägungsintensität geht. Um diese Besonderheit in den Griff zu bekommen, müssen zwei Voraussetzungen gemacht werden:
(1) Die eben eingeführte instrumentale operationale Definition ist wie folgt zu verstehen: Sowohl hoch ausgeprägte als auch niedrig ausgeprägte Ängstlichkeit kann man mit dem Angst-Fragebogen messen.
(2) Wird mit der Behauptung "Ricco ist ängstlich" eine Disposition Riccos angesprochen, so ist damit gemeint: "Ricco besitzt die Disposition 'Ängstlichkeit' in hoher (überdurchschnittlicher) Ausprägung".
Erst diese beiden Voraussetzungen, die sich in der Praxis oftmals nur aus dem Verwendungszusammenhang erschließen lassen, erlauben eine wenigstens sinngemäße Substitution:

(r) Die Eigenschaft von Ricco, die mit dem Angst-Fragebogen gemessen werden kann, ist hoch [i. S. von überdurchschnittlich] ausgeprägt.

Würde man sich um die Ausprägungsrichtung nicht kümmern und mehr oder weniger "mechanisch" substituieren

---

[228] Da es um die Ermittlung einer Disposition geht, handelt es sich hierbei wohlgemerkt nicht um Befindlichkeitsskalen, wie etwa der "Eigenschaftswörterliste (EWL)" von Wilhelm JANKE und Günter DEBUS.

(s) Ricco besitzt eine mit dem Angst-Fragebogen zu messende Verhaltenstendenz

hätte man den Sinn des Ausgangssatzes zweifelsohne verfehlt. Zwar wäre der dispositionelle Charakter des substituierten Prädikats gewahrt, doch bliebe offen, ob Ricco jetzt zu einem geringen oder, wie es der Ausgangssatz vorsieht, zu einem hohen Angstverhalten tendiert. Indessen sollte selbst die angemessene Variante (r) nicht darüber hinwegtäuschen, daß Ängstlichkeit auch jetzt auf ihre beobachtbaren Anteile - eben soweit in diesem Test nur die Manifestationen als Kriterien berücksichtigt sind - reduziert bleibt.

Wie es um die Substituierbarkeit steht, wenn man die instrumentale geschlossene operationale Definition (228) in zwei Teildefinitionen zerlegt (zum einen: als "Telegrammstil-Definition", in der nur das Instrument angegeben ist; zum andern: als unvollständige operationale Definition, in der lediglich gesagt wird, daß man messen muß), braucht nicht mehr extra ausgeführt zu werden. Ein Rückblick auf die Verhältnisse bei den offenen operationalen Definitionen, wo im Definiens auch nur ein Meßinstrument angegeben ist, genügt.

An der Frage, ob operationale Definitionen dem Kriterium der Substituierbarkeit genügen und demnach als vollgültige Definitionen zu betrachten sind, entzündete sich die - überlieferte - Auseinandersetzung zwischen Marian PRZEŁĘCKI und D. P. GORSKI.[229] Während nach PRZEŁĘCKI operationale Definitionen dieses Kriterium nicht erfüllen, vertritt GORSKI die Ansicht, daß auch operationale Definitionen die Substitution des Definiendums durch das Definiens zulassen.

Soweit es um operationale Definitionen geht, die Begriffe für physikalische Größen betreffen, liegt meine Argumentation, wie ich sie soeben ausgehend von der operationalen Bestimmung (224) entwickelt habe, ganz auf der Linie GORSKIs. Sicher ist auch seiner Einschränkung zuzustimmen, daß die Substitution nur dann gelingt, wenn das Meßverfahren in allgemeiner und nicht für einen konkreten Fall spezifizierten Form im Definiens angegeben ist.

Im Falle der von mir als geschlossen rubrizierten operationalen Bestimmungen,[230] verweist GORSKI auf die in einem Aussagesatz dargebrachte Definition "Die

---

[229] Vgl. GORSKI (1967), S. 379 f. GORSKI nimmt hier Bezug auf einen in polnischer Sprache verfaßten Aufsatz von PRZEŁĘCKI (1955).

[230] GORSKI nennt eine solche operationale Definition in unüberhörbarem Anklang an BRIDGMANs kryptische Formulierung (vgl. hier Anm. 35) eine "Definition von Eigenschaften der Gegenstände durch eine Reihe von Operationen" (1967, S. 377). Zwar ist GORSKIs Absicht, zwischen verschiedenen Arten von operationaler Definition zu unterscheiden, löblich; aber mit dieser gleichfalls nicht sonderlich erhellenden Bestimmung schafft er keine klare Abgrenzung zur operationalen Definition von Begriffen für physikalische Eigenschaften. Zudem stellt er mit seiner Formulierung allein den realen Aspekt der operationalen Definition heraus (Eigenschaften

Säure ist ein Stoff, der Lackmuspapier rot färbt"[231] - ohne jedoch die Substitution auch nur im Ansatz zu demonstrieren.

Wenn ich diese Demonstration jetzt nachliefere, so will ich auf einen Aspekt aufmerksam machen, der in besagter Auseinandersetzung überhaupt nicht zur Sprache kam. Für diese Demonstration ist es im übrigen nicht erforderlich, den Begriff "Säure" streng als Dispositionsprädikat zu behandeln, d. h. im Definiens die situative Bedingung (auf blaues Lackmuspapier träufeln) von der beobachtbaren Manifestation (Rot-Färbung) zu trennen. Es genügt, wenn man beide Definiens-Teile zu einem Kriterium zusammenzieht:

(231) Säure $=_{def}$ färbt (blaues) Lackmus rot.

Ob diese implizite geschlossene operationale Definition zur Substitution taugt, mag sich an dem Beispielsatz

(t) In dieser Flasche ist Säure

erweisen, den ich, um den Austausch nur gefälliger zu gestalten, in die etwas holprige Paraphrase

(t') In dieser Flasche ist eine Flüssigkeit, die Säure ist

überführe. Ersetzt man jetzt den Begriff "Säure" nach Vorgabe jener operationalen Definition, so gelangt man zu der Variante

(u) In dieser Flasche ist eine Flüssigkeit, die blaues Lackmuspapier rot färbt.

Natürlich ist dabei zu gewährleisten, daß die Farbveränderung nur aufgrund der Reagenz-Eigenschaft von Lackmus eintritt und nicht etwa, weil sich in der Flasche rote Flüssigkeit befindet. Aber im Gespräch unter Chemikern wird diese Variante sicher im Sinne des Ausgangssatzes verstanden. Kurzum: die Substitution ist gelungen, GORSKI ist soweit recht zu geben.

Dieser Befund gilt allerdings nicht, wenn die Substitution in einem Kontext erfolgt, in dem nicht auf den Verweisungszusammenhang, sondern auf den Erklärungszusammenhang abgehoben wird. So verliert der Satz

---

werden definiert); der nominale Aspekt dagegen (Definition von Begriffen für Eigenschaften) geht unter. Ganz zu schweigen davon, daß diese Formulierung einen auf den Gedanken bringen könnte, auch GORSKI würde jenem handlungstheoretischen Verständnis von der operationalen Definition zuneigen.

[231] Ebd., S. 380.

(v) Dieser Kalkstein löst sich auf, weil die Flüssigkeit, die darauf getraufelt wird, Säure ist

weitgehend seinen Erklärungswert, wenn man den Begriff "Säure" wie gehabt ersetzt

(w) Dieser Kalkstein löst sich auf, weil die Flüssigkeit, die darauf geträufelt wird, Lackmus rot färbt.

Dabei ist es gleichgültig, ob man den Zusammenhang retrospektiv

(x) Dieser Kalkstein hat sich aufgelöst, weil die Flüssigkeit, die darauf geträufelt wurde, Lackmus rot färbt

oder prospektiv herstellt:

(x') Dieser Kalkstein wird sich auflösen, weil die Flüssigkeit, die darauf geträufelt werden wird, Lackmus rot färbt.

Es wird niemals eine brauchbare Erklärung daraus.

Interessanterweise bringt die Substitution eine Prognose aber nicht zu Fall. So kann ich von dem Satz

(y) Wenn eine Flüssigkeit, die Säure ist, auf einen Kalkstein geträufelt wird, so wird sich dieser Kalkstein auflösen

übergehen zu der Variante

(z) Wenn eine Flüssigkeit, die Lackmus rot färbt, auf einen Kalkstein geträufelt wird, so wird sich dieser Kalkstein auflösen

ohne daß der prognostische Wert eingebüßt würde.

Dieser wechselhafte Befund hängt einmal mehr mit der Reduzierung auf das Beobachtbare zusammen. Was für die Erklärung, offensichtlich aber nicht für die Prognose an zusätzlicher Information gebraucht wird, geht verloren, sobald man sich auf beobachtbare Manifestationen beschränkt.

Auf CARNAP geht die heutzutage geläufige Unterscheidung zwischen Definition und **Explikation** zurück.[232] Während die Bezeichnung "Definition" für Begriffs-

---

[232] Vgl. CARNAP/STEGMÜLLER (1959).

bestimmungen reserviert wird, in denen ein sprachlicher Ausdruck überhaupt erst oder, was dem entspricht, mit einer gänzlich neuen Bedeutung versehen wird, werden mit der Bezeichnung "Explikation" solche Begriffsbestimmungen belegt, vermittels derer man Begriffe mit unpräziser Bedeutung einer präzisen Bedeutung zuführt. Da eine große Anzahl der Begriffe, die über operationale Definitionen präzisiert werden, der Alltagssprache entstammen und dort in oft vager Verwendung den Ansprüchen völlig genügen, können die meisten operationalen Definitionen im Sinne CARNAPs als Explikationen angesehen werden.

Obgleich die in vieler Hinsicht nützliche Unterscheidung CARNAPs bei der vorliegenden Untersuchung keine Rolle spielte,[233] sei die operationale Definition doch wenigstens kurz im Lichte der von CARNAP erarbeiteten Explikationskriterien betrachtet. Dabei soll außer acht bleiben, daß diese Kriterien weder wünschenswert präzise gefaßt sind, noch ihr Verhältnis zu den Definitionskriterien restlos geklärt ist. Unabhängig davon besteht die grundsätzliche Schwierigkeit, daß diese Kriterien nicht losgelöst vom konkreten Einzelfall angewendet werden können. Denn meist ist sowohl der ursprüngliche als auch der neue Verwendungsbereich eines Begriffes in die Beurteilung seiner Präzisierungsdefinition einzubeziehen.

Bekanntlich geht es bei Explikationen nicht darum, ob ein Begriff richtig oder falsch bestimmt ist, sondern es stellt sich die Frage, ob die Präzisierung dieses Begriffes dem vorgesehenen Verwendungsbereich angemessen ist. Entsprechend sind die Explikationskriterien ausgerichtet. Zunächst wird die Forderung erhoben, daß eine Explikation nur dann angemessen ist, wenn der unpräzise Gebrauch (Bedeutung des Explicandums) dem präzisen Gebrauch (Bedeutung des Explicans) **ähnlich** ist. Dies könnte in bezug auf offene operationale Definitionen dahingehend interpretiert werden, daß die Meßoperation im wissenschaftlichen Bereich ähnlich sein muß der Meßoperation, die man im Alltagsleben anwendet oder, was dem gleichkommt: Das im Alltag eingesetzte Meßverfahren bzw. Meßinstrument muß dem Verfahren bzw. Meßinstrument in der Wissenschaft ähnlich sein.

Erhebt man diese Forderung z. B. hinsichtlich der Längenmessung, so wird man sich fragen müssen, ob all die wissenschaftlichen Meßverfahren dem gebräuchlichsten Verfahren im Alltag, nämlich dem Einsatz des Zentimetermaßes, ähnlich sind. Diese Frage ist sicher müßig und führt zu nichts. Man könnte sich höchstens auf das Meßprinzip besinnen (Nebeneinander gleicher Einheiten) und von daher eine Ähnlichkeit der Verfahren konzedieren. Das würde zwar einen Sinn ergeben, wäre aber trivial.

---

[233] Vgl. Anm. 36.

Was geschlossene operationale Definitionen angeht, kann die Forderung nach Ähnlichkeit nicht nur sinnvoll erhoben, sondern auch leicht erfüllt werden. Es kommt hier verkürzt gesagt nur darauf an, daß die Menge der Merkmale, die im deskriptiven Teil des Definiens den präzisen Gebrauch reglementiert, sich überlappt mit der Menge der Merkmale, die die unpräzise Verwendung leitet.

Mit der Forderung nach **Exaktheit** wird verlangt, daß der explizierte Begriff präzise genug ist, um in ein wissenschaftliches Begriffssystem eingefügt werden zu können. Da die operationale Bestimmung der Begriffe ja überwiegend zum Zwecke ihrer Verwendbarkeit im wissenschaftlichen Diskurs geschieht, dürfte dieser Forderung nichts im Wege stehen.

Das Kriterium der **Fruchtbarkeit**, das besagt, daß ein Explikat (also das Ergebnis der Explikation) die Aufstellung möglichst vieler Gesetze oder Lehrsätze zulassen muß, steht im Widerstreit mit der für Definitionen erhobenen Forderung nach Non-Kreativität. Da sich im Definiens operationaler Definitionen aber vielfach, vorzüglich im operativen Teil, Informationen versammeln, die die "Kernbedeutung" des Definiendums gar nicht tangieren, sondern diese nur für bestimmte Umstände zurichten, dürften operationale Definitionen durchaus in diesem Sinne fruchtbar sein. Andererseits paßt dieses Kriterium aber nicht in die hier vertretene Theorie von der metasprachlichen Differenz: Fruchtbarkeit darf sich keinesfalls auf der Metaebene, sprich auf der Definitionsebene einstellen.

Das vierte und letzte von CARNAP propagierte Kriterium ist am wenigsten verpflichtend. So kann die Forderung, eine Explikation sollte möglichst **einfach** sein, nur in dem Maße erhoben werden, als die drei vorausgehenden Kriterien dies zulassen. Da in operationalen Definitionen zunehmende Exaktheit auf seiten des Definiendums meist mit einem "Anschwellen" des Definiens einhergeht, wird die Forderung nach Exaktheit die Forderung nach Einfachheit in aller Regel unterdrücken.

Immer wieder kam ich auf die Frage zu sprechen, woher denn die Informationen stammen, die in einer operationalen Definition mitgeteilt werden und welche Gültigkeit diesen Informationen zukommt. Im Laufe der Untersuchung hat sich herausgeschält, daß es darauf keine eindeutigen Antworten gibt, denn alles hängt davon ab, aus welchen Erkenntnisquellen die operationalen Definitionen gespeist werden. Sind die Informationen einmal in Form solcher Definitionen auf die Metaebene abgeschieden, ist ihre Gültigkeit festgesetzt: sprachbezogen als Sprachregel, sachbezogen als Identifizierungsmethode. Überprüfen und revidieren läßt sich die Gültigkeit erst, nachdem man von der Metaebene wieder auf die Theorieebene zurückgekehrt ist. Welche Art des Gültigkeitsnachweises dann angemessen ist, hängt allein von der Art der Erkenntnisquelle ab. Ist man in das Sprachwissen zurückgekehrt, wird die Reflexion auf den Sprachgebrauch das Mittel der Wahl sein, findet man sich dagegen im Bereich des Erfahrungswissens wieder, wird die empirische Überprüfung gefordert sein. Weitere Erkenntnisquellen sind denkbar, ebenso entsprechend andere Gültigkeitsnachweise.

Solch differenziertes Vorgehen ist unter der Allgewalt des empiristischen Programms zusehends in Verruf geraten. Damit aber komme ich zum Schluß noch einmal zurück auf jenes hypothesentheoretische Verständnis von den Definitionen, das ja diesem Programm verpflichtet ist. Ich habe dieses Verständnis aus mehreren Gründen abgelehnt. Erstens war da die leidige Konfundierung zwischen Bedeutungsbestimmung und Verifizierung. Zweitens mißachtet man, diesem Verständnis folgend, fortwährend die metasprachliche Differenz, d. h. der Gültigkeitsnachweis von Definitionen wird auf der falschen Ebene angesetzt. Und drittens eben: Selbst wenn man sich auf der richtigen Ebene einfindet, steht über alle möglichen Erkenntnisquellen hinweg nur eine Methode des Gültigkeitsnachweises zur Verfügung.

Was diese Gleichmacherei unter den Erkenntnisquellen angeht, sind zwei Auswüchse besonders mißlich. Der eine Auswuchs, den ich unter den Titel "Trivialität der Erkenntnis" stelle, rührt daher, daß man grundsätzlich nur solche Erkenntnisse gelten läßt, die man auf empirischem Wege gefunden hat. Eine andere Art der Erkenntnisgewinnung wird abgelehnt. Das führt dann nicht selten dazu, daß man über aufwendig angelegte, vorgeblich rein empirische Untersuchungen zu Erkenntnissen gelangt, die man auf nicht-empirische Weise ebenso, ja einfacher und schneller, hätte gewinnen können.

In diesem Sinne halte ich es für eine triviale Erkenntnis, wenn man aufgrund empirischer Untersuchungen zu der Einsicht gelangt, Zittern verweise auf Angst oder rasches Auswendiglernen sei ein Zeichen von Intelligenz. Damit nämlich wird allein das Sprachwissen reproduziert: Man hat die Verwendung des Wortes "Angst" (unter anderem) über das Anwendungskriterium 'zittern' gelernt; den Gebrauch des Wortes "intelligent" (unter anderem) bekam man über das Anwendungskriterium 'schnelles Auswendiglernen' vermittelt.

Zugegeben, dieses Beispiel ist oberflächlich. Aber es besteht doch bei vielen empirischen Untersuchungen gerade aus dem Bereich der Sozialwissenschaften der Verdacht, daß sie nicht viel mehr an Erkenntnissen zutage fördern als das Sprachwissen oder auch andere nicht-empirische Erkenntnisquellen bereitstellen. Gewiß müßte dieser Verdacht an Fallstudien belegt werden. Das kann aus verständlichen Gründen hier nicht mehr bewältigt werden. Dennoch möchte ich an einem willkürlich herausgegriffenen Beispiel kurz darlegen, in welche Richtung dieser Verdacht zielt.

Vor mehr als 40 Jahren machte sich Earl S. SCHAEFER daran, den elterlichen, insbesondere mütterlichen Erziehungsstil zu erforschen. Fragebogen wurden ausgeklügelt, umfangreiche Daten erhoben, aufwendige statistische Berechnungen durchgeführt, um dann die Fachwelt mit der empirisch gesicherten Erkenntnis zu überraschen, der elterliche Erziehungsstil lasse sich innerhalb der bipolaren Dimensionen 'Liberalität und Kontrolle' und 'Zuwendung und Zurückweisung' plazieren.[234] Das ist insofern eine triviale Einsicht, als phänomenologische Analysen zur Erziehung ebenso wie Reflexionen auf den Begriff "Erziehung" zweifelsohne zu gleichen Erkenntnissen führen würden. Dabei beschränke ich mich wohlgemerkt auf diese Dimensionen als klassifikatorische Größen. Was SCHAEFERs Erkenntnisse an Erklärungspotential enthalten und wie seine bis heute einflußreiche Theorie im einzelnen verwertet wurde, steht nicht zur Debatte. Dennoch meine ich, daß Feinanalysen von SCHAEFERs einstigen Untersuchungen deutlich machen würden, daß sich von den ersten Einlassungen auf das empirische Objekt bis hin zur Interpretation der faktorenanalytischen Ergebnisse Sprachwissen unter dem Gewand empirischen Vorgehens durchgemogelt hat.

Der zweite Auswuchs des empiristischen Programms besteht darin, Sprachwissen empirisch zu überprüfen - in der Absicht, dessen Gültigkeit zu verbürgen. Harmlos ist es dabei noch, wenn man sich *privatissime* etwa über die Aussage "Alle Junggesellen sind unverheiratete Männer" hermacht. Denn dann kommt man ja vielleicht noch darauf, daß die in diesem Satz ausgedrückte Information nicht deshalb stimmt, weil in Wirklichkeit alle Junggesellen unverheiratete Männer sind, sondern weil man über diesen Sachverhalt eben so spricht. Verhängnisvoller ist es, wenn man diese Aussage, ganz im Sinne des empiristischen Paradigmas, anderen, unabhängigen Instanzen zur Beurteilung anvertraut. Also läßt man eine repräsentative Auswahl von Muttersprachlern über die Gültigkeit dieser Aussage befinden. Und siehe da, es gibt tatsächlich immer einige, die - aus welchen Gründen auch immer - ihre Zustimmung verweigern. Da aber lauert die Gefahr der Mißdeutung der Ergebnisse. Denn jetzt sind die Empiriker bzw. die Vertreter des hypothesentheoretischen Ansatzes sehr schnell bei der Hand, in den (wenigen) Ablehnungen einen untrügerischen Beweis dafür zu sehen, daß diese Aussage doch keine hundertprozentige Gültigkeit besitzt. Eine vermeintlich wichtige Einsicht, die im nachhinein die empirische Überprüfung zu rechtfertigen scheint.

Eigentlich suspekt ist indes die erkenntnistheoretische Überzeugung, die sich hinter diesen Auswüchsen verbirgt: Bei jeglicher Suche nach Erkenntnis wird stets von der Voraussetzung ausgegangen, daß man zunächst gar nichts weiß. Die Unwissenheit aber zur *conditio sine qua non* zu machen und Forschung nurmehr von der Ignoranz her betreiben zu wollen, das dürfte ein grandioses Mißverständnis

[234] Vgl. SCHAEFER (1961). In Übersetzung zitiert nach Kurt H. STAPF et al. (1976), S. 30.

sein. Ein Mißverständnis, dem auch die operationale Definition ausgesetzt ist - sofern man sich ihrer eben hypothesentheoretisch annimmt.

* * *

Nachdem ich die vorliegende Untersuchung mit einem Bericht zur Lage eingeleitet habe, will ich jetzt, abschließend und im Lichte der erarbeiteten Erkenntnisse, kurz einen Eindruck vermitteln, wie verworren selbst methodenbewußte Wissenschaftler das Problem der operationalen Definition nach wie vor reflektieren. Die beiden Psychologen Manfred AMELANG und Dieter BARTUSSEK unterziehen in ihrem inzwischen zum Standardwerk avancierten "Basisbuch" über die differentielle Psychologie verschiedene Definitionen von Intelligenz einer kritischen Sichtung und kommen dabei zu dem Schluß: "Entsprechend haben verbale Definitionen keinen substantiellen Beitrag zum Verständnis und [zu; J. L. R.] der Erforschung des Konstrukts Intelligenz leisten können. Die wesentlichen Impulse sind vielmehr von den Verfahren selbst ausgegangen, die zur Erfassung des Merkmals konzipiert wurden. Die genaue Beschreibung der eingesetzten Tests stellt hier einen gangbaren Ausweg dar. Die Definition der theoretischen Variable erfolgt somit über die Detaillierung und Spezifizierung der zum Zwecke ihrer Messung ausgeführten empirisch-experimentellen Handlungen."[235]

Schon die Prämissen, die zu diesem Plädoyer für die operationale Definition führen, stehen auf tönernen Füßen. Noch bevor man sich auf die Argumentation einläßt, ist man bereits verwundert, warum AMELANG/BARTUSSEK insbesondere die Bestimmungen von David WECHSLER und Karl Josef GROFFMANN aufs Korn nehmen (WECHSLER: "Intelligenz ist die zusammengesetzte oder globale Fähigkeit des Individuums, zweckvoll zu handeln, vernünftig zu denken und sich mit seiner Umgebung wirkungsvoll auseinanderzusetzen." GROFFMANN: "Intelligenz ist die Fähigkeit des Individuums, anschaulich oder abstrakt in sprachlichen, numerischen oder raum-zeitlichen Beziehungen zu denken; sie ermöglicht erfolgreiche Bewältigung vieler komplexer und mit Hilfe jeweils besonderer Fähigkeitsgruppen auch ganz spezifischer Situationen und Aufgaben."). Denn gerade diesen beiden Forschern, die sich zeit ihres Lebens als Empiriker verstanden, kann ja gewiß nicht vorgeworfen werden, sie seien über irgendwelche griffigen Kompaktdefinitionen nicht hinausgekommen. Viel aufschlußreicher wäre hier die Überlegung gewesen, was denn WECHSLER und GROFFMANN dazu bewog, ihrem empirischen Verständnis von Intelligenz eine solche Quintessenz an die

235 Zitiert nach der 4., überarb. und erw. Aufl. 1997, S. 189.

Seite zu stellen. Gründe dafür gibt es genug. In anderem Zusammenhang habe ich sie AMELANG/BARTUSSEK sogar wohlwollend unterstellt.[236]

Was haben nun AMELANG/BARTUSSEK an diesen Definitionen auszusetzen? Zunächst verweisen sie darauf, daß diese Definitionen zu sinnfreien Tautologien geraten, sobald man das Definiens (bzw. Teile davon) durch das Definiendum ersetzt. Nun, das ist ein fataler Zirkel und läßt, mit Verlaub, den Verdacht aufkommen, die Autoren hätten das Prinzip von Definitionen schlechthin nicht begriffen. Weiter wird moniert, diese Definitionen seien in dieser Form kaum überprüfbar. Das ist richtig, war von deren Urhebern allerdings auch nicht beabsichtigt. Daß aus diesen Definitionen hingegen keine prüfbaren Hypothesen ableitbar sind, halte ich für falsch. Sobald man die einschlägigen Begriffe dieser Definitionen an der erfahrbaren Wirklichkeit festmacht, sie also operationalisiert oder, wenn man so will, empirisiert - diese Übersetzung ist als Zwischenschritt ja kein Sakrileg -, sind nicht nur überprüfbare Hypothesen deduzierbar, sondern kann auch individuelles Verhalten klassifiziert werden. Schließlich mag man nicht einsehen, warum der Wert solcher Definitionen ins Wanken gerät, wenn ein Proband in zwei verschiedenen Intelligenztests unterschiedliche Ergebnisse erzielt. Hier werden vorschnell Urteile gefällt, ohne zu bedenken, daß man zentrale Begriffe durchaus unterschiedlich operationalisieren kann, daß Intelligenz als Disposition keiner deterministischen Gesetzmäßigkeit unterliegt, daß das Verständnis von Begriffen, wie es durch Definitionen vermittelt wird, nichts zu tun hat mit nachgewiesenen Tatsachen und dergleichen mehr. Man gestatte die Analogie: Wenn Herr Huber einmal in seinem Leben unvernünftig handelt, dann bringt das noch lange nicht die definitorische Aussage "Der Mensch ist ein vernünftiges Lebewesen" zu Fall!

Doch zurück zum zitierten Plädoyer. Wenn AMELANG/BARTUSSEK verbale Definitionen verwerfen, präferieren sie damit implizit nicht-verbale Definitionen. Was das allerdings für Gebilde sein sollen - dazu kein Wort. Lediglich die extensionale Bestimmung ist, auch wenn sie nicht ausdrücklich dasteht, aufgrund des nachfolgenden Kontextes eindeutig erschließbar: Nicht-verbale Definitionen sind operationale Definitionen. Und was das nun ist, darüber geben die folgenden Sätze Auskunft. Zunächst wird darauf hingewiesen, daß die entscheidenden Impulse zur Klärung des Intelligenzbegriffes von den "Verfahren selbst" ausgingen. Diese Bemerkung ist sicher richtig, aber sie verwischt das Definitionsproblem. Denn mit diesem Hinweis wird völlig unterschlagen, daß die Entwicklung dieser Verfahren in jeder Phase sprachgeleitet ist: Man hat einen Vorbegriff von Intelligenzleistung; man formuliert leistungsbezogene Aufgaben; man überträgt sprachlich fixierte Ergebnisse in numerische Werte und unterzieht diese z. B. einer Faktorenanalyse; man interpretiert die Faktoren (ein ausschließlich sprachlicher Akt!); man formuliert Faktoren-bezogene Items usw. Am Ende dieser Prozedur steht eine wohlge-

---

236 Vgl. Anm. 149 bzw. 159.

ordnete Liste von Aufgaben, der man den Namen "Intelligenztest" gibt. Im Grunde genommen werden auf jeder einzelnen Entwicklungsstufe Begriffe festgelegt, so daß sich die gesamte Prozedur als Definitionskette sprachlich abbilden ließe.

Wenn der Hinweis auf die "Verfahren selbst" denn ein erstes Angebot sein soll, wie "Intelligenz" alternativ zu definieren sei, so bleibt doch vollkommen im Dunkeln, welchen ontischen Status diese Verfahren als Bestimmungseinheiten haben. Gleichwohl verträgt sich diese opake Redeweise insofern mit der Ablehnung verbaler Definitionen, als sie den Eindruck erweckt, eine derartige Bestimmung von Intelligenz hätte überhaupt nichts mit Sprache zu tun. Erfrischend klar dann das nächste Angebot, das AMELANG/BARTUSSEK wohl als Präzisierung des ersten Angebots betrachten: Die Definition von Intelligenz habe über eine "genaue Beschreibung der eingesetzten Tests" zu erfolgen. Doch Achtung: Verbale Definitionen sind ausgeschlossen; wie sich die Autoren aber nicht-verbale Beschreibungen vorstellen, bleibt offen. Wenn denn verbale Definitionen ausgeschlossen sind, so können im nächsten Satz mit "Detaillierung und Spezifizierung" wohl auch keine sprachlichen Akte gemeint sein. Also hält man sich an das Objekt solcher Verfeinerungsmaßnahmen und gelangt damit zum dritten Angebot: Intelligenz sei über "ausgeführte(n) (...) Handlungen" zu bestimmen. Das aber ist ein Rückfall in die handlungstheoretische Position - und zwar in eine jener sinnfreien Varianten. Die Bedeutung stellt sich demnach ja nicht, wie es WITTGENSTEIN in seiner späten Sprachtheorie vorsieht, mit dem Vollzug der Handlung ein, sondern, so gibt es das Partizip Perfekt zu erkennen, erst nach dem Vollzug der Handlung. Intelligenz ist damit überhaupt nichts prospektiv Konzipierbares, sondern ein immer nur von der Intelligenzmessung aus rückblickend zu definierendes Phänomen. Dieser absurde Befund behält indes auch dann seine Gültigkeit, wenn man AMELANG/BARTUSSEK diesen Widerspruch nachsieht und unter "Detaillierung und Spezifizierung" doch eine detaillierte und spezifizierte Beschreibung zu verstehen geneigt ist. Die Bedeutung würde sich aber auch jetzt erst mit der Beschreibung einer abgeleisteten Handlung einstellen. Das Partizip Perfekt signalisiert abermals, daß es vor der Ausführung offensichtlich nichts zu beschreiben und also kein bedeutungskonstitutives Element für "Intelligenz" gibt.

Wer nun hofft, wenigstens bei den Sprachwissenschaftlern die nötige Problemsensibilität anzutreffen, wird ebenfalls enttäuscht. Unter der Federführung des renommierten Linguisten Karl-Dieter BÜNTING erschien erst kürzlich als "elementare Arbeitshilfe" ein "Trainingsprogramm" für Studierende, das, so verheißt der Klappentext, "vom ersten Protokoll im Proseminar bis zur Abschlußarbeit (...) das ganze Spektrum des Schreibens behandelt - kompetent, praxisnah und mit Tips, die sich sofort für die eigene Arbeit umsetzen lassen".[237]

---

[237] BÜNTING (1996)

Wie es sich gehört, werden die Studenten auch unterwiesen im korrekten Definieren - in Kapitel 7.2 (auf 11 Seiten); ein Unterabschnitt (knapp zwei Seiten) ist der operationalen Definition gewidmet. Schon die Überschrift zu diesem Abschnitt irritiert: "Handlungsanweisungen (operationale Definition)".[238] Tatsächlich wird im nachfolgenden Text auch nichts ausdrücklich unternommen, um dem Mißverständnis, alle Handlungsanweisungen seien operationale Definitionen, entgegenzuwirken.

Als Beispiele für operationale Definitionen präsentiert BÜNTING Regeln des Schachspiels. Das erinnert an WITTGENSTEIN und mahnt deshalb, wie hinlänglich ausgeführt, zur Vorsicht. Die einzige Regel, bei der BÜNTING kurz verweilt, ist die poetisch verknappte Anweisung "berührt - geführt". Wenn man denn überhaupt bereit ist, diesen Ausdruck als Definition zu akzeptieren, so bietet sich als Strukturierung an: "berührt" ist das Definiendum, "geführt" das Definiens. Und wohlwollend könnte man dann ableiten: "berührt" ist gleichbedeutend mit "geführt"; oder nur partiell: "geführt" ist ein semantisches Merkmal von "berührt"; oder, nochmals sprachbezogen: "berühren" ist synonym mit "führen", oder "führen" ist nur eines von mehreren semantischen Merkmalen von "berühren"; oder, jetzt sachbezogen: das Berühren ist gleichzusetzen mit dem Führen usf. Ob BÜNTING diese Varianten vor Augen hatte, erfahren wir nicht.

Um nur anzudeuten, wie komplex dieser Reim ist: Gilt die Zuordnung bloß für das Schachspiel, müßte sie korrekterweise als bedingte Definition notiert werden. Erscheint die Partizipialform nicht allein aus ästhetischen Gründen, wäre zu klären, inwieweit ihr eine bedeutungskonstitutive Funktion zukommt. Hat sie aber eine solche Funktion, müßte berücksichtigt werden, daß in dieser Zuordnung die Zeitenfolge suspendiert ist. Denn wer berührt, hat noch lange nicht geführt. Kurzum, in Kenntnis dieser Probleme ist es nicht zu verantworten, diese Regel kommentarlos als Definitionsbeispiel in einen Trainingskurs aufzunehmen. Vielleicht hat sich BÜNTING zu der Annahme, es handle sich um eine operationale Definition, aber auch nur deshalb verleiten lassen, weil die Definitionsglieder Handlungsbegriffe bzw. aus Tunwörtern abgeleitete Formen sind. Wer weiß. BÜNTING selbst legt eine Fährte, die in eine völlig andere Richtung führt. Er interpretiert den Reim nämlich als bedingte Verpflichtung - von der Art: Wer a macht, muß auch b machen. Dies aber als Definition zu verstehen, in der Weise, daß hier a durch b definiert wird, ist ein fataler Irrtum.

BÜNTING bietet im weiteren, als Zitat abgesetzt, eine ausführliche Spielanleitung für das Schachspiel, lediglich mit dem Hinweis eingeleitet, hier versammelten sich an einem Ort sowohl Nominaldefinitionen als auch operationale Definitionen. Ohne Hilfestellung ist der Studierende gehalten, seine Wahl zu treffen. Vermutlich

---

[238] Ebd. S. 175

zielt BÜNTING hier auf Regeln wie "Türme ziehen gerade Linien". In Definitionsform gebracht, erhält man eine Bestimmung (Der Turm ist eine Schachfigur, mit der man nur gerade Linien ziehen darf.), deren Status als operationale Definition, wie dargelegt, zumindest umstritten ist. Schwerer aber wiegt, daß BÜNTING mit solchen Regeln arglos Beispiele für operationale Definitionen präsentiert, deren logische Struktur vollkommen verschieden ist von der des eingangs diskutierten Reims.

Nur zwei Seiten später, in der Zusammenfassung seines Definitionskapitels, schlägt BÜNTING dann mit einer neuen operationalen Definition über alle Stränge: "Ein Bier ist, wenn man es bestellt, und der Ober bringt es". Eine Analyse dieses Ausdrucks erspare ich dem Leser. Nur so viel: Obzwar BÜNTING dieses Beispiel zugegebenermaßen selbst nicht so ernst nimmt, für den Teilnehmer seines Trainingskurses ist aus dem zuvor Gesagten nicht herzuleiten, warum gerade das eine operationale Definition sein soll. Wahrscheinlich wollte BÜNTING lediglich besagtem Originalitätstopos gerecht werden. Aber auch das ist nur eine Vermutung, denn er selbst bemüht diesen Topos nicht. Am Ende seines Definitionskapitels atmet man schließlich doch befreit auf, angesichts des tröstlichen Hinweises, daß bei den Definitionen "noch weitere Unterscheidungen wichtig" seien.[239]

[239] Ebd. S. 178. Wer sich aufgefordert fühlt, diesen Unterscheidungen nachzuspüren, mag den drei Literaturangaben folgen. Erstens "Brockhaus" - nicht gerade eine einschlägige Empfehlung. Drittens "Philosophisches Wörterbuch, Freiburg 1951" - nicht gerade mega in; und nur wer es ahnt, wird im Literaturverzeichnis fündig - unter "Brugger, Walter". Zweitens aber: "Körners [sic!] Philosophisches Wörterbuch, Stuttgart 1957". Wer unter dieser Angabe in einer Bibliothek oder auch in einer Buchhandlung sucht, wird wenig Glück haben. Doch der Spaß hat noch kein Ende: Wer es ahnt, findet im Literaturverzeichnis eine vage Spur: "Schischkopf [sic!], Georgi". Und wer trotz dieser Widrigkeiten zu dem Werk vordringt, wird schließlich auch erfahren: 1996, als BÜNTINGs Trainingsprgramm erschien, steht dieses Wörterbuch bereits in der 22. Aufl. von 1991 zur Verfügung. Die Studierenden können nur gewarnt werden, sich solch hohe Kunst des Bibliographierens anzutrainieren.

13. Zusammenfassung

Ausgehend von der programmatischen, aber nicht sonderlich erhellenden Bestimmung BRIDGMANs "in general, we mean by any concept nothing more than a set of operations; *the concept is synonymous with a corresponding set of operations*" erhebt sich zunächst die Frage, womit der zu definierende Ausdruck eigentlich in synonymer Weise korrespondiert, mit der Angabe, also der Beschreibung einer Handlung, oder aber - wie es die Formulierung BRIDGMANs im Grunde nahelegt - mit der tatsächlich ausgeführten Operation. Im ersten Fall würde sich die Bedeutung gemäß der klassischen Definitionstheorie über seinerseits sprachlich Fixiertes konstituieren. Im zweiten Fall dagegen wäre etwa an die Bedeutungstheorie des späten WITTGENSTEIN zu denken, wo Sprache und Handeln untrennbar aneinander gekoppelt sind und sich die sprachliche Bedeutung sozusagen als Produkt der Lebenspraxis erst und allein aus dem von Handlungen begleiteten Umgang mit den Wörtern einstellt. Beim Abwägen beider Positionen - dem **sprachtheoretischen** Verständnis einerseits, dem **handlungstheoretischen** Verständnis andererseits - spricht vieles dafür, daß zumindest in der Nachfolge von BRIDGMAN das Konzept der operationalen Definition der traditionellen Bedeutungstheorie verhaftet ist, d. h. das Definiens innerhalb operationaler Definitionen sprachlich gegeben ist.

Die Berechtigung, so etwas wie operationale Definitionen überhaupt einzuführen, erwächst aus der **operationalistischen Grundfrage**: Was muß man tun, um entscheiden zu können, ob ein bestimmter Begriff auf eine Gegebenheit anzuwenden ist oder nicht? Auf diese Frage gibt es eine Antwort, der sich eine in typischer Weise strukturierte Begriffsbestimmung entnehmen läßt, eben die operationale Definition.

Mit der Tatsache, daß man über diese Frage eine besondere Form der Begriffsbestimmung herauszupräparieren vermag, ist auch schon über den methodischen Zugriff entschieden, vermittels dessen diese Definitionsart hier untersucht wird: es ist der **definitionstheoretische Ansatz**. Danach wird die operationale Definition als eigenständiges sprachliches Gebilde weitgehend unabhängig von ihrer Einbindung in eine Theorie betrachtet. Zwei Fragestellungen weisen indes die Richtung der Untersuchung. Erstens: Wie ist die operationale Definition typischerweise strukturiert bzw. welche Strukturvarianten sind nachweisbar? Und zweitens: Welche Gültigkeit können die Informationen beanspruchen, die in operationalen Definitionen mitgeteilt werden?

Dieser definitionstheoretische Ansatz ist als "isolierte" Betrachtungsweise abzugrenzen von dem umgreifenden **hypothesentheoretischen Ansatz**. Gemäß dieser, hier nicht gewählten Zugangsweise, ist jede operationale Definition in Einzelaussagen zerlegbar, die im Rahmen einer Theorie untrennbar verflochten sind mit anderen Aussagen und grundsätzlich hypothetischen Charakter haben, d. h. sich an der Empirie bewähren müssen wie alle anderen Aussagen auch.

Das umfassendste Verständnis von der operationalen Definition vermittelt die **allgemeine Bestimmung OD_A**: "In einer operationalen Definition wird die Bedeutung eines Begriffes (Definiendum) derart bestimmt, daß man eine Operation bzw. eine Reihe von Operationen angibt (Definiens), deren Ausführung festzustellen erlaubt, ob dieser Begriff auf ein Phänomen anzuwenden ist oder nicht." Dabei ist die im Definiens angegebene Operation in zweifacher Funktion zu deuten. Zum einen - entsprechend der hier gewählten Formulierung - **sprachbezogen**: Die Operation ist ein Verfahren, um über den Gebrauch eines Begriffes zu befinden. Zum andern **sachbezogen**: Die mitgeteilte Operation ist zugleich eine Anleitung, das zu benennende Phänomen in Erfahrung zu bringen. Dieser doppelgesichtige Charakter der operationalen Definition rührt im wesentlichen aus dem besonderen Verständnis von Operation, das hier zugrundeliegt: Es geht denn stets um eine Operation des In-Erfahrung-Bringens, des Untersuchens, des Kontrollierens. Dieser besondere Operations-Begriff begründet den **explorativen Zweck** einer jeden operationalen Definition. Was da heißt: Operationale Definitionen werden ausschließlich im Vorfeld empirischer Nachweise verwendet. Man verständigt sich sozusagen über die Sprachregelung auf die Exploration der Sache - ein Grundsatz, der als **These von der Vorrangigkeit der Sprache** vor der explorativen Tätigkeit formuliert wird. "Empirisch" meint dabei keineswegs, daß es immer nur um wissenschaftliche Belange geht; vielmehr haben operationale Definitionen auch in vielen Bereichen des alltäglichen Lebens, wo es etwas zu explorieren gilt, ihre Berechtigung. Diese Zweckgebundenheit der operationalen Definition hat im übrigen zur Folge, daß so manche Begriffsbestimmung, die gelegentlich als "operational" tituliert wurde, wie z. B. ein Kochrezept, anders klassifiziert werden muß.

Mit der **ersten spezifischen Bestimmung der operationalen Definition OD_1** ist der Fall bedacht, daß der zu definierende Begriff nicht direkt auf die beobachtbare Wirklichkeit bezogen werden kann: "In einer operationalen Definition wird die Bedeutung eines Begriffes (Definiendum), der für etwas Nicht-direkt-Wahrnehmbares steht, der - wie man auch sagen könnte - nicht unmittelbar Gegebenes bezeichnet, derart bestimmt, daß man diesen Begriff mittelbar über etwas Direkt-Wahrnehmbares auf die Wirklichkeit bezieht." Was hier dem besseren Verständnis wegen auf seiten des Definiens sachbezogen formuliert ist, lautet rein sprachbezogen: Ein Begriff, der für etwas verstandesmäßig Konstruiertes steht, erhält seine (empirisch signifikante) Bedeutung dadurch, daß er auf seiten des Definiens mit Begriffen in Korrespondenz gebracht wird, die ihrerseits Beobachtbares bezeichnen. Mit dieser Bestimmung wird schlichtweg das erfaßt, was man gemeinhin unter "Operationalisierung theoretischer Begriffe" versteht.

Mit der **zweiten spezifischen Bestimmung der operationalen Definition OD_2** wird dem Fall Rechnung getragen, daß ein Phänomen immer nur insofern präzise in Erfahrung gebracht werden kann, als man feststellt, in welchem Ausprägungsgrade dieses Phänomen vorliegt: "In einer operationalen Definition wird die Bedeutung eines Begriffes (Definiendum) derart bestimmt, daß man eine Operation (im Definiens) angibt, die es erlaubt, den Grad der Ausprägung des Phänomens, das durch diesen Begriff bezeichnet wird, zu erfassen." Sachbezogen wandelt sich die Operation des Untersuchens damit zu einer Operation des Messens. Was den Sprachbezug betrifft, stellt sich die Frage, ob denn das Konzept der Instrumentarien, die zur Ermittlung der Ausprägung irgendwelcher Phänomene, d. h. rein sachbezogen, entwickelt werden, in den Bereich der Sprache transponiert werden kann, um es dort für die semantische Differenzierung nutzbar zu machen. Diese Möglichkeit wird als **Transpositions-These** festgeschrieben - eine These, die keineswegs für alle Arten solcher Konzepte gilt.

Das in den Sozialwissenschaften - also in dem Bereich, in dem operationales Definieren die bevorzugte Methode der Begriffsbestimmung darstellt - vorherrschende Verständnis von der operationalen Definition vermittelt schließlich eine Kombination aus erster und zweiter spezifischer Bestimmung: "Ein Begriff (Definiendum) hat nur dann Bedeutung, wenn (a) dieser Begriff auf etwas direkt Wahrnehmbares bezogen werden kann und man zudem (b) eine Operation angeben kann, die festzustellen erlaubt, in welchem Grad dies direkt Wahrnehmbare ausgeprägt ist." Sachbezogen läßt sich damit von der Ausprägung des Direkt-Wahrnehmbaren rückschließen auf die Ausprägung des theoretischen Konstrukts. Sprachbezogen ist mit dieser Bestimmung eine semantische Differenzierung aller theoretischen Begriffe geleistet.

Was ihre Struktur angeht, lassen sich alle operationalen Definitionen aufgrund von drei jeweils dichotomen Kategorien klassifizieren. Das erste Merkmalspaar bezieht sich darauf, inwieweit die auszuführende Operation in das Definiens eingebracht ist. Wird ausdrücklich mitgeteilt, welche Handlung man auszuführen hat, so liegt eine **explizite operationale Definition** vor. Von einer **impliziten operationalen Definition** ist dagegen auszugehen, wenn sich die Operationalisierung gemäß der ersten spezifischen Bestimmung darin erschöpft, daß ein theoretischer Begriff mittelbar über etwas Direkt-Beobachtbares auf die Wirklichkeit bezogen wird. Die im Definiens enthaltenen Beobachtungsbegriffe teilen implizit mit, daß die Operation 'Beobachtung' ansteht.

Ist der Einsatz eines (künstlich gefertigten) Instrumentes vorgesehen, das im Definiens dann genannt ist, so handelt es sich um eine **instrumentale operationale Definition**. Ist dagegen ein solches Instrument nicht erforderlich - im Definiens wird kein Instrument angegeben -, so liegt eine **nicht-instrumentale operationale Definition** vor.

Mit dem dritten und wichtigsten dichotomen Unterscheidungskriterium wird die Thematik der zweiten spezifischen Bestimmung OD_2 aufgegriffen. Operationale Definitionen werden danach unterschieden, wie der Maßstab organisiert ist, der zur Erfassung der Ausprägung eingesetzt wird. Sind die Intervalle des zu verwendenden Maßstabes nur formal definiert und setzen sie sich in die Unendlichkeit fort - der Maßstab ist also in eine Richtung offen -, so ist von einer **offenen operationalen Definition** auszugehen. Da fast alle physikalischen Eigenschaften über derartige Maßstäbe ermittelt werden, erfolgt die operationale Definition von physikalischen Eigenschaftsbegriffen demnach über diese Form der Begriffsbestimmung. Besteht der Maßstab dagegen aus einer begrenzten Anzahl inhaltlich bestimmter Merkmale (diskrete Qualitäten), so liegt eine **geschlossene operationale Definition** vor. Alle theoretischen Begriffe - soweit sie sich eben nicht auf physikalische Eigenschaften beziehen - werden auf diese Weise operational definiert.

Rein rechnerisch ergeben sich aufgrund dieser drei dichotomen Unterscheidungskriterien acht Formen von operationalen Definitionen, wobei zwei Kombinationen nicht belegt sind. Ausgehend von diesen sechs Kriterien, aber außerhalb jener Kombinatorik, sind zwei weitere Strukturvarianten aufweisbar: Bei **quasi-geschlossenen operationalen Definitionen** wird - obgleich ein offener Maßstab zum Einsatz kommt - dieser durch ein numerisch definiertes Kriterium "geschlossen". Als **unvollständige operationale Definitionen** gelten schließlich Bestimmungen, deren Definiens in typischer Weise fragmentarisch ist.

Analysiert man die operationalen Definitionen von physikalischen Eigenschaftsbegriffen, so gelangt man zu der, im übrigen für alle Arten von operationalen Definitionen zu verallgemeinernden Einsicht, daß bei einem strengen Bedeutungskriterium - trotz isolierter Betrachtungsweise - die Gestaltung des Definiens von diversen Sachzwängen determiniert wird. Da müssen die Angaben zur Operation auf das empirische Objekt, das zur Untersuchung ansteht, abgestimmt sein. Die Angabe des einzusetzenden Instruments muß gegebenenfalls um eine Gebrauchsanweisung ergänzt werden. Äußere Umstände, die die Exploration beeinträchtigen, sind ebenso zu berücksichtigen wie Eigenheiten, die das empirische Subjekt betreffen. Überhaupt sind die Angaben im Definiens vor allem auf dieses Subjekt hin - als Adressat der Definition - auszurichten: nur vollständige Angaben ermöglichen ihm auch die Ausführung der Operation. Die Notwendigkeit, das Definiens von Fall zu Fall mit derartigen Informationen zu bestücken, hat aber keineswegs immer auch Konsequenzen für das Definiendum. Die traditionelle Überzeugung, wonach mit jeder Veränderung des Definiens eine Bedeutungsverschiebung des Definiendums einhergeht, muß also in bezug auf operationale Definitionen relativiert werden.

Betrachtet man geschlossene operationale Definitionen, so tritt mit der aus dem explorativen Zweck erwachsenden Forderung, das Nicht-Beobachtbare auf das

Beobachtbare zurückzuführen, zunächst das Problem des **Reduktionismus** ins Zentrum des Interesses. Für die Strukturbeschreibung operationaler Definition wichtiger ist allerdings die Einsicht, daß sich bei geschlossenen operationalen Definitionen das Definiens relativ mühelos in zwei separate Teile gliedern läßt: was zu tun ist, wird im **operativen Teil** angegeben; auf welche beobachtbaren Phänomene die Operation sich bezieht, ist im **deskriptiven Teil** vermerkt. Bei dieser Binnenstruktur ist vor allem bemerkenswert, daß der operative Teil des Definiens nicht auf der gleichen sprachlichen Ebene liegt wie der deskriptive Teil und auch das Definiendum. Ein Problem, das bei offenen operationalen Definitionen im übrigen verstärkt in Erscheinung tritt: Da man bei dieser Form der operationalen Bestimmung innerhalb des Definiens keinen eigenständigen deskriptiven Teil separieren kann, findet sich auf seiten des Definiens überhaupt keine sprachliche Einheit, die mit dem Definiendum auf gleicher sprachlicher Ebene steht.

Nicht zuletzt dieser Umstand, daß nämlich bei operationalen Definitionen auf unterschiedlichen sprachlichen Ebenen Informationen mitgeteilt werden, bringt es mit sich, daß operationale Definitionen den klassischen Definitionskriterien nur bedingt genügen. Das ist allerdings kein Grund, operationale Definitionen aus dem Kreis der Definitionen zu verbannen. Auch andere Definitionsarten werden diesen, namentlich auf die Nominaldefinition zugeschnittenen Kriterien nicht gerecht.

Die Beantwortung der Frage, wie denn geschlossene Maßstäbe aufgebaut sind, führt zu einer Klassifikation der numerischen Indikatoren (Indikator als sprachlicher Repräsentant für eine beobachtbare Größe, die zugleich Indiz ist für etwas Nicht-Beobachtbares). Ein **abzählbarer Indikator** kann insofern als Maßstab dienen, als die Ausprägung eines Phänomens davon abhängt, wie oft **ein** bestimmtes Indiz nachweisbar ist. Von **skalierten Indikatoren** ist die Rede, wenn mehrere Indikatoren zu einem Maßstab fraktioniert sind. Die Ausprägung des zu untersuchenden Phänomens hängt dann davon ab, wie viele der im Maßstab repräsentierten Indizien vorliegen. Bei **metrisierten Indikatoren** wird der Maßstab dadurch gewonnen, daß einer (diskreten) Eigenschaft eine physikalische Größe (z. B. Zeit) "unterlegt" wird.

Innerhalb der Wissenschaftstheorie ist die Bezeichnung "operationale Definition" ausschließlich reserviert für die Definitionen sogenannter Dispositionsprädikate. Motiviert ist dieser einschlägige Sprachgebrauch vor allem dadurch, daß bei der Bestimmung dieser Prädikate auf Definiens-Seite immer eine Bedingung angegeben ist, die man erst herstellen muß (auszuführende Operation!), damit sich die Disposition überhaupt sichtbar manifestiert. Eine nähere Untersuchung solcher "Bedingungsdefinitionen" führt vorab zu einem Katalog von - abermals paarweise aufeinander bezogenen - Kriterien, die es erlauben, zwischen verschiedenen Arten von Dispositionen zu differenzieren. Dabei zeigt sich auch, daß der Begriff der Bedingung nicht streng gefaßt werden kann. Genaugenommen ist denn jedes Phänomen, selbst das gemeinhin direkt wahrnehmbare, eben nur unter bestimmten Bedingungen direkt wahrnehmbar. Gelingt es aber nicht zu klären, was im Zusammenhang mit Dispositionen unter "sichtbar machenden" Bedingungen zu verstehen ist, so verflüchtigt sich auch die Unterscheidung zwischen dispositioneller und nicht-dispositioneller Eigenschaft.

Eine ganz andere Frage ist, ob die Art der Definition, die BRIDGMAN bei seinen Überlegungen vorschwebte, als Bedingungsdefinition - entsprechend der Definitionen von Dispositionsprädikaten - betrachtet werden kann. Das wäre denn nur möglich, wenn man die Exploration selbst, namentlich das Messen, zur Bedingung erheben würde. Da BRIDGMANs Begriffsanalysen aber nicht in diese Richtung gegangen sind, und später die Wissenschaftstheoretiker die physikalischen Eigenschaftsbegriffe auch niemals in dieser Form analysiert haben, kann das, was aus den formallogischen Schwierigkeiten bei der Bestimmung von Dispositionsprädikaten an Folgerungen gezogen wurde, redlicherweise auch nicht gegen die Sprachkonzeption von BRIDGMAN verwendet werden.

Ebenso wie der Sinn einer Aussage nicht von deren Verifikation abhängt, stellt sich bei der operationalen Definition auch die Bedeutung des zu definierenden Begriffes nicht erst mit der tatsächlichen Ausführung der im Definiens angegebenen Operation ein. Vielmehr konstituiert sich die Bedeutung des Definiendums - wie bei anderen Wort-Wort-Definitionen, also z. B. der Nominaldefinition, auch - zuallererst einmal dadurch, daß man das, was im Definiens mitgeteilt wird, versteht. Allerdings ist bei der operationalen Definition - vergleichbar den einzelnen Realisierbarkeits-Stufen beim empiristischen Sinnkriterium - von einem gestaffelten Bedeutungskriterium auszugehen. Das schwächste Kriterium ist erfüllt, wenn man das, was auf Definiens-Seite mitgeteilt wird, versteht. Das strengste Kriterium ist erfüllt, wenn man die angegebene Operation tatsächlich realisiert, d. h. in einem konkreten Falle über die Anwendung des Definiendums entscheidet. Mit dieser Staffelung wird aber offenbar, daß das Verstehen eines Begriffes und die (korrekte) Anwendung eines Begriffes (in einem konkreten Fall) unterschiedlichen Regularitäten folgen.

Ein Nachteil fast aller Arten von operationalen Definitionen ist, daß die Bedeutungen, die sie von Begriffen vermitteln, nicht voraussetzungslos verstehbar sind. Um nämlich die Informationen, die im Definiens bereitgestellt werden, verstehen oder gar als Handlungsanleitungen verwerten zu können, muß man über ein Wissen verfügen, das aus diesen Definitionen selbst nicht hervorgeht. Dieses Manko führt zur **These von der Vorgängigkeit eines Sinnzusammenhangs**. Eine These, die nicht zuletzt und allein BRIDGMANs Illusion zerstört, Bedeutungen seien hinfort in jedem Falle und ausschließlich operational zu bestimmen.

Was schließlich die Gültigkeit der in operationalen Definitionen mitgeteilten Informationen angeht, ist breite Toleranz geboten. Operationale Definitionen sind, wie andere Definitionen auch, weder Aussagen noch Hypothesen, sondern aus verschiedenen, gleichwohl theoretisch fundierten Erkenntnisquellen auf eine Metaebene abgeschiedene Setzungen. Auf dieser Ebene angelangt, sind diese Setzungen unumstößlich gültig: Sachbezogen als Beschreibung von Techniken zur Identifizierung irgendwelcher Phänomene bzw. zur Identifizierung der Ausprägung dieser Phänomene, sprachbezogen als Regeln zur Anwendung für die Begriffe, vermittels derer diese Phänomene bezeichnet werden.

Um sich über die Gültigkeit dieser Identifizierungsmethoden und also dieser Sprachregeln zu vergewissern, muß man die **metasprachliche Differenz** auflösen. Die in die Definition abgeschiedenen Informationen werden in die Theorien zurückgeholt und, als Hypothesen formuliert, Gültigkeitstests unterzogen. Sind die Informationen aus dem Erfahrungswissen abgeschieden, läßt sich deren Gültigkeit empirisch überprüfen, sind die Informationen dagegen aus dem Sprachwissen abgesetzt, wird deren Gültigkeit die Reflexion auf den Sprachgebrauch erweisen. Zusammengefaßt hat die Analyse der operationalen Definition, was die Gültigkeit angeht, zu verschiedenen Einsichten geführt:
(1) Einmal mehr wurde bestätigt, daß zwischen Sprachwissen und Erfahrungswissen nicht so klar getrennt werden kann und folglich der Gültigkeitsnachweis der in Definitionen versammelten Informationen auf unterschiedliche Weise zu erbringen ist. Dabei zeichnet sich allerdings die Tendenz ab, daß je mehr eine operationale Definition auf die besonderen Umstände einer bestimmten Exploration zugeschnitten wird, desto mehr an Erfahrungswissen in sie eingehen wird.
(2) Sprachwandel geht oft einher mit Erkenntniszuwachs. Dieser Grundsatz hat für operational reglementierte Sprache vor allem deshalb besondere Relevanz, weil diese Form der Reglementierung im wissenschaftlichen Diskurs dominiert.
(3) Ebenso wie das Verständnis für traditionelle Begriffsbestimmungen wird auch das Verständnis für operationale Definitionen beim frühkindlichen Spracherwerb vorbereitet. Das Kind lernt ja nicht bloß, Begriffe zu verwenden, sondern es lernt zugleich, daß man über die korrekte Verwendung durch Beobachtung entscheiden kann, daß vieles sich gar nicht beobachten läßt, sondern lediglich erschließen, und daß man dies dennoch benennen kann. Und nicht zuletzt wird mit dem Spracherwerb die Grundlage bereitet für den Umgang mit allen Arten von Maßstäben.

Literaturverzeichnis

ADLER, Franz (1946/47), Operational definitions in sociology. - In: American Journal of Sociology 52, S. 438-444

ALBERT, Hans (1991), Traktat über kritische Vernunft, Tübingen (Mohr) (= UTB 1609), 5., verb. und erw. Aufl. (1. Aufl. 1968)

ALPERT, Harry (1938), Operational definitions in sociology. - In: American Sociological Review 3, S. 855-861

AMELANG, Manfred/BARTUSSEK, Dieter (1997), Differentielle Psychologie und Persönlichkeitsforschung, Stuttgart u. a. (Kohlhammer) (= Kohlhammer Standards Psychologie), 4., überarb. u. erw. Aufl. (1. Aufl. 1981)

ARNDT, Hans Werner (1995), Zum Wahrheitsanspruch der Nominaldefinition in der Erkenntnislehre und Metaphysik Christian Wolffs. - In: THEIS, R./ WEBER, C. (Hgg.), Von Christian Wolff bis Louis Lavelle. Geschichte der Philosophie und Metaphysik, Festschrift für Jean École zum 75. Geburtstag, Hildesheim/Zürich/New York (Olms)

BALZER, Wolfgang (1979), Logische versus physikalische Definitionen in der physikalischen Begriffsbildung. - In: BALZER, W./KAMLAH, A. (Hgg.), Aspekte der physikalischen Begriffsbildung. Theoretische Begriffe und operationale Definitionen, Braunschweig/Wiesbaden (Vieweg) (= Wissenschaftstheorie, Wissenschaft und Philosophie, Bd. 16)

BERGMANN, Gustav (1951), Comments on Storer's definition of 'soluble'. - In: Analysis 12 (2), S. 44-48

BERGMANN, Gustav/SPENCE, Kenneth W. (1941), Operationism and theory in psychology. - In: Psychological Review 48, S. 1-14

BESOZZI, Claudio/ZEHNPFENNIG, Helmut (1976), Methodologische Probleme der Index-Bildung. - In: KOOLWIJK, J. van/WIEKEN-MAYSER, M. (Hgg.), Techniken der empirischen Sozialforschung, Bd. 5: Testen und Messen, München (Oldenbourg), S. 9-55

BLUM, Gerald S./MILLER, Daniel R. (1952), Exploring the Psychoanalytic Theory of the "oral character". - In: Journal of Personality 20, S. 287-304 (dt.: Untersuchungen zur psychoanalytischen Theorie des "oralen Charakters". - In: EYSENCK, H. J./WILSON, G. D. [Hgg.], Experimentelle Studien zur Psychoanalyse Sigmund Freuds, Wien [Europa-Verlag] 1979, S. 87-110)

BORING, Edwin G. (1923), Intelligence as the tests test it. - In: New Republic 35, S. 35-37

BORING, Edwin G. (1942), Sensation and perception in the history of experimental psychology, New York u. a. (Appleton)

BORING, Edwin G. (1945), The use of operational definitions in science. - In: Psychological Review 52, S. 243-245

BORN, Max (1959), Der Realitätsbegriff in der Physik, Köln/Opladen (Westdeutscher Verlag)

BORSODI, Ralph (1967), The definition of definition. A new linguistic approach to the integration of knowledge, Boston (Porter Sargent)

BORTZ, Jürgen (1993), Statistik. Für Sozialwissenschaftler, Berlin u. a. (Springer), 4., vollst. überarb. Aufl. (3., neu bearb. Aufl., ebd. 1989; 1. Aufl. u. d. T.: Lehrbuch der Statistik. Für Sozialwissenschaftler, ebd. 1977)

BRIDGMAN, Percy Williams (1922), Dimensional analysis, New Haven (Yale University Press) (dt. u. d. T.: Theorie der physikalischen Dimensionen. Ähnlichkeitsbetrachtungen in der Physik, hg. von H. HOLL, Leipzig/Berlin [Teubner] 1932)

BRIDGMAN, Percy Williams (1927), The logic of modern physics, New York (The MacMillan Company) (dt. u. d. T.: Die Logik der heutigen Physik, übersetzt und mit Anmerkungen versehen von Wilhelm KRAMPF, mit einer Einführung von Hugo DINGLER, München [Hueber] 1932)

BRIDGMAN, Percy Williams (1936), The nature of physical theory, Princeton (Princeton Press)

BRIDGMAN, Percy Williams (1938), Operational analysis. - In: Philosophy of Science 5, S. 116-131

BRIDGMAN, Percy Williams (1945a), Some general principles of operational analysis. - In: E. G. BORING (ed.), Symposium on operationism, Psychological Review 52, S. 246-249

BRIDGMAN, Percy Williams (1945b), Rejoinders and second thoughts II. - In: E. G. BORING (ed.), Symposium on operationism, Psychological Review 52, S. 281-284

BRIDGMAN, Percy Williams (1950), Reflections of a physicist, New York (Philosophical Library) (dt. in Auswahl u. d. T.: Physikalische Forschung und soziale Verantwortung. Gedanken eines Physikers, Frankfurt a. M. [Humboldt] 1954)

BRIDGMAN, Percy Williams (1954), The present state of operationalism. - In: FRANK, Ph. (ed.), The validation of scientific theories, Boston (Beacon Press), S. 74-79

BRIDGMAN, Percy Williams (1959), The way things are, Cambridge/Mass. (Harvard University Press)

Der Neue Brockhaus (1958), Allbuch in fünf Bänden und einem Atlas, 3., völlig neubearb. Aufl., Wiesbaden (Brockhaus) (Bd. 2: E-I)

BÜNTING, Karl-Dieter (1996), Schreiben im Studium. Ein Trainingsprogramm, unter der Mitarbeit von Axel BITTERLICH, Ulrike POSPIECH und Gabriela RUHMANN, Berlin (Cornelsen)

BUNGE, Mario (1967) Scientific research, 2 Bde., Berlin/Heidelberg/New York (Springer)

CARNAP, Rudolf (1928), Der logische Aufbau der Welt, Berlin-Schlachtensee (Weltkreisverlag) (Neuausg. [Text nach der 4., unveränd. Aufl. 1974]: Frankfurt a. M. u. a. [Ullstein] 1979 [= Ullstein-Materialien 35007])

CARNAP, Rudolf (1936/37), Testability and meaning. - In: Philosophy of Science, Bd. 3 (1936), S. 419-471 und Bd. 4 (1937), S. 1-40

CARNAP, Rudolf (1956), The methodological character of theoretical concepts. - In: FEIGL, H./SCRIVEN, M. (eds.), Minnesota studies in the philosophy of science, Vol. 1, Minneapolis (University of Minneapolis Press) 1956 [5th printing 1964], S. 38-76 (dt. u. d. T.: Theoretische Begriffe der Wissenschaft. - In: EBERLEIN, G./KROEBER-RIEL, W./LEINFELLNER, W. [Hgg.], Forschungslogik der Sozialwissenschaften, Düsseldorf 1974, S. 47-77)

CARNAP, Rudolf (1958), Beobachtungssprache und theoretische Sprache. - In: Dialectica 12, S. 236-248

CARNAP, Rudolf (1974), Einführung in die Philosophie der Naturwissenschaft, Darmstadt (Wissenschaftliche Buchgesellschaft) (= sammlung dialog 36), 2., verb. Aufl. (1. Aufl. München [Nymphenburger Verlagshandlung] 1969; engl. Originalausg. u. d. T.: Philosophical foundations of physics, New York 1966)

CARNAP, Rudolf/STEGMÜLLER, Wolfgang (1959), Induktive Logik und Wahrscheinlichkeit, Heidelberg u. a. (Springer)

CRISSMAN, Paul (1939), The operational definition of concepts. - In: Psychological Review 46, S. 309-317

DEGKWITZ, Rudolf/HELMCHEN, Hanfried/KOCKOTT, Götz/MOMBOUR, W. (Hgg.) (1980), Diagnosenschlüssel und Glossar psychiatrischer Krankheiten, Berlin u. a. (Springer), 5. Aufl.

DELIUS, Harald (1966), Die Unvollständigkeit der Disjunktion "analytisch-synthetisch" und "apriori-aposteriori". - In: WEINGARTNER, P. (Hg.), Deskription, Analytizität und Existenz, Salzburg/München, S. 182-192

DINGLER, Hugo (1928), Rez. zu: P. W. BRIDGMAN, The logic of modern physics. - In: Physikalische Zeitschrift 29, S. 710

DINGLER, Hugo (1964), Aufbau der exakten Fundamentalwissenschaft, hg. von Paul LORENZEN, München (Eidos)

DODD, Stuart C. (1942/43), Operational definitions operationally defined. - In: American Journal of Sociology 48, S. 482-489

DUBISLAV, Walter (1931), Die Definition, Leipzig (Meiner), 3., neu bearb. u. erw. Aufl. (Nachdr.: Hamburg [Meiner] 1981 [= 4. Aufl., unveränd. Nachdr. d. 3., völlig umgearb. u. erw. Aufl. von 1931] [Mit einer Einführung von Wilhelm K. ESSLER])

DUDEN, Bd. 10: Das Bedeutungswörterbuch, Mannheim (Bibliographisches Institut) 1970

ESSER, Hartmut/KLENOVITS, Klaus/ZEHNPFENNIG, Helmut (1977), Wissenschaftstheorie, Bd. 1: Grundlagen und analytische Wissenschaftstheorie, Stuttgart (Teubner) (= Studienskripten zur Soziologie 28)

ESSLER, Wilhelm K. (1970a), Wissenschaftstheorie I. Definition und Reduktion, Freiburg/München (Alber)

ESSLER, Wilhelm K. (1970b), Induktive Logik. Grundlagen und Voraussetzungen, Freiburg/München (Alber)

ESSLER, Wilhelm K. (1975), Die Kreativität der Bilateralen Reduktionssätze. - In: Erkenntnis (Neue Folge) 9, S. 383-392

ESSLER, Wilhelm K./TRAPP, Rainer (1977), Some ways of operationally introducing dispositional predicates with regard to scientific and ordinary practice. - In: Synthese 34, S. 371-396

FREY, Gerhard (1984), Operativismus [Stichwort]. - In: RITTER, J./GRÜNDER, K. (Hgg.) Historisches Wörterbuch der Philosophie, Bd. 6, Basel (Schwabe & Co.)/Darmstadt (Wissenschaftliche Buchgesellschaft), Sp. 1222 f.

GADENNE, Volker (1984), Theorie und Erfahrung in der psychologischen Forschung, Tübingen (Mohr/Siebeck)

GAUGER, Hans-Martin (1970), Wort und Sprache. Sprachwissenschaftliche Grundfragen, Tübingen (Niemeyer)

GERGONNE, Joseph Diez (1818/19), Essai sur la théorie des définitions. - In: Annales de mathématiques pures et appliquées 9, S. 1-35

GLUCKSBERG, Sam/KING, Lloyd J. (1967), Motivated forgetting mediated by implicit verbal chaining: a laboratory analog of repression. - In: Science 158, S. 517-519

GOLDMAN-EISLER, Frieda (1951), The problem of "orality" and of its origin in early childhood. - In: Journal of Mental Science 97, S. 765-782 (dt.: Das Problem der "Oralität" und deren Ursprung in der frühen Kindheit. - In: EYSENCK, H. J./WILSON, G. D. [Hgg.], Experimentelle Studien zur Psychoanalyse Sigmund Freuds, Wien [Europa-Verlag] 1979, S. 57-86)

GORSKI, D. P. (1967), Über die Arten der Definition und ihre Bedeutung in der Wissenschaft. - In: Studien zur Logik der wissenschaftlichen Erkenntnis, Berlin/DDR (Akademie Verlag) 1967, S. 361-433 (russ. Originalausg.: Moskau 1964)

GRAUMANN, Carl Friedrich (1960), Eigenschaften als Problem der Persönlich keitsforschung. - In: LERSCH, Ph./THOMAE, H. (Hgg.), Handbuch der Psychologie, Bd. 4: Persönlichkeitsforschung und Persönlichkeitstheorie, Göttingen (Hogrefe), 2. Aufl., S. 87-154

GROEBEN, Norbert (1986), Handeln, Tun, Verhalten als Einheiten einer verstehend-erklärenden Psychologie. Wissenschaftstheoretischer Überblick und Programmentwurf zur Integration von Hermeneutik und Empirismus, Tübingen (Francke)

GROEBEN, Norbert/WESTMEYER, Hans (1981), Kriterien psychologischer Forschung, München (Juventa), 2. Aufl. (1. Aufl. 1975)

HAYAKAWA, S[amuel] I[chiye] (1971), Semantik. Sprache im Denken und Handeln, Darmstadt (Verlag Darmstädter Blätter/Schwarz & Co.) o. J., 4., völlig überarb. Aufl. (aus dem Amerikanischen übersetzt und herausgegeben von Günther SCHWARZ; engl. Originalausg. [1. Aufl.] u. d. T.: Language in action, Madison/Wisc. [College typing company] 1939)

HEGER, Klaus (1976), Monem, Wort, Satz und Text, Tübingen (Niemeyer), 2., erw. Aufl. (1. Aufl. u. d. T.: Monem, Wort und Satz, ebd. 1971)

HEMPEL, Carl G. (1974), Grundzüge der Begriffsbildung in der empirischen Wissenschaft, Düsseldorf (Bertelsmann) (übersetzt von Hans-Joachim von KONDRATOWITZ) (engl. Originalausg. u. d. T.: Fundamentals of concept formation in empirical science. - In: International Encyclopaedia Unified Science, Vol. II, No. 7, Chicago/London [The University of Chicago Press]/ Toronto [The University of Toronto Press] 1952)

HENNE, Helmut/WIEGAND, Herbert Ernst (1969), Geometrische Modelle und das Problem der Bedeutung. - In: Zeitschrift für Dialektologie und Linguistik 36, S. 129-173

HERRMANN, Theo (1973), Persönlichkeitsmerkmale. Bestimmung und Verwendung in der psychologischen Wissenschaft, Stuttgart u. a. (Kohlhammer)

HOFSTÄTTER, Peter R. (1957), Fischer-Lexikon "Psychologie", Frankfurt a. M. (Fischer) (seitengleich mit: 432.-461. Tsd., Dez. 1970)

HOLZKAMP, Klaus (1964), Theorie und Experiment in der Psychologie. Eine grundlagenkritische Untersuchung, Berlin (de Gruyter)

HOLZKAMP, Klaus (1967 [1968]), Wissenschaft als Handlung. Versuch einer neuen Grundlegung der Wissenschaftslehre, Berlin (de Gruyter)

HÜGLI, Anton/LÜBCKE, Poul (Hgg.) (1997), Philosophielexikon. Personen und Begriffe der abendländischen Philosophie von der Antike bis zur Gegenwart, Reinbek (Rowohlt); vollständig überarbeitete und erweiterte Neuausgabe (1. dt. Ausg. ebd. 1991)

HUNDSNURSCHER, Franz (1971), Neuere Methoden der Semantik. Eine Einführung anhand deutscher Beispiele, Tübingen (Niemeyer), 2., durchges. Aufl. (1. Aufl. 1970)

JANKE, Wilhelm/DEBUS, Günter (1978), Die Eigenschaftswörterliste (EWL), Göttingen (Hogrefe)

KAILA, Eino [Sakari] (1936), Über das System der Wirklichkeitsbegriffe. Ein Beitrag zum logischen Empirismus. - In: Acta philosophica fennica 2, Helsinki (Societas philosophica)

KAILA, Eino [Sakari] (1939), Den mänskliga kunskapen. Vad den är och vad den icke är, Stockholm (aus dem Finnischen [ersch. 1939] ins Schwedische übersetzt von Georg Henrik von WRIGHT; zitiert nach A. PAP [1955])

KAILA, Eino [Sakari] (1942), Über den physikalischen Realitätsbegriff. Zweiter Beitrag zum logischen Empirismus. - In: Acta philosophica fennica 4, Helsinki (Societas philosophica)

KLÜVER, Jürgen (1971), Operationalismus. Kritik und Geschichte einer Philosophie der exakten Naturwissenschaften, Stuttgart-Bad Cannstatt (Frommann-Holzboog)

KLÜVER, Jürgen (1974), Operationalismus [Stichwort]. - In: ROMBACH, H. (Hg.), Wissenschaftstheorie, Bd. 1, Freiburg u. a. (Herder) (= Studienführer), S. 104-108

KRAUTH, Lothar (1970), Die Philosophie Carnaps, Wien/New York (Springer)

KRIPKE, Saul A. (1963), Semantical analysis of modal logic I: Normal propositional calculi. - In: Zeitschrift für mathematische Logik und Grundlagen der Mathematik 9, S. 67-96

KRIPKE, Saul A. (1972), Naming and necessity. - In: DAVIDSON, D./HARMAN, G. (eds.), Semantics of natural language, Dordrecht/Boston (Reidel), S. 253-355, S. 763-769 (dt. u. d. T.: Name und Notwendigkeit, Frankfurt a. M. [Suhrkamp] 1981 [übersetzt von Ursula WOLF])

KUHN, Wilfried (1984), Physik (Bd. 1), Braunschweig (Westermann)

LANDWEHR, Jürgen (1975), Text und Fiktion. Zu einigen literaturwissenschaftlichen und kommunikationstheoretischen Grundbegriffen, München (Fink) (= Kritische Information 30)

LAZARSFELD, Paul F. (1959), Problems in methodology. - In: MERTON, R. K./ BROOM, L./COTTRELL, L. S. (eds.), Sociology today. [Problems and prospects], New York (Basic Books) 1959 (First Printing) (1960, 2nd Printing)

LAZARSFELD, Paul F./MENZEL, Herbert (1961), On the relation between individual and collective properties. - In: ETZIONI, A. (ed.), Complex organizations, New York (Holt, Rinehart and Winston), S. 422-440

LEIBNIZ, Gottfried Wilhelm (1684), Meditationes de cognitione, veritate et ideis - Betrachtungen über die Erkenntnis, die Wahrheit und die Ideen. - In: G. W. L., Philosophische Schriften, Bd. 1 (Kleine Schriften zur Metaphysik), hg. u. übers. von Hans Heinz HOLZ, Darmstadt (Wissenschaftliche Buchgesellschaft) 1965, S. 25-47

LEIBNIZ, Gottfried Wilhelm (1686), Generales Inquisitones de Analysi Notionum et Veritatum - Allgemeine Untersuchungen über die Analyse der Begriffe und Wahrheiten, hg., übers. u. mit einem Kommentar versehen von Franz SCHUPP, Hamburg (Meiner) 1982

LEWANDOWSKI, Theodor (1976), Linguistisches Wörterbuch, 3 Bde., Heidelberg (Quelle & Meyer) (= UTB 200/201/300), 2., durchges. u. erw. Aufl. (1. Aufl. 1973)

LORENZ, Kuno/MITTELSTRASS, Jürgen (1969), Einleitung zu: Hugo DINGLER, Zur Ergreifung des Wirklichen, Frankfurt a. M. (Suhrkamp)

LUNDBERG, George A. (1941/42), Operational definitions in the social sciences. - In: American Journal of Sociology 47, S. 727-743

MARCUSE, Herbert (1964), One-Dimensional Man. Studies in the ideology of advanced industrial society, Boston/London (Dt. Neuausg.: H. M., Der eindimensionale Mensch. Studien zur Ideologie der fortgeschrittenen Industriegesellschaft, München [Deutscher Taschenbuchverlag] 1994)

MAYNTZ, Renate/HOLM, Kurt/HÜBNER, Peter (1972), Einführung in die Methoden der empirischen Soziologie, Opladen (Westdeutscher Verlag), 3. Aufl. (1. Aufl. 1969)

MOORE, George E. (1970), Principia Ethica, Stuttgart (Reclam) (= RUB 8375-78) (engl. Originalausg.: Cambridge 1903)

NAGEL, Ernest (1942), Operational analysis as an instrument for the critique of linguistic signs. - In: Journal of Philosophy 39, S. 177-189

NOWAK, Stefan (1963/64), Correlational, definitional and inferential indicators in social research and theory. - In: Polish Sociological Bulletin 1 (9), S. 31-46

OPP, Karl-Dieter (1976), Methodologie der Sozialwissenschaften. Einführung in Probleme ihrer Theorienbildung, Reinbek (Rowohlt), durchgreifend revidierte und wesentlich erweiterte Neuausgabe (1. Aufl. 1970)

PAP, Arthur (1955), Analytische Erkenntnistheorie. Kritische Übersicht über die neueste Entwicklung in USA und England, Wien (Springer)

PAWLOWSKI, Tadeusz (1975), Methodologische Probleme in den Geistes- und Sozialwissenschaften, Warschau (Vieweg/PWN - Polnischer Verlag der Wissenschaften)

PAWLOWSKI, Tadeusz (1980), Begriffsbildung und Definition, Berlin (de Gruyter) (= Sammlung Göschen 2213)

POPPER, Karl R. (1963), Conjectures and refutations. The growth of scientific knowledge, London (Routledge & Kegan Paul)

PRATT, Carroll C. (1945), Operationism in psychology. - In: Psychological Review 52, S. 262-269

PRIM, Rolf/TILMANN, Heribert (1975), Grundlagen einer kritisch-rationalen Sozialwissenschaft, Heidelberg (Quelle & Meyer) (= UTB 221), 2., durchges. Aufl. (1. Aufl. 1973)

PRZEŁĘCKI, Marian (1955), O twz. definicjach operacyjnych. - In: Studia logica 3, Warszawa, S. 125-149

PRZEŁĘCKI, Marian (1961), Theoretical concepts and experience [Summary]. - In: Studia logica 9, Warszawa, S. 135-138

PUNTEL, Lorenz Bruno (1993), Wahrheitstheorien in der neueren Philosophie. Eine kritisch-systematische Darstellung, Darmstadt (Wissenschaftliche Buchgesellschaft) (= Erträge der Forschung 83), 3., um einen ausführlichen Nachtrag erw. Aufl. (1. Aufl. 1978)

PUSTER, Rolf W. (1997), Die Metaphysik der Sprachanalyse. Das Sagbarkeitsprinzip und seine Verwendung von Platon bis Wittgenstein, Tübingen (Mohr/Siebeck) (= Philosophische Untersuchungen 2)

PUTNAM, Hilary (1979), Die Bedeutung von "Bedeutung", hg. und übers. von Wolfgang SPOHN, Frankfurt a. M. (Klostermann) (engl. Originalausg. u. d. T.: The meaning of 'meaning'. - In: GUNDERSON, K. [ed.], Language, Mind, and Knowledge [University of Minnesota] 1975)

QUINE, Willard Van Orman (1951), Two dogmas of empiricism. - In: Philosophical Review 60, S. 20-43 (dt. u. d. T.: Zwei Dogmen des Empirismus. - In: SINNREICH, J. [Hg.], Zur Philosophie der idealen Sprache, München [Deutscher Taschenbuchverlag] 1972, S. 167-194)

RADNITZKY, Gerard (1992), Definition [Stichwort]. - In: SEIFFERT, H./RADNITZKY, G. (Hgg.), Handlexikon zur Wissenschaftstheorie, München (Deutscher Taschenbuchverlag), S. 27-33

RAPOPORT, Anatol (1970), Philosophie heute und morgen. Einführung in das operationale Denken, Darmstadt (Verlag Darmstädter Blätter/Schwarz & Co.) o. J. (gem. der Neuaufl. von 1970 aus dem Amerikanischen übers. und hrsg. von Günther SCHWARZ. Mit einem Vorwort von Karl STEINBUCH) (engl. Originalausg. u. d. T.: Operational philosophy - integrating knowledge and action, New York [Harper & Brothers] 1953)

ROBINSON, Richard (1965), Definition, Oxford (Clarendon Press) (1. Aufl. 1954)

RYLE, Gilbert (1949), The concept of mind, London (Hutchinson's University Library)

RYLE, Gilbert (1954), Dilemmas. The Tarner Lectures 1953, Cambridge (University Press), (dt. Fassung d. 6. Aufl. 1966 u. d. T.: Begriffskonflikte, Göttingen [Vandenhoeck & Ruprecht] 1970)

SCHAEFER, Eearl S. (1961), Converging conceptual models for maternal behavior and for child behavior. - In: GLIDEWELL, J. C. (ed.), Parental attitudes and child behavior, Springfield/Ill. (Thomas), S. 124-146

SCHEUCH, Erwin K./ZEHNPFENNIG, Helmut (1974), Skalierungsverfahren in der Sozialforschung. - In: KÖNIG, R. (Hg.), Handbuch der empirischen Sozialforschung, Bd. 3a, Stuttgart (Enke)/München (Deutscher Taschenbuch Verlag), 3., umgearb. u. erw. Aufl. [Taschenbuchausg.], S. 97-203

SCHMIDT, Siegfried J. (1969), Bedeutung und Begriff. Zur Fundierung einer sprachphilosophischen Semantik, Braunschweig (Vieweg)

SEIFFERT, Helmut (1973), Einführung in die Wissenschaftstheorie, Bd. 1, Müchen (Beck), 6., unveränd. Aufl. (1. Aufl. 1969)

SELG, Herbert/BAUER, Werner (1973), Forschungsmethoden der Psychologie. Eine Einführung, Stuttgart u. a. (Kohlhammer) (= Urban-Taschenbücher 121), 2. Aufl. (1. Aufl. 1971)

STAPF, Kurt H./HERRMANN, Theo/STAPF, Aiga/STÄCKER, Karl H. (1976), Psychologie des elterlichen Erziehungsstils, Bern (Huber)/Stuttgart (Klett), 2. Aufl. (1. Aufl. 1972)

STEGMÜLLER, Wolfgang (1976), Hauptströmungen der Gegenwartsphilosophie. Eine kritische Einführung, Bd. 1, Stuttgart (Kröner) (= Kröners Taschenausgabe 308), 6. Aufl.

STEGMÜLLER, Wolfgang (1970), Probleme und Resultate der Wissenschaftstheorie und Analytischen Philosophie, Bd. 2: Theorie und Erfahrung, Berlin u. a. (Springer)

STEINVORTH, Ulrich (1969), Wittgensteins transzendentale Untersuchung der ostensiven Definition. Zur Kritik der bisherigen Identifikation von Gebrauch und Rolle bei Wittgenstein. - In: Kant-Studien 60, S. 495-505

STEVENS, Stanley S. (1935a), The operational definition of psychological concepts. - In: Psychological Review 42, S. 517-527

STEVENS, Stanley S. (1935b), The operational basis of psychology. - In: American Journal of Psychology 47, S. 323-330

STORER, Thomas (1950/51), On defining 'soluble'. - In: Analysis 11 (6) (Repr. 1967), S. 134-137 (dazu: BERGMANN, G., Reply. - In: Analysis 12 [1951/52])

STORER, Thomas (1953/54), On defining 'soluble' - Reply to Bergmann. - In: Analysis 14 (5), S. 123-126

TEGTMEIER, Erwin (1981), Komparative Begriffe. Eine Kritik der Lehre von Carnap und Hempel, Berlin (Duncker & Humblot) (= Erfahrung und Denken 62)

TRAPP, Rainer (1975), Eine Verfeinerung des Reduktionssatzverfahrens zur Einführung von Dispositionsprädikaten, ("Nachtrag" von Irene HEIM). - In: Erkenntnis (Neue Folge) 9, S. 355-382

TUGENDHAT, Ernst (1984), Probleme der Ethik, Stuttgart (Reclam) (= RUB 8250)

UPMEYER, Arnold (1985), Soziale Urteilsbildung, Stuttgart u. a. (Kohlhammer)

WEDBERG, Anders (1944), The logical construction of the world. - In: Theoria 10, S. 216-246

WITTGENSTEIN, Ludwig (1951), Philosophische Untersuchungen - Wiederabgedruckt in: L. W., Schriften, Bd. 1, Frankfurt a. M. (Suhrkamp) 1969 (7.-9. Tsd.), S. 279-544

WITTGENSTEIN, Ludwig (1958), Das Blaue Buch - Wiederabgedruckt in: L. W., Schriften, Bd. 5, Frankfurt a. M. (Suhrkamp) 1970, S. 15-116

WITTGENSTEIN, Ludwig (1964), Philosophische Bemerkungen - Wiederabgedruckt in: L. W., Schriften, Bd. 2, Frankfurt a. M. (Suhrkamp) 1970 (5.-6. Tsd.)

WITTGENSTEIN, Ludwig (1969), Philosophische Grammatik. - In: L. W., Schriften, Bd. 4, Frankfurt a. M. (Suhrkamp) (1.-4. Tsd.)

WUCHTERL, Kurt (1971), Wittgenstein und die Idee einer operativen Phänomenologie. - In: Zeitschrift für philosophische Forschung 25, S. 6-24

WUCHTERL, Kurt (1977), Methoden der Gegenwartsphilosophie, Bern u. a. (Haupt) (= UTB 646)

YARROW, Leon J. (1954), The relationship between nutritive sucking experiences in infancy and non-nutritive sucking in childhood. - In: Journal of Genetic Psychology 84, S. 149-162 (dt. u. d. T.: Die Beziehung zwischen nutritiver Saugerfahrung im Säuglingsalter und non-nutritiver Saugerfahrung während der Kindheit. - In: EYSENCK, H. J./WILSON, G. D. [Hgg.], Experimentelle Studien zur Psychoanalyse Sigmund Freuds, Wien [Europa-Verlag] 1979, S. 35-56)

ZETTERBERG, Hans L. (1965), On theory and verification in sociology, New York (Bedminster Press), 3., erw. Aufl. (1. Aufl. 1954)

Personenverzeichnis

Sachverzeichnis

Zentrale Termini sind nur dort vermerkt, wo sie eingeführt bzw. erläutert werden.

FSC
www.fsc.org
MIX
Papier | Fördert
gute Waldnutzung
FSC® C083411

Kolibri 360 GmbH
Ferdinand-Jühlke-Straße 7
99095 Erfurt, Deutschland
produktsicherheit@kolibri360.de

Druck:
CPI Druckdienstleistungen GmbH
im Auftrag der
Kolibri 360 GmbH
Ferdinand-Jühlke-Str. 7
99095 Erfurt